许琪楼 著

矩形边界弹性问题求解理念和方法

清华大学出版社
北 京

内容简介

本书提出全新的求解理念，利用三角级数的连续性、可导性、正交性，系统地讨论了弹性力学中薄板弯曲、平面应力或应变、弹性薄板自由振动三类矩形边界问题的求解方法，在求解方式中所考虑的荷载包含了工程中常见的荷载和作用，所涉及的边界类型全面，可用于解决具体的工程应用问题。

本书可供力学理论工作者、力学工程人员参考使用，也可用作理工类研究生弹性力学辅助教材。

图书在版编目(CIP)数据

矩形边界弹性问题求解理念和方法/许琪楼著. —北京：清华大学出版社，2016
ISBN 978-7-302-45907-1

Ⅰ. ①矩… Ⅱ. ①许… Ⅲ. ①弹性力学—研究 Ⅳ. ①O343

中国版本图书馆 CIP 数据核字(2016)第 308053 号

责任编辑：陈朝晖
封面设计：何凤霞
责任校对：王淑云
责任印制：王静怡

出版发行：清华大学出版社
网　　址：http://www.tup.com.cn，　http://www.wqbook.com
地　　址：北京清华大学学研大厦 A 座　　**邮　　编**：100084
社 总 机：010-62770175　　**邮　　购**：010-62786544
投稿与读者服务：010-62776969，c-service@tup.tsinghua.edu.cn
质量反馈：010-62772015，zhiliang@tup.tsinghua.edu.cn
印 装 者：北京市人民文学印刷厂
经　　销：全国新华书店
开　　本：153mm×235mm　　**印　　张**：18　　**字　　数**：305 千字
版　　次：2016 年 12 月第 1 版　　**印　　次**：2016 年 12 月第 1 次印刷
定　　价：89.00 元

产品编号：068605-01

前　言

本书论述工程中常见的三类弹性力学问题的求解方法，分别为平面应力或应变、薄板弹性弯曲和弹性薄板自由振动。问题的边界为矩形，有四条直线边界和四个角点，相邻边界相互正交，可采用直角坐标系。

每一条边界的支承条件有四种选择。平面问题边界类型有：法向和切向支承边，法向和切向自由边，法向支承、切向自由边，法向自由、切向支承边。薄板边界类型有：固定边、简支边、自由边、滑移边。此外，还可以设有点支座（链杆支座），点支座可以设在边界内、边界上或矩形边界的角点处。

这三类弹性力学问题的解答最终都归结于寻求一个满足确定边值条件的偏微分方程解。所涉及的方程是某一力学物理量对直角坐标变量 x、y 的四阶偏微分方程，具有相近性；因而求解方法在思路上也呈现一定的通用性。求解理念即为解决这三类弹性力学问题时所采取的某些共同的、具有理性特征的研究思路。它们是：

（一）广义静定问题和广义超静定问题的分类

这三类弹性力学问题所求解的偏微分方程都综合了力的平衡条件、几何方程和物理方程；涉及的物理量和综合的方程在数量上是相等的。从数学上讲，如果外界作用是明确的，微分方程一定有解。外界作用有四种途径（或形式）：①边界内的荷载作用，如平面问题中的体力、薄板弯曲中垂直中面的板面荷载；②边界外界作用，包括作用在边界线上的外部荷载和边界产生的位移；③角点力作用，指作用在边界角点上的集中力；④局部约束作用，指点支座限制的点位移和作用的支反力。前三种外界作用和点支座限定的位移是明确的，但点支座支反力有两种可能性。如果支反力可由静力平衡条件确定，外界作用都是明确的；直接利用求解条件便能得到与待定未知量数量相等、相互独立的方程；求解条件是完备的。否则，是不完备的。借用结构力学中构件计算时的分类方法，弹性力学平面问题和薄板弯曲问题可采用以下分类方法。

无点支座、或有点支座但其支反力可以由静力平衡条件确定的为广义静定问题,否则为广义超静定问题。前者可以由求解条件直接求解,后者要用叠加法求解。

薄板自由振动问题不涉及外界作用,不必分类。

(二) 外界作用连续化、格式化

弹性力学作为连续介质力学的一部分,认为物体内应力、应变、位移都是连续的;可以表示成坐标的连续函数,以便用数学方法进行分析研究。作为力学,它又是研究外界作用与物体抗力间的平衡关系。在很多情况下,外界作用不具有连续化的性质,即使是连续分布,也不一定易于数学处理,这就会给研究工作造成困难。将某些外界作用(指边界内的荷载作用和边界上的外界作用)连续化、格式化是首要的和必要的步骤。方法是将这些形式各异的作用在其作用区间内展开成三角级数或双重三角级数。三角级数是连续、可导函数,易于数学处理。级数展开时要遵循以下三原则:

(1) 在作用区间级数是一个完整的正交三角函数族。

(2) 级数展开式必须完整地包含原函数的全部内容或全部作用效应。

(3) 级数中三角函数类型具有唯一性,要合理选用。

(三) 偏微分方程解的构成方法

这三类弹性力学问题所求解的偏微分方程都是由边界内任一微元体的受力分析综合而成。其中,平面问题和薄板弯曲问题的微分方程涉及的外界作用只有边界内的荷载,与边界上的荷载和位移、角点集中力无直接关系。但方程解除满足微分方程外,还必须满足这些形式上没有直接涉及的外界作用条件。为此,求解时要综合考虑以下要素:

(1) 弹性力学问题的建模理论与求解方法要统一。例如,薄板弯曲微分方程的实质是以挠度为参数表示的板中面法线方向力的平衡,竖向力和挠度是与微分方程直接关联的物理量,求解时要给予特别关注。

(2) 偏微分方程的解由通解和特解组成。特解是表示特定荷载或作用激发的特有的受力和变形。面对多种外界作用,微分方程直接涉及的边界内的荷载要有相应特解;同时,与特别关注的物理量直接关联的、边界上和角点上作用的外界作用也要有相应特解。例如在薄板弯曲中,外界作用涉及的所有竖向力和挠度(板面荷载、角点力、支承边挠度和非支承边竖向力)都有相应的特解。

(3) 通解和特解、特解与特解之间要相互协同、互为补充,不要相互干扰和掣肘。例如在薄板弯曲中,角点力特解已满足角点力条件,其通解和其他特解在相应角点处的角点力应为零值。

(4) 荷载、通解、特解中采用的三角级数类型要相互协调,待定系数数量与求解条件数量相等。为提高数值计算精度,必须有足够的方程能精确表示待定系数间的相关性。

笔者为结构专业人员,1993 年因工作因素涉足弹性薄板弯曲,随之产生编写本书的冲动。经过 20 多年的学习、研究才完成夙愿。本书总结了多年的学习心得、研究感悟,望有关专家和读者给予指正。

姬同庚、梁远森、姜锐、唐国明、杨卫忠、姬鸿恩、郭杰、白杨曾参与部分课题的研究,感谢他(她)们的合作和付出。

长女许蕾绘制书中全部插图。

浙江大学龚晓南院士和东南大学单建教授对书稿进行了仔细审阅并提出很多宝贵意见。对此,表示衷心感谢。

许琪楼
2016.12

主要符号表

x,y,z	直角坐标系,坐标变量
y	梁挠度
$\mathrm{d}x,\mathrm{d}y,\mathrm{d}z$	微元体在 x、y、z 轴方向尺寸
u, v, w	x、y、z 轴方向位移
$\sigma_x,\sigma_y,\sigma_z$	x、y、z 轴方向正应力
τ_{xy},τ_{xz}	与 x 轴正交的平行 y、z 轴方向的剪应力
τ_{yz},τ_{yx}	与 y 轴正交的平行 z、x 轴方向的剪应力
τ_{zx},τ_{zy}	与 z 轴正交的平行 x、y 轴方向的剪应力
τ_0	常量剪应力
$\varepsilon_x,\varepsilon_y,\varepsilon_z$	x、y、z 轴方向正应变
$\gamma_{xy},\gamma_{yz},\gamma_{zx}$	x 轴与 y 轴、y 轴与 z 轴、z 轴与 x 轴之间的剪应变
a,b,l,h,t	长度尺寸
I	梁截面惯性矩
D	板弯曲刚度
E	材料弹性模量
G	材料剪变模量
μ	材料泊松比
$\overline{m}$	板单位面积质量
q	分布荷载集度
F,R	集中力、角点力、支反力
$\overline{G}$	重力荷载
M	弯矩
V	剪力
F_x,F_y,F_z	x、y、z 轴方向体力分量
M_x,M_y	垂直 x、y 轴侧面上单位宽度内弯矩
M_{xy},M_{yx}	垂直 x、y 轴侧面上单位宽度内扭矩

Q_x, Q_y	垂直 x、y 轴侧面上单位宽度内竖向剪力
V_x, V_y	垂直 x、y 轴侧面上单位宽度内总剪力
Δ	梁端点、板角点或点支座处位移
d_0, d_1, d_2	刚体转动、x 轴向刚体平动、y 轴向刚体平动位移常数
ω	板振动圆频率
κ	板振动特征值
A_m, B_m, C_m, D_m	与取项数为 m 的三角级数相关联的待定系数
E_n, F_n, G_n, H_n	与取项数为 n 的三角级数相关联的待定系数
$b_{m1}, b_{m2}, \cdots$	以坐标 x 为变量的函数对取项数为 m 的正交三角级数的展开系数
$a_{n1}, a_{n2}, \cdots$	以坐标 y 为变量的函数对取项数为 n 的正交三角级数的展开系数
d_{m0}, d_{m1}, d_{m2}	函数 x^0、x^1、x^2 对取项数为 m 的正交三角级数的展开系数
c_{n0}, c_{n1}, c_{n2}	函数 y^0、y^1、y^2 对取项数为 n 的正交三角级数的展开系数

目　　录

第1章　求解方法概述 …… 1

1.1　梁弯曲挠度计算讨论 …… 1

1.1.1　弯曲问题分类理念 …… 1

1.1.2　梁内荷载级数特解 …… 4

1.1.3　梁端外界作用特解 …… 7

1.2　梁弯曲挠度计算的启示 …… 15

1.2.1　广义静定和广义超静定问题分类 …… 15

1.2.2　外界作用格式化 …… 16

1.2.3　微分方程解 …… 18

1.3　级数正交性及函数的级数展开 …… 19

1.4　结语 …… 23

第2章　弹性薄板弯曲 …… 25

2.1　弹性力学的基本方程 …… 25

2.1.1　平衡微分方程 …… 25

2.1.2　几何方程 …… 27

2.1.3　物理方程 …… 28

2.1.4　弹性力学问题解 …… 28

2.2　薄板小挠度弯曲平衡微分方程 …… 29

2.2.1　薄板弯曲计算假定 …… 29

2.2.2　板弯曲平衡微分方程 …… 30

2.3　薄板横截面内力和边界条件 …… 33

2.3.1　横截面内力与挠度 w 相关式 …… 33

2.3.2　扭矩的等效剪力 …… 35

2.3.3　边界条件 …… 36

2.4 矩形边界薄板弯曲经典解法…… 39
2.4.1 四边简支板纳维叶解 …… 39
2.4.2 莱维解法 …… 40
2.4.3 经典叠加法 …… 42
2.5 矩形边界薄板弯曲统一解法基本思路…… 46
2.5.1 广义静定弯曲与广义超静定弯曲分类 …… 46
2.5.2 外界作用连续化、格式化…… 46
2.5.3 广义静定弯曲求解方法 …… 47
2.5.4 广义超静定弯曲求解方法 …… 52
2.6 四边支承矩形板…… 52
2.6.1 通解和级数特解 …… 52
2.6.2 边界条件对应的线性方程组 …… 54
2.6.3 线性方程组系数行列式 …… 56
2.6.4 多项式特解 …… 57
2.6.5 通用规则 …… 58
2.7 三边支承、一边非支承矩形板 …… 60
2.7.1 通解和级数特解 …… 61
2.7.2 边界条件对应的线性方程组 …… 62
2.7.3 多项式特解 …… 63
2.8 一对边支承、一对边非支承矩形板 …… 67
2.8.1 通解和级数特解 …… 67
2.8.2 边界条件对应的线性方程组 …… 69
2.8.3 多项式特解 …… 70
2.9 二邻边支承、二邻边非支承矩形板 …… 72
2.9.1 通解和级数特解 …… 72
2.9.2 边界条件对应的线性方程组 …… 74
2.9.3 多项式特解 …… 75
2.10 一边支承、三边非支承矩形板…… 76
2.10.1 通解和级数特解 …… 77
2.10.2 边界条件对应的线性方程组 …… 79
2.10.3 求解待定系数 …… 79
2.10.4 多项式特解 …… 80

2.11 四边非支承矩形板 …… 85
2.11.1 通解和级数特解 …… 85
2.11.2 边界条件对应的线性方程组 …… 88
2.11.3 求解待定系数 …… 88
2.12 逆向命题验算 …… 91
2.13 结语 …… 96

第3章 平面问题 …… 97
3.1 平面问题基本方程和边界条件 …… 97
3.1.1 两种平面问题 …… 97
3.1.2 平面问题平衡方程 几何方程 物理方程 …… 98
3.1.3 变形协调方程 …… 99
3.1.4 边界条件 …… 101
3.2 平面问题求解理念和方法 …… 103
3.2.1 广义静定问题与广义超静定问题分类 …… 103
3.2.2 外界作用连续化 格式化 …… 103
3.2.3 平面问题解的构成及求解特点 …… 103
3.2.4 广义静定问题求解方法 …… 105
3.2.5 广义超静定问题求解方法 …… 106
3.3 角点力作用应力解 …… 107
3.3.1 角点力作用下角部微元受力特征 …… 107
3.3.2 隔离体平衡法 …… 108
3.3.3 F_{Oy}作用应力解 …… 109
3.3.4 F_{By}作用应力解 …… 111
3.3.5 F_{Ay}作用应力解 …… 112
3.3.6 F_{Cy}作用应力解 …… 113
3.4 体力作用应力解 …… 114
3.4.1 体力作用格式化 …… 114
3.4.2 求解体力作用应力解 …… 116
3.5 计算边值条件解 …… 121
3.5.1 应力函数解的组成 …… 121
3.5.2 应力函数通解 …… 121
3.5.3 应力函数特解 …… 124
3.5.4 计算边值条件对应的线性方程 …… 125

3.6 四边法向自由平面问题 …… 127
3.6.1 应力函数 …… 128
3.6.2 计算边值条件对应的方程 …… 129
3.6.3 通用规则 …… 132
3.7 一边法向支承平面问题 …… 139
3.7.1 $Nx1$-$Ny2$ 类平面问题应力函数 …… 140
3.7.2 $Nx1$-$Ny2$ 类平面问题计算边值条件对应的方程 …… 141
3.7.3 通用规则 …… 144
3.8 一对边法向支承平面问题 …… 153
3.8.1 $Nx4$-$Ny1$ 类平面问题应力函数 …… 154
3.8.2 $Nx4$-$Ny1$ 类平面问题计算边值条件对应的方程 …… 155
3.9 二邻边法向支承平面问题 …… 163
3.9.1 $Nx2$-$Ny2$ 类平面问题应力函数 …… 164
3.9.2 $Nx2$-$Ny2$ 类平面问题计算边值条件对应的方程 …… 165
3.10 三边法向支承平面问题 …… 171
3.10.1 $Nx4$-$Ny2$ 类平面问题应力函数 …… 172
3.10.2 $Nx4$-$Ny2$ 类平面问题计算边值条件对应的方程 …… 173
3.11 四边法向支承平面问题 …… 179
3.11.1 应力函数 …… 180
3.11.2 计算边值条件对应的方程 …… 181
3.12 结语 …… 187

第 4 章 弹性薄板自由振动 …… 189
4.1 板自由振动微分方程 …… 189
4.2 无点支承的矩形板 …… 190
4.2.1 基本思路 …… 190
4.2.2 振形曲面 …… 191
4.2.3 振形曲面的正交性 …… 193
4.2.4 降低频率方程行列式阶数 …… 194
4.3 非角点支承的矩形板 …… 203
4.3.1 边界内设有点支座 …… 204
4.3.2 边界上设有点支座 …… 206
4.4 角点支承的矩形板 …… 208
4.4.1 基本思路 …… 209

4.4.2 一边和一角点支承的矩形板 …… 209
4.4.3 利用对称性分析一边和二角点支承的矩形板 …… 212
4.4.4 二邻边和一角点支承的矩形板 …… 216
4.4.5 单角点、多角点支承的四边非支承矩形板 …… 218
4.4.6 四角点支承对称分布的四边非支承矩形板 …… 223
4.5 结语 …… 227

附录A 常见函数的三角级数展开系数 …… 228
A.1 函数在[0,a]区间展开为级数 $\sum_{m=1,2,\cdots}\sin\alpha_m x$、$\alpha_m=\frac{m\pi}{a}$ …… 228
A.2 函数在[0,a]区间展开为级数 $\sum_{m=0,1,\cdots}\cos\alpha_m x$、$\alpha_m=\frac{m\pi}{a}$ …… 229
A.3 函数在[0,a]区间展开为级数 $\sum_{m=1,3,\cdots}\sin\lambda_m x$、$\lambda_m=\frac{m\pi}{2a}$ …… 230
A.4 函数在[0,a]区间展开为级数 $\sum_{m=1,3,\cdots}\cos\lambda_m x$、$\lambda_m=\frac{m\pi}{2a}$ …… 231
A.5 函数在[0,b]区间展开为级数 $\sum_{n=1,2,\cdots}\sin\beta_n y$、$\beta_n=\frac{n\pi}{b}$ …… 232
A.6 函数在[0,b]区间展开为级数 $\sum_{n=0,1,\cdots}\cos\beta_n y$、$\beta_n=\frac{n\pi}{b}$ …… 233
A.7 函数在[0,b]区间展开为级数 $\sum_{n=1,3,\cdots}\sin\gamma_n y$、$\gamma_n=\frac{n\pi}{2b}$ …… 235
A.8 函数在[0,b]区间展开为级数 $\sum_{n=1,3,\cdots}\cos\gamma_n y$、$\gamma_n=\frac{n\pi}{2b}$ …… 236

附录B x轴向角点力作用应力解 …… 237
B.1 F_{Ox}作用 …… 237
B.2 F_{Bx}作用 …… 238
B.3 F_{Ax}作用 …… 239
B.4 F_{Cx}作用 …… 239

附录C 体力 F_y 作用应力解 …… 240
C.1 图 C.1(a)所示 $Ny1$-$Px1$ 类平面问题 …… 241
C.2 图 C.1(b)所示 $Ny1$-$Px2$ 类平面问题 …… 241
C.3 图 C.1(c)所示 $Ny1$-$Px3$ 类平面问题 …… 242

C.4 图 C.1(d)所示 $Ny1$-$Px4$ 类平面问题 …… 242
C.5 图 C.1(e)所示 $Ny2$-$Px1$ 类平面问题 …… 243
C.6 图 C.1(f)所示 $Ny2$-$Px2$ 类平面问题 …… 244
C.7 图 C.1(g)所示 $Ny2$-$Px3$ 类平面问题 …… 244
C.8 图 C.1(h)所示 $Ny2$-$Px4$ 类平面问题 …… 245
C.9 图 C.1(i)所示 $Ny3$-$Px1$ 类平面问题 …… 245
C.10 图 C.1(j)所示 $Ny3$-$Px2$ 类平面问题 …… 246
C.11 图 C.1(k)所示 $Ny3$-$Px3$ 类平面问题 …… 246
C.12 图 C.1(l)所示 $Ny3$-$Px4$ 类平面问题 …… 247
C.13 图 C.1(m)所示 $Ny4$-$Px1$ 类平面问题 …… 247
C.14 图 C.1(n)所示 $Ny4$-$Px2$ 类平面问题 …… 248
C.15 图 C.1(o)所示 $Ny4$-$Px3$ 类平面问题 …… 248
C.16 图 C.1(p)所示 $Ny4$-$Px4$ 类平面问题 …… 249

附录D 试算法确定平面问题特解 φ_{21}、φ_{22} …… 250
D.1 构造规则 …… 250
D.2 构造方法 …… 250
D.3 构造特解 φ_{21x}、φ_{22x} …… 252
D.4 构造特解 φ_{21y}、φ_{22y} …… 255

附录E 振形曲面正交性推导示例 …… 258
E.1 基本方法 …… 258
E.2 由三角函数特性和边界挠度 剪力条件计算R_1 …… 260
E.3 由边界弯矩 转角条件计算R_1 …… 264
E.4 由三角函数特性和边界挠度 剪力条件计算R_2、R_3 …… 265
E.5 由边界弯矩 转角条件计算R_2、R_3 …… 267

附录 F 矩形板附加振形推导示例 …… 271

参考文献 …… 273

第 1 章 求解方法概述

1.1 梁弯曲挠度计算讨论

1.1.1 弯曲问题分类理念

图 1.1(a)表示梁的弯曲受力，梁跨度为 a，承受荷载 $q(x)$。设坐标 x 处挠度为 $y(x)$，$y(x)$、$q(x)$正方向见图 1.1(a)所示。忽略剪切变形，梁挠曲平衡微分方程为

$$\frac{\mathrm{d}^4 y(x)}{\mathrm{d}x^4} = \frac{q(x)}{EI} \tag{1.1}$$

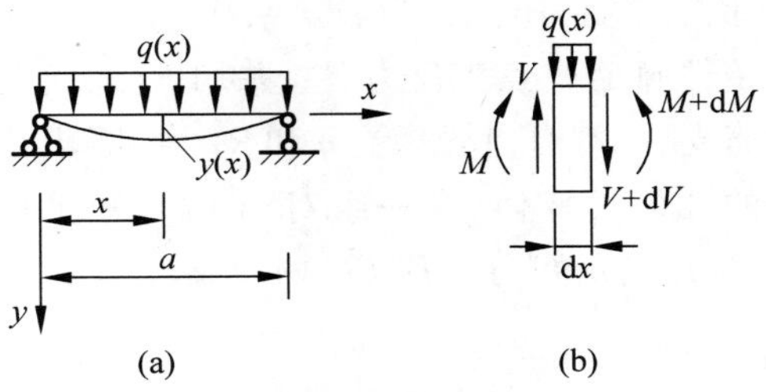

图 1.1　梁的弯曲受力

梁内力与挠度微分关系为$\frac{\mathrm{d}^2 y(x)}{\mathrm{d}x^2} = -\frac{M(x)}{EI}$，$\frac{\mathrm{d}^3 y(x)}{\mathrm{d}x^3} = -\frac{V(x)}{EI}$。$EI$ 为梁的弯曲刚度；弯矩 $M(x)$、剪力 $V(x)$正方向如图 1.1(b)所示。

式(1.1)为四阶微分方程，其解由齐次方程通解 y_1 和非齐次方程特解 y_2 组成，即

$$y = y_1 + y_2 \tag{1.2}$$

$$y_1 = c_1 + c_2 x + c_3 x^2 + c_4 x^3 \tag{1.3}$$

$$y_2 = \frac{1}{EI}\int_0^x \int_0^x \int_0^x \int_0^x q(x)\mathrm{d}x \tag{1.4}$$

式(1.3)中待定常数 c_1、c_2、c_3、c_4 由求解条件确定。

图1.2(a)为两端简支梁，为静定结构；图1.2(b)为两端固定梁，为超静定结构；承受均布荷载 q，特解 $y_2=\frac{qx^4}{24EI}$。利用梁端条件都可以确定通解中待定常数值。可见，对式(1.1)而言，静定与超静定结构分类理念已不再适用。这是因为式(1.1)综合了平衡方程、几何方程(平截面假定)和物理方理(虎克定律)而成，梁端力的条件和位移条件是等效的。不管是简支端、固定端、自由端、滑移端，每个梁端均可以提供两个已知的边界条件，相互独立的边界条件与待定常数数量相等，求解条件是完备的。

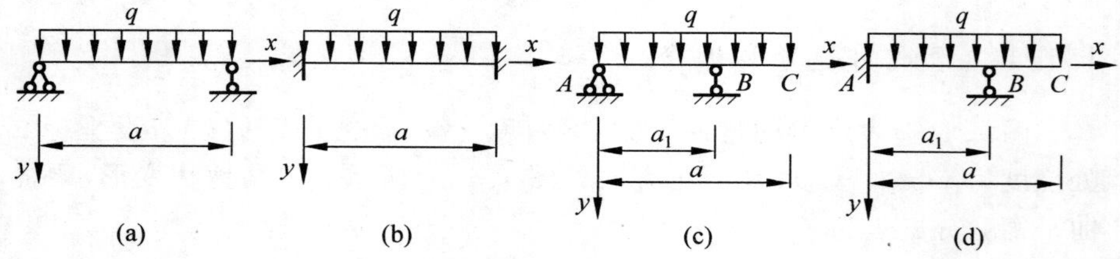

图1.2 梁的弯曲

图1.2(c)为带悬臂端简支梁，为静定结构，承受均布荷载 q。计算时，先利用静力平衡条件确定 B 点支反力 R_B，并用 R_B 取代点支座(链杆支座)；计算简图为一端简支、一端自由梁承受 q 和 R_B 共同作用。这是一个绕 A 端可进行刚体转动的几何可变体、在一组对 A 端弯矩平衡力系作用下的弯曲。由初参数法，挠度特解可分 AB、BC 两个梁段：

AB 段($0\leqslant x\leqslant a_1$) $y_2=\frac{qx^4}{24EI}$

BC 段($a_1\leqslant x\leqslant a$) $y_2=\frac{qx^4}{24EI}+\frac{R_B}{6EI}(x-a_1)^3$

式中 $R_B=-\frac{qa^2}{2a_1}$(负号表示力的方向与 y 轴正方向相反)。梁端条件对应的方程为：

$x=0$ 时，$y(x)=0$；有 $c_1=0$

$x=0$ 时，$M(x)=0$；有 $c_3=0$

$x=a$ 时，$M(x)=0$；有 $2c_3+6c_4a+\frac{qa^2}{2EI}+\frac{R_B}{EI}(a-a_1)=0$

$x=a$ 时，$V(x)=0$；有 $6c_4+\frac{qa}{EI}+\frac{R_B}{EI}=0$

上述四个方程中均不包含 c_2；代入 R_B 值后，第 3 个方程与第 4 个方程相同。说明梁端条件对应的四个方程中只有三个方程线性无关，由此可解出三个待定系数 c_1、c_3、c_4。

$$c_1=0,\quad c_3=0,\quad c_4=\frac{qa}{12EIa_1}(a-2a_1)$$

于是有

$$y=c_2x+\frac{qa}{12EIa_1}(a-2a_1)x^3+y_2$$

式中后两项代表几何可变体在这组平衡力系作用下的相对变形。引入 B 支座位移条件：$x=a_1$ 时 $y=0$，相应方程为

$$c_2a_1+\frac{qa}{12EIa_1}(a-2a_1)a_1^3+\frac{qa_1^4}{24EI}=0$$

解出待定常数 c_2 后，梁挠度通解完全确定。由于特解 y_2 不同，AB、BC 段有不同的挠度表达式。

该算例表明，当梁内(不包括梁端)存在点支座但其反力可以由静力平衡条件确定时，用支反力取代点支座，利用梁端条件和点支座处位移条件仍可以得到与待定常数数量相等的、相互独立的方程。

图 1.2(d)为带悬臂的固端梁，为超静定结构。在均布荷载 q 作用下，由于 B 点反力不能利用平衡条件确定，上述计算过程无法复制。可见，当梁内存在点支座且支反力无法确定时是不能利用梁端条件和点支座位移、支反力条件直接求解。这是因为梁弯曲微分方程式(1.1)综合了梁微元两个平衡条件、平截面假定、虎克定律四个方程，涉及正应力(或弯矩)、剪力、正应变和截面曲率四个物理量，涉及的物理量和综合的方程数量相等，微分方程有解。求解条件完备时就能利用求解条件直接求解，否则就不能直接求解。

求解条件完备的标志是所有外界作用都是清晰、明确的。外界作用有三种形式(或途径)：①梁内荷载 $q(x)$作用。②梁端作用。指外界作用于梁端的竖向位移、转角、竖向集中力、弯矩。③梁内点支座产生的约束作用。其中前两种外界作用都是清晰、明确的；约束作用包括点支座产生的位移和支反力，通常位移是明确的，但支反力有两种可能：当支反力可以用静力平衡条件确定时，求解条件是完备的；否则是不完备的。

对梁弯曲而言，当梁内无点支座或有点支座但其反力可以由静力平衡

条件确定时求解条件完备，为广义静定问题；否则为广义超静定问题。前者可以由梁端条件和梁内点支座反力和位移条件直接求解，后者用叠加法求解。这种分类理念可以消除传统分类方法带来的种种不便与困惑。

1.1.2　梁内荷载级数特解

当荷载 $q(x)$ 在整个梁内处处连续、处处可导、为单一的函数表达式时，梁有一个特解。在多数情况下，由于荷载的多样性，不同的梁段有不同的特解形式，并导致不同的挠度、内力表达式，使计算复杂化。如果希望在任意荷载条件下整个梁只有一个特解，须将梁内荷载先进行连续化、格式化处理，再确定相应特解。

将梁内荷载(包括梁内点支座反力，不包括作用在梁端集中力)一律转化为三角级数表达式。它形式单一，在梁长范围内连续且处处可导。三角级数必须是完整的正交三角函数族。设梁长为 a，在 $[0,a]$ 区间内级数 $\sum\limits_{m=1,2,\cdots}\sin\dfrac{m\pi x}{a}$，$\sum\limits_{m=1,3,\cdots}\sin\dfrac{m\pi x}{2a}$，$\sum\limits_{m=1,3,\cdots}\cos\lambda_m x$，$\sum\limits_{m=0,1,\cdots}\cos\dfrac{m\pi x}{a}$ 均满足要求。级数表达式必须能完整地包含原函数的全部内容或全部作用效应。要根据梁端支承条件选择合理的三角函数。

梁的支承有简支端、固定端、自由端、滑移端。它们又可以分为两大类：支承端(简支端、固定端)和非支承端(自由端、滑移端)。梁的支承端和非支承端彼此有不同的、各自有相同的外界作用形式，前者为支座位移，后者为梁端集中力。在没有外界作用的原生状态下，彼此有不同的、各自有相同的固有边界条件，前者挠度为零值，后者剪力为零。在梁内荷载 $q(x)$ 作用下，彼此有不同的、各自有相同的作用效应，前者为支座反力，后者为梁端挠度。

根据梁端支承条件，梁内荷载 $q(x)$ 格式化方法为：

(1) 对两端支承梁

$$q(x)=\sum_{m=1,2,\cdots}S_m\sin\alpha_m x \tag{1.5}$$

式中 $\alpha_m=\dfrac{m\pi}{a}$。a 为梁的长度(或跨度)，S_m 为展开系数。

荷载 $q(x)$ 在 $x=0$ 和 $x=a$ 梁端有函数值 $q(0)$ 和 $q(a)$，而级数展开式在 $x=0$ 和 $x=a$ 时均为零值，无法包含函数值 $q(0)$ 和 $q(a)$。但由于梁端荷载可由梁端支座直接传递，因而式(1.5)并不影响 $q(x)$ 的作用效应。两端支承梁的荷载要采用函数为 $\sin\alpha_m x$ 的三角级数而不是其他函数级数，可由以下两方面给予解释：

其一，荷载作用效应变化规律与级数主波形相似。两端支承梁，荷载由两端支座传递，荷载越靠近梁端，传力途径越短，传力越直接，对梁产生的作用效应（内力、应力、形变、位移）越小；而跨中荷载，传力途径长，作用效应大。作用效应呈现跨中大、梁端小的分布特点，这与级数主波形 $m=1$ 时 $\sin\frac{\pi x}{a}$ 曲线形状相似。

其二，计算简图在 $q(x)$ 作用下的挠度曲线（或位移形态）与级数主波形相近。两端支承梁，当 $q(x)$ 采用式（1.5）级数展开式时，相应特解为

$$y_2 = \sum_{m=1,2,\cdots} \frac{S_m}{EI\alpha_m^4}\sin\alpha_m x \tag{1.6}$$

特解级数与荷载展开式具有相同的三角函数类型，其主波形 $m=1$ 时 $\sin\frac{\pi x}{a}$ 的曲线形状与荷载作用下两端支承梁挠度曲线相近。

（2）左端支承、右端非支承梁

$$\begin{cases} q(x) = \sum\limits_{m=1,3,\cdots} S_m\sin\lambda_m x \\ y_2 = \sum\limits_{m=1,3,\cdots} \dfrac{S_m}{EI\lambda_m^4}\sin\lambda_m x \end{cases} \tag{1.7}$$

式中 $\lambda_m=\frac{m\pi}{2a}$。$a$ 为梁长，S_m 为展开系数。

$q(x)$ 的级数表达式无法包含 $x=0$ 梁端荷载值 $q(0)$，由于 $q(0)$ 可由梁左端支座直接传递，因此式（1.7）可以包含 $q(x)$ 的全部作用效应。

左端固定、右端自由的悬臂梁属于这种类型。靠近梁左端荷载传力途径短，作用效应小，靠近悬臂端的荷载传力途径长，作用效应大。荷载作用效应变化规律及荷载作用下梁挠度曲线都与级数主波形 $m=1$ 时 $\sin\frac{\pi x}{2a}$ 的曲线相近。

图 1.2(c) 所示左端简支、右端自由梁，梁内有点支座，它也属于这种类型。计算时要撤去点支座而代之以支反力。计算简图为一端简支、一端自由梁承受梁上均布荷载 q 和支反力 R_B 共同作用，荷载 q 和支反力 R_B 组成式（1.7）中 $q(x)$。由前文分析知，这是一个几何可变体在一组对梁左端弯矩平衡力系作用下的弯曲，其主要位移是绕梁端的刚体转动，位移形态与级数主波形 $m=1$ 时 $\sin\frac{\pi x}{2a}$ 的曲线形状相近。

（3）左端非支承、右端支承梁

$$\begin{cases} q(x) = \sum\limits_{m=1,3,\cdots} S_m \cos\lambda_m x \\ y_2 = \sum\limits_{m=1,3,\cdots} \dfrac{S_m}{EI\lambda_m^4} \cos\lambda_m x \end{cases} \tag{1.8}$$

式中 $\lambda_m = \dfrac{m\pi}{2a}$。$a$ 为梁长，S_m 为展开系数。

梁端支承条件和左端支承、右端非支承梁相反。荷载和特解级数中三角函数由式(1.7)中 $\sin\lambda_m x$ 变为 $\cos\lambda_m x$。级数表达式可以包容 $q(x)$ 的全部作用效应，荷载作用效应变化规律和荷载作用下梁挠度曲线与级数主波形 $m=1$ 时 $\cos\dfrac{\pi x}{2a}$ 的曲线相近。

（4）两端非支承梁

$$\begin{cases} q(x) = \sum\limits_{m=0,1,\cdots} S_m \cos\alpha_m x = S_0 + \sum\limits_{m=1,2,\cdots} S_m \cos\alpha_m x \\ y_2 = \dfrac{S_0 x^4}{24EI} + \sum\limits_{m=1,2} \dfrac{S_m}{EI\alpha_m^4} \cos\alpha_m x \end{cases} \tag{1.9}$$

式中 $\alpha_m = \dfrac{m\pi}{a}$，$m=0,1,2,\cdots$。$a$ 为梁长，S_m 为展开系数。S_0 为 $m=0$ 时 S_m，其物理意义为梁内荷载平均值。当梁端无集中力作用时，梁内荷载为一平衡力系，有 $S_0=0$，否则 $S_0 \neq 0$。

两端非支承梁，梁内一定有点支座，计算时先用静力平衡条件计算支反力，并取代点支座，计算简图为一悬空梁承受一组平衡力系作用。由竖向平移和转动组成的刚体位移是计算简图的主要位移，其形态与级数主波形 $m=0$ 时的直线相近。

将 $q(x)$ 展成三角级数表达式，可得相同类型级数特解，见式(1.6)和式(1.7)、式(1.8)、式(1.9)中第2式。特解呈现以下位移和受力特点：在支承端，级数为零值，级数的三阶导数不为零，表示特解对应的挠度为零值，对应的剪力不为零；在非支承端，级数不为零，但三阶导数为零值(对式(1.9)为 $S_0=0$ 的情况)，表示特解对应的挠度不为零值，对应的剪力为零。特解符合梁端挠度和剪力固有的(原生状态下)边界条件，也符合 $q(x)$ 作用下梁端挠度和剪力分布规律。

梁端挠度和剪力之所以要特别关注是因为式(1.1)所示梁挠曲平衡微分方程实质上是以挠度为参数表示的梁微元竖向力的平衡，挠度和竖向力是与微分方程直接关联的物理量。关注挠度和竖向力是关注求解方法与建模理论的和谐统一。

梁内荷载 $q(x)$不包括作用在梁端的竖向集中力，这是因为 $q(x)$是指梁微元 dx 范围内作用的分布荷载，见图 1.1(a)所示。梁端集中力无法转换为微元上分布力，属于梁端外界作用的范畴。

引入梁端边界条件和其他求解条件可以建立以待定常数 c_1、c_2、c_3、c_4为未知量的线性方程。方程分两类，一类与特解级数有关，另一类无关。由于计算时级数只能取有限项，而不是无限项，因此前一类方程只能表示各项之间近似关系，后一类方程才能表示未知量之间精确的对应关系。支承端挠度条件和非支承端剪力条件对应的方程一定是后一类，且每个梁端至少有一个。

1.1.3 梁端外界作用特解

当梁仅承受梁端作用时，即 $q(x)=0$，式(1.1)右端项为零值。从数学的观点看，齐次微分方程只有通解而无须特解，但这并不表示不能有特解。梁弯曲微分方程是由梁内任一微元体的受力分析综合而成。与微分方程直接关联的外界作用只有梁内荷载；但方程解除满足微分方程外，还必须满足这些形式上无关联的梁端作用条件。如果我们将支承端的位移和非支承端的集中力这两种外界作用通过特解的形式表示其特有的作用效应，计算可能更便捷。为避免混淆，将式(1.6)、(1.7)、(1.8)、(1.9)表示的$q(x)$特解记为 y_{21}。梁端作用特解记为 y_{22}。由梁端支承条件，y_{22}有以下四种形式：

两端支承梁，当有梁端作用时，相应特解为

$$y_{22}=\Delta_1+\frac{(\Delta_2-\Delta_1)x}{a} \tag{1.10}$$

Δ_1、Δ_2分别为梁左端和右端竖向位移(向下为正)。

左端支承、右端非支承梁，当有梁端作用时，相应特解为

$$y_{22}=\Delta_1-\frac{F_2x^3}{6EI} \tag{1.11}$$

Δ_1为支承端($x=0$)竖向位移，F_2为非支承端($x=a$)集中力(向下为正)。

左端非支承、右端支承梁，当有梁端作用时，相应特解为

$$y_{22}=\frac{F_1\ (x-a)^3}{6EI}+\Delta_2 \tag{1.12}$$

Δ_2为支承端($x=a$)竖向位移，F_1为非支承端($x=0$)集中力(向下为正)。

两端非支承梁，当有梁端作用时，相应特解为

$$y_{22} = -\frac{F_1(x-a)^4}{24EIa} - \frac{F_2x^4}{24EIa} \tag{1.13}$$

F_1、F_2分别为左端和右端作用的集中力(向下为正)。

分析式(1.10)、式(1.11)、式(1.12)、式(1.13)可以看出梁端作用特解y_{22}除满足各自作用条件外,还具有以下特点:①位移特解在非支承端对应的剪力为零值。②集中力特解在支承端对应的位移为零值。它们之间互不干扰。同时除式(1.13)外,其余特解还满足式(1.1)对应的齐次微分方程;这表示引入这些特解不影响梁内荷载$q(x)$的作用效应。对两端非支承梁,当引入式(1.13)特解y_{22}时,由于$\frac{\mathrm{d}^4y_{22}}{\mathrm{d}x^4}=-\frac{F_1+F_2}{EIa}$,相当于在梁跨内又作用了$q_1=-\frac{F_1+F_2}{a}$的均布荷载。为消除影响,荷载$q(x)$对应的特解$y_{21}$(见式(1.9)第2式)要增加修正项$\frac{(F_1+F_2)x^4}{24EIa}$。该项可与式(1.9)所示特解中的$S_0$项合并。这样,特解$y_2=y_{21}+y_{22}$仍满足式(1.1)要求。

梁端作用特解y_{22}与梁内荷载级数特解y_{21}是相互协调、互为补充的。同时使用时可以体现各自外界作用特有的作用效应。图1.2(a)所示两端简支梁,荷载$q=0$,特解$y_{21}=0$。当左端支座有位移Δ_1、作用弯矩M_1,右端支座有位移Δ_2、作用弯矩M_2时,若不考虑特解y_{22},$y=y_1$。边界条件对应的方程为

$$\begin{cases} x=0:y=\Delta_1,c_1=\Delta_1 \\ x=a:y=\Delta_2,c_1+c_2a+c_3a^2+c_4a^3=\Delta_2 \\ x=0:M=M_1,-2EIc_3=M_1 \\ x=a:M=M_2,-EI(2c_3+6c_4a)=M_2 \end{cases} \tag{1.14}$$

解之

$$y=\Delta_1+\left(\frac{\Delta_2-\Delta_1}{a}\right)x+\frac{(2M_1+M_2)ax}{6EI}-\frac{M_1x^2}{2EI}+\frac{(M_1-M_2)x^3}{6EIa} \tag{1.15}$$

当考虑式(1.10)所示梁端位移特解y_{22}时,有$y=y_1+y_{22}$,边界条件对应的方程为

$$\begin{cases} x=0:y=\Delta_1,c_1=0 \\ x=a:y=\Delta_2,c_1+c_2a+c_3a^2+c_4a^3=0 \\ x=0:M=M_1,-2EIc_3=M_1 \\ x=a:M=M_2,-EI(2c_3+6c_4a)=M_2 \end{cases} \tag{1.16}$$

比较式(1.16)和式(1.14)可知,引入特解 y_{22} 后,支承端位移条件对应的方程(式中前两式)左端项相同,而右端项从原来的梁端位移值变为零。解之,挠度 y 相同,见式(1.15)。显然求解式(1.16)要比式(1.14)更方便。这种改变对梁弯曲计算而言意义不大,但在弹性力学问题的计算中,引入边界作用特解可以明显提高数值计算精度。

【算例 1.1】 分析比较两端支承梁采用多项式特解和级数特解时对应的挠曲线和弯矩分布。已知梁长为 a,承受均布荷载 q。

解: 两端支承梁有 4 种不同的支承条件。均布荷载 q 作用下,当采用多项式特解时,挠度解为

$$y = c_1 + c_2 x + c_3 x^2 + c_4 x^3 + \frac{qx^4}{24EI}$$

当采用级数特解时,挠度解为

$$y = c_1 + c_2 x + c_3 x^2 + c_4 x^3 + \frac{1}{EI}\sum_{m=1,2,\cdots} \frac{2q}{\alpha_m^5 a}(1-\cos m\pi)\sin\alpha_m x$$

式中 $\alpha_m = \dfrac{m\pi}{a}$。$c_1$、$c_2$、$c_3$、$c_4$ 由梁端支承条件确定。

(1) 图 1.2(a)所示两端简支梁

采用多项式特解,有

$$\begin{cases} y = \dfrac{q}{24EI}(x^4 - 2ax^3 + a^3 x) \\ M = -\dfrac{q}{2}(x^2 - ax) \end{cases} \tag{a}$$

采用级数特解,有

$$\begin{cases} y = \dfrac{1}{EI}\displaystyle\sum_{m=1,2,\cdots} \frac{2q}{\alpha_m^5 a}(1-\cos m\pi)\sin\alpha_m x \\ M = \displaystyle\sum_{m=1,2,\cdots} \frac{2q}{\alpha_m^3 a}(1-\cos m\pi)\sin\alpha_m x \end{cases}$$

$m=2,4,6,\cdots$时,$(1-\cos m\pi)=0$,$m=1,3,5,\cdots$时,$(1-\cos m\pi)=2$。上式可改写为:

$$\begin{cases} y = \dfrac{1}{EI}\displaystyle\sum_{m=1,3,\cdots} \frac{4q}{\alpha_m^5 a}\sin\alpha_m x \\ M = \displaystyle\sum_{m=1,3,\cdots} \frac{4q}{\alpha_m^3 a}\sin\alpha_m x \end{cases} \tag{b}$$

级数取 $m=1,3,5$ 共 3 项时,式(a)和式(b)结果的前 4 位有效数字相同。实际上,这两种挠曲线表达式是一致的,式(b)就是式(a)的级数展开式。

(2) 图1.2(b)所示两端固定梁

采用多项式特解时，有

$$\begin{cases} y = \dfrac{q}{24EI}(x^4 - 2ax^3 + a^2x^2) \\ M = -\dfrac{q}{12}(6x^2 - 6ax + a^2) \end{cases}$$

采用级数特解并考虑 m 取奇、偶数时 $(1-\cos m\pi)$ 变化，有

$$\begin{cases} y = \dfrac{1}{EI}\sum\limits_{m=1,3,\cdots} \dfrac{4q}{\alpha_m^4 a}\left(\dfrac{x^2}{a} - x + \dfrac{\sin\alpha_m x}{\alpha_m}\right) \\ M = -\sum\limits_{m=1,3,\cdots} \dfrac{4q}{\alpha_m^4 a}\left(\dfrac{2}{a} - \alpha_m \sin\alpha_m x\right) \end{cases} \tag{c}$$

(3) 左端简支、右端固定梁

采用多项式特解时，得

$$\begin{cases} y = \dfrac{q}{48EI}(2x^4 - 3ax^3 + a^3x) \\ M = -\dfrac{q}{8}(4x^2 - 3ax) \end{cases}$$

采用级数特解并考虑 m 取奇、偶数时 $(1-\cos m\pi)$ 变化，有

$$\begin{cases} y = \dfrac{1}{EI}\sum\limits_{m=1,3,\cdots} \dfrac{4q}{\alpha_m^4 a}\left(\dfrac{x^3}{2a^2} - \dfrac{x}{2} + \dfrac{\sin\alpha_m x}{\alpha_m}\right) \\ M = -\sum\limits_{m=1,3,\cdots} \dfrac{4q}{\alpha_m^4 a}\left(\dfrac{3x}{a^2} - \alpha_m \sin\alpha_m x\right) \end{cases}$$

(4) 左端固定、右端简支梁(略)。

后三种支承条件下，两种特解对应的梁挠度和弯矩表达式形式上似乎不同；但利用式(a)、式(b)和数学转换式：$\sum\limits_{m=1,3,\cdots} \dfrac{1}{m^4\pi^4} = \dfrac{1}{96}$，两种解可以相互转换。

【算例1.2】 用级数特解计算图1.3梁挠度和弯矩，已知梁长为 l。

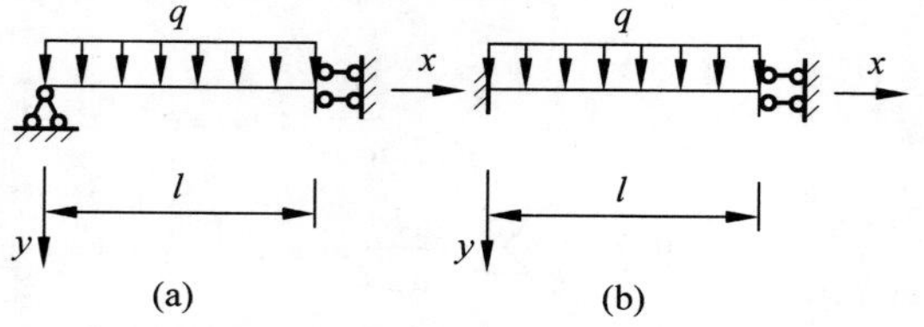

图1.3　一端支承、一端非支承梁

解：(1) 图 1.3(a)：左端简支、右端滑移梁，承受均布荷载 q

当利用对称性分析图 1.2(a)梁受力时，它可以作为相应的计算简图。这时，梁长 $l=a/2$，a 为图 1.2(a)梁跨度。

将荷载在$[0,l]$区间内展开为级数 $\sum\limits_{m=1,3,\cdots}\sin\lambda_m x$，$\lambda_m=\dfrac{m\pi}{2l}$。由式(1.7)得，

$$\begin{cases} q=\sum\limits_{m=1,3,\cdots}\dfrac{2q}{\lambda_m l}\sin\lambda_m x \\ y_2=\dfrac{1}{EI}\sum\limits_{m=1,3,\cdots}\dfrac{2q}{\lambda_m^5 l}\sin\lambda_m x \end{cases} \tag{d}$$

引入梁端四个边界条件，得式(1.3)通解中待定常数全为零值，则

$$\begin{cases} y=\dfrac{1}{EI}\sum\limits_{m=1,3,\cdots}\dfrac{2q}{\lambda_m^5 l}\sin\lambda_m x \\ M=\sum\limits_{m=1,3,\cdots}\dfrac{2q}{\lambda_m^3 l}\sin\lambda_m x \end{cases} \tag{e}$$

取 $l=a/2$，$\lambda_m=\dfrac{m\pi}{2l}=\dfrac{m\pi}{a}=\alpha_m$。代入上式后，式(e)与式(b)完全相同。若采用多项式特解 $y_2=\dfrac{qx^4}{24EI}$，可得多项式挠度解 $y=\dfrac{q}{24EI}(x^4-4lx^3+8l^3x)$。其级数展开式即为式(e)。

(2) 图 1.3(b)：左端固定、右端滑移梁，承受均布荷载 q

当利用对称性分析图 1.2(b)梁受力时，它可以作为相应的计算简图。这时，梁长 $l=a/2$，a 为图 1.2(b)梁跨度。级数特解同式(d)，引入梁端边界条件后，有

$$\begin{cases} y=\dfrac{1}{EI}\sum\limits_{m=1,3,\cdots}\dfrac{2q}{\lambda_m^4 l}\left(\dfrac{x^2}{2l}-x+\dfrac{\sin\lambda_m x}{\lambda_m}\right) \\ M=-\sum\limits_{m=1,3,\cdots}\dfrac{2q}{\lambda_m^4 l}\left(\dfrac{1}{l}-\lambda_m\sin\lambda_m x\right) \end{cases} \tag{f}$$

取 $l=a/2$，$\lambda_m=\dfrac{m\pi}{2l}=\dfrac{m\pi}{a}=\alpha_m$。代入上式后，式(f)与式(c)相同。

算例表明，采用级数特解不影响结构分析时对称性的利用。对跨度为 a 的两端支承梁，特解采用级数 $\sum\limits_{m=1,2,\cdots}\sin\alpha_m x$，$\alpha_m=\dfrac{m\pi}{a}$。当支承条件和荷载条件对称分布时，也可取梁长 $l=a/2$ 的左半跨梁进行分析。梁左端支承条件不变，对称端为滑移支座，特解采用级数 $\sum\limits_{m=1,3,\cdots}\sin\lambda_m x$，$\lambda_m=\dfrac{m\pi}{2l}$。

式(f)所示梁挠度级数解和相应的多项式解也可以相互转换。

【算例1.3】 图1.4所示双悬臂简支梁，承受梁端集中力 F_1、F_2，计算梁的挠度和弯矩。

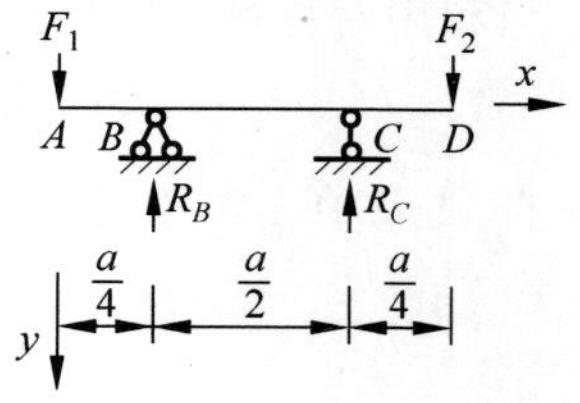

解：计算支反力并取代点支座，计算简图为一悬空梁在一组平衡力系作用下弯曲。$R_B=-(3F_1-F_2)/2$，$R_C=-(3F_2-F_1)/2$（支反力正向同 y 轴）。梁挠度通解见式(1.3)，特解为

图1.4　双悬臂简支梁

(1) 采用多项式特解：

$$0\leqslant x\leqslant\frac{a}{4},\quad y_2=\frac{F_1x^3}{6EI}$$

$$\frac{a}{4}\leqslant x\leqslant\frac{3a}{4},\quad y_2=\frac{F_1x^3}{6EI}+\frac{R_B}{6EI}\left(x-\frac{a}{4}\right)^3$$

$$\frac{3a}{4}\leqslant x\leqslant a,\quad y_2=\frac{F_1x^3}{6EI}+\frac{R_B}{6EI}\left(x-\frac{a}{4}\right)^3+\frac{R_C}{6EI}\left(x-\frac{3a}{4}\right)^3$$

引入梁两端弯矩和剪力条件，有

$$\begin{cases}2c_3=0\\6c_4=0\\2c_3+6c_4a=0\\6c_4=0\end{cases}$$

对应的四个方程中仅包含两个待定系数。即只有两个线性无关方程。由此可解出 $c_3=0$、$c_4=0$。再引入 B、C 支座处位移条件，有

$$c_1=\frac{a^3}{192EI}(3F_1+F_2),\quad c_2=-\frac{a^2}{96EI}(7F_1+2F_2)$$

由此得三个梁段各自不同的挠度和弯矩表达式。

(2) 采用级数特解

级数特解有两种方案：①仅考虑梁内荷载 $q(x)$ 对应的特解；②同时考虑梁内荷载、梁端集中力对应的特解。两种方案结果相同，现介绍第二种方案具体步骤。

荷载 $q(x)$ 仅包括支反力 R_B、R_C。将 $q(x)$ 展开为级数 $\sum\limits_{m=0,1,\cdots}\cos\alpha_m x$，$\alpha_m=\dfrac{m\pi}{a}$。

$$q(x)=\sum_{m=0,1,\cdots}S_m\cos\alpha_m x=S_0+\sum_{m=1,2,\cdots}S_m\cos\alpha_m x$$

其中

$$S_0=\frac{R_B+R_C}{a}=-\frac{F_1+F_2}{a},\quad S_m=\frac{2}{a}\left[R_B\cos\left(\frac{\alpha_m a}{4}\right)+R_C\cos\left(\frac{3\alpha_m a}{4}\right)\right]$$

荷载 $q(x)$ 特解 y_{21} 和梁端作用特解 y_{22} 参见式(1.9)中第 2 式和式(1.13)，分别为

$$y_{21}=\frac{S_0x^4}{24EI}+\sum_{m=1,2,\cdots}\frac{S_m}{EI\alpha_m^4}\cos\alpha_m x \tag{g}$$

$$y_{22}=-\frac{F_1(x-a)^4}{24EIa}-\frac{F_2x^4}{24EIa}$$

由于$\frac{\mathrm{d}^4y_{22}}{\mathrm{d}x^4}=-\frac{F_1+F_2}{EIa}$，这相当于又在梁内作用均布荷载$-\frac{F_1+F_2}{a}$，必须将重复作用的荷载扣除。为此，梁内荷载 $q(x)$要增加$\frac{F_1+F_2}{a}$，相应特解 y_{21}要增加$\frac{(F_1+F_2)x^4}{24EIa}$，该项正好与式(g)中 S_0项抵消。修正后的 y_{21}为

$$y_{21}=\sum_{m=1,2,\cdots}\frac{S_m}{EI\alpha_m^4}\cos\alpha_m x$$

全解为

$$y=c_1+c_2x+c_3x^2+c_4x^3-\frac{F_1(x-a)^4}{24EIa}-\frac{F_2x^4}{24EIa}+\sum_{m=1,2,\cdots}\frac{S_m}{EI\alpha_m^4}\cos\alpha_m x \tag{h}$$

引入梁两端剪力条件，有 $c_4=0$。引入梁左端弯矩条件，有

$$c_3=\frac{1}{2EI}\left(\sum_{m=1,2,\cdots}\frac{S_m}{\alpha_m^2}+\frac{F_1a}{2}\right) \tag{i}$$

引入 B、C 点位移条件可确定待定常数 c_1、c_2。得梁挠度和弯矩表达式。

需要说明的是，如果引入梁右端弯矩条件，有

$$c_3=\frac{1}{2EI}\left(\sum_{m=1,2,\cdots}\frac{S_m}{\alpha_m^2}\cos m\pi+\frac{F_2a}{2}\right) \tag{j}$$

在给定荷载作用下，悬空梁相对弯曲变形是唯一的；式(i)、式(j) 应是相等的。这可以通过力学分析方法给予证明。由于梁端作用 F_1、F_2和梁内荷载 $q(x)$组成一平衡力系，该力系对 A 端取矩一定为零。有

$$\int_0^a q(x)x\mathrm{d}x+F_2a=0 \tag{k}$$

其中

$$\int_0^a q(x)x\mathrm{d}x = \int_0^a \left(S_0 + \sum_{m=1,2,\cdots} S_m\cos\alpha_m x\right)x\,\mathrm{d}x$$

$$= \frac{S_0 a^2}{2} + \sum_{m=1,2,\cdots}\frac{S_m}{\alpha_m^2}(\cos m\pi - 1)$$

$$= \frac{(F_2 + F_1)a}{2} + \sum_{m=1,2,\cdots}\frac{S_m}{\alpha_m^2}(\cos m\pi - 1)$$

代入式(k)，有

$$\sum_{m=1,2,\cdots}\frac{S_m}{\alpha_m^2}\cos m\pi + \frac{F_2 a}{2} = \sum_{m=1,2,\cdots}\frac{S_m}{\alpha_m^2} + \frac{F_1 a}{2} \tag{l}$$

利用式(l)可证明式(i)与式(j)相等。也就是说，无论引用哪个梁端弯矩条件，数值计算结果是相同的。

取 $EI=1.0, a=1.0, F_1=F_2=1.0$，表1.1列出两种方法数值计算结果及比较。由于梁的挠度为连续且处处可导曲线，而级数特解也是连续且处处可导的函数，因此挠度值收敛快；集中力作用点处，弯矩图出现尖点，很难用一系列可导曲线去拟合一个尖点值，因而级数特解收敛较慢。可以判断，集中力作用点处，剪力图为断点，级数特解收敛更慢。这种现象在弹性力学中也会显现出来。

表1.1　[算例1.3]计算结果

内力类型	计算点	多项式特解	级数特解	
			取级数前10项	取级数前20项
挠度	$x=0$	0.02083	0.02066	0.02078
	$x=0.125a$	0.00944	0.00937	0.00942
	$x=0.25a$	0	0	0
	$x=0.375a$	−0.00586	−0.00582	−0.00585
	$x=0.5a$	−0.00781	−0.00776	−0.00779
弯矩	$x=0$	0	0	0
	$x=0.125a$	−0.125	−0.122	−0.125
	$x=0.25a$	−0.25	−0.238	−0.244
	$x=0.375a$	−0.25	−0.247	−0.250
	$x=0.5a$	−0.25	−0.250	−0.250

多项式特解可得各梁段精确的挠度和弯矩表达式，它便于手算，多在材料力学教科书中采用。采用级数特解时，必须编程序机算。级数特解最大的优点是：整个梁只有一个表达式，这在弹性力学问题中具有极大优势。

1.2 梁弯曲挠度计算的启示

弹性力学与材料力学有着源远流长的联系，它们在基本假设、研究对象、研究目的等方面既有相同之处，也有不同点；这就决定了弹性力学研究方法既要继承材料力学中行之有效的思路，又必须加以发展。材料力学中梁弯曲平衡微分方程是综合考虑梁段微元力的平衡条件、几何方程和物理方程而成，这与弹性力学中的研究方法是相似的，问题的最后都归结为微分方程或偏微分方程的边值问题；因而在求解理念上一定有相同点。但梁为杆状构件，微分方程中坐标变量是单一的，数学分析容易。在复杂荷载条件下，各梁段可采用不同的多项式特解，再通过各段间物理量的连续性进行整合，最后导出梁段各自不同的挠度、内力表达式。但弹性力学研究对象为多维的实体结构，形变方向多维化，应力状态复杂化，导致平衡方程为多变量的偏微分方程，数学分析很困难。在复杂荷载作用下，先分段或分块分析再整合是不可能的。利用三角级数正交性、连续性、可导性的特点，先对荷载进行格式化处理、再对结构进行整体分析是必需的。为继承材料力学中行之有效的求解理念，深入讨论梁弯曲挠度计算，可以对求解弹性力学问题提供有益的启示。

1.2.1 广义静定和广义超静定问题分类

材料力学和结构力学分析方法是先确定结构内力，再计算结构应力和变形；为此，采用静定结构和超静定结构分类理念。所谓静定结构就是仅利用力的平衡条件便能求解内力和反力的结构，而计算超静定结构内力和反力还必须考虑位移条件，并利用叠加法求解原结构的内力。弹性力学面对的结构大多是超静定的，结构分析无法采用先内力后应力再形变的计算步骤，而是要求解一个满足一定边值条件的偏微分方程。偏微分方程是通过分析一个微元力的平衡，并考虑几何方程和物理方程而成，所涉及的物理量(应力、应变、位移)和所集合的方程在数量上是相等的。面对偏微分方程的定解问题，狭义的静定与超静定分类理念不再适用，更适合采用广义静定与广义超静定分类方法。

广义分类方法是以数学分析理念为基础的。从数学观点来看，当待定未知量与彼此无关的求解方程数量相等时，问题是有解的。求解条件完备时就可以直接求解。判断完备的标准是所有外界作用都是清晰、明确的。

弹性力学比梁弯曲有更多形式(或途径)的外界作用:其一,边界内的荷载作用,例如薄板弯曲中板面荷载,平面问题中的体力。其二,边界作用,例如薄板弯曲中在边界上作用的荷载和边界发生的位移和转动,平面问题中在边界法向或切向作用的面力或发生的位移。其三,角点集中力作用。其四,局部约束作用:指边界内、边界上或角点上点支座产生的位移和支反力。通常前三种形式的外界作用和点支座的位移都是明确的,但支反力却存在两种可能性。当支反力可以用静力平衡条件确定时,求解条件是完备的,否则是不完备的,借用静定与超静定分类理念,在弹性力学薄板弯曲和平面问题中进行如下分类。

无点支座或有点支座但其反力可以由静力平衡条件确定的问题为广义静定问题,否则为广义超静定问题。前者可以由求解条件直接求解,后者要用叠加法求解。

广义静定问题无点支座时,原结构即为计算结构,计算结构为几何不变体;当有点支座时,要用静力平衡条件计算支反力,并取代点支座,计算结构为可以发生刚体位移的几何可变体。

板的自由振动不涉及外界作用,仅讨论板动能与势能的转换,不必分类。

1.2.2 外界作用格式化

弹性力学和材料力学都是连续介质力学,为便于利用数学分析工具,引入一些基本假设,如连续性假设、均匀性假设、各向同性假设等。从这些假设出发可以认为物体内应力、应变和位移都是连续的,可以表示成坐标的连续函数。但要研究外界作用与结构抗力之间的平衡关系,没有外界作用的连续化,数学分析将十分困难。在弹性力学中,将外界作用连续化、格式化处理是进行分析的首要和必要步骤。方法是将外界作用在其作用区间内展成三角级数、双重三角级数表达式;三角函数是连续的,又是可导的,非常便于数学处理。级数展开时要遵循以下原则。

(1) 三角级数在该区间内必须是一个完整的正交三角函数族

在$[0,a]$区间内级数 $\sum\limits_{m=1,2,\cdots}\sin\dfrac{m\pi x}{a}$, $\sum\limits_{m=1,3,\cdots}\sin\dfrac{m\pi x}{2a}$, $\sum\limits_{m=1,3,\cdots}\cos\dfrac{m\pi x}{2a}$, $\sum\limits_{m=0,1,\cdots}\cos\dfrac{m\pi x}{a}$ 均符合要求。注意,级数 $\sum\limits_{m=0,1,\cdots}\cos\dfrac{m\pi x}{a}$ 中 m 的取值必须从 0 开始,且级数的正交性也与其他级数不同。

(2) 三角级数必须要完整地包容原函数 $f(x)$ 的全部内容或全部作用效应

函数 $f(x)$ 在 $[0,a]$ 区间内展开为级数 $\sum\limits_{m=1,2,\cdots} \sin\alpha_m x$，$\alpha_m = \dfrac{m\pi}{a}$ 时，表达式为

$$f(x) = f(0) + \frac{[f(a) - f(0)]x}{a} + \sum_{m=1,2,\cdots} S_m \sin\alpha_m x \tag{1.17}$$

$f(0)$、$f(a)$ 为 $x=0$、$x=a$ 时的函数值，由于级数 $\sum\limits_{m=1,2,\cdots} \sin\alpha_m x$ 在 $x=0$ 和 $x=a$ 时均为零值，无法包容函数值 $f(0)$ 和 $f(a)$，为此要将其单列。S_m 为 $\left\{f(x) - f(0) - \dfrac{[f(a)-f(0)]x}{a}\right\}$ 的级数展开系数。如果忽略 $f(0)$ 和 $f(a)$ 不影响 $f(x)$ 的作用效应，也可将 $f(x)$ 的全部函数值展开为级数，如式(1.5)所示。

函数 $f(x)$ 在 $[0,a]$ 区间内展开为级数 $\sum\limits_{m=1,3,\cdots} \sin\lambda_m x$，$\lambda_m = \dfrac{m\pi}{2a}$ 时，表达式为

$$f(x) = f(0) + \sum_{m=1,3,\cdots} S_m \sin\lambda_m x \tag{1.18}$$

由于 $x=0$ 时 $\sum\limits_{m=1,3,\cdots} \sin\lambda_m x$ 为零值，级数无法包容函数值 $f(0)$，$f(0)$ 必须单列。S_m 为 $[f(x) - f(0)]$ 的级数展开系数。如果忽略 $f(0)$ 不影响 $f(x)$ 作用效应，也可将 $f(x)$ 的全部函数值展开为级数，如式(1.7)第1式所示。

函数 $f(x)$ 在 $[0,a]$ 区间内展开为级数 $\sum\limits_{m=1,3,\cdots} \cos\lambda_m x$，$\lambda_m = \dfrac{m\pi}{2a}$ 时，表达式为

$$f(x) = f(a) + \sum_{m=1,3,\cdots} S_m \cos\lambda_m x \tag{1.19}$$

由于 $x=a$ 时 $\sum\limits_{m=1,3,\cdots} \cos\lambda_m x$ 为零值，级数展开式无法包容函数值 $f(a)$，$f(a)$ 必须单列。式中 S_m 为 $[f(x) - f(a)]$ 的级数展开系数。如果忽略 $f(a)$ 不影响 $f(x)$ 作用效应，也可将 $f(x)$ 的全部函数值展开为级数，如式(1.8)第1式所示。

函数 $f(x)$ 在 $[0,a]$ 区间上展开为级数 $\sum\limits_{m=0,1,\cdots} \cos\alpha_m x$，$\alpha_m = \dfrac{m\pi}{a}$ 时，表达式为

$$f(x)=\sum_{m=0,1,\cdots} S_m\cos\alpha_m x = S_0+\sum_{m=1,2,\cdots} S_m\cos\alpha_m x \tag{1.20}$$

式中 S_0 为 $m=0$ 时 S_m，其物理含义为函数 $f(x)$ 在[0,a]区间上分布平均值 $\left(S_0=\int_0^a f(x)\mathrm{d}x/a\right)$，式(1.20)与式(1.9)第1式相同。

(3) 合理选择函数类型

在[0,a]区间 $f(x)$ 可以展成不同类型的三角函数级数，但只有一种函数是适宜的、合理的，级数类型具有唯一性。在梁的弯曲中，两端支承梁为 $\sum\limits_{m=1,2,\cdots}\sin\alpha_m x$ 级数 $\left(\alpha_m=\dfrac{m\pi}{a}\right)$；左端支承、右端非支承梁为 $\sum\limits_{m=1,3,\cdots}\sin\lambda_m x$ 级数 $\left(\lambda_m=\dfrac{m\pi}{2a}\right)$；左端非支承、右端支承梁为 $\sum\limits_{m=1,3,\cdots}\cos\lambda_m x$ 级数；两端非支承梁为 $\sum\limits_{m=0,1,\cdots}\cos\alpha_m x$ 级数。这种规律虽无严密的数学论证，但可以从传力途径、荷载作用效应变化规律、荷载作用下计算结构的挠曲线或位移形态诸方面给予解释。

同样，在弹性力学平面问题和弯曲问题中，外界作用连续化和格式化时级数类型的选择也是唯一的，也应考虑上述诸方面因素来决定。

对外界作用格式化，弹性力学问题与梁弯曲处理理念相同，但处理方法又有区别。在梁弯曲中，梁内荷载 $q(x)$ 为单变量函数，格式化时要展成单三角级数；梁端作用为常量，不用格式化，也不能格式化；梁内点支座产生的支反力要随同梁内荷载格式化，产生的位移不用格式化。在弹性力学薄板弯曲和平面问题中，边界内荷载为双变量函数，格式化时要展成双重三角级数；边界作用为单变量函数，格式化时要展成单三角级数；角点竖向集中力为常量，不用格式化；边界内和边界上点支座产生的支反力要随同边界内荷载和边界荷载格式化；角点点支座产生的支反力不用格式化；点支座产生的位移不用格式化。

1.2.3 微分方程解

梁弯曲挠度计算是寻找一个满足若干边值条件的微分方程的解，求解时考虑了以下理念：

(1) 梁弯曲微分方程是分析梁内微元受力和变形、用挠度为参数表示微元竖向力的平衡。挠度和竖向力是与微分方程直接关联的物理量。为使建模理论与求解方法和谐统一，外界作用涉及的挠度和竖向力要给予特别关注。

(2) 微分方程直接涉及梁内荷载,但微分方程解除满足微分方程外,还必须满足与方程无直接关联的梁端外界作用,因而在微分方程解中引入梁端外界作用效应尤为重要。

(3) 微分方程解由通解和特解组成。通解中包含四个待定常数,以对应四阶微分方程。特解表示特定的外界作用产生的特有作用效应。采用多特解可以更全面反映外界作用效应,从而为确定待定常数提供方便条件。

(4) 通解和特解要相互协调、互为补充。

(5) 当采用级数特解时,支承端挠度条件和非支承端剪力条件对应的线性方程右端项为零值,它可以表示通解中待定常数间精确的对应关系,且每个梁端至少存在一个精确方程。

弹性力学面对双变量偏微分方程的边值问题,有四条边界和四个角点,这与梁有很大的区别,但微分方程解的结构和构造方法仍可以借鉴与参考。

(1) 建模理论与求解方法要和谐统一,与偏微分方程直接关联的物理量要给予特别关注。

(2) 偏微分方程解由通解和特解组成。通解在两个坐标轴方向上要分别包含四个待定系数以与双变量四阶偏微分方程相对应。

(3) 采用多个特解。例如在薄板弯曲中,所有外界作用涉及的挠度和竖向力(板面荷载、角点力、支承边挠度、非支承边作用的剪力)都有相应特解。

(4) 通解与特解之间,各特解之间要相互协同、互为补充,不能相互干扰和掣肘。要有足够数量的方程能精确表示待定系数间的相关性。

弹性力学解还必须要适应新条件及由此产生的新问题。

(1) 幂函数多项式通解无法适用双变量偏微分方程,面对多维的弹性力学问题要选用合理的通解表达式。

(2) 矩形边界存在角点,角点集中力既不属于边界内荷载,也不属于边界上的荷载,其作用效应必须进行专门的讨论和特别的处理。

1.3　级数正交性及函数的级数展开

级数 $\sum\limits_{m=1,2,\cdots}\sin\dfrac{m\pi x}{a}$ 在$[0,a]$区间上具有正交性,当 i、j 为任意正整数时,有

$$\int_0^a \sin\frac{i\pi x}{a}\sin\frac{j\pi x}{a}\mathrm{d}x = \begin{cases} 0 & (i \neq j) \\ \dfrac{a}{2} & (i = j) \end{cases} \tag{1.21}$$

级数 $\sum\limits_{m=0,1,\cdots} \cos\dfrac{m\pi x}{a}$ 在$[0,a]$区间上具有正交性，当 i、j 为任意正整数(包括零)时，有

$$\int_0^a \cos\frac{i\pi x}{a}\cos\frac{j\pi x}{a}\mathrm{d}x = \begin{cases} 0 & (i \neq j) \\ a & (i = j = 0) \\ \dfrac{a}{2} & (i = j \neq 0) \end{cases} \tag{1.22}$$

级数 $\sum\limits_{m=1,3,\cdots} \sin\dfrac{m\pi x}{2a}$ 在$[0,a]$区间上具有正交性。当 i、j 为任意正奇数时，有

$$\int_0^a \sin\frac{i\pi x}{2a}\sin\frac{j\pi x}{2a}\mathrm{d}x = \begin{cases} 0 & (i \neq j) \\ \dfrac{a}{2} & (i = j) \end{cases} \tag{1.23}$$

级数 $\sum\limits_{m=1,3,\cdots} \cos\dfrac{m\pi x}{2a}$ 在$[0,a]$区间上具有正交性。当 i、j 为任意正奇数时，有

$$\int_0^a \cos\frac{i\pi x}{2a}\cos\frac{j\pi x}{2a}\mathrm{d}x = \begin{cases} 0 & (i \neq j) \\ \dfrac{a}{2} & (i = j) \end{cases} \tag{1.24}$$

其他函数，包括类型不同的三角函数，都可以在$[0,a]$区间上展开为上述正交级数。附录A列出本书常见的双曲函数、幂函数的展开系数，供读者采用。这些函数展开时，没有单列区间端点函数值。如果级数在区间端点为零值，展开式无法包容原函数的全部内容。区间内不连续的函数也可以展成三角级数表达式。

【算例1.4】 将图示荷载在$[0,a]$区间上分别展成 $\sum\limits_{m=1,2,\cdots} \sin\alpha_m x$，$\alpha_m = \dfrac{m\pi}{a}$，$\sum\limits_{m=0,1,\cdots} \cos\alpha_m x$，$\sum\limits_{m=1,3,\cdots} \sin\lambda_m x$、$\lambda_m = \dfrac{m\pi}{2a}$，$\sum\limits_{m=1,3,\cdots} \cos\lambda_m x$ 级数。

解： (1)图1.5(a)所示不连续荷载 $q(x)$

当 $0 \leqslant x < x_0 - \dfrac{a_1}{2}$ 时，$q(x) = 0$；当 $x_0 - \dfrac{a_1}{2} \leqslant x \leqslant x_0 + \dfrac{a_1}{2}$ 时，$q(x) = q$；当 $x_0 + \dfrac{a_1}{2} < x \leqslant a$ 时，$q(x) = 0$。

荷载对级数 $\sum\limits_{m=1,2,\cdots} \sin\alpha_m x$ 展开：

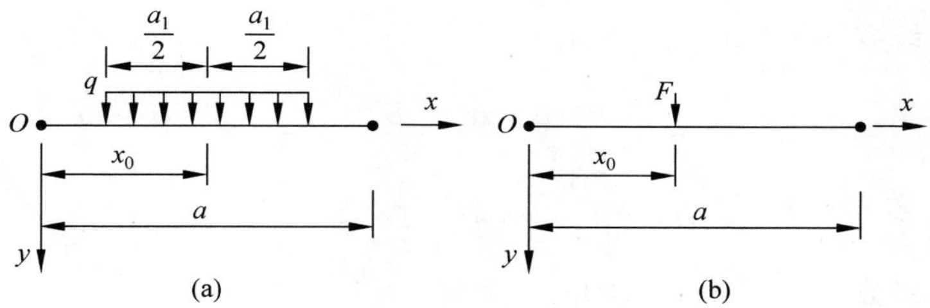

图 1.5　不连续荷载

$$q(x)=\sum_{m=1,2,\cdots}A_m\sin\alpha_m x$$

$$A_m=\frac{2}{a}\int_0^a q(x)\sin\alpha_m x\,\mathrm{d}x=\frac{2}{a}\int_{x_0-\frac{a_1}{2}}^{x_0+\frac{a_1}{2}}q\sin\alpha_m x\,\mathrm{d}x$$

$$=-\frac{2q}{\alpha_m a}\int_{x_0-\frac{a_1}{2}}^{x_0+\frac{a_1}{2}}\mathrm{d}(\cos\alpha_m x)=\frac{4q}{\alpha_m a}\sin\alpha_m x_0\sin\frac{\alpha_m a_1}{2}$$

荷载对级数 $\sum\limits_{m=0,1,\cdots}\cos\alpha_m x$ 展开：

$$q(x)=\sum_{m=0,1,\cdots}A_m\cos\alpha_m x=A_0+\sum_{m=1,2}A_m\cos\alpha_m x$$

$$A_0=\frac{qa_1}{a},A_m=\frac{4q}{\alpha_m a}\cos\alpha_m x_0\sin\frac{\alpha_m a_1}{2}$$

荷载对级数 $\sum\limits_{m=1,3,\cdots}\sin\lambda_m x$ 展开：

$$q(x)=\sum_{m=1,3,\cdots}A_m\sin\lambda_m x,\quad A_m=\frac{4q}{\lambda_m a}\sin\lambda_m x_0\sin\frac{\lambda_m a_1}{2}$$

荷载对级数 $\sum\limits_{m=1,3,\cdots}\cos\lambda_m x$ 展开：

$$q(x)=\sum_{m=1,3,\cdots}A_m\cos\lambda_m x,\quad A_m=\frac{4q}{\lambda_m a}\cos\lambda_m x_0\sin\frac{\lambda_m a_1}{2}$$

(2) 图 1.5(b)所示集中力 F

将集中力 F 转换为以 $x=x_0$ 为中心、微段长度 Δx 范围内的均布力 $F/\Delta x$，参照图 1.5(a)所示不连续荷载 $q(x)$ 的方法，并利用积分中值定理。

对级数 $\sum\limits_{m=1,2,\cdots}\sin\alpha_m x$ 展开：

$$q(x)=\sum_{m=1,2,\cdots}B_m\sin\alpha_m x$$

式中

$$B_m=\frac{2}{a}\cdot\frac{F}{\Delta x}\int_{x_0-\frac{\Delta x}{2}}^{x_0+\frac{\Delta x}{2}}\sin\alpha_m x\,\mathrm{d}x=\frac{2F}{a}\sin\alpha_m x_0$$

对级数 $\sum\limits_{m=0,1,\cdots}\cos\alpha_m x$ 展开：

$$q(x)=\sum_{m=0,1,\cdots}B_m\cos\alpha_m x=B_0+\sum_{m=1,2,\cdots}B_m\cos\alpha_m x$$

$$B_0=\frac{F}{a},B_m=\frac{2F}{a}\cos\alpha_m x_0$$

对级数 $\sum\limits_{m=1,3,\cdots}\sin\lambda_m x$ 展开：

$$q(x)=\sum_{m=1,3,\cdots}B_m\sin\lambda_m x,\quad B_m=\frac{2F}{a}\sin\lambda_m x_0$$

对级数 $\sum\limits_{m=1,3,\cdots}\cos\lambda_m x$ 展开：

$$q(x)=\sum_{m=1,3,\cdots}B_m\cos\lambda_m x,\quad B_m=\frac{2F}{a}\cos\lambda_m x_0$$

【算例1.5】 图1.6所示矩形板，边长为 a、b。将图示板面荷载在 $0\leqslant x\leqslant a$ 和 $0\leqslant y\leqslant b$ 区间展成 $\sum\limits_{m=1,2,\cdots}\sum\limits_{n=0,1,\cdots}\sin\alpha_m x\cos\beta_n y$ 级数，$\alpha_m=\frac{m\pi}{a}$，$\beta_n=\frac{n\pi}{b}$。

(a) 图示阴影区内作用均布荷载 q

(b) (x_0,y_0) 点作用集中力 F

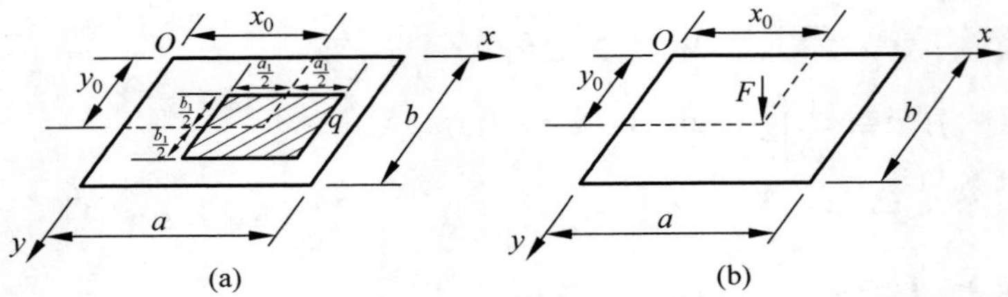

图1.6　矩形板的荷载

解： (1)阴影区内作用均布荷载 q

$$q(x,y)=\sum_{m=1,2,\cdots}\sum_{n=0,1,\cdots}A_{mn}\sin\alpha_m x\cos\beta_n y$$

$$=\sum_{m=1,2,\cdots}A_{m0}\sin\alpha_m x+\sum_{m=1,2,\cdots}\sum_{n=1,2,\cdots}A_{mn}\sin\alpha_m x\cos\beta_n y$$

其中

$$A_{m0}=\frac{2}{ab}\int_0^a\int_0^b q(x,y)\sin\alpha_m x\,\mathrm{d}x\mathrm{d}y$$

$$=\frac{2}{ab}\int_{x_0-\frac{a_1}{2}}^{x_0+\frac{a_1}{2}}\int_{y_0-\frac{b_1}{2}}^{y_0+\frac{b_1}{2}}q\sin\alpha_m x\,\mathrm{d}x\mathrm{d}y=\frac{4qb_1}{\alpha_m ab}\sin\alpha_m x_0\sin\frac{\alpha_m a_1}{2}$$

$$\begin{aligned} A_{mn} &= \frac{4}{ab}\int_0^a\int_0^b q(x,y)\sin\alpha_m x\cos\beta_n y\,\mathrm{d}x\mathrm{d}y \\ &= \frac{4}{ab}\int_{x_0-\frac{a_1}{2}}^{x_0+\frac{a_1}{2}}\int_{y_0-\frac{b_1}{2}}^{y_0+\frac{b_1}{2}} q\sin\alpha_m x\cos\beta_n y\,\mathrm{d}x\mathrm{d}y \\ &= \frac{16q}{\alpha_m\beta_n ab}\sin\alpha_m x_0\sin\frac{\alpha_m a_1}{2}\cos\beta_n y_0\sin\frac{\beta_n b_1}{2} \end{aligned}$$

(2) 集中力 F 作用

将集中力 F 转换为以$(x_0,\ y_0)$为中心、微元面积 $\Delta x\cdot\Delta y$ 范围内的均布力 $F/(\Delta x\cdot\Delta y)$，参照图 1.6(a)所示局部作用均布荷载的方法，并利用积分中值定理。

$$\begin{aligned} q(x,y) &= \sum_{m=1,2,\cdots}\sum_{n=0,1,\cdots} B_{mn}\sin\alpha_m x\cos\beta_n y \\ &= \sum_{m=1,2,\cdots} B_{m0}\sin\alpha_m x + \sum_{m=1,2,\cdots}\sum_{n=1,2,\cdots} B_{mn}\sin\alpha_m x\cos\beta_n y \end{aligned}$$

其中

$$\begin{aligned} B_{m0} &= \frac{2}{ab}\int_0^a\int_0^b q(x,y)\sin\alpha_m x\,\mathrm{d}x\mathrm{d}y \\ &= \frac{2}{ab}\int_{x_0-\frac{\Delta x}{2}}^{x_0+\frac{\Delta x}{2}}\int_{y_0-\frac{\Delta y}{2}}^{y_0+\frac{\Delta y}{2}} \frac{F}{\Delta x\cdot\Delta y}\sin\alpha_m x\,\mathrm{d}x\mathrm{d}y = \frac{2F}{ab}\sin\alpha_m x_0 \\ B_{mn} &= \frac{4}{ab}\int_0^a\int_0^b q(x,y)\sin\alpha_m x\cos\beta_n y\,\mathrm{d}x\mathrm{d}y \\ &= \frac{4}{ab}\int_{x_0-\frac{\Delta x}{2}}^{x_0+\frac{\Delta x}{2}}\int_{y_0-\frac{\Delta y}{2}}^{y_0+\frac{\Delta y}{2}} \frac{F}{\Delta x\cdot\Delta y}\sin\alpha_m x\cos\beta_n y\,\mathrm{d}x\mathrm{d}y \\ &= \frac{4F}{ab}\sin\alpha_m x_0\cos\beta_n y_0 \end{aligned}$$

1.4 结语

从物理角度看，梁挠度计算是一维的力学问题，弹性力学中研究对象为多维的力学问题。从数学角度来看，它们都可以归结为微分方程或偏微分方程的边值问题。从一维的力学问题出发，可以加深理解这些边值问题所共有的求解理念。

(1) 边值问题的微分方程或偏微分方程所集合的方程和所涉及的物理量在数量上是相等的，问题有解。当所有外界作用都是清晰、明确时，求解条件完备，可以利用求解条件直接求解。广义静定与广义超静定分类方法有理论依据。

(2) 为研究外界作用与结构抗力之间的平衡，将外界作用在其作用区间内展开为三角级数、双重三角级数表达式才能与连续分布的内力、位移建立对应关系。为确保对应关系可信、精确，级数展开时要遵循一定原则。

(3) 外界作用的三角级数表达式必须要完整地包容原函数 $f(x)$ 的全部内容或全部作用效应有相应的数学意义。当原函数在其作用区间端点不为零时，式(1.17)、式(1.18)、式(1.19)、式(1.20) 分别为 $f(x)$ 在闭区间 $[0,a]$ 上的级数展开式；式(1.5)、式(1.7)第1式、式(1.8)第1式分别为 $q(x)$ 在开区间 $(0,a)$、半开区间 $(0,a]$、半开区间 $[0,a)$ 上的级数展开式。本书是从力学角度、不是从数学角度解读级数展开方法。

第 2 章 弹性薄板弯曲

2.1 弹性力学的基本方程

2.1.1 平衡微分方程

图 2.1 所示物体内任一六面体微元，它的六面分别与坐标系 $Oxyz$ 的三个坐标面平行，六面体角点 P 的坐标为 x、y、z，棱边长度分别为 $\mathrm{d}x$、$\mathrm{d}y$、$\mathrm{d}z$。每个面上应力可分解为一个正应力和两个剪应力，分别与三个坐标轴平行。σ_x、σ_y、σ_z 分别表示沿 x 轴、y 轴、z 轴方向的正应力。剪应力 τ 有两个下标

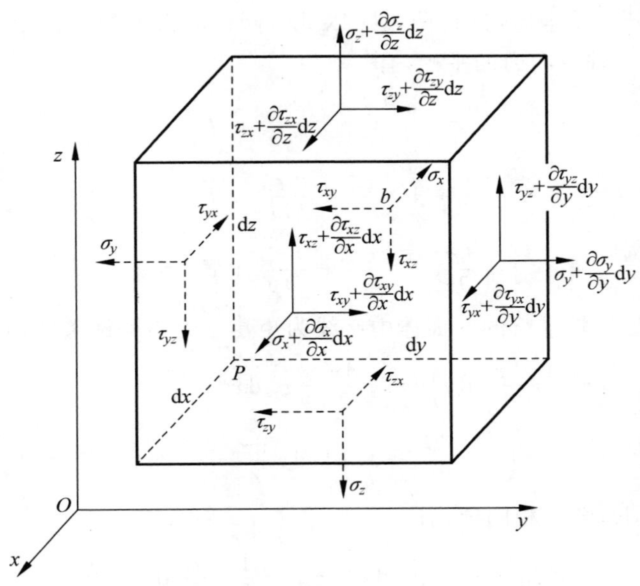

图 2.1　六面体微元应力

字母，前一个表示作用面所垂直的坐标轴，后一个表示剪应力方向所平行的坐标轴。例如 τ_{xy} 是作用在垂直 x 轴的面上并沿着 y 轴方向作用的剪应力。如果某个面的外法线沿着坐标轴正方向，这个面上应力正方向同坐标轴正方向；反之，这个面上应力正方向与坐标轴正方向相反。由于应力分量是坐标变量的连续函数，六面体微元两对面上的应力一般是不完全相同的。设坐标为 x 的微元面上应力为 σ_x、τ_{xy}、τ_{xz}，则坐标为 $x+\mathrm{d}x$ 的微元面上应力为 $\sigma_x+\frac{\partial\sigma_x}{\partial x}\mathrm{d}x$，$\tau_{xy}+\frac{\partial\tau_{xy}}{\partial x}\mathrm{d}x$，$\tau_{xz}+\frac{\partial\tau_{xz}}{\partial x}\mathrm{d}x$；其他微元面上应力分布与此类同。由于六面体的每个面是微小的，可以认为作用在每个面上的应力是均布的。

设 F_x、F_y、F_z 分别为 x、y、z 坐标轴方向均布的微元体力分量（图 2.1 未标出），当六面体处于平衡状态时，微元面上应力和体力应满足静力平衡条件：三个力的平衡条件和三个力矩平衡条件。

考虑 x 轴方向力的平衡条件，有

$$\left(\sigma_x+\frac{\partial\sigma_x}{\partial x}\mathrm{d}x\right)\mathrm{d}y\mathrm{d}z-\sigma_x\mathrm{d}y\mathrm{d}z+\left(\tau_{yx}+\frac{\partial\tau_{yx}}{\partial y}\mathrm{d}y\right)\mathrm{d}x\mathrm{d}z-\tau_{yx}\mathrm{d}x\mathrm{d}z$$
$$+\left(\tau_{zx}+\frac{\partial\tau_{zx}}{\partial z}\mathrm{d}z\right)\mathrm{d}x\mathrm{d}y-\tau_{zx}\mathrm{d}x\mathrm{d}y+F_x\mathrm{d}x\mathrm{d}y\mathrm{d}z=0$$

将上式展开并整理后，方程两边除以 $\mathrm{d}x\mathrm{d}y\mathrm{d}z$，即得下列方程组第 1 式。再考虑 y 轴、z 轴方向力的平衡，有

$$\begin{cases}\dfrac{\partial\sigma_x}{\partial x}+\dfrac{\partial\tau_{yx}}{\partial y}+\dfrac{\partial\tau_{zx}}{\partial z}+F_x=0\\[2mm]\dfrac{\partial\sigma_y}{\partial y}+\dfrac{\partial\tau_{zy}}{\partial z}+\dfrac{\partial\tau_{xy}}{\partial x}+F_y=0\\[2mm]\dfrac{\partial\sigma_z}{\partial z}+\dfrac{\partial\tau_{xz}}{\partial x}+\dfrac{\partial\tau_{yz}}{\partial y}+F_z=0\end{cases}\tag{2.1}$$

现以与 x 轴平行的六面体中心线为矩建立力矩平衡条件，有

$$\left(\tau_{yz}+\frac{\partial\tau_{yz}}{\partial y}\mathrm{d}y\right)\mathrm{d}x\mathrm{d}z\frac{\mathrm{d}y}{2}+\tau_{yz}\mathrm{d}x\mathrm{d}z\frac{\mathrm{d}y}{2}$$
$$-\left(\tau_{zy}+\frac{\partial\tau_{zy}}{\partial z}\mathrm{d}z\right)\mathrm{d}x\mathrm{d}y\frac{\mathrm{d}z}{2}-\tau_{zy}\mathrm{d}x\mathrm{d}y\frac{\mathrm{d}z}{2}=0$$

除以 $\mathrm{d}x\mathrm{d}y\mathrm{d}z$，合并相同项，有

$$\tau_{yz}+\frac{1}{2}\frac{\partial\tau_{yz}}{\partial y}\mathrm{d}y-\tau_{zy}-\frac{1}{2}\frac{\partial\tau_{zy}}{\partial z}\mathrm{d}z=0$$

略去高阶微量，得下列方程组中第 2 式，同理有

$$\begin{cases}\tau_{xy} = \tau_{yx} \\ \tau_{yz} = \tau_{zy} \\ \tau_{zx} = \tau_{xz}\end{cases} \tag{2.2}$$

式(2.2)称剪应力互等定律。

当六面体趋于无穷小时，六面体上应力就代表坐标为(x,y,z)的 P 点的应力状态。由此可见，物体的内任一点有 9 个应力分量:3 个正应力，6 个剪应力。考虑剪应力互等定律，独立的应力分量为 6 个:3 个正应力和 3 个剪应力。但仅有式(2.1)所示的三个平衡方程，因此仅凭平衡条件无法确定应力状态。

2.1.2 几何方程

在外力作用下或物体外部边界发生位置改变时，物体内各点要产生位移。任一点的位移可以用它在 x、y、z 三个方向的投影(即位移分量)来表示。位移分量以沿坐标轴正方向为正，沿坐标轴反方向为负。

物体位移有刚体位移与非刚体位移两部分。刚体位移有刚体平动位移和刚体转动位移之分，它不产生应力和应变，物体的大小与形状也不发生改变。

物体大小与形状的改变称为应变，物体内任一点的应变状态可以用三个线应变和三个剪应变来确定。通常用 ε_x、ε_y、ε_z 分别表示 x 轴方向、y 轴方向、z 轴方向线应变;线应变与正应力的正负号规定相适应，以伸长时为正，缩短时为负。用 γ_{xy}、γ_{yz}、γ_{zx} 分别表示 x 轴和 y 轴、y 轴和 z 轴、z 轴和 x 轴间的角度改变，即剪应变;它与剪应力的正负号规定相适应。

几何方程就是用几何学的观点研究物体位移和应变的规律性，经研究有

$$\begin{cases}\varepsilon_x = \dfrac{\partial u}{\partial x} \\ \varepsilon_y = \dfrac{\partial v}{\partial y} \\ \varepsilon_z = \dfrac{\partial w}{\partial z} \\ \gamma_{xy} = \dfrac{\partial u}{\partial y} + \dfrac{\partial v}{\partial x} \\ \gamma_{yz} = \dfrac{\partial w}{\partial y} + \dfrac{\partial v}{\partial z} \\ \gamma_{zx} = \dfrac{\partial u}{\partial z} + \dfrac{\partial w}{\partial x}\end{cases} \tag{2.3}$$

由几何方程式(2.3)知：当物体的位移分量确定后，应变分量可完全确定；反之，当应变分量完全确定时，位移分量却不能完全确定，因为物体会发生形式各异的刚体位移。

2.1.3 物理方程

物理方程表示应力分量与应变分量之间的对应关系。对各向同性、均匀的弹性材料，物理方程如式(2.4)所示。式中 E 为杨氏弹性模量，G 为剪变模量，μ 为泊松比。这些弹性材料常数不随应力、应变大小而改变，不随坐标变量而改变，不随方向而改变。物理方程式(2.4)常称以应力表示应变的广义虎克定律。物理方程还有其他形式。

$$\begin{cases} \varepsilon_x = \dfrac{1}{E}[\sigma_x - \mu(\sigma_y + \sigma_z)] \\ \varepsilon_y = \dfrac{1}{E}[\sigma_y - \mu(\sigma_x + \sigma_z)] \\ \varepsilon_z = \dfrac{1}{E}[\sigma_z - \mu(\sigma_x + \sigma_y)] \\ \gamma_{xy} = \dfrac{2(1+\mu)}{E}\tau_{xy} = \dfrac{\tau_{xy}}{G} \\ \gamma_{yz} = \dfrac{2(1+\mu)}{E}\tau_{yz} = \dfrac{\tau_{yz}}{G} \\ \gamma_{zx} = \dfrac{2(1+\mu)}{E}\tau_{zx} = \dfrac{\tau_{zx}}{G} \end{cases} \tag{2.4}$$

2.1.4 弹性力学问题解

弹性力学的空间问题涉及到6个独立的应力分量、6个独立的应变分量、3个位移分量共15个未知的物理量，它们要同时满足3个平衡方程、6个几何方程、6个物理方程共15个基本方程。涉及的物理量和可利用的方程数量相等，以数学观点看，问题一定有解。

平衡方程、几何方程、物理方程是表示物体内部各物理量间和物理量与体力分量间相关性，体力分量是施加在物体内部的外界作用。各物理量还必须满足边界上各种外界作用的分布，当所有的外界作用清晰、明确时，问题一定可解。

求解弹性力学问题时并不需要同时利用15个基本方程求解15个未知物理量，因为应力、应变，位移并不是彼此独立的。如果位移分量已经求出，则由几何方程可以求出应变分量,再由物理方程求出应力分量。反之,如果已知应力分量,则由物理方程可求出应变分量,再由几何方程求出位移分量。因此,弹性力学问题有两条不同的求解途径:一条是以位移作为基本未知量的位移解法,另一条是以应力作为基本未知量的应力解法。

2.2 薄板小挠度弯曲平衡微分方程

2.2.1 薄板弯曲计算假定

板是工程中常见的构件,是由两个平行平面和垂直于平面的柱面所围成的物体;柱面高度小于底面尺寸时称为板,如图 2.2 所示。平行面称为板面,柱面称为板边,两平行面之间的距离 h 称为板厚,平分板厚的平面称为板的中面。由板厚与板面内最小特征尺寸之比可分为厚板、薄板和膜板。对于薄板,当全部外荷载都垂直于中面时,相应的力学问题即为薄板弯曲。

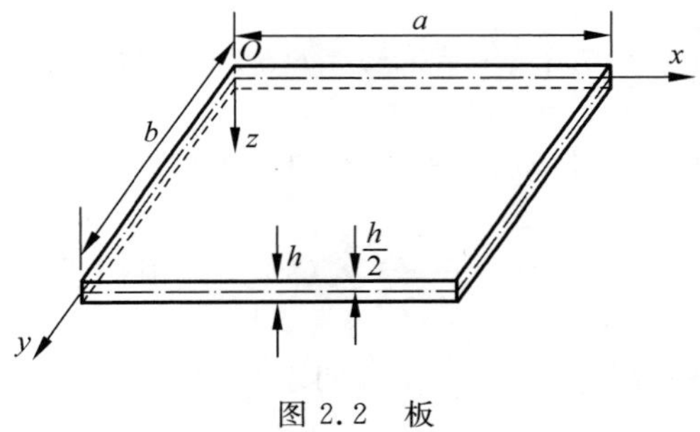

图 2.2 板

薄板弯曲时,中面所弯成的曲面称为板的弹性曲面,中面上各点沿垂直中面方向的位移为板的挠度。由挠度与板厚之比分为小挠度或大挠度弯曲。本章讨论板的小挠度弯曲问题。

板的弯曲属于弹性力学的空间问题。由于数学分析的复杂性,要得到满足全部基本方程和外界作用条件的解答非常困难。但对于薄板的小挠度弯曲,在忽略某些次要因素和引入一些基本假定后,可以将问题简化。其思路类似于材料力学中的梁弯曲理论。它们是:

(1) 变形前垂直于薄板中面的直线(也称法线)在薄板弯曲后仍保持为直线,且垂直于板的弹性中面,其长度不变。这个假定称为直法线假定。

直法线假定类似于梁弯曲理论中的平截面假定。根据这个假定,如果将薄板中面作为 Oxy 坐标平面(见图 2.2),则有 $\gamma_{zx}=0$、$\gamma_{zy}=0$、$\varepsilon_z=0$。

(2) 与σ_x、σ_y、τ_{xy}相比，垂直中面方向的正应力σ_z很小，在计算应变时可忽略不计。这个假设与梁弯曲问题中的纵向纤维无挤压的假设相似。

(3) 薄板弯曲时，中面内各点只有垂直位移w，而无x轴方向和y轴方向的位移，即$(u)_{z=0}=0$，$(v)_{z=0}=0$，$(w)_{z=0}=w(x,y)$。

根据这个假定知：中面内应变分量ε_x、ε_y、γ_{xy}均等于零，即中面内无应变。中面内的位移函数称为挠度函数。板弯曲变形后，中面在xy面上投影形状不变。

2.2.2　板弯曲平衡微分方程

薄板弯曲问题通常采用位移法求解。将平衡方程、几何方程、物理方程用挠度w来表示，最终导出以挠度w作为基本未知函数的弯曲平衡微分方程。

(1) 应变分量ε_x、ε_y、γ_{xy}与挠度w相关式

由假设(1)知$\varepsilon_z=0$，有$\dfrac{\partial w}{\partial z}=0$，$w=f(x,y)$。这表示挠度不随坐标$z$而变化，中面同根法线上各点挠度是相同的。由剪应变$\gamma_{zx}=0$，有$\dfrac{\partial u}{\partial z}=-\dfrac{\partial w}{\partial x}$；该式右端与$z$无关，得$u=-\dfrac{\partial w}{\partial x}z+f_0(x,y)$。由假设(3)知$(u)_{z=0}=0$，得$f_0(x,y)=0$；位移分量$u=-\dfrac{\partial w}{\partial x}z$。同理可得位移分量$v=-\dfrac{\partial w}{\partial y}z$。利用式(2.3)，将其余三个不为零的应变分量表示为挠度相关式：

$$\begin{cases}\varepsilon_x=\dfrac{\partial u}{\partial x}=-\dfrac{\partial^2 w}{\partial x^2}z\\[2ex]\varepsilon_y=\dfrac{\partial v}{\partial y}=-\dfrac{\partial^2 w}{\partial y^2}z\\[2ex]\gamma_{xy}=\dfrac{\partial u}{\partial y}+\dfrac{\partial v}{\partial x}=-2\dfrac{\partial^2 w}{\partial x\partial y}z\end{cases}\tag{2.5}$$

式(2.5)表示ε_x、ε_y、γ_{xy}沿板厚方向为线性分布，中面处$\varepsilon_x=0$、$\varepsilon_y=0$、$\gamma_{xy}=0$，这与假设(3)是一致的。

(2) 应力分量σ_x、σ_y、τ_{xy}与挠度w相关式

由假设(2)知，正应力σ_z很小。在计算应变时不计其影响，物理方程式(2.4)中与应变分量ε_x、ε_y、γ_{xy}有关各式变为

$$\begin{cases}\varepsilon_x = \dfrac{1}{E}(\sigma_x - \mu\sigma_y) \\ \varepsilon_y = \dfrac{1}{E}(\sigma_y - \mu\sigma_x) \\ \gamma_{xy} = \dfrac{2(1+\mu)}{E}\tau_{xy}\end{cases} \tag{2.6}$$

由式(2.6)解出 σ_x、σ_y、τ_{xy}，并引入式(2.5)，有

$$\begin{cases}\sigma_x = \dfrac{E}{1-\mu^2}(\varepsilon_x + \mu\varepsilon_y) = -\dfrac{Ez}{1-\mu^2}\left(\dfrac{\partial^2 w}{\partial x^2} + \mu\dfrac{\partial^2 w}{\partial y^2}\right) \\ \sigma_y = \dfrac{E}{1-\mu^2}(\varepsilon_y + \mu\varepsilon_x) = -\dfrac{Ez}{1-\mu^2}\left(\dfrac{\partial^2 w}{\partial y^2} + \mu\dfrac{\partial^2 w}{\partial x^2}\right) \\ \tau_{xy} = \dfrac{E}{2(1+\mu)}\gamma_{xy} = -\dfrac{Ez}{1+\mu}\dfrac{\partial^2 w}{\partial x\partial y}\end{cases} \tag{2.7}$$

式(2.7)表明，主要应力 σ_x、σ_y、τ_{xy} 在板厚方向呈线性分布，中面上为零值，上、下板面处达最大值；这与梁弯曲正应力沿梁高度变化规律相同。

(3) 应力分量 τ_{zx}、τ_{zy} 与挠度 w 相关式

应力分量有 6 个独立的物理量。除 σ_z、σ_x、σ_y、τ_{xy} 外，还有 τ_{zx}、τ_{zy} 两个剪应力。在假设(1)中引入直法线假定，该假定忽略了剪应力 τ_{zx}、τ_{zy} 对应的剪切变形，为此在推导式(2.5)时取 $\gamma_{zx}=0$，$\gamma_{zy}=0$；但我们不能忽略剪应力 τ_{zx}、τ_{zy} 的存在，它们是平衡作用在板上横向荷载所必需的内力。这类同在梁弯曲中引入平截面假定，忽略剪切变形，计算梁挠度时取剪应变为零，但考虑微元力的平衡时必须考虑剪应力。

薄板弯曲计算时，考虑体力分量 F_x、F_y 为零值，式(2.1)前两式所示微元力的平衡方程为

$$\begin{cases}\dfrac{\partial\tau_{zx}}{\partial z} = -\dfrac{\partial\sigma_x}{\partial x} - \dfrac{\partial\tau_{yx}}{\partial y} \\ \dfrac{\partial\tau_{zy}}{\partial z} = -\dfrac{\partial\sigma_y}{\partial y} - \dfrac{\partial\tau_{xy}}{\partial x}\end{cases} \tag{2.8}$$

将式(2.7)代入，有

$$\begin{cases}\dfrac{\partial\tau_{zx}}{\partial z} = \dfrac{Ez}{1-\mu^2}\left(\dfrac{\partial^3 w}{\partial x^3} + \dfrac{\partial^3 w}{\partial x\partial y^2}\right) \\ \dfrac{\partial\tau_{zy}}{\partial z} = \dfrac{Ez}{1-\mu^2}\left(\dfrac{\partial^3 w}{\partial y^3} + \dfrac{\partial^3 w}{\partial y\partial x^2}\right)\end{cases}$$

考虑到挠度与 z 无关，积分后，有

$$\begin{cases}\tau_{zx}=\dfrac{Ez^2}{2(1-\mu^2)}\left(\dfrac{\partial^3 w}{\partial x^3}+\dfrac{\partial^3 w}{\partial x\partial y^2}\right)+f_1(x,y)\\ \tau_{zy}=\dfrac{Ez^2}{2(1-\mu^2)}\left(\dfrac{\partial^3 w}{\partial y^3}+\dfrac{\partial^3 w}{\partial y\partial x^2}\right)+f_2(x,y)\end{cases}$$

利用板上、下表面边界条件：$z=\pm h/2$ 时，$\tau_{zx}=0$、$\tau_{zy}=0$ 确定函数 $f_1(x,y)$、$f_2(x,y)$。有

$$\begin{cases}\tau_{zx}=\dfrac{E\,(z^2-h^2/4)}{2(1-\mu^2)}\left(\dfrac{\partial^3 w}{\partial x^3}+\dfrac{\partial^3 w}{\partial x\partial y^2}\right)\\ \tau_{zy}=\dfrac{E\,(z^2-h^2/4)}{2(1-\mu^2)}\left(\dfrac{\partial^3 w}{\partial y^3}+\dfrac{\partial^3 w}{\partial y\partial x^2}\right)\end{cases}\tag{2.9}$$

由式(2.9)知，剪应力 τ_{zx}、τ_{zy} 沿板厚方向呈抛物线分布，在中面处达最大值。这与梁弯曲时剪应力沿梁高方向的变化规律相同。

(4) 板弯曲平衡微分方程

由平衡方程式(2.1)第三式，并假设体力分量 $F_z=0$，有

$$\begin{aligned}\frac{\partial\sigma_z}{\partial z}&=-\frac{\partial\tau_{xz}}{\partial x}-\frac{\partial\tau_{yz}}{\partial y}\\&=-\frac{E}{2(1-\mu^2)}\left(z^2-\frac{h^2}{4}\right)\left(\frac{\partial^4 w}{\partial x^4}+2\,\frac{\partial^4 w}{\partial x^2\partial y^2}+\frac{\partial^4 w}{\partial y^4}\right)\end{aligned}$$

考虑 w 与 z 无关，积分后，有

$$\sigma_z=-\frac{E}{2(1-\mu^2)}\left(\frac{z^3}{3}-\frac{h^2 z}{4}\right)\left(\frac{\partial^4 w}{\partial x^4}+2\,\frac{\partial^4 w}{\partial x^2\partial y^2}+\frac{\partial^4 w}{\partial y^4}\right)+f_3(x,y)$$

利用板下表面边界条件：$z=h/2$ 时，$\sigma_z=0$ 确定 $f_3(x,y)$，有

$$\sigma_z=-\frac{E}{2(1-\mu^2)}\left(\frac{z^3}{3}-\frac{h^2 z}{4}+\frac{h^3}{12}\right)\left(\frac{\partial^4 w}{\partial x^4}+2\,\frac{\partial^4 w}{\partial x^2\partial y^2}+\frac{\partial^4 w}{\partial y^4}\right)$$

利用板上表面边界条件：$z=-h/2$，$\sigma_z=-q(x,y)$，有

$$D\left(\frac{\partial^4 w}{\partial x^4}+2\,\frac{\partial^4 w}{\partial x^2\partial y^2}+\frac{\partial^4 w}{\partial y^4}\right)=q(x,y)\tag{2.10}$$

式(2.10)称薄板弹性弯曲平衡微分方程。$D=\dfrac{Eh^3}{12(1-\mu^2)}$，称为板的弯曲刚度；$q(x,y)$ 为板上表面作用的分布横向荷载，荷载与 z 轴同向(向下)取正值。若板的下表面也作用有分布荷载，或有 z 轴方向的体力分量时，都可归入板上表面荷载统一考虑。

式(2.10)是以挠度为参数表示的微元在 z 轴方向力的平衡条件。它综合了式(2.1)所示的三个平衡方程、式(2.5)所示三个几何方程、式(2.6)所示三个物理方程，涉及五个应力分量 σ_x、σ_y、τ_{xy}、τ_{zx}、τ_{zy}，三个应变分量 ε_x、

ε_y、γ_{xy}，一个位移分量 w。所涉及的物理量和所综合的方程数量相同，因此一定有解。

2.3 薄板横截面内力和边界条件

2.3.1 横截面内力与挠度 w 相关式

薄板弯曲首先要确定弯曲挠度 w；之后，由式(2.7)、式(2.9)确定应力分量 σ_x、σ_y、τ_{xy}、τ_{zx}、τ_{zy}，再由式(2.5)确定应变分量 ε_x、ε_y、γ_{xy}。但是在边界处很难使弯曲解满足以应力分布的边界条件；而只能应用圣维南原理，满足以内力形式出现的边界条件。为此有必要推导内力与挠度相关式。

从板中取出底边尺寸分别为 $\mathrm{d}x$、$\mathrm{d}y$，高度为板厚 h 的微小矩形单元体，如图 2.3 所示。中面 $OBAC$ 为坐标系 Oxy 平面。

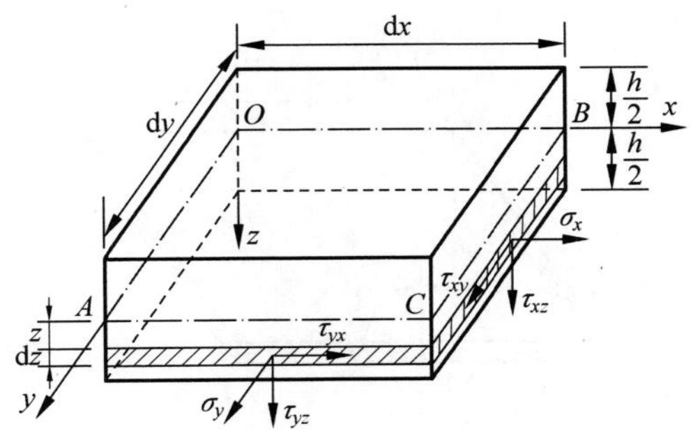

图 2.3 矩形单元体

在垂直 x 轴侧面上作用有正应力 σ_x 和剪应力 τ_{xy}、τ_{xz}。由式(2.7)知 σ_x、τ_{xy} 是坐标 z 的一次函数，单位宽度上应力作用效应为

$$\int_{-\frac{h}{2}}^{\frac{h}{2}} \sigma_x \mathrm{d}z = 0, \quad \int_{-\frac{h}{2}}^{\frac{h}{2}} \sigma_x z \mathrm{d}z = M_x$$

$$\int_{-\frac{h}{2}}^{\frac{h}{2}} \tau_{xy} \mathrm{d}z = 0, \quad \int_{-\frac{h}{2}}^{\frac{h}{2}} \tau_{xy} z \mathrm{d}z = M_{xy}$$

M_x、M_{xy} 分别为垂直 x 轴侧面上单位宽度内的弯矩和扭矩，其值分别为

$$\begin{cases} M_x = -D\left(\dfrac{\partial^2 w}{\partial x^2} + \mu \dfrac{\partial^2 w}{\partial y^2}\right) \\ M_{xy} = -D(1-\mu)\dfrac{\partial^2 w}{\partial x \partial y} \end{cases} \tag{2.11}$$

剪应力 τ_{xz} 合成竖向剪力，由式(2.9)得单位宽度内剪力 Q_x 为

$$Q_x = \int_{-\frac{h}{2}}^{\frac{h}{2}} \tau_{xz} \mathrm{d}z = -D\left(\frac{\partial^3 w}{\partial x^3} + \frac{\partial^3 w}{\partial x \partial y^2}\right) \tag{2.12}$$

同样，在垂直 y 轴侧面上正应力 σ_y 合成剪矩 M_y，剪应力 τ_{yx} 合成扭矩 M_{yx}，剪应力 τ_{yz} 合成竖向剪力 Q_y，单位宽度内合成值为

$$\begin{cases} M_y = -D\left(\dfrac{\partial^2 w}{\partial y^2} + \mu \dfrac{\partial^2 w}{\partial x^2}\right) \\ M_{yx} = -D(1-\mu)\dfrac{\partial^2 w}{\partial x \partial y} \\ Q_y = -D\left(\dfrac{\partial^3 w}{\partial y^3} + \dfrac{\partial^3 w}{\partial y \partial x^2}\right) \end{cases} \tag{2.13}$$

按弹性力学应力分量正负值的规定，对图 2.3 所示的坐标系，内力正负值规定如下：弯矩 M_x、M_y 使板横截面上 $z>0$ 的部分产生正号正应力 σ_x、σ_y 时为正；扭矩 M_{xy}、M_{yx} 使板的横截面上 $z>0$ 的部分产生正号剪应力 τ_{xy}、τ_{yx} 时为正；竖向剪力 Q_x、Q_y 使板的横截面上产生正号剪应力 τ_{xz}、τ_{yz} 时为正。见图 2.4。

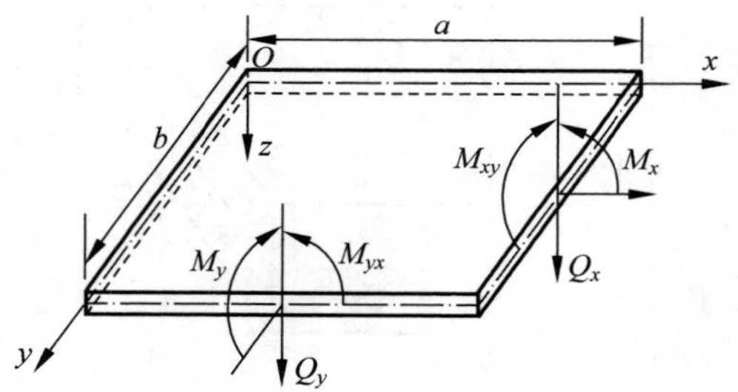

图 2.4　横截面内力正方向

内力 M_x、M_y、M_{xy}、M_{yx}、Q_x、Q_y 是单位宽度的弯矩、扭矩、竖向剪力，它们的量纲为通常的弯矩、扭矩、剪力分别除以长度。

将式(2.11)、式(2.12)、式(2.13)引入式(2.7)和式(2.9)，整理后有

$$\begin{cases} \sigma_x = \dfrac{12\,M_x}{h^3} z \\ \sigma_y = \dfrac{12\,M_y}{h^3} z \\ \tau_{xy} = \tau_{yx} = \dfrac{12\,M_{xy}}{h^3} z \\ \tau_{xz} = \dfrac{6\,Q_x}{h^3}\left(\dfrac{h^2}{4} - z^2\right) \\ \tau_{yz} = \dfrac{6\,Q_y}{h^3}\left(\dfrac{h^2}{4} - z^2\right) \end{cases} \tag{2.14}$$

这与材料力学中梁弯曲正应力和剪应力公式相似。

2.3.2 扭矩的等效剪力

矩形单元体每个侧面分布有三种内力：弯矩、扭矩和竖向剪力。在给定边界上，如果以这三个物理量为控制条件将给求解偏微分方程的边值问题带来极大困难。对此，基尔霍夫进行了巧妙的处理，将边界上三个内力分量转化为边界上两个内力分量和角点力。

图 2.5(a)为板侧面扭矩作用示意图。在 AC ($y=b$) 边作用连续分布的扭矩 $M_{yx}(x)$。将边界划分为若干微段，任选微段 mn，中点坐标为 x_1，段长为 $\mathrm{d}x$，微段内扭矩总值为 $M_{yx}(x_1)\mathrm{d}x$。将该扭矩转换为微段 mn 两端竖向集中力，其值为 $M_{yx}(x_1)$。相邻微段 np，段长 $\mathrm{d}x$，中点坐标为 $x_1+\mathrm{d}x$，该微段内扭矩总值为 $M_{yx}(x_1+\mathrm{d}x)\mathrm{d}x$；将该段扭矩也转换为微段两端竖向集中力，其值为 $M_{yx}(x_1+\mathrm{d}x)$。见图 2.5(b)所示。

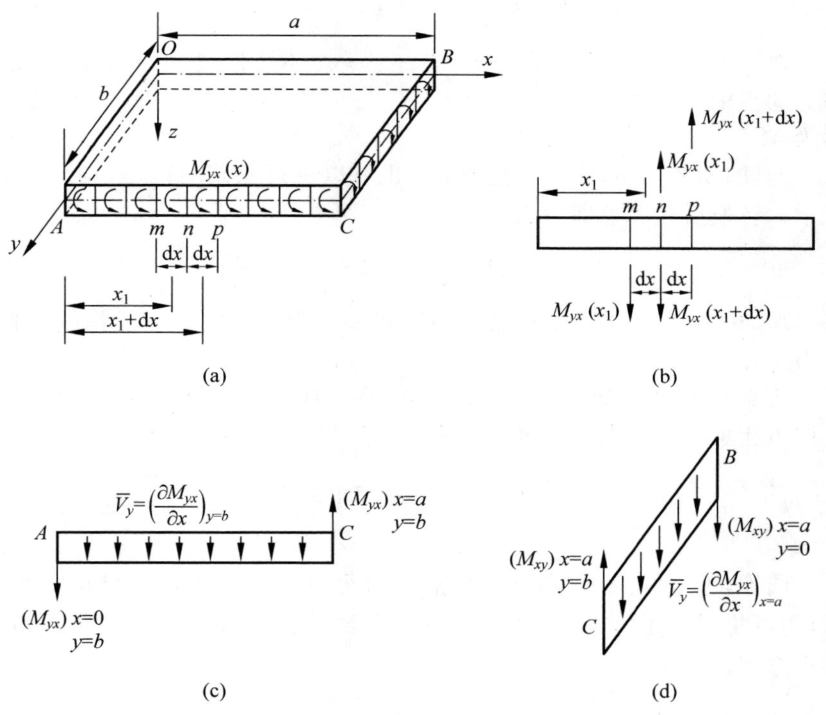

图 2.5 扭矩的等效剪力

在 mn 微段和 np 微段交点 n 处，有一个向上集中力 $M_{yx}(x_1)$，有一个向下集中力 $M_{yx}(x_1+\mathrm{d}x)$。由于 $M_{yx}(x_1+\mathrm{d}x)=M_{yx}(x_1)+\left(\dfrac{\partial M_{yx}}{\partial x}\right)_{x=x_1}\mathrm{d}x$，两个集中力合成一个向下集中力 $\left(\dfrac{\partial M_{yx}}{\partial x}\right)_{x=x_1}\mathrm{d}x$。如果将这个集中力均分在以 n 点为中心、长度 $\mathrm{d}x$ 范围内，分布剪力值为 $\left(\dfrac{\partial M_{yx}}{\partial x}\right)_{x=x_1}$。$x_1$ 为任选点，可以用坐标变量 x 来代替。对全部 AC 边界如此处理后，在 $y=b$ 边界上作用的扭矩 M_{yx} 可以转化为边界等效分布剪力 $\bar{V}_y=\dfrac{\partial M_{yx}}{\partial x}$ 和 A、C 两端角点力。见图 2.5(c)所示。扭矩对应的等效剪力与边界上原有的竖向剪力相加得 AC 边界总剪力为

$$\begin{aligned}V_y &= -D\left(\frac{\partial^3 w}{\partial y^3}+\frac{\partial^3 w}{\partial y\partial x^2}\right)-D(1-\mu)\frac{\partial^3 w}{\partial y\partial x^2}\\ &= -D\left(\frac{\partial^3 w}{\partial y^3}+(2-\mu)\frac{\partial^3 w}{\partial y\partial x^2}\right)\end{aligned} \tag{2.15}$$

在 $y=b$ 边界的 A、C 端点处，各存在一个不能抵消、也无法转换成分布剪力的集中力。在 A 端，集中力为 $M_{yx}(x=0)$，向下为正值；在 C 端，集中力为 $M_{yx}(x=a)$，向上为正值。

同样，$BC(x=a)$ 边界上扭矩 M_{xy} 也可以进行相同的转换，见图 2.5(d)所示。转换后边界总剪力为

$$V_x=-D\left(\frac{\partial^3 w}{\partial x^3}+(2-\mu)\frac{\partial^3 w}{\partial x\partial y^2}\right) \tag{2.16}$$

BC 边界$(x=a)$的 C 端点有向上集中力 $M_{xy}(y=b)$，B 端点有向下集中力 $M_{xy}(y=0)$。

角点 C 是 AC 边$(y=b)$和 BC 边$(x=a)$的交点，两个边界扭矩转换的集中力相加即为角点 C 的角点力 R_C。考虑到 $M_{yx}=M_{xy}$，有

$$R_C=(M_{yx})_{x=a,y=b}+(M_{xy})_{x=a,y=b}=-2D(1-\mu)\left(\frac{\partial^2 w}{\partial x\partial y}\right)_{x=a,y=b} \tag{2.17}$$

同理，可得 O、A、B 角点的角点力边界总剪力正负号规定与原规定相同，角点集中力正负号要由扭矩正负号判断，图 2.6 表示四个角点上角点力的正方向。

2.3.3　边界条件

板的边界有固定边、简支边、自由边、滑移边。图 2.7(a)为本书采用的

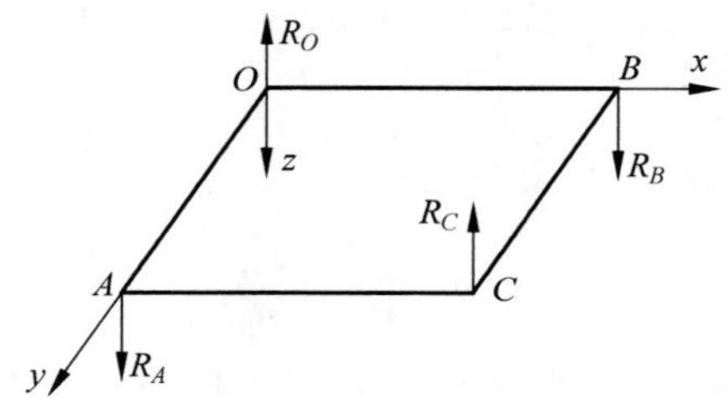

图 2.6 角点力正方向

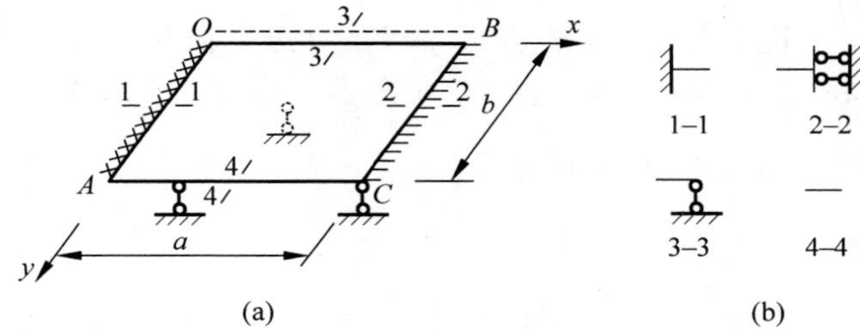

图 2.7 板边界条件和图示方法

四种边界图示方法。其中滑移边在工程中少见，引入滑移边主要考虑计算体系的完整性以及利用对称性简化计算时采用。

OA 边($x=0$)为固定边，边界条件为边界挠度和边界绕 y 轴的转角为已知函数，即

$$\begin{cases}(w)_{x=0} = f_1(y) \\ \left(\dfrac{\partial w}{\partial x}\right)_{x=0} = f_2(y)\end{cases} \tag{2.18}$$

BC 边($x=a$)为滑移边，边界条件为边界绕 y 轴转角和作用在边界上竖向总剪力 V_x 为已知函数，即

$$\begin{cases}\left(\dfrac{\partial w}{\partial x}\right)_{x=a} = f_3(y) \\ -D\left(\dfrac{\partial^3 w}{\partial x^3} + (2-\mu)\dfrac{\partial^3 w}{\partial x \partial y^2}\right)_{x=a} = f_4(y)\end{cases} \tag{2.19}$$

OB 边($y=0$)为简支边，边界条件为边界挠度和作用在边界上弯矩 M_y 为已知函数，即

$$\begin{cases}(w)_{y=0} = \varphi_1(x) \\ -D\left(\dfrac{\partial^2 w}{\partial y^2} + \mu\dfrac{\partial^2 w}{\partial x^2}\right)_{y=0} = \varphi_2(x)\end{cases} \tag{2.20}$$

AC 边($y=b$)为自由边,边界条件为作用在边界上弯矩 M_y 和竖向总剪力 V_y 为已知函数,即

$$\begin{cases}-D\left(\dfrac{\partial^2 w}{\partial y^2}+\mu\dfrac{\partial^2 w}{\partial x^2}\right)_{y=b}=\varphi_3(x)\\ -D\left(\dfrac{\partial^3 w}{\partial y^3}+(2-\mu)\dfrac{\partial^3 w}{\partial y\partial x^2}\right)_{y=b}=\varphi_4(x)\end{cases}\tag{2.21}$$

式(2.18)、式(2.19)、式(2.20)、式(2.21)为考虑有外界作用时的边界条件,公式右端项均为已知函数值。当边界上不存在外界作用时,公式右端项均为零值,为边界的原生状态,称为固有边界条件。

当简支边挠度为零时,相应边界弯矩可进行简化计算。例如当简支边 OB 有 $(w)_{y=0}=0$ 时,表示在 $y=0$ 边界上挠度不随坐标 x 而改变,即 $\left(\dfrac{\partial w}{\partial x}\right)_{y=0}=0$,式(2.20)可简化为

$$\begin{cases}(w)_{y=0}=0\\ -D\left(\dfrac{\partial^2 w}{\partial y^2}\right)_{y=0}=\varphi_2(x)\end{cases}\tag{2.22}$$

薄板弯曲平衡微分方程是以挠度为参数表示板竖向力的平衡,挠度和竖向力是与微分方程直接关联的物理量。为此,以挠度和竖向力为指标将板的边界分为两大类:支承边和非支承边。前者包括固定边和简支边,后者包括自由边和滑移边。支承边和非支承边彼此有不同的、各自有相同的边界作用形式:前者为边界挠度,后者为边界剪力。在没有边界作用的原生状态下,彼此有不同的、各自有相同的固有边界条件:前者边界挠度为零值,后者边界剪力为零值。在板面荷载作用下,彼此有不同的、各自有相同的作用效应:前者有边界支反力,后者有边界挠度。

矩形薄板有四条边界,有四个角点。当存在非支承角点时(非支承角点为:两条自由边交点,两条滑移边交点,一条自由边与一条滑移边交点,其中两条自由边交点也称自由角点),弯曲解除满足边界条件外,还应满足非支承角点处角点力条件。设角点 i 为非支承角点,角点坐标(x_i,y_i),作用角点力 R_i。有

$$R_i=-2D(1-\mu)\left(\frac{\partial^2 w}{\partial x\partial y}\right)_{x=x_i,y=y_i}\tag{2.23}$$

矩形薄板还可能设有点支座。点支座可约束板的局部竖向位移并作用支反力;它可以设在板内,板边界上或板角点处,如图2.7(a)所示。

每条边界都有四种选择,可组合出256种不同边界条件的矩形板;再考

虑点支座不同的设置，形成了薄板弯曲边界条件的多样性。

2.4　矩形边界薄板弯曲经典解法

2.4.1　四边简支板纳维叶解

图 2.8(a)所示四边简支矩形板，边长为 a、b。当边界无挠度和弯矩作用时，边界条件为

$$\begin{cases} x=0: w=0, \dfrac{\partial^2 w}{\partial x^2}=0 \\ x=a: w=0, \dfrac{\partial^2 w}{\partial x^2}=0 \\ y=0: w=0, \dfrac{\partial^2 w}{\partial y^2}=0 \\ y=b: w=0, \dfrac{\partial^2 w}{\partial y^2}=0 \end{cases} \tag{2.24}$$

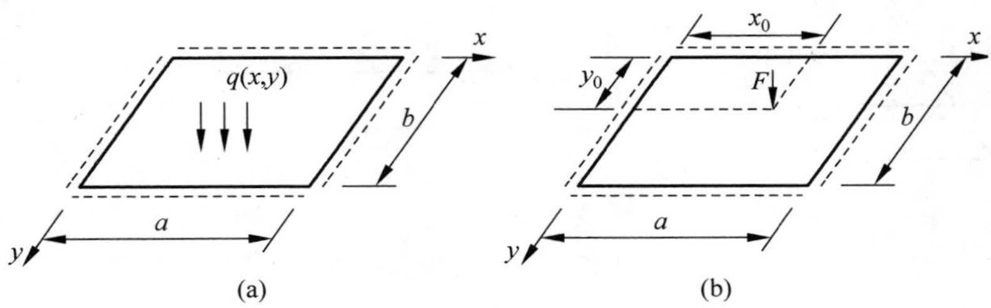

图 2.8　四边简支矩形板

在板面荷载 $q(x,y)$ 作用下，纳维叶采用以下双重三角级数解

$$w=\sum_{m=1,2,\cdots}\sum_{n=1,2,\cdots} A_{mn}\sin\alpha_m x\sin\beta_n y \tag{2.25}$$

式中 $\alpha_m=\dfrac{m\pi}{a}$，$\beta_n=\dfrac{n\pi}{b}$。级数 $\sum\limits_{m=1,2,\cdots}\sin\alpha_m x$ 在$[0,a]$区间、级数 $\sum\limits_{n=1,2,\cdots}\sin\beta_n y$ 在$[0,b]$区间是完整的正交三角函数族。式(2.25)满足式(2.24)的边界条件；显然，当式(2.25)同时满足式(2.10)弯曲微分方程时，即为四边简支矩形板的弯曲解。

将荷载 $q(x,y)$ 在$[0,a]$和$[0,b]$区间内展成相同的双重三角级数，即

$$q(x,y)=\sum_{m=1,2,\cdots}\sum_{n=1,2,\cdots} C_{mn}\sin\alpha_m x\sin\beta_n y$$

利用三角级数的正交性，由式(2.10)得

$$A_{mn} = \frac{C_{mn}}{D\,(\alpha_m^2 + \beta_n^2)^2}$$

纳维叶解可以解决板面任意荷载作用下的弯曲。当 $q(x,y)=q$ 时，$C_{mn}=\dfrac{4q}{mn\pi^2}(1-\cos m\pi)(1-\cos n\pi)$；当 $q(x,y)$ 为坐标 (x_0,y_0) 作用的集中力 F 时(见图 2.8(b)所示)，$C_{mn}=\dfrac{4F}{ab}\sin\dfrac{m\pi x_0}{a}\sin\dfrac{n\pi y_0}{b}$。

纳维叶解是个特解，这种解法仅用于无边界作用的四边简支板，局限性大。

2.4.2　莱维解法

图 2.9(a)所示一对边简支矩形板，边长 a，b。$x=0$、$x=a$ 为简支边，$y=0$、$y=b$ 为任意边界；承受板面荷载 $q(x,y)$。当简支边 $x=0$、$x=a$ 无挠度和无弯矩作用时，莱维取挠度表达式为如下单三角级数。

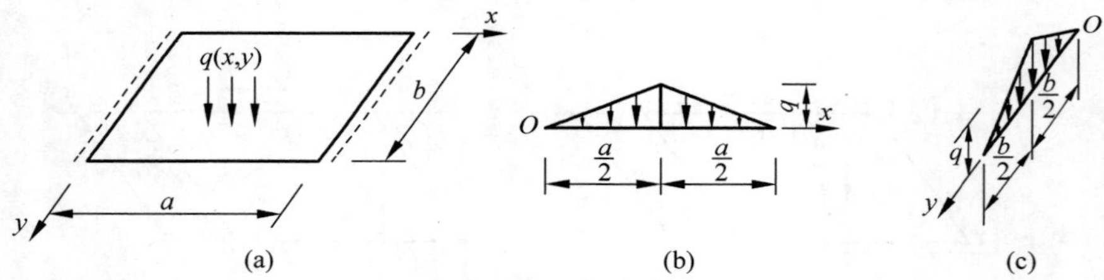

图 2.9　一对边简支矩形板

$$w = \sum_{m=1,2,\cdots} Y_m(y)\sin\alpha_m x \tag{2.26}$$

式中 $\alpha_m=\dfrac{m\pi}{a}$，$Y_m(y)$ 为待定函数。式(2.26)满足 $x=0$、$x=a$ 两边的边界条件，只须选择 $Y_m(y)$ 函数，使式(2.26)同时满足式(2.10)弯曲微分方程和 $y=0$、$y=b$ 两边边界条件，即得一对边简支矩形板弯曲解。将式(2.26)代入式(2.10)，得

$$\sum_{m=1,2,\cdots}\left(\frac{\mathrm{d}^4 Y_m}{\mathrm{d}y^4} - 2\alpha_m^2\frac{\mathrm{d}^2 Y_m}{\mathrm{d}y^2} + \alpha_m^4 Y_m\right)\sin\alpha_m x = \frac{q(x,y)}{D}$$

将 $q(x,y)$ 在$[0,a]$区间内展成相同三角级数形式，设

$$\frac{q(x,y)}{D} = \sum_{m=1,2,\cdots} f_m(y)\sin\alpha_m x$$

其中

$$f_m(y)=\frac{2}{a}\int_0^a \frac{q(x,y)}{D}\sin\alpha_m x\,\mathrm{d}x \tag{2.27}$$

利用三角级数的正交性,有

$$\frac{\mathrm{d}^4 Y_m}{\mathrm{d}y^4}-2\alpha_m^2\frac{\mathrm{d}^2 Y_m}{\mathrm{d}y^2}+\alpha_m^4 Y_m=f_m(y) \tag{2.28}$$

这是一个四阶非齐次微分方程,其解由齐次方程通解 Y_{m1} 和非齐次方程特解 Y_{m2} 组成。其中

$$\begin{aligned}Y_{m1}=&A_m\sinh\alpha_m y+B_m\cosh\alpha_m y+C_m\alpha_m y\sinh\alpha_m y\\&+D_m\alpha_m y\cosh\alpha_m y\end{aligned} \tag{2.29}$$

式中 A_m、B_m、C_m、D_m 为待定系数。板弯曲解为

$$w=\sum_{m=1,2,\cdots}Y_{m1}\sin\alpha_m x+\sum_{m=1,2,\cdots}Y_{m2}\sin\alpha_m x$$

前一个级数称弯曲通解 w_1,后者称弯曲特解 w_2;Y_{m1} 中四个待定系数可由 $y=0$、$y=b$ 二边边界条件确定。w_2 或 Y_{m2} 由荷载 $q(x,y)$ 确定。

当 $q(x,y)=q$ 时:由式(2.27),$f_m(y)=\frac{2q}{D\alpha_m a}(1-\cos m\pi)$;由式(2.28),$Y_{m2}=\frac{2q}{D\alpha_m^5 a}(1-\cos m\pi)$;弯曲特解

$$w_2=\sum_{m=1,2,\cdots}\frac{2q}{D\alpha_m^5 a}(1-\cos m\pi)\sin\alpha_m x$$

当 $q(x,y)=\frac{qx}{a}$ 时:由式(2.27),$f_m(y)=-\frac{2q}{D\alpha_m a}\cos m\pi$;由式(2.28),$Y_{m2}=-\frac{2q}{D\alpha_m^5 a}\cos m\pi$;弯曲特解

$$w_2=\sum_{m=1,2,\cdots}-\frac{2q}{D\alpha_m^5 a}\cos m\pi\sin\alpha_m x$$

图 2.9(b)所示三角荷载:$0\leqslant x\leqslant\frac{a}{2}$,$q(x,y)=\frac{2qx}{a}$;$\frac{a}{2}\leqslant x\leqslant a$,$q(x,y)=\frac{2q(a-x)}{a}$。由式(2.27),$f_m(y)=\frac{8q}{D\alpha_m^2 a^2}\sin\frac{m\pi}{2}$;弯曲特解

$$w_2=\sum_{m=1,2,\cdots}\frac{8q}{D\alpha_m^6 a^2}\sin\frac{m\pi}{2}\sin\alpha_m x$$

在特定的荷载下,w_2 也可采用幂函数多项式。多项式特解也要满足 $x=0$、$x=a$ 时,挠度、弯矩为零的边界条件。例如当 $q(x,y)=q$ 时:$w_2=\frac{q}{24D}(x^4-2ax^2+a^3x)$,当 $q(x,y)=\frac{qx}{a}$ 时:$w_2=\frac{q}{360Da}(3x^5-10a^2x^3+7a^4x)$。

但对图 2.9(b)所示的三角形荷载，$x=a/2$ 时 $q(x,y)$ 分布出现转折点，在$[0,a]$区间内无法寻求一个统一的、满足 $x=0$ 和 $x=a$ 二边边界条件的多项式特解。莱维解法只能利用三角级数特解。

图 2.9(c)所示三角荷载：$0\leqslant y\leqslant b/2$ 时 $q(x,y)=2qy/b$，$b/2\leqslant y\leqslant b$ 时 $q(x,y)=2q(b-y)/b$。由于在 y 轴方向荷载出现转折，在$[0,a]$和$[0,b]$区间内无法寻求到一个统一的 $f_m(y)$，莱维解法无法直接利用。当无法求解式(2.28)所示的微分方程时，莱维解法也无法利用。

莱维解法有以下特点：①采用了微分方程求解方法中通解与特解的计算理念，适用范围大。②特解形式不是唯一的，但构造规则相同。三角级数特解比多项式特解适用性更广。③由于通解采用单向三角级数，当非简支边方向作用不连续或不可导的板面荷载、或无法求解式(2.28)所示的微分方程时，无法采用莱维解法。④当简支边有挠度或边界弯矩作用时，莱维解法不再适用。

2.4.3 经典叠加法

经典叠加法是以四边简支板为基本体系，以莱维解法为基本方法，采用类同于结构力学中求解超静定结构内力的方法而建立起来的。现以图 2.10 所示矩形板为例介绍经典叠加法的计算原理。

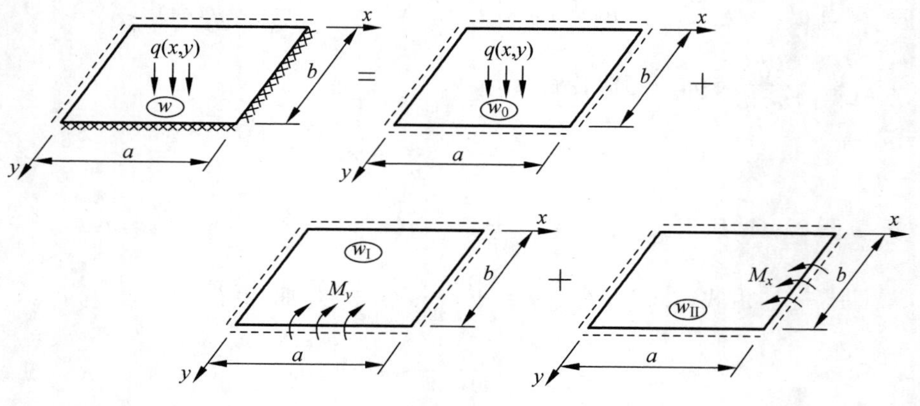

图 2.10 经典叠加法图例

图 2.10 所示四边支承板，$x=0$、$y=0$ 为简支边，$x=a$、$y=b$ 为固定边，承受板面荷载 $q(x,y)$。其弯曲解 w 可以认为是等号右端所示四边简支板

在三种荷载作用下的挠度之和。

$$w = w_0 + w_{\mathrm{I}} + w_{\mathrm{II}} \tag{a}$$

式中 w_0 为四边简支板在 $q(x,y)$ 作用下挠度，w_{I} 为四边简支板在边界弯矩 M_y 作用下的挠度，w_{II} 为四边简支板在边界弯矩 M_x 作用下的挠度。

w_0 可利用纳维叶解或莱维解法确定。由于 $x=0$、$x=a$ 为简支边且板面荷载为零值，w_{I} 只有弯曲通解，其形式为

$$w_{\mathrm{I}} = \sum_{m=1,2,\cdots} Y_m(y)\sin\alpha_m x \tag{b}$$

式中 $\alpha_m=\dfrac{m\pi}{a}$，待定函数 $Y_m(y)$ 为

$$\begin{aligned} Y_m = {} & A_m\sinh\alpha_m y + B_m\cosh\alpha_m y + C_m\alpha_m y\sinh\alpha_m y \\ & + D_m\alpha_m y\cosh\alpha_m y \end{aligned}$$

将 M_y 在$[0,a]$区间上展开为 $\sum\limits_{m=1,2,\cdots}\sin\alpha_m x$ 级数，设 S_m 为展开系数，有

$$M_y = \sum_{m=1,2,\cdots} S_m\sin\alpha_m x \tag{c}$$

引入 $y=0$、$y=b$ 边界条件可以确定 $Y_m(y)$ 函数中四个待定系数 A_m、B_m、C_m、D_m，它们均与 S_m 有关。有

$$w_{\mathrm{I}} = \sum_{m=1,2,\cdots} Y_m(y,S_m)\sin\alpha_m x \tag{d}$$

由于 $y=0$、$y=b$ 为简支边且板面荷载为零值，w_{II} 也只有弯曲通解，其形式为

$$w_{\mathrm{II}} = \sum_{n=1,2,\cdots} X_n(x)\sin\beta_n y \tag{e}$$

式中 $\beta_n=\dfrac{n\pi}{b}$，待定函数 $X_n(x)$ 表达式为

$$X_n = E_n\sinh\beta_n x + F_n\cosh\beta_n x + G_n\beta_n x\sinh\beta_n x + H_n\beta_n x\cosh\beta_n x$$

将边界弯矩 M_x 在$[0,b]$区间上展开为 $\sum\limits_{n=1,2,\cdots}\sin\beta_n y$ 级数，设 T_n 为展开系数。

$$M_x = \sum_{n=1,2,\cdots} T_n\sin\beta_n y \tag{f}$$

引入 $x=0$、$x=a$ 边界条件可确定函数 $X_n(x)$ 中的四个待定系数 E_n、F_n、G_n、H_n，它们与 T_n 有关。有

$$w_{\mathrm{II}} = \sum_{n=1,2,\cdots} X_n(x,T_n)\sin\beta_n y \tag{g}$$

边界弯矩 M_y、M_x 是未知的，S_m、T_n 也是未知的展开系数。显然，如果

已知 S_m、T_n，w_{I}、w_{II} 即可确定，从而求出原结构的弯曲解 w。而 S_m、T_n 可由 $y=b$、$x=a$ 固定边转角条件确定。

$$\begin{cases}\left(\dfrac{\partial w_0}{\partial x}+\dfrac{\partial w_{\mathrm{I}}}{\partial x}+\dfrac{\partial w_{\mathrm{II}}}{\partial x}\right)_{x=a}=0\\[2ex]\left(\dfrac{\partial w_0}{\partial y}+\dfrac{\partial w_{\mathrm{I}}}{\partial y}+\dfrac{\partial w_{\mathrm{II}}}{\partial y}\right)_{y=b}=0\end{cases} \tag{h}$$

数值计算时，取 $m=1,2,3,\cdots,m_0$，$n=1,2,3,\cdots,n_0$，式(h)包含 (m_0+n_0) 个方程式。

叠加法可使莱维解法适用性更广。但传统的叠加法缺乏理论支撑，它无法解释为什么四边简支板可以利用求解条件直接求解，类似于静定结构；当简支边变为固定边时要用叠加法求解，类似于超静定结构。

由于莱维解法自身的局限性，以莱维解法为基本方法的叠加法必然也存在一定局限。挠度表达式复杂，计算工作量大也是经典叠加法的缺陷。

【算例 2.1】 图 2.11(a)所示矩形板，$x=0$、$x=a$ 为简支边，$y=0$、$y=b$ 为固定边。在 (x_0,y_0) 点作用集中力 F，求挠度 w。

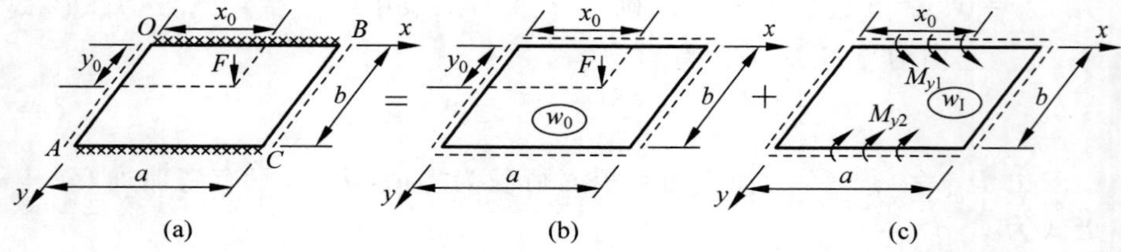

图 2.11 [算例 2.1]示图

解： 采用下列两种方法。

(1)经典叠加法

原结构挠度等于四边简支板在集中力 F 作用下挠度 w_0 和边界弯矩 M_{y1}、M_{y2} 作用下挠度 w_{I} 之和，如图 2.11 所示。

w_0 可直接采用纳维叶解

$$w_0=\frac{4F}{ab}\sum_{m=1,2,\cdots}\sum_{n=1,2,\cdots}\frac{\sin\alpha_m x_0\sin\beta_n y_0}{D\,(\alpha_m^2+\beta_n^2)^2}\sin\alpha_m x\sin\beta_n y$$

式中 $\alpha_m=\dfrac{m\pi}{a}$，$\beta_n=\dfrac{n\pi}{b}$。利用数学变换，将上式变换为 $\sum\limits_{m=1,2,\cdots}\sin\alpha_m x$ 的单三角级数(见文献[1])。边界 $y=0$、$y=b$ 作用的弯矩 M_{y1}、M_{y2} 在 $[0,a]$ 区间内也展成相同的级数，有

$$\begin{cases} M_{y1} = \sum\limits_{m=1,2,\cdots} S_{m1}\sin\alpha_m x \\ M_{y2} = \sum\limits_{m=1,2,\cdots} S_{m2}\sin\alpha_m x \end{cases}$$

式中 S_{m1}、S_{m2} 是未知的展开系数。由于 $x=0$、$x=a$ 为简支边且板面荷载为零值，w_{I} 只有弯曲通解，同式(b)。待定函数 $Y_m(y)$ 中系数 A_m、B_m、C_m、D_m 可由 $y=0$、$y=b$ 二边边界条件确定。显然，它们与 S_{m1}、S_{m2} 有关。

弯曲全解 $w=w_0+w_{\mathrm{I}}$，应满足原结构 $y=0$、$y=b$ 边界转角条件，有

$$\begin{cases} \left(\dfrac{\partial w_0}{\partial y}+\dfrac{\partial w_{\mathrm{I}}}{\partial y}\right)_{y=0} = 0 \\ \left(\dfrac{\partial w_0}{\partial y}+\dfrac{\partial w_{\mathrm{I}}}{\partial y}\right)_{y=b} = 0 \end{cases}$$

由方程组可确定 S_{m1}、S_{m2}。对于承受中心集中力的矩形板，$x_0=a/2$，$y_0=b/2$，最大挠度也发生在板中心，其值为

$$w_{\max} = \frac{Fb^2}{2D\pi^3}\left\{\frac{a^2}{b^2}\sum_{m=1,3,\cdots}\frac{1}{m^3}\left[\tanh\frac{\alpha_m b}{2}-\frac{\frac{\alpha_m b}{2}}{\left(\cosh\frac{\alpha_m b}{2}\right)^2}\right]\right.$$

$$\left.-\frac{\pi^2}{4}\sum_{m=1,3,\cdots}\frac{1}{m}\frac{\left(\tanh\frac{\alpha_m b}{2}\right)^2}{\sinh\frac{\alpha_m b}{2}\cosh\frac{\alpha_m b}{2}+\frac{\alpha_m b}{2}}\right\} \tag{i}$$

大括号中第一个级数对应四边简支板挠度 w_0，第二个级数对应挠度 w_{I}。

(2) 分块法

将矩形板分为 $0\leqslant y\leqslant y_0$ 和 $y_0\leqslant y\leqslant b$ 两部分，上、下板块板面荷载均为零值，分界线上集中力 F 在$[0,a]$区间展开为 $\sum\limits_{m=1,2,\cdots}\sin\alpha_m x$ 级数形式的分布力 $f(x)$。

$$f(x) = \frac{2F}{a}\sum_{m=1,2,\cdots}\sin\alpha_m x_0\sin\alpha_m x$$

上、下板块弯曲都采用莱维解法。由于 $x=0$、$x=a$ 均为简支边且板面荷载为零值，上、下板块挠度只有弯曲通解，同式(b)；八个待定系数可由 $y=0$、$y=b$ 二边的边界条件和 $y=y_0$ 分界线上连续条件确定。连续条件为上、下板在 $y=y_0$ 时挠度、转角、弯矩相等，剪力差等于集中荷载 F 的分布力：

$$\left[\frac{\partial^3 w_{上}}{\partial y^3}+(2-\mu)\frac{\partial^3 w_{上}}{\partial x^2\partial y}\right]_{y=y_0}-\left[\frac{\partial^3 w_{下}}{\partial y^3}+(2-\mu)\frac{\partial^3 w_{下}}{\partial x^2\partial y}\right]_{y=y_0}$$

$$=\frac{2F}{Da}\sum_{m=1,2,\cdots}\sin\alpha_m x_0\sin\alpha_m x$$

当矩形板承受板中心集中力,板中心最大挠度为

$$w_{\max}=\frac{Fa^2}{2D\pi^3}\sum_{m=1,3,\cdots}\frac{\left(\sinh\frac{\alpha_m b}{2}\right)^2-\left(\frac{\alpha_m b}{2}\right)^2}{m^3\left(\sinh\frac{\alpha_m b}{2}\cosh\frac{\alpha_m b}{2}+\frac{\alpha_m b}{2}\right)}\tag{j}$$

式(i)与式(j)是可以转换的。

2.5　矩形边界薄板弯曲统一解法基本思路

统一解法适用于由简支边、固定边、自由边、滑移边及点支座组成的各种边界条件的矩形板;可以解决任意板面荷载作用、角点力作用和各种边界作用下板的弯曲。

2.5.1　广义静定弯曲与广义超静定弯曲分类

式(2.10)所示板弯曲平衡微分方程综合了三个平衡方程、三个几何方程、三个物理方程;涉及五个应力分量、三个应变分量、一个位移分量。涉及的物理量和综合的方程在数量上是相等的,因此微分方程是有解的。当求解条件完备时,可以利用求解条件直接求解。求解条件完备的标准是所有的外界作用都是清晰、明确的。在薄板弯曲中外界作用有4种形式:①板面荷载作用;②非支承角点集中力作用;③边界外界作用;④点支座局部约束作用。前三种作用都是明确的。点支座约束作用包括约束板的局部位移并作用支反力,其中位移约束也是明确的。支反力有两种可能性,当支反力可以用静力平衡条件确定时,板弯曲求解条件是完备的,否则是不完备的。借用结构力学中静定与超静定结构分类理念,薄板弯曲问题可分为以下两类:①无点支座、或有点支座但其反力可以由静力平衡条件确定的问题为广义静定弯曲,②广义超静定弯曲。前者可以由求解条件直接求解,后者要用叠加法求解。

2.5.2　外界作用连续化、格式化

板面荷载可能是分布力、局部分布力、集中力。边界外界作用有支承边沉陷而导致的挠度,非支承边上作用的剪力;还有固定边、滑移边的转角,简支边、自由边界上的弯矩;其中边界上作用的弯矩、剪力也存在分布、局部分布、集中作用等形式。很多情况下外界作用函数是不连续或不可导的。即使是边界挠度和转角在边界区间内是连续函数,也不一定易于数学处理;

因此，对外界作用连续化、格式化是必需的。方法是将板面荷载、各种边界外界作用在其作用区间内转换成三角级数或双重三角级数。三角级数是连续的、可导的，非常便于进行数学处理。三角级数展开必须遵循第1章所述的三原则：

(1) 三角级数在该区间内必须是一个完整的正交三角函数族。

(2) 三角级数必须要完整地包容原函数的全部内容或全部作用效应。

(3) 合理选择级数中三角函数类型。

外界作用连续化、格式化贯穿整个求解过程。计算开始，板面荷载、支承边挠度、非支承边剪力就要格式化，以便确定相应的特解；固定边、滑移边转角，简支边、自由边弯矩在引入边界条件建立对应的线性方程时才要格式化。

2.5.3 广义静定弯曲求解方法

(1) 计算结构

当无点支座时，原结构即为计算结构，计算结构为几何不变体；当有点支座时，用静力平衡条件计算支反力，并取代点支座，计算结构为可以发生刚体位移的几何可变体。

点支座位于板边界内时，支反力为板面荷载；点支座位于板边界上时，支反力为边界剪力；点支座位于板角点上时，支反力为角点力。

(2) 弯曲解组成

薄板弯曲解 w 由通解 w_1 和特解 w_2 组成。通解为弯曲平衡齐次微分方程解，特解表示特定外界作用效应解。即

$$w = w_1 + w_2 \tag{2.30}$$

弯曲解 w 满足式(2.10)所示弯曲平衡微分方程，满足四条边界的边界条件，满足非支承角点处角点力条件和点支座处位移、支反力条件。

弯曲平衡微分方程是以挠度为参数表示板竖向力的平衡，挠度和竖向力是与微分方程直接关联的物理量。为使建模理论与求解方法和谐统一，构建 w_1、w_2 时挠度和竖向力要给予特别关注。

(3) 通解形式

通解要表示矩形板在两个坐标轴方向上主要的变形和受力特征，有

$$w_1 = w_{1x} + w_{1y} \tag{2.31}$$

w_{1x}、w_{1y} 分别为 x 轴向、y 轴向边界条件对应的通解。为满足齐次微分方程要求和与边界条件相对应，w_{1x}、w_{1y} 一般形式是包含四个待定系数的单三角

级数。三角级数在相应区间内是完整的正交三角函数族。级数主波形曲线符合矩形板相应方向的传力途径、荷载作用效应变化规律。在边界处，三角级数符合相应方向固有的挠度和剪力分布特征；也要符合板面荷载激发的挠度和剪力分布规律：在支承边上，三角级数为零值，而级数的一阶和三阶导数不为零，以对应边界挠度为零的固有边界条件和板面荷载作用下要产生边界反力的受力特征。在非支承边上，三角级数的一阶和三阶导数为零，级数不为零，对应边界剪力为零的固有边界条件和板面荷载下要产生边界挠度的变形特征。

在非支承角点处，通解 w_1 要满足角点力为零的固有角点力条件；相应的挠度不为零值，以对应板面荷载作用下产生挠度。

设矩形板采用图 2.7(a)所示坐标系，当 $x=0$、$x=a$ 为支承边时

$$\begin{aligned} w_{1x} = & \sum_{m=1,2,\cdots} (A_m \sinh\alpha_m y + B_m \cosh\alpha_m y \\ & + C_m\alpha_m y \sinh\alpha_m y + D_m\alpha_m y \cosh\alpha_m y) \sin\alpha_m x \end{aligned} \tag{2.32}$$

式中 $\alpha_m=\frac{m\pi}{a}$。A_m、B_m、C_m、D_m 为待定系数。

当 $x=0$ 为支承边，$x=a$ 为非支承边时

$$\begin{aligned} w_{1x} = & \sum_{m=1,3,\cdots} (A_m \sinh\lambda_m y + B_m \cosh\lambda_m y \\ & + C_m\lambda_m y \sinh\lambda_m y + D_m\lambda_m y \cosh\lambda_m y) \sin\lambda_m x \end{aligned} \tag{2.33}$$

式中 $\lambda_m=\frac{m\pi}{2a}$。$A_m$、$B_m$、$C_m$、$D_m$ 为待定系数。

当 $x=0$ 为非支承边，$x=a$ 为支承边时

$$\begin{aligned} w_{1x} = & \sum_{m=1,3,\cdots} (A_m \sinh\lambda_m y + B_m \cosh\lambda_m y \\ & + C_m\lambda_m y \sinh\lambda_m y + D_m\lambda_m y \cosh\lambda_m y) \cos\lambda_m x \end{aligned} \tag{2.34}$$

当 $x=0$、$x=a$ 都是非支承边时

$$\begin{aligned} w_{1x} = & A_0 y + B_0 + C_0 y^2 + D_0 y^3 + \sum_{m=1,2,\cdots} (A_m \sinh\alpha_m y + B_m \cosh\alpha_m y \\ & + C_m\alpha_m y \sinh\alpha_m y + D_m\alpha_m y \cosh\alpha_m y) \cos\alpha_m x \end{aligned} \tag{2.35}$$

级数 $\sum\limits_{m=0,1,\cdots} \cos\alpha_m x$ 在$[0,a]$区间是一个完整的正交三角函数族。当 $m=0$ 时，$\cos\alpha_m x=1.0$，$\sinh\alpha_m y$、$\alpha_m y\sinh\alpha_m y$、$\alpha_m y\cosh\alpha_m y$ 均为零值。为确保待定系数的完整性，并满足式(2.10)对应的齐次方程，在 $m=0$ 时将 A_m、

B_m、C_m、D_m的双曲函数系数改为幂函数，即 $A_o y+B_o+C_o y^2+D_o y^3$。因此，$A_o$、$B_o$、$C_o$、$D_o$为 $m=0$ 时的 A_m、B_m、C_m、D_m。

同理，当 $y=0$、$y=b$ 为支承边时

$$w_{1y} = \sum_{n=1,2,\cdots}(E_n\sinh\beta_n x + F_n\cosh\beta_n x + G_n\beta_n x\sinh\beta_n x + H_n\beta_n x\cosh\beta_n x)\sin\beta_n y \tag{2.36}$$

式中 $\beta_n=\dfrac{n\pi}{b}$。E_n、F_n、G_n、H_n为待定系数。

当 $y=0$ 为支承边，$y=b$ 为非支承边时

$$w_{1y} = \sum_{n=1,3,\cdots}(E_n\sinh\gamma_n x + F_n\cosh\gamma_n x + G_n\gamma_n x\sinh\gamma_n x + H_n\gamma_n x\cosh\gamma_n x)\sin\gamma_n y \tag{2.37}$$

式中 $\gamma_n=\dfrac{n\pi}{2b}$。$E_n$、$F_n$、$G_n$、$H_n$为待定系数。

当 $y=0$ 为非支承边，$y=b$ 为支承边时

$$w_{1y} = \sum_{n=1,3,\cdots}(E_n\sinh\gamma_n x + F_n\cosh\gamma_n x + G_n\gamma_n x\sinh\gamma_n x + H_n\gamma_n x\cosh\gamma_n x)\cos\gamma_n y \tag{2.38}$$

当 $y=0$、$y=b$ 为非支承边时

$$w_{1y} = E_0 x + F_0 + G_0 x^2 + H_0 x^3 + \sum_{n=1,2,\cdots}(E_n\sinh\beta_n x + F_n\cosh\beta_n x + G_n\beta_n x\sinh\beta_n x + H_n\beta_n x\cosh\beta_n x)\cos\beta_n y \tag{2.39}$$

式中 E_o、F_o、G_o、H_o为 $n=0$ 时 E_n、F_n、G_n、H_n。

(4) 多特解方法

外界作用涉及的挠度和竖向力都有相应的特解，采用多特解方法是为了尽可能多地反映外界作用所激发的、特有的作用效应。

$$w_2 = w_{21} + w_{22} + w_{23} + w_{24} \tag{2.40}$$

式中 w_{21}、w_{22}、w_{23}、w_{24}分别为板面荷载、角点力、支承边挠度、非支承边剪力对应的特解。各特解之间要相互协调、互为补充。为防止相互干扰和掣肘，应满足下列构造规则：

① w_{21}要满足板面荷载作用下板弯曲平衡微分方程，在支承边界处应为零值，在非支承边界上对应的剪力为零值，在非支承角点处对应的角点力为零。

② w_{22}、w_{23}、w_{24}要分别满足非支承角点的角点力条件、支承边挠度条件、非支承边剪力分布条件。彼此独立，互不干扰，即 w_{22}、w_{23}在非支承边

界上对应的剪力为零值；w_{23}、w_{24} 在非支承角点处对应的角点力为零值，w_{22}、w_{24} 在支承边界上为零值。

③ 特解 w_{23} 要满足 $\nabla^4 w_{23}=0$。除四边非支承矩形板外，也要求 $\nabla^4 w_{22}=0$、$\nabla^4 w_{24}=0$。这表示引入 w_{22}、w_{23}、w_{24} 不干扰板面荷载作用效应。四边非支承矩形板的计算结构是、或类似于一悬空板，角点集中力和边界剪力对应的特解 w_{22}、w_{24} 会出现 $\nabla^4 w_{22}\neq 0$、$\nabla^4 w_{24}\neq 0$ 的现象，这类同于两端非支承梁的梁端集中力特解 y_{22}（见式(1.13)）不满足梁弯曲微分齐次方程的情况，这种特殊情况及处理方法将在2.11节中有详细介绍。

(5) 级数特解

板面荷载、支承边界挠度、非支承边剪力是作用在一个特定区间的物理量，因分布形式的复杂性，其特解 w_{21}、w_{23}、w_{24} 通常采用级数形式。为此要将形式各异的荷载和挠度进行格式化处理，将其在相应区间内展成双重或单向三角级数。为使通解与特解相互协调，级数中三角函数类型有以下规律：

① 板面荷载采用双重三角级数，三角函数类型与通解 w_1 中两个级数相同。相应特解 w_{21} 可自动满足支承边界处挠度为零值，非支承边界上对应的剪力为零值，非支承角点处对应的角点力为零值。

② $x=0$、$x=a$ 边界上挠度和剪力是以坐标 y 为变量的函数，级数展开式中的三角函数类型与 w_{1y} 相同，相应的级数特解可自动满足 $y=0$、$y=b$ 边界上挠度和剪力的固有边界条件。

③ $y=0$、$y=b$ 边界上挠度和剪力是以坐标 x 为变量的函数，级数展开式中的三角函数类型与 w_{1x} 相同，相应的级数特解可自动满足 $x=0$、$x=a$ 边界上挠度和剪力的固有边界条件。

(6) 多项式特解

当板面荷载、支承边挠度、非支承边剪力在其作用区间内为处处连续、处处可导且呈幂函数多项式分布时，特解 w_{21}、w_{23}、w_{24} 也可采用多项式形式。角点力是集中力，特解 w_{22} 为幂函数多项式。多项式特解也要满足前述的构造规则，其表达式由试算法确定。这种形式特解有很大局限，有时很难能找到满足构造规则的表达式。

(7) 建立精确方程和一般方程

板弯曲挠度全解为

$$w = w_{1x} + w_{1y} + w_{21} + w_{22} + w_{23} + w_{24} \tag{2.41}$$

利用四边边界条件可得以通解 w_1 中待定系数为未知量的线性方程。

当计算结构为几何不变体时，由线性方程组可确定全部待定系数；当计算结构为几何可变体时，可确定大多数待定系数，其余系数由点支座的位移条件确定。

线性方程分为两类，其一是支承边挠度条件和非支承边剪力条件对应的精确方程，其二是边界弯矩和转角条件对应的一般方程。

建立精确方程很便捷，例如：$x=0$ 为支承边，其边界挠度条件为 $x=0$ 时，$w=f_1(y)$。代入弯曲解后，有

$$(w_{1x}+w_{1y}+w_{21}+w_{22}+w_{23}+w_{24})_{x=0}=f_1(y) \tag{a}$$

由通解、特解构造规则知，$(w_{1x})_{x=0}=0$、$(w_{21})_{x=0}=0$、$(w_{22})_{x=0}=0$、$(w_{24})_{x=0}=0$。$(w_{23})_{x=0}$ 为格式化后的 $f_1(y)$，可以与式右端的 $f_1(y)$ 相消。有

$$(w_{1y})_{x=0}=0 \tag{b}$$

方程左端为以 y 为变量的三角级数。利用级数的正交性，得以待定系数 E_n、F_n、G_n、H_n 为未知量的线性方程。方程左端未知量系数均为常量，右端为零，它可以表示待定系数间精确对应关系。

显然，如果没有 w_{23}，引入边界条件后，边界挠度函数就无法消去，式(b)会变为

$$(w_{1y})_{x=0}=f_1(y) \tag{c}$$

式(c)左端是一个以 y 为变量的三角级数，而右端是一个以 y 为变量的函数，这时要将 $f_1(y)$ 在 $[0,b]$ 区间展开为与左端相同的级数。函数展开时，如果需要单列区间端点函数值，方程两端就无法建立对应关系。即使不考虑区间端点函数值，在利用级数正交性建立的线性方程中，左端是未知量 E_n、F_n、G_n、H_n 的线性组合，右端项为 $f_1(y)$ 的级数展开系数。数值计算时，由于级数只能取有限项而不是无限项，该方程也只能近似反映待定系数间的相关性。

如果 $x=0$ 为非支承边，利用边界剪力条件，也可得以 E_n、F_n、G_n、H_n 为未知量的精确方程。

对 $x=a$ 边界，支承边挠度条件或非支承边剪力条件也可得以 E_n、F_n、G_n、H_n 为未知量的精确方程。

对 $y=0$ 和 $y=b$ 边界，支承边挠度条件或非支承边剪力条件可得以 A_m、B_m、C_m、D_m 为未知量的精确方程。每条边界有两个边界条件，至少有一个精确方程。

简支边和自由边弯矩条件、固定边和滑移边转角条件对应的一般方程

推导过程将在以后各节中介绍。

2.5.4 广义超静定弯曲求解方法

撤去多余点支座而代之以未知力，得到一个广义静定弯曲的基本体系。分别计算基本体系在单位未知力和原外界作用下板的弯曲解。当仅有一个多余点支座时，为一次超静定，利用该点支座位移条件确定支反力，并利用叠加法求解。当有多个多余点支座时为多次超静定，要先利用点支座位移条件求解一组以多余支座反力为未知量的线性方程组，再利用叠加法求解。这与结构力学中计算超静定结构内力的力法理念相同。

当基本体系无点支座时，基本体系为计算结构；当有点支座时，先利用静力平衡条件计算支反力并取代点支座才为静定弯曲的计算结构。

2.6 四边支承矩形板

四边支承矩形板的边界为简支边或固定边，有16种不同组合的边界条件。图2.12所示几种常见的四边支承矩形板，由于不存在非支承边（自由边或滑移边）和非支承角点，特解 $w_{22}=0$，$w_{24}=0$。

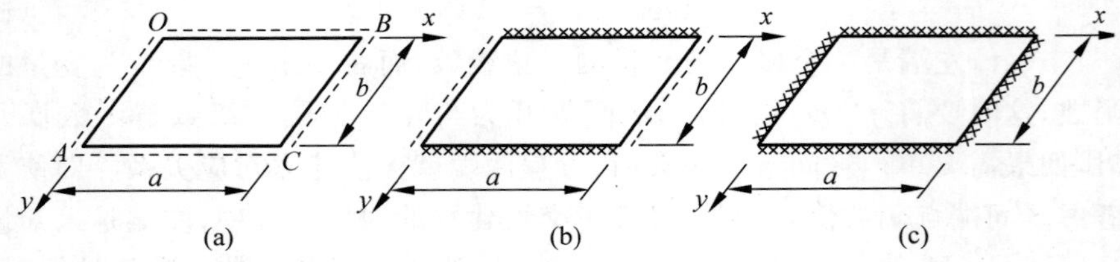

图2.12 四边支承矩形板

2.6.1 通解和级数特解

板弯曲通解

$$
\begin{aligned}
w_1 = & \sum_{m=1,2,\cdots}(A_m\sinh\alpha_m y + B_m\cosh\alpha_m y + C_m\alpha_m y\sinh\alpha_m y \\
& + D_m\alpha_m y\cosh\alpha_m y)\sin\alpha_m x + \sum_{n=1,2,\cdots}(E_n\sinh\beta_n x \\
& + F_n\cosh\beta_n x + G_n\beta_n x\sinh\beta_n x + H_n\beta_n x\cosh\beta_n x)\sin\beta_n y \qquad (2.42)
\end{aligned}
$$

式中 $\alpha_m=\dfrac{m\pi}{a}$，$\beta_n=\dfrac{n\pi}{b}$。A_m、B_m、C_m、D_m、E_n、F_n、G_n、H_n 为待定系数。

将板面荷载 $q(x,y)$ 在 $[0,a]$ 和 $[0,b]$ 区间展开为双重三角级数，三角函数与 w_1 中级数相同。但数值计算时，通解和特解中级数取项数不同。为区别起见，将 α_m 改为 $\alpha_{m1}=\dfrac{m_1\pi}{a}$，$m_1=1,2,3,\cdots$，$\beta_n$ 改为 $\beta_{n1}=\dfrac{n_1\pi}{b}$，$n_1=1,2,3,\cdots$。

$$q(x,y)=\sum_{m_1=1,2,\cdots}\sum_{n_1=1,2,\cdots}C_{mn}\sin\alpha_{m1}x\sin\beta_{n1}y \tag{2.43}$$

当 $q(x,y)=q$ 时，$C_{mn}=\dfrac{4q}{m_1n_1\pi^2}(1-\cos m_1\pi)(1-\cos n_1\pi)$

当 $q(x,y)$ 为作用在 $(x_0,\ y_0)$ 点集中力 F 时，$C_{mn}=\dfrac{4F}{ab}\sin\alpha_{m1}x_0\sin\beta_{n1}y_0$

在边界处，式(2.43)的级数为零值，无法包含边界线上的荷载值；但由于四边均为支承边，边界线上竖向荷载由边界支承直接传递，不产生作用效应；因此级数开展式可包容板面荷载全部作用效应。相应特解

$$w_{21}=\sum_{m_1=1,2,\cdots}\sum_{n_1=1,2,\cdots}\frac{C_{mn}}{D\ ({\alpha_{m1}}^2+{\beta_{n1}}^2)^2}\sin\alpha_{m1}x\sin\beta_{n1}y \tag{2.44}$$

板面荷载特解 w_{21} 与四边简支板的纳维叶解形式相同，但理念不同。

当支承边因沉降而产生挠度，设 $(w)_{x=0}=w_1(y)$，$(w)_{x=a}=w_2(y)$。将边界挠度函数 $w_1(y)$、$w_2(y)$ 在 $[0,b]$ 区间内展开为级数 $\sum\limits_{n_1=1,2,\cdots}\sin\beta_{n1}y$，$\beta_{n1}=\dfrac{n_1\pi}{b}$。由于 $y=0$、$y=b$ 时，级数表达式等于零，无法包容区间端点挠度值，端点挠度值 $w_1(y=0)$、$w_1(y=b)$、$w_2(y=0)$、$w_2(y=b)$ 必须单列。边界端点又为角点，有

$$\begin{cases} w_1(y)=\Delta_O+\dfrac{(\Delta_A-\Delta_O)y}{b}+\sum\limits_{n_1=1,2,\cdots}S_{nx1}\sin\beta_{n1}y \\ w_2(y)=\Delta_B+\dfrac{(\Delta_C-\Delta_B)y}{b}+\sum\limits_{n_1=1,2,\cdots}S_{nx2}\sin\beta_{n1}y \end{cases} \tag{2.45}$$

式中 Δ_O、Δ_A、Δ_B、Δ_C 分别为角点 O、A、B、C 挠度值(角点码见图 2.12(a)示)。S_{nx1}、S_{nx2} 分别为 $[w_1(y)-\Delta_O-(\Delta_A-\Delta_O)y/b]$、$[w_2(y)-\Delta_B-(\Delta_C-\Delta_B)y/b]$ 的级数展开系数。该级数与通解 w_{1y} 中级数相同，但取项数不同。

同理，当 $y=0$、$y=b$ 边界上产生挠度，设 $(w)_{y=0}=w_3(x)$，$(w)_{y=b}=w_4(x)$。将 $w_3(x)$、$w_4(x)$ 在 $[0,a]$ 区间内展开为级数 $\sum\limits_{m_1=1,2,\cdots}\sin\alpha_{m1}x$，$\alpha_{m1}=\dfrac{m_1\pi}{a}$。有

$$\begin{cases} w_3(x) = \Delta_O + \dfrac{(\Delta_B - \Delta_O)x}{a} + \sum\limits_{m_1=1,2,\cdots} S_{my1} \sin\alpha_{m1} x \\ w_4(x) = \Delta_A + \dfrac{(\Delta_C - \Delta_A)x}{a} + \sum\limits_{m_1=1,2,\cdots} S_{my2} \sin\alpha_{m1} x \end{cases} \tag{2.46}$$

S_{my1}、S_{my2} 分别为$[w_3(x)-\Delta_O-(\Delta_B-\Delta_O)x/a]$、$[w_4(x)-\Delta_A-(\Delta_C-\Delta_A)x/a]$的级数展开系数。

边界挠度特解

$$\begin{aligned} w_{23} = {} & \Delta_O + \frac{(\Delta_B - \Delta_O)x}{a} + \frac{(\Delta_A - \Delta_O)y}{b} + \frac{(\Delta_C + \Delta_O - \Delta_A - \Delta_B)xy}{ab} \\ & + \sum_{n_1=1,2,\cdots} \frac{S_{nx1}\sinh\beta_{n1}(a-x) + S_{nx2}\sinh\beta_{n1}x}{\sinh\beta_{n1}a} \sin\beta_{n1} y \\ & + \sum_{m_1=1,2,\cdots} \frac{S_{my1}\sinh\alpha_{m1}(b-y) + S_{my2}\sinh\alpha_{m1}y}{\sinh\alpha_{m1}b} \sin\alpha_{m1} x \end{aligned} \tag{2.47}$$

2.6.2 边界条件对应的线性方程组

引入四边挠度条件，并利用通解中两个级数的正交性，得 $x=0$、$x=a$、$y=0$、$y=b$ 边界对应的精确方程

$$\begin{cases} F_n = 0 \\ E_n \sinh\beta_n a + F_n \cosh\beta_n a + G_n \beta_n a \sinh\beta_n a + H_n \beta_n a \cosh\beta_n a = 0 \\ B_m = 0 \\ A_m \sinh\alpha_m b + B_m \cosh\alpha_m b + C_m \alpha_m b \sinh\alpha_m b + D_m \alpha_m b \cosh\alpha_m b = 0 \end{cases} \tag{2.48}$$

式(2.48)是所有四边支承板弯曲所共有的精确方程，其余为固定边转角条件或简支边弯矩条件对应的一般方程。现以 $x=0$ 边界为例，谈一般方程推导过程。

若 $x=0$ 为固定边，转角条件为 $\left(\dfrac{\partial w}{\partial x}\right)_{x=0} = f_1(y)$。代入通解和特解后，有

$$\begin{aligned} & \sum_{m=1,2,\cdots} \alpha_m (A_m \sinh\alpha_m y + B_m \cosh\alpha_m y + C_m \alpha_m y \sinh\alpha_m y \\ & \quad + D_m \alpha_m y \cosh\alpha_m y) + \sum_{n=1,2,\cdots} \beta_n (E_n + H_n) \sin\beta_n y \\ & \quad + \left(\frac{\partial w_{21}}{\partial x}\right)_{x=0} + \left(\frac{\partial w_{23}}{\partial x}\right)_{x=0} = f_1(y) \end{aligned} \tag{a}$$

将特解有关项移到方程右端，将式中非 $\sin\beta_n y$ 函数在[0,b]区间展开为 $\sum\limits_{n=1,2,\cdots} \sin\beta_n y$ 级数，并利用该级数正交性得相应线性方程，其中左端项为

$$\sum_{m=1,2,\cdots} \alpha_m (A_m a_{n1} + B_m a_{n2} + C_m a_{n3} + D_m a_{n4}) + \beta_n (E_n + H_n) \tag{b}$$

式中 a_{n1}、a_{n2}、a_{n3}、a_{n4} 分别为 $\sinh\alpha_m y$、$\cosh\alpha_m y$、$\alpha_m y\sinh\alpha_m y$、$\alpha_m y\cosh\alpha_m y$ 的级数展开系数，其值分别参见附录 A 中式(A.33)、式(A.34)、式(A.35)、式(A.36)所示。待定未知量 E_n、H_n 的系数为常量，A_m、B_m、C_m、D_m 的系数为相关函数的级数展开值。该式只能近似表示未知量间的相关性。

右端项有函数 $f_1(y)$、$\left(\dfrac{\partial w_{21}}{\partial x}\right)_{x=0}$、$\left(\dfrac{\partial w_{23}}{\partial x}\right)_{x=0}$。$w_{21}$、$w_{23}$ 中原为 $\sum\limits_{m_1=1,2,\cdots} \sin\alpha_{m1} x$ 三角级数，在 $\dfrac{\partial w_{21}}{\partial x}$、$\dfrac{\partial w_{23}}{\partial x}$ 中转换为 $\sum\limits_{m_1=1,2,\cdots} \cos\alpha_{m1} x$ 级数，代入 $x=0$ 边界值后，又变为数项级数，级数取项数 m_1 不变。之后，非 $\sin\beta_n y$ 函数在[0,b]区间展开为级数 $\sum\limits_{n=1,2,\cdots} \sin\beta_n y$，$w_{21}$、$w_{23}$ 中原有的三角级数 $\sum\limits_{n_1=1,2,\cdots} \sin\beta_{n1} y$ 自动转换为 $\sum\limits_{n=1,2,\cdots} \sin\beta_n y$ 形式。从而可以利用 $\sum\limits_{n=1,2,\cdots} \sin\beta_n y$ 级数正交性得相应线性方程。

非 $\sin\beta_n y$ 函数在[0,b]区间展开为 $\sum\limits_{n=1,2,\cdots} \sin\beta_n y$ 级数，形式上是一种数学变换，实质上是对边界转角和其他函数表示的转角格式化。在 $x=0$ 边界的端点 $y=0$、$y=b$ 处，级数为零值，展开式不能包容端点转角值，但邻边 $y=0$、$y=b$ 为支承边，其边界挠度条件完全控制 $x=0$ 边界端点的转动状态。$x=0$ 边界的端点转角值无意义。因此，边界转角级数展开式可不单列 $y=0$、$y=b$ 端点转角值。它不包容端点转角、但包容边界转角条件激发的全部作用效应。其他函数表示的转角也用相同方法展开。在同一平台上建立内效应和外作用的对应关系。

如果 $x=0$ 为简支边，且作用边界弯矩 $f_3(y)$，边界条件为

$$-D\left(\frac{\partial^2 w}{\partial x^2} + \mu\frac{\partial^2 w}{\partial y^2}\right)_{x=0} = f_3(y) \tag{c}$$

考虑边界挠度，计算边界弯矩时一般不采用简化式。代入通解和特解后，有

$$\begin{aligned}&\sum_{n=1,2,\cdots} \beta_n^2 [F_n(1-\mu) + 2G_n] \sin\beta_n y \\ &= -\frac{f_3(y)}{D} - \sum_{n_1=1,2,\cdots} \beta_{n1}^2 (1-\mu) S_{nx1} \sin\beta_{n1} y\end{aligned} \tag{d}$$

式(d)右端级数项为特解 w_{23} 所激发的边界弯矩值。将式中非 $\sin\beta_n y$ 函数在[0,b]区间上展开为 $\sum\limits_{n=1,2,\cdots}\sin\beta_n y$ 级数,利用该级数的正交性可得相应线性方程。非 $\sin\beta_n y$ 函数展开为级数实质上是对边界弯矩和其他函数表示的弯矩进行格式化处理。函数展开时,同样不需单列区间端点的弯矩值,因为 $y=0$、$y=b$ 两个邻边为支承边,$x=0$ 边界端点弯矩可以由相邻支承边直接传递,端点弯矩无作用效应。级数展开式包容原函数的全部作用效应。

2.6.3　线性方程组系数行列式

弯曲通解中级数取前两项,即 $m=1,2,n=1,2$。在 $x=0$、$x=a$ 边界对应的线性方程中,A_m、B_m、C_m、D_m、E_n、F_n、G_n、H_n 的系数行列式和方程右端项数值分布见表 2.1 示。

表 2.1　线性方程中系数分布

方程码		A_m		B_m		C_m		D_m		E_n		F_n		G_n		H_n		方程
		1	2	1	2	1	2	1	2	1	2	1	2	1	2	1	2	右端项
①	1											*						
	2												*					
②	1									*		*		*		*		
	2										*		*		*		*	
③	1	*	*	*	*	*	*	*	*	*						*		*
	2	*	*	*	*	*	*	*	*		*						*	*
④	1	*	*	*	*	*	*	*	*	*		*		*		*		*
	2	*	*	*	*	*	*	*	*		*		*		*		*	*
⑤	1											*		*				*
	2												*		*			*
⑥	1									*		*		*		*		*
	2										*		*		*		*	*

表中空白表示系数为零值,"*"表示不为零。方程码①、②分别为 $x=0$、$x=a$ 边界挠度条件对应的精确方程,方程中 A_m、B_m、C_m、D_m 的系数项及右端项全为零值,E_n、F_n、G_n、H_n 系数项在 $m=n$ 时不为零、在 $m\neq n$ 时为零值。方程码③、④分别为 $x=0$、$x=a$ 边界转角条件对应的一般方程,方程中 A_m、B_m、C_m、D_m 的系数项及右端项不为零。E_n、F_n、G_n、H_n 系数项分布规律不变。方程码⑤、⑥分别为 $x=0$、$x=a$ 边界弯矩条件对应的方程,方程中 E_n、F_n、G_n、H_n 系数项分布规律不变,A_m、B_m、C_m、D_m 系数项为零值,

方程右端项不为零。它包含边界弯矩条件和特解 w_{23} 所激发的边界弯矩值对 $\sum\limits_{n=1,2,\cdots}\sin\beta_n y$ 的展开系数。因此，方程只能近似表示 E_n、F_n、G_n、H_n 间相关性，属于一般方程。

边界条件对应的线性方程中，未知量系数有双曲函数值，例如式(2.48)中 $\sinh\beta_n a\left(=\sinh\dfrac{n\pi a}{b}\right)$、$\sinh\alpha_m b\left(=\sinh\dfrac{m\pi b}{a}\right)$；有双曲函数的三角级数展开值，例如式(b)中 $\alpha_m a_{n1}$、$\alpha_m a_{n2}$ 等。随着整数 m、n 取值增大，双曲函数值急剧升高，导致系数矩阵阶数和奇异性增加。因而通解中级数项数不宜过大，当 $a/b\approx 1.0$ 时，不超过 10 项。随着 a/b 或 b/a 比值加大，取项数还要相应减少。但线性方程右端保留的、与特解 w_{21}、w_{23} 有关的数项级数的项数不受限制，适当提高取项数可提高数值计算精度。这种数学现象可以给予力学解释：随矩形板在两个方向板长比增加，通解在弯曲全解中的权重降低，而特解权重相对提高。

$x=0$、$x=a$ 为简支边时，边界条件对应的线性方程为表 2.1 中方程码①、②、⑤、⑥的方程组成，当简支边无边界弯矩和边界挠度时，方程码⑤、⑥的方程右端项为零值，由此可解出 $E_n=F_n=G_n=H_n=0$，式(2.42)简化为

$$\begin{aligned} w_1 = \sum_{m=1,2,\cdots} &(A_m\sinh\alpha_m y + B_m\cosh\alpha_m y + C_m\alpha_m y\sinh\alpha_m y \\ &+ D_m\alpha_m y\cosh\alpha_m y)\sin\alpha_m x \end{aligned} \tag{2.49}$$

这就是莱维通解。

四边简支矩形板当无边界挠度和边界弯矩时，特解 $w_{23}=0$；由边界条件又得通解中全部待定系数为零值，有 $w=w_{21}$。这就是经典的纳维叶解。

2.6.4 多项式特解

在特定条件下，w_{21}、w_{23} 可采用幂函数多项式。例如

$$\begin{cases} q(x,y)=q: w_{21}=\dfrac{q}{8D}(x^2-ax)(y^2-by) \\ q(x,y)=\dfrac{qx}{a}: w_{21}=\dfrac{q}{24Da}(x^3-a^2x)(y^2-by) \\ q(x,y)=\dfrac{qy}{b}: w_{21}=\dfrac{q}{24Db}(x^2-ax)(y^3-b^2y) \end{cases} \tag{e}$$

四边支承矩形板幂函数特解构建方法是：w_{21} 应满足板面荷载作用下板弯曲平衡微分方程，在四个支承边界处为零值；同时考虑矩形板在两个坐标轴方向上固有支承条件，这与经典的莱维多项式特解构建方法不同。

当边界挠度条件可以表示成如下格式时

$$\begin{cases} x=0\text{ 时 } w_1(y)=\Delta_O+\dfrac{(\Delta_A-\Delta_O)y}{b}+c_1(y^2-by) \\ x=a\text{ 时 } w_2(y)=\Delta_B+\dfrac{(\Delta_C-\Delta_B)y}{b}+c_2(y^2-by) \\ y=0\text{ 时 } w_3(x)=\Delta_O+\dfrac{(\Delta_B-\Delta_O)x}{a}+c_3(x^2-ax) \\ y=b\text{ 时 } w_4(x)=\Delta_A+\dfrac{(\Delta_C-\Delta_A)x}{a}+c_4(x^2-ax) \end{cases} \tag{f}$$

式中 c_1、c_2、c_3、c_4 为任意常数，相应特解

$$\begin{aligned} w_{23}=&\Delta_O+\frac{(\Delta_B-\Delta_O)x}{a}+\frac{(\Delta_A-\Delta_O)y}{b}+\frac{(\Delta_C+\Delta_O-\Delta_A-\Delta_B)xy}{ab} \\ &+\frac{a-x}{a}c_1(y^2-by)+\frac{x}{a}c_2(y^2-by) \\ &+\frac{b-y}{b}c_3(x^2-ax)+\frac{y}{b}c_4(x^2-ax) \end{aligned} \tag{g}$$

四边支承矩形板幂函数特解 w_{23} 应满足板弯曲平衡齐次微分方程，满足支承边挠度分布条件。

采用多项式特解，四边挠度条件对应的精确方程式(2.48)不变，在推导边界弯矩或转角对应的线性方程时，特解所激发的多项式边界弯矩或转角也要转换为级数格式。

四边简支矩形板，边界发生沉降但仍保持直线。设 Δ_O、Δ_A、Δ_B、Δ_C 分别为角点 O、A、B、C 挠度值，由式(2.47)或式(g)可得相应特解。

$$w_{23}=\Delta_O+\frac{(\Delta_B-\Delta_O)x}{a}+\frac{(\Delta_A-\Delta_O)y}{b}+\frac{(\Delta_C+\Delta_O-\Delta_A-\Delta_B)xy}{ab}$$

引入边界条件后，得通解 $w_1=0$，$w=w_{23}$。

2.6.5　通用规则

弯曲求解过程中所涉及的一些规则或方法具有普遍适用性，在后边各节中将会参照采用，不再进行过多解释。

(1) 板面荷载 $q(x,y)$ 在 $[0,a]$ 和 $[0,b]$ 区间展成双重三角级数。级数在边界处为零值时，展开式也不必单独考虑边界线上的荷载。因为该边界一定为支承边，边界线上竖向荷载可由边界支承直接传递。

(2) 边界挠度函数展开为单三角级数时，如果级数展开式无法包容边界端点挠度值，展开式中必须单列端点挠度。

(3) 板面荷载级数、边界挠度级数和通解中级数类型相同。但数值计算时取项数不同，改变级数参数写法以示区别。通解中级数取项不宜太多，提高特解级数的取项数可以充分体现特定外界作用所激发的作用效应。

(4) 推导边界弯矩和转角对应的线性方程时，不同函数表示的弯矩或转角要转换为同一级数。级数在边界端点处为零值时，展开式不必单列端点函数值。因级数为零端点的邻边一定为支承边，展开式可包容原函数全部作用效应。

(5) 边界挠度和剪力对应的精确方程、边界弯矩和转角对应的线性方程中，未知量系数分布特征同表 2.1 示。

(6) 采用多项式特解后，边界挠度和剪力条件对应的精确方程不变。

【算例 2.2】 图 2.13 所示四边简支矩形板，承受板面荷载 $q(x,y)$ 作用。当 $0\leqslant y\leqslant \frac{b}{2}$，$q(x,y)=\frac{qy}{b}$；当 $\frac{b}{2}\leqslant y\leqslant b$，$q(x,y)=\frac{q(b-y)}{b}$。求挠度 w。

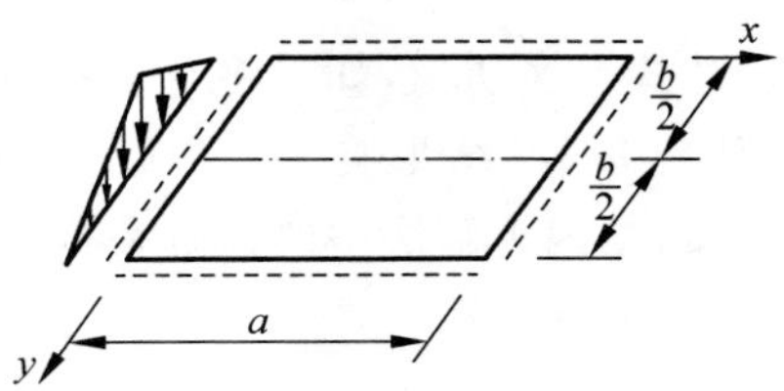

图 2.13 [算例 2.2]示图

解： 四边简支矩形板无边界弯矩和边界挠度时，$w=w_{21}$。

首先将 $q(x,y)$ 按式(2.43)进行格式化处理，为简便，式(2.43)中的 α_{m1} 改写为 α_m，β_{n1} 改写为 β_n。有

$$
\begin{aligned}
C_{mn} &= \frac{4}{ab}\int_0^a\int_0^b q(x,y)\sin\alpha_m x\sin\beta_n y\,\mathrm{d}x\mathrm{d}y \\
&= \frac{4}{ab}\int_0^a\int_0^{\frac{b}{2}}\frac{qy}{b}\sin\alpha_m x\sin\beta_n y\,\mathrm{d}x\mathrm{d}y+\frac{4}{ab}\int_0^a\int_{\frac{b}{2}}^b\frac{q(b-y)}{b}\sin\alpha_m x\sin\beta_n y\,\mathrm{d}x\mathrm{d}y \\
&= \frac{8q}{\alpha_m\beta_n^2ab^2}(1-\cos m\pi)\sin\frac{n\pi}{2}
\end{aligned}
$$

$m=1,3,5,\cdots$ 时，$(1-\cos m\pi)=2$；$m=2,4,6,\cdots$ 时，$(1-\cos m\pi)=0$；

$n=1,3,5,\cdots$ 时，$\sin\frac{n\pi}{2}\neq 0$；$n=2,4,6,\cdots$ 时，$\sin\frac{n\pi}{2}=0$。由式(2.44)得

$$
w=w_{21}=\sum_{m=1,3,\cdots}\sum_{n=1,3,\cdots}\frac{16q}{D\alpha_m\beta_n^2ab^2(\alpha_m^2+\beta_n^2)^2}\sin\frac{n\pi}{2}\sin\alpha_m x\sin\beta_n y
$$

【算例 2.3】 计算[算例 2.1](图 2.11(a))矩形板弯曲。

解： $x=0$、$x=a$ 为简支边且无边界挠度和弯矩，通解 w_1 简化为式(2.49)。特解

$$w_{21}=\frac{4F}{Dab}\sum_{m_1=1,2,\cdots}\sum_{n_1=1,2,\cdots}\frac{\sin\alpha_{m1}x_0\sin\beta_{n1}y_0}{(\alpha_{m1}^2+\beta_{n1}^2)^2}\sin\alpha_{m1}x\sin\beta_{n1}y$$

w_1 中待定系数 A_m、B_m、C_m、D_m 可由 $y=0$、$y=b$ 边界条件确定。由边界条件可得下列线性方程：

$$\begin{cases}B_m=0\\ A_m\sinh\alpha_mb+B_m\cosh\alpha_mb+C_m\alpha_mb\sinh\alpha_mb+D_m\alpha_mb\cosh\alpha_mb=0\\ \alpha_m(A_m+D_m)=-\dfrac{4F}{Dab}\displaystyle\sum_{n_1=1,2,\cdots}\frac{\beta_{n1}\sin\alpha_mx_0\sin\beta_{n1}y_0}{(\alpha_m^2+\beta_{n1}^2)^2}\\ \alpha_m[A_m\cosh\alpha_mb+B_m\sinh\alpha_mb+C_m(\sinh\alpha_mb+\alpha_mb\cosh\alpha_mb)+\\ D_m(\cosh\alpha_mb+\alpha_mb\sinh\alpha_mb)]=-\dfrac{4F}{Dab}\displaystyle\sum_{n_1=1,2,\cdots}\frac{\beta_{n1}\sin\alpha_mx_0\sin\beta_{n1}y_0}{(\alpha_m^2+\beta_{n1}^2)^2}\cos n_1\pi\end{cases}$$

解之，可得挠度表达式。实质上，如果将双重三角级数特解变换为单三角级数，并计算 w_1 中待定系数，结果与[算例 2.1]中的叠加法是相同的。这种解法计算简便、直接，是因为解法中的通解和特解同时考虑了两个方向边界条件要求。

2.7 三边支承、一边非支承矩形板

三边支承、一边非支承矩形板有四种工况：$x=0$ 边非支承，$x=a$ 边非支承，$y=0$ 边非支承，$y=b$ 边非支承。每种工况又可以组合出 16 种不同的边界条件。本节讨论 $y=b$ 边非支承矩形板弯曲，图 2.14 为几种常见的支承条件。

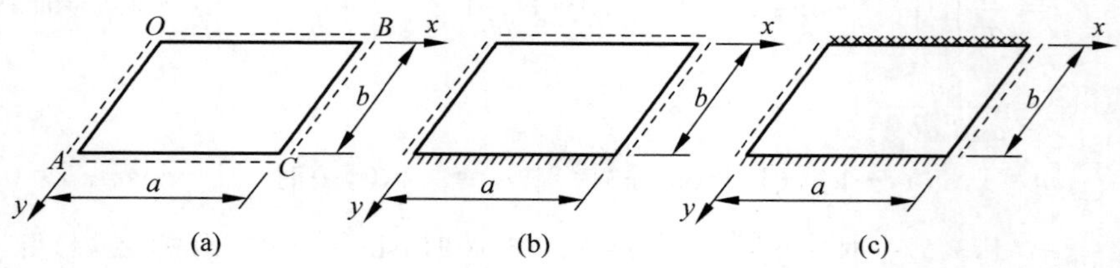

图 2.14 三边支承、一边非支承矩形板

2.7.1 通解和级数特解

板弯曲通解为

$$
\begin{aligned}
w_1 = &\sum_{m=1,2,\cdots}(A_m\sinh\alpha_m y + B_m\cosh\alpha_m y + C_m\alpha_m y\sinh\alpha_m y \\
&+ D_m\alpha_m y\cosh\alpha_m y)\sin\alpha_m x + \sum_{n=1,3,\cdots}(E_n\sinh\gamma_n x + F_n\cosh\gamma_n x \\
&+ G_n\gamma_n x\sinh\gamma_n x + H_n\gamma_n x\cosh\gamma_n x)\sin\gamma_n y
\end{aligned}
\tag{2.50}
$$

式中 $\alpha_m=\dfrac{m\pi}{a}$，$\gamma_n=\dfrac{n\pi}{2b}$。$A_m$、$B_m$、$C_m$、$D_m$、$E_n$、$F_n$、$G_n$、$H_n$ 为待定系数。

将板面荷载 $q(x,y)$ 在 $[0,a]$ 和 $[0,b]$ 区间展成双重三角级数：

$$
q(x,y)=\sum_{m_1=1,2,\cdots}\sum_{n_1=1,3,\cdots}C_{mn}\sin\alpha_{m1}x\sin\gamma_{n1}y \tag{2.51}
$$

式中 $\alpha_{m1}=\dfrac{m_1\pi}{a}$，$\gamma_{n1}=\dfrac{n_1\pi}{2b}$。

当 $q(x,y)=q$ 时，$C_{mn}=\dfrac{8q}{m_1 n_1\pi^2}(1-\cos m_1\pi)$

当 $q(x,y)$ 为作用在 $(x_0,\ y_0)$ 点集中力 F 时，$C_{mn}=\dfrac{4F}{ab}\sin\alpha_{m1}x_0\sin\gamma_{n1}y_0$ 相应特解

$$
w_{21}=\sum_{m_1=1,2,\cdots}\sum_{n_1=1,3,\cdots}\frac{C_{mn}}{D\ ({\alpha_{m1}}^2+{\gamma_{n1}}^2)^2}\sin\alpha_{m1}x\sin\gamma_{n1}y \tag{2.52}
$$

由于矩形板无非支承角点，$w_{22}=0$。

当支承边因沉降而产生挠度，设 $(w)_{x=0}=w_1(y)$，$(w)_{x=a}=w_2(y)$。将边界挠度函数 $w_1(y)$、$w_2(y)$ 在 $[0,b]$ 区间内展开为级数 $\sum\limits_{n_1=1,3,\cdots}\sin\gamma_{n1}y$，有

$$
\begin{cases}
w_1(y)=\Delta_O+\sum\limits_{n_1=1,3,\cdots}S_{nx1}\sin\gamma_{n1}y \\
w_2(y)=\Delta_B+\sum\limits_{n_1=1,3,\cdots}S_{nx2}\sin\gamma_{n1}y
\end{cases}
\tag{2.53}
$$

式中 Δ_O、Δ_B 分别为角点 O、B 挠度值（角点代码见图 2.14(a)）。S_{nx1}、S_{nx2} 分别为 $[w_1(y)-\Delta_O]$、$[w_2(y)-\Delta_B]$ 的级数展开系数。

设支承边 $y=0$ 有挠度 $w=w_3(x)$、非支承边 $y=b$ 作用剪力 $V_y=V_4(x)$，将边界挠度函数 $w_3(x)$、边界剪力函数 $V_4(x)$ 在 $[0,a]$ 区间展开为级数 $\sum\limits_{m_1=1,2,\cdots}\sin\alpha_{m1}x$，有

$$\begin{cases} w_3(x) = \Delta_O + \dfrac{(\Delta_B - \Delta_O)x}{a} + \sum\limits_{m_1=1,2,\cdots} S_{my1}\sin\alpha_{m1}x \\ V_4(x) = \sum\limits_{m_1=1,2,\cdots} R_{my2}\sin\alpha_{m1}x \end{cases} \tag{2.54}$$

式中 S_{my1} 为$[w_3(x)-\Delta_O-(\Delta_B-\Delta_O)x/a]$的级数展开值。$V_4(x)$对级数展开时，虽然 $x=0$、$x=a$ 时级数为零值，无法包容 $y=b$ 边界端点剪力值，但由于 $x=0$、$x=a$ 为支承边，$y=b$ 边界端点也是相邻支承边端点，$y=b$ 边界端点剪力可由支承边端点直接传递，级数展开式可以包容剪力函数全部作用效应。

非支承边作用的剪力函数对级数展开时不单列边界端点剪力值，这具有普遍适用性，后面各节都会参照采用。

边界挠度对应的特解

$$w_{23} = \Delta_O + \frac{(\Delta_B - \Delta_O)x}{a} + \sum_{m_1=1,2,\cdots} \frac{S_{my1}}{\cosh\alpha_{m1}b}\cosh\alpha_{m1}(b-y)\sin\alpha_{m1}x + \sum_{n_1=1,3,\cdots} \frac{S_{nx1}\sinh\gamma_{n1}(a-x) + S_{nx2}\sinh\gamma_{n1}x}{\sinh\gamma_{n1}a}\sin\gamma_{n1}y \tag{2.55}$$

边界剪力对应的特解

$$w_{24} = \sum_{m_1=1,2,\cdots} \frac{R_{my2}}{(1-\mu)D\alpha_{m1}^3\cosh\alpha_{m1}b}\sinh\alpha_{m1}y\sin\alpha_{m1}x \tag{2.56}$$

2.7.2 边界条件对应的线性方程组

引入支承边挠度条件和非支承边剪力条件，并利用通解中两个级数的正交性，得 $x=0$、$x=a$、$y=0$、$y=b$ 边界对应的精确方程

$$\begin{cases} F_n = 0 \\ E_n\sinh\gamma_n a + F_n\cosh\gamma_n a + G_n\gamma_n a\sinh\gamma_n a + H_n\gamma_n a\cosh\gamma_n a = 0 \\ B_m = 0 \\ A_m(\mu-1)\cosh\alpha_m b + B_m(\mu-1)\sinh\alpha_m b + C_m[(\mu+1)\sinh\alpha_m b + \\ (\mu-1)\alpha_m b\cosh\alpha_m b] + D_m[(\mu+1)\cosh\alpha_m b + (\mu-1)\alpha_m b\sinh\alpha_m b] = 0 \end{cases} \tag{2.57}$$

式(2.57)是所有 $y=b$ 边非支承、其他三边支承矩形板弯曲所共有的方程。

引用 $x=0$、$x=a$ 边界弯矩或转角条件时，方程中非 $\sin\gamma_n y$ 函数要在$[0,b]$区间展成 $\sum\limits_{n=1,3,\cdots}\sin\gamma_n y$ 级数，利用级数正交性得相应线性方程。

引用 $y=0$、$y=b$ 边界弯矩或转角条件时，方程中非 $\sin\alpha_m x$ 函数要在

$[0,a]$区间上展成 $\sum_{m=1,2,\cdots}\sin\alpha_m x$ 级数，利用级数正交性得相应线性方程。

当 $x=0$、$x=a$ 为简支边且无边界弯矩和边界挠度时，边界条件对应的线性方程右端项为零值，由此可解出 $E_n=F_n=G_n=H_n=0$，式(2.50)简化为莱维通解。

对图 2.14(b)所示矩形板，$x=0$、$x=a$、$y=0$ 三边简支，$y=b$ 为滑移边。无边界外界作用时，$w_{23}=0$、$w_{24}=0$。在板面荷载作用下，w_{21}采用式(2.52)级数特解。w_{21}在简支边挠度和弯矩为零值、在滑移边剪力和转角为零值，边界条件对应的线性方程右端项全为零。得 $w_1=0$，$w=w_{21}$。这类同于四边简支板在板面荷载作用下的纳维叶解。这种现象具有普遍性，以后会看到：凡简支边和滑移边组成的矩形板，仅考虑板面荷载作用时，挠度解即为相应级数特解 w_{21}。

2.7.3 多项式特解

在特定条件下，特解 w_{21}、w_{23}、w_{24}也可采用幂函数多项式。例如

$$\begin{cases} q(x,y)=q:w_{21}=\dfrac{q}{8D}(x^2-ax)(y^2-2by) \\ q(x,y)=\dfrac{qx}{a}:w_{21}=\dfrac{q}{24Da}(x^3-a^2x)(y^2-2by) \\ q(x,y)=\dfrac{qy}{b}:w_{21}=\dfrac{(2-\mu)q}{12Db(3-2\mu)}\left\{y^3(x^2-ax)-\dfrac{y}{2(2-\mu)}\left[x^4-2ax^3\right.\right. \\ \qquad\qquad \left.\left.+6b^2(2-\mu)x^2+a^3x-6ab^2(2-\mu)x\right]\right\} \end{cases} \tag{a}$$

w_{21}应满足板面荷载作用下板弯曲平衡微分方程，在支承边界处挠度为零值，在非支承边界处剪力分布为零值。

当边界挠度条件为

$$\begin{cases} x=0\text{ 时 }w_1(y)=\Delta_O+\dfrac{(\Delta_A-\Delta_O)y}{b}+c_1(y^2-by) \\ x=a\text{ 时 }w_2(y)=\Delta_B+\dfrac{(\Delta_C-\Delta_B)y}{b}+c_2(y^2-by) \\ y=0\text{ 时 }w_3(x)=\Delta_O+\dfrac{(\Delta_B-\Delta_O)x}{a}+c_3(x^2-ax) \end{cases} \tag{b}$$

式中Δ_O、Δ_A、Δ_B、Δ_C分别为角点 O、A、B、C 挠度值(角点代码见图 2.14(a)示)。

c_1、c_2、c_3为任意常数，相应特解

$$w_{23}=\Delta_O+\frac{(\Delta_B-\Delta_O)x}{a}+\frac{(\Delta_A-\Delta_O)y}{b}+\frac{(\Delta_C+\Delta_O-\Delta_A-\Delta_B)xy}{ab}$$
$$+\frac{a-x}{a}c_1(y^2-by)+\frac{x}{a}c_2(y^2-by)+c_3(x^2-ax) \tag{c}$$

w_{23}应满足板弯曲平衡齐次微分方程，满足支承边挠度分布条件，在非支承边界处剪力分布为零值。

当 $y=b$ 边界作用线性分布剪力

$$y=b\text{ 时}\quad V_4(x)=e_0+e_1x/a \tag{d}$$

式中 e_0、e_1 为任意常数，相应特解

$$w_{24}=-\frac{3a(x^2-ax)e_0y+e_1y(x^3-a^2x)}{6Da(2-\mu)} \tag{e}$$

w_{24}应满足板弯曲平衡齐次微分方程，满足非支承边剪力分布条件，在支承边界处挠度为零值。

四边支承板，当边界条件和外界作用对 $y=b/2$ 轴或对 $x=a/2$ 轴对称时，可以采用三边支承、一边非支承简图作为计算结构。例如图 2.15(a) 所示板可以作为[算例 2.2]的计算结构。图 2.15(b)所示板可以作为[算例 2.1](取 $y_0=b/2$)的计算结构。

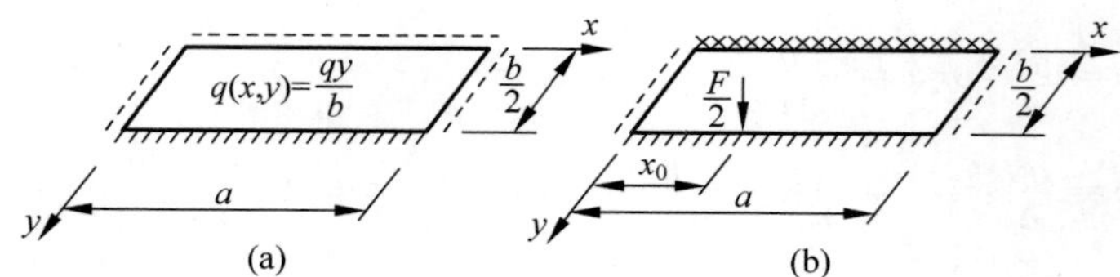

图 2.15 对称性利用

【算例 2.4】 利用对称性计算[算例 2.2]矩形板挠度。

解： 利用结构对称性，取图 2.13 所示四边简支板上半部分进行分析。图 2.15(a)为计算结构：$x=0$、$x=a$、$y=0$ 为简支边，$y=b/2$ 为滑移边，$q(x,y)=qy/b$。

三边简支、一边滑移、承受板面荷载，弯曲解为级数特解 w_{21}，见式(2.52)。板长为 $b/2$，$\gamma_{n1}=\frac{n_1\pi}{2b/2}=\frac{n_1\pi}{b}$。为方便，改 α_{m1} 为 $\alpha_m=\frac{m\pi}{a}$，改 γ_{n1} 为 $\gamma_n=\frac{n\pi}{b}$。

$$w=w_{21}=\sum_{m=1,2,\cdots}\sum_{n=1,3,\cdots}\frac{C_{mn}}{D(\alpha_m{}^2+\gamma_n{}^2)^2}\sin\alpha_m x\sin\gamma_n y$$

$$C_{mn}=\frac{4}{ab/2}\int_0^a\int_0^{b/2}\frac{qy}{b}\sin\alpha_m x\sin\gamma_n y\,\mathrm{d}x\mathrm{d}y=\frac{8q}{\alpha_m\gamma_n{}^2ab^2}(1-\cos m\pi)\sin\frac{n\pi}{2}$$

当 $m=1,3,5,\cdots$ 时，$1-\cos m\pi=2$；$m=2,4,6,\cdots$ 时，$1-\cos m\pi=0$。弯曲解变换为

$$w=\sum_{m=1,3,\cdots}\sum_{n=1,3,\cdots}\frac{16q}{D\alpha_m\gamma_n^2ab^2\ (\alpha_m^2+\gamma_n^2)^2}\sin\frac{n\pi}{2}\sin\alpha_m x\sin\gamma_n y$$

考虑到 γ_n 等于[算例 2.2]中的 β_n，二者结果相同。

【算例 2.5】 利用对称性计算[算例 2.1]板的挠度，取 $y_0=b/2$。

解： 图 2.15(b)为计算结构，$x=0$、$x=a$ 为简支边，$y=0$ 为固定边，$y=b/2$ 为滑移边，滑移边上 $x=x_0$ 点处作用集中力 $F/2$。

$x=0$、$x=a$ 为简支边，且无边界挠度和弯矩，通解可简化为式(2.49)，$w_{21}=0$，$w_{23}=0$。将 $F/2$ 在 $[0,a]$ 区间展成 $\sum\limits_{m_1=1,2,\cdots}\sin\alpha_{m1}x$ 级数，见式(2.54)第二式，式中 $R_{my2}=F\sin\alpha_{m1}x_0/a$，相应特解 w_{24} 见式(2.56)，但分母中 $\cosh\alpha_{m1}b$ 改为 $\cosh(\alpha_{m1}b/2)$。

引入 $y=0$、$y=b/2$ 边界条件，利用级数 $\sum\limits_{m=1,2,\cdots}\sin\alpha_m x$ 的正交性，得线性方程：

$(w)_{y=0}=0$，得 $B_m=0$

$\left(\dfrac{\partial w}{\partial y}\right)_{y=0}=0$，得 $A_m+D_m=-\dfrac{R_{my2}}{(1-\mu)D\alpha_m^3\cosh\dfrac{\alpha_m b}{2}}$

$\left(\dfrac{\partial w}{\partial y}\right)_{y=b/2}=0$，得

$$A_m\cosh\frac{\alpha_m b}{2}+C_m\left(\sinh\frac{\alpha_m b}{2}+\frac{\alpha_m b}{2}\cosh\frac{\alpha_m b}{2}\right)+D_m\left(\cosh\frac{\alpha_m b}{2}+\frac{\alpha_m b}{2}\sinh\frac{\alpha_m b}{2}\right)=-\frac{R_{my2}}{(1-\mu)D\alpha_m^3}$$

$(V_y)_{y=b/2}=\sum\limits_{m_1=1,2,\cdots}R_{my2}\sin\alpha_{m1}x$，得

$$A_m(\mu-1)\cosh\frac{\alpha_m b}{2}+C_m\left[(\mu+1)\sinh\frac{\alpha_m b}{2}+(\mu-1)\frac{\alpha_m b}{2}\cosh\frac{\alpha_m b}{2}\right]+D_m\left[(\mu+1)\cosh\frac{\alpha_m b}{2}+(\mu-1)\frac{\alpha_m b}{2}\sinh\frac{\alpha_m b}{2}\right]=0$$

由此可解出 A_m、B_m、C_m、D_m。挠度全解 $w=w_1+w_{24}$。如果取 $x_0=a/2$，滑移边中点挠度同[算例 2.1]中式(j)。

【算例 2.6】 图 2.14(a)所示矩形板，$x=0$、$x=a$、$y=0$ 为简支边，$y=b$ 为自由边。支承边发生沉降但仍保持直线，设 Δ_O、Δ_A、Δ_B、Δ_C 分别为角点 O、

A、B、C 挠度，求弯曲解。

解： 支承边界挠度条件为

$$\begin{cases} x = 0: w_1(y) = \Delta_O + \dfrac{(\Delta_A - \Delta_O)y}{b} \\ x = a: w_2(y) = \Delta_B + \dfrac{(\Delta_C - \Delta_B)y}{b} \\ y = 0: w_3(x) = \Delta_O + \dfrac{(\Delta_B - \Delta_O)x}{a} \end{cases}$$

通解 w_1 见式(2.50)，特解 $w_{21}=0$，$w_{24}=0$。w_{23} 有两种形式。

(1) 采用式(c)所示幂函数多项式

$$w_{23} = \Delta_O + \frac{(\Delta_B - \Delta_O)x}{a} + \frac{(\Delta_A - \Delta_O)y}{b} + \frac{(\Delta_C + \Delta_O - \Delta_A - \Delta_B)xy}{ab}$$

引入四边边界条件得 $w_1=0$，$w=w_{23}$。

(2) 采用式(2.55)所示级数形式

将边界挠度按式(2.53)、式(2.54)第一式格式化。其中

$$S_{my1} = 0,\quad S_{nx1} = \frac{2(\Delta_A - \Delta_O)}{\gamma_{n1}^2 b^2}\sin\frac{n_1\pi}{2},\quad S_{nx2} = \frac{2(\Delta_C - \Delta_B)}{\gamma_{n1}^2 b^2}\sin\frac{n_1\pi}{2}$$

引入支承边挠度条件，非支承边剪力条件得精确方程式(2.57)。边界弯矩条件对应的线性方程为

$(M_x)_{x=0}=0$，得 $F_n(1-\mu)+2G_n=(\mu-1)S_{nx1}$

$(M_x)_{x=a}=0$，得

$$\begin{aligned} &E_n(1-\mu)\sinh\gamma_n a + F_n(1-\mu)\cosh\gamma_n a + G_n[2\cosh\gamma_n a \\ &\quad + (1-\mu)\gamma_n a\sinh\gamma_n a] + H_n[2\sinh\gamma_n a \\ &\quad + (1-\mu)\gamma_n a\cosh\gamma_n a] = (\mu-1)\, S_{nx2} \end{aligned}$$

$(M_y)_{y=0}=0$，得 $B_m(1-\mu)+2\,C_m=0$

$(M_y)_{y=b}=0$，得

$$\begin{aligned} &\alpha_m^2\{A_m(1-\mu)\sinh\alpha_m b + B_m(1-\mu)\cosh\alpha_m b + C_m[2\cosh\alpha_m b \\ &\quad + (1-\mu)\alpha_m b\sinh\alpha_m b] + D_m[2\sinh\alpha_m b + (1-\mu)\alpha_m b\cosh\alpha_m b]\} \\ &\quad + \sum_{n=1,3,\cdots}\gamma_n^2\{E_n(\mu-1)b_{m1} + F_n(\mu-1)b_{m2} \\ &\quad + G_n[2\mu b_{m2} + (\mu-1)b_{m3}] + H_n[2\mu b_{m1} + (\mu-1)b_{m4}]\}\sin\frac{n\pi}{2} \\ &= \sum_{n_1=1,3,\cdots}\gamma_{n1}^2(1-\mu)\left(\frac{S_{nx1}b_{m5} + S_{nx2}b_{m1}}{\sinh\gamma_{n1}a}\right)\sin\frac{n_1\pi}{2} \end{aligned}$$

式中 b_{m1}、b_{m2}、b_{m3}、b_{m4}、b_{m5} 分别为 $\sinh\gamma_n x$ ($\sinh\gamma_{n1}x$)、$\cosh\gamma_n x$、$\gamma_n x\sinh\gamma_n x$、

$\gamma_n x\cosh\gamma_n x$、$\sinh\gamma_{n1}(a-x)$在[0,$a$]区间上级数 $\sum\limits_{m=1,2,\cdots}\sin\alpha_m x$ 的展开系数，其表达式分别参见附录A中式(A.1)、式(A.2)、式(A.3)、式(A.4)、式(A.5)所示，但要将式中 β 改为 $\gamma_n(\gamma_{n1})$。

由此确定 w_1 中待定系数值，$w=w_1+w_{23}$。

两种特解对应不同形式的挠度表达式，但数值计算结果是相同的。需要注意的是：边界挠度和特解 w_{23} 采用级数时，相当于将边界线性挠度分解为无数曲线挠度，因此，计算边界弯矩不能采用简化式 $M_x=-D\dfrac{\partial^2 w}{\partial x^2}$ 和 $M_y=-D\dfrac{\partial^2 w}{\partial y^2}$。

2.8 一对边支承、一对边非支承矩形板

一对边支承、一对边非支承矩形板有两种工况：$x=0$、$x=a$ 边支承和 $y=0$、$y=b$ 边非支承，$x=0$、$x=a$ 边非支承和 $y=0$、$y=b$ 边支承。每种工况又可以组合出16种不同的边界条件。本节仅讨论 $x=0$、$x=a$ 为支承边的矩形板弯曲，图2.16为几种常见的支承条件。由于无非支承角点，$w_{22}=0$。

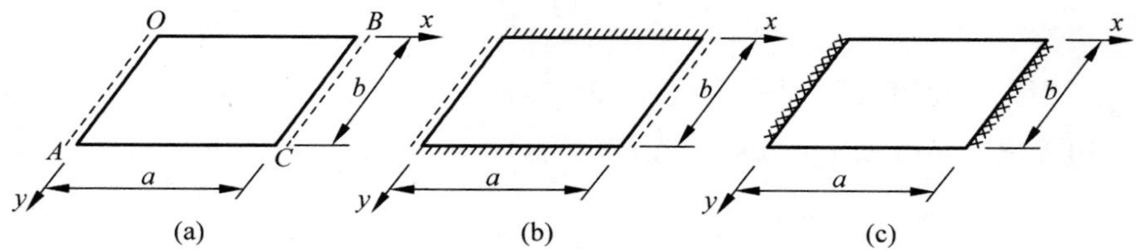

图2.16 一对边支承、一对边非支承矩形板

2.8.1 通解和级数特解

板弯曲通解为

$$\begin{aligned}w_1 = &\sum_{m=1,2,\cdots}(A_m\sinh\alpha_m y + B_m\cosh\alpha_m y + C_m\alpha_m y\sinh\alpha_m y\\&+ D_m\alpha_m y\cosh\alpha_m y)\sin\alpha_m x + E_0 x + F_0 + G_0 x^2 + H_0 x^3\\&+\sum_{n=1,2,\cdots}(E_n\sinh\beta_n x + F_n\cosh\beta_n x + G_n\beta_n x\sinh\beta_n x\\&+ H_n\beta_n x\cosh\beta_n x)\cos\beta_n y\end{aligned} \tag{2.58}$$

式中 $\alpha_m=\dfrac{m\pi}{a}$，$\beta_n=\dfrac{n\pi}{b}$。A_m、B_m、C_m、D_m、E_n、F_n、G_n、H_n 为待定系数。E_0、F_0、G_0、H_0 是 $n=0$ 时的 E_n、F_n、G_n、H_n。

将板面荷载 $q(x,y)$ 在 $[0,a]$ 和 $[0,b]$ 区间展成下列双重三角级数：

$$
\begin{aligned}
q(x,y) &= \sum_{m_1=1,2,\cdots}\ \sum_{n_1=0,1,\cdots} C_{mn}\sin\alpha_{m1}x\cos\beta_{n1}y \\
&= \sum_{m_1=1,2,\cdots} C_{m0}\sin\alpha_{m1}x+\sum_{m_1=1,2,\cdots}\ \sum_{n_1=1,2,\cdots} C_{mn}\sin\alpha_{m1}x\cos\beta_{n1}y
\end{aligned}
\tag{2.59}
$$

式中 $\alpha_{m1}=\dfrac{m_1\pi}{a}$，$\beta_{n1}=\dfrac{n_1\pi}{b}$。当 $q(x,y)=q$ 时 $C_{m0}=\dfrac{2q}{\alpha_{m1}a}(1-\cos m_1\pi)$，$C_{mn}=0$。

当 $q(x,y)$ 为作用在 (x_0,y_0) 的集中力 F 时，

$$
C_{m0}=\frac{2F}{ab}\sin\alpha_{m1}x_0,\quad C_{mn}=\frac{4F}{ab}\sin\alpha_{m1}x_0\cos\beta_{n1}y_0
$$

相应特解

$$
\begin{aligned}
w_{21} &= \sum_{m_1=1,2,\cdots}\frac{C_{m0}}{D\alpha_{m1}^4}\sin\alpha_{m1}x \\
&\quad+\sum_{m_1=1,2,\cdots}\ \sum_{n_1=1,2,\cdots}\frac{C_{mn}}{D\ (\alpha_{m1}^2+\beta_{n1}^2)^2}\sin\alpha_{m1}x\cos\beta_{n1}y
\end{aligned}
\tag{2.60}
$$

当支承边因沉降而产生挠度，例如 $(w)_{x=0}=w_1(y)$，$(w)_{x=a}=w_2(y)$。将边界挠度函数 $w_1(y)$、$w_2(y)$ 在 $[0,b]$ 区间内展开为级数 $\sum\limits_{n_1=0,1,\cdots}\cos\beta_{n1}y$，有

$$
\begin{cases}
w_1(y)=\sum\limits_{n_1=0,1,\cdots}S_{nx1}\cos\beta_{n1}y=S_{0x1}+\sum\limits_{n_1=1,2,\cdots}S_{nx1}\cos\beta_{n1}y \\
w_2(y)=\sum\limits_{n_1=0,1,\cdots}S_{nx2}\cos\beta_{n1}y=S_{0x2}+\sum\limits_{n_1=1,2,\cdots}S_{nx2}\cos\beta_{n1}y
\end{cases}
\tag{2.61}
$$

式中 S_{0x1}、S_{0x2} 分别为 $n_1=0$ 时的 S_{nx1}、S_{nx2}，其几何意义为边界挠度平均值。相应特解

$$
\begin{aligned}
w_{23} &= \frac{(a-x)S_{0x1}+xS_{0x2}}{a} \\
&\quad+\sum_{n_1=1,2,\cdots}\frac{S_{nx1}\sinh\beta_{n1}(a-x)+S_{nx2}\sinh\beta_{n1}x}{\sinh\beta_{n1}a}\cos\beta_{n1}y
\end{aligned}
\tag{2.62}
$$

若非支承边界作用剪力，设 $(V_y)_{y=0}=V_3(x)$，$(V_y)_{y=b}=V_4(x)$。将边界剪力函数在 $[0,a]$ 区间内展开为级数 $\sum\limits_{m_1=1,2,\cdots}\sin\alpha_{m1}x$，有

$$\begin{cases} V_3(x) = \sum\limits_{m_1=1,2,\cdots} R_{my1}\sin\alpha_{m1}x \\ V_4(x) = \sum\limits_{m_1=1,2,\cdots} R_{my2}\sin\alpha_{m1}x \end{cases} \tag{2.63}$$

相应特解

$$w_{24} = \sum_{m_1=1,2,\cdots} \frac{R_{my1}\cosh\alpha_{m1}(b-y) - R_{my2}\cosh\alpha_{m1}y}{(\mu-1)D\alpha_{m1}^3\sinh\alpha_{m1}b}\sin\alpha_{m1}x \tag{2.64}$$

2.8.2 边界条件对应的线性方程组

引入支承边挠度条件和非支承边剪力条件，并利用通解中两个级数的正交性，得 $x=0$、$x=a$、$y=0$、$y=b$ 边界对应的精确方程

$$\begin{cases} \begin{cases} F_0 = 0 \quad (n=0) \\ F_n = 0 \quad (n>0) \end{cases} \\ \begin{cases} E_0a + F_0 + G_0a^2 + H_0a^3 = 0 \quad (n=0) \\ E_n\sinh\beta_na + F_n\cosh\beta_na + G_n\beta_na\sinh\beta_na + H_n\beta_na\cosh\beta_na = 0 \quad (n>0) \end{cases} \\ A_m(\mu-1) + D_m(\mu+1) = 0 \\ A_m(\mu-1)\cosh\alpha_mb + B_m(\mu-1)\sinh\alpha_mb + C_m[(\mu+1)\sinh\alpha_mb \\ \quad + (\mu-1)\alpha_mb\cosh\alpha_mb] + D_m[(\mu+1)\cosh\alpha_mb \\ \quad + (\mu-1)\alpha_mb\sinh\alpha_mb] = 0 \end{cases} \tag{2.65}$$

式(2.65)是 $x=0$、$x=a$ 为支承边和 $y=0$、$y=b$ 为非支承边矩形板弯曲共有的方程。

引入 $x=0$、$x=a$ 边界转角或弯矩条件，方程中非 $\cos\beta_ny$ 函数在[0,b]区间上展开为 $\sum\limits_{n=0,1,\cdots}\cos\beta_ny$ 级数，利用级数正交性得相应线性方程。

引入 $y=0$、$y=b$ 边界转角或弯矩条件，方程中非 $\sin\alpha_mx$ 函数在[0,a]区间上展开为 $\sum\limits_{m=1,2,\cdots}\sin\alpha_mx$ 级数，利用级数正交性得相应线性方程。

当 $x=0$、$x=a$ 为简支边且无边界挠度和弯矩，利用这二边边界条件可得 E_n、F_n、G_n、H_n（包括 E_0、F_0、G_0、H_0）全为零值。通解式(2.58)可简化为式(2.49)。

2.6 节通解式(2.42)、2.7 节通解式(2.50)及本节通解式(2.58)在同一条件下均可以简化为式(2.49)，表示统一解法与莱维解法是相通的。

对图 2.16(b)所示的矩形板，$x=0$、$x=a$ 为简支边，$y=0$、$y=b$ 为滑移

边。当无边界外界作用时，$w_{23}=0$，$w_{24}=0$。在板面荷载作用下，w_{21}采用式(2.60)级数特解，w_{21}在简支边挠度和弯矩为零值、在滑移边剪力和转角为零值，边界条件对应的线性方程右端项全为零。得 $w_1=0$，$w=w_{21}$。

2.8.3　多项式特解

在特定条件下，w_{21}、w_{23}、w_{24}可采用幂函数多项式，例如

$$\begin{cases} q(x,y)=q: w_{21}=\dfrac{q}{24D}(x^4-a^3x) \\ q(x,y)=\dfrac{qx}{a}: w_{21}=\dfrac{q}{120Da}(x^5-a^4x) \\ q(x,y)=\dfrac{qy}{b}: w_{21}=\dfrac{(2-\mu)q}{12Db(3-2\mu)}\Big[\Big(y^3-\dfrac{3}{2}by^2\Big)(x^2-ax) \\ \qquad -\dfrac{y}{2(2-\mu)}(x^4-2ax^3+a^3x)+\dfrac{b}{2}(x^4-a^3x)\Big] \end{cases} \tag{a}$$

当支承边界挠度条件为

$$\begin{cases} x=0\ w_1(y)=\Delta_O+\dfrac{(\Delta_A-\Delta_O)y}{b}+c_1(y^2-by) \\ x=a\ w_2(y)=\Delta_B+\dfrac{(\Delta_C-\Delta_B)y}{b}+c_2(y^2-by) \end{cases} \tag{b}$$

式中Δ_O、Δ_A、Δ_B、Δ_C分别为角点O、A、B、C挠度值(角点代码见图2.16(a))。c_1、c_2为任意常数，相应多项式特解

$$w_{23}=\Delta_O+\frac{(\Delta_B-\Delta_O)x}{a}+\frac{(\Delta_A-\Delta_O)y}{b}+\frac{(\Delta_C+\Delta_O-\Delta_A-\Delta_B)xy}{ab} \\ +\frac{a-x}{a}c_1(y^2-by)+\frac{x}{a}c_2(y^2-by) \tag{c}$$

当 $y=0$、$y=b$ 非支承边作用相等的边界常量剪力 e_0 时，相应多项式特解

$$w_{24}=-\frac{e_0(x^2-ax)y}{2(2-\mu)D} \tag{d}$$

如果 $y=0$、$y=b$ 边作用不同的剪力，就无法寻求一个能满足构造规则$\nabla^4 w_{24}=0$ 的多项式特解。

【算例2.7】　图2.17所示矩形板，$x=0$、$x=a$ 为简支边，$y=0$、$y=b$ 为自由边。在 $x=0$、$x=a$ 边界上作用均布弯矩 M_0，在 $y=0$、$y=b$ 边界上作用均布弯矩 μM_0。求板挠度。

解：通解见式(2.58)，特解 $w_{21}=0$，$w_{23}=0$，$w_{24}=0$。

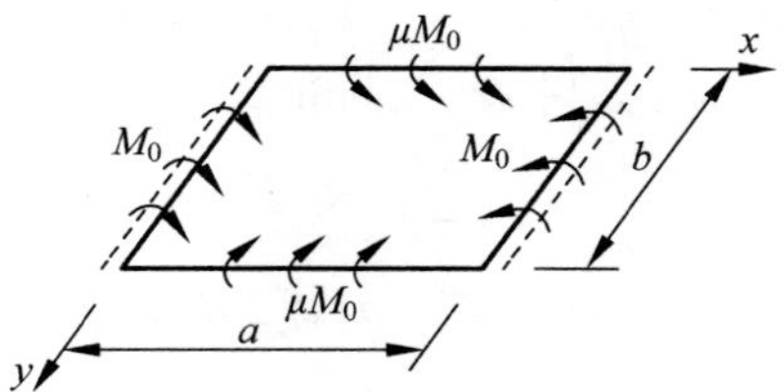

图 2.17 [算例 2.7]示图

$x=0$、$x=a$ 边界挠度条件，$y=0$、$y=b$ 边界剪力条件对应的精确方程见式(2.65)。边界弯矩条件对应的线性方程如下。

$x=0$ 时，$M_x=M_0$ 有

$$\begin{cases} 2G_0 = -\dfrac{M_0}{D}c_{00} = -\dfrac{M_0}{D} \quad (n=0) \\ \beta_n^2(F_n+2G_n) = -\dfrac{M_0}{D}c_{n0} = 0 \quad (n>0) \end{cases}$$

式中 c_{n0} 为 y^0 在[0,b]区间 $\sum\limits_{n=0,1,\cdots}\cos\beta_n y$ 的展开系数，c_{00} 为 $n=0$ 时的 c_{n0}。其表达式见附录 A 式(A.46)，其中 $c_{00}=1$、$c_{n0}=0$。

$x=a$ 时，$M_x=M_0$ 有

$$\begin{cases} 2G_0+6H_0 a = -\dfrac{M_0}{D}c_{00} = -\dfrac{M_0}{D} \quad (n=0) \\ \beta_n^2[E_n\sinh\beta_n a+F_n\cosh\beta_n a+G_n(2\cosh\beta_n a+\beta_n a\sinh\beta_n a) \\ \qquad +H_n(2\sinh\beta_n a+\beta_n a\cosh\beta_n a)] = -\dfrac{M_0}{D}c_{n0} = 0 \quad (n>0) \end{cases}$$

$y=0$ 时，$M_y=\mu M_0$ 有

$$\begin{aligned} &\alpha_m^2[B_m(1-\mu)+2C_m]+2\mu G_0 d_{m0}+6\mu H_0 d_{m1}+\sum_{n=1,2,\cdots}\beta_n^2\{E_n(\mu-1)b_{m1} \\ &\quad +F_n(\mu-1)b_{m2}+G_n[2\mu b_{m2}+(\mu-1)b_{m3}] \\ &\quad +H_n[2\mu b_{m1}+(\mu-1)b_{m4}]\} = -\frac{\mu M_0}{D}d_{m0} \end{aligned}$$

式中 b_{m1}、b_{m2}、b_{m3}、b_{m4}、d_{m0}、d_{m1} 分别为 $\sinh\beta_n x$、$\cosh\beta_n x$、$\beta_n x\sinh\beta_n x$、$\beta_n x\cosh\beta_n x$、x^0、x 在[0,a]区间上 $\sum\limits_{m=1,2,\cdots}\sin\alpha_m x$ 的展开系数，其表达式分别参见附录 A 中式(A.1)、式(A. 2)、式(A.3)、式(A.4)、式(A.6)、式(A.7)所示。

$y=b$ 时，$M_y=\mu M_0$ 有

$$
\begin{aligned}
&\alpha_m^2\{A_m(1-\mu)\sinh\alpha_m b+B_m(1-\mu)\cosh\alpha_m b+C_m[2\cosh\alpha_m b\\
&\quad+(1-\mu)\alpha_m b\sinh\alpha_m b]+D_m[2\sinh\alpha_m b+(1-\mu)\alpha_m b\cosh\alpha_m b]\}\\
&\quad+2\mu G_0 d_{m0}+6\mu H_0 d_{m1}+\sum_{n=1,2,\cdots}\beta_n^2\{E_n(\mu-1)b_{m1}+F_n(\mu-1)b_{m2}\\
&\quad+G_n[2\mu b_{m2}+(\mu-1)b_{m3}]+H_n[2\mu b_{m1}+(\mu-1)b_{m4}]\}\cos n\pi\\
&=-\frac{\mu M_0}{D}d_{m0}
\end{aligned}
$$

解之，$G_0=-\dfrac{M_0}{2D}$，$E_0=\dfrac{M_0 a}{2D}$，w_1 中其余待定系数全为零值，$w=\dfrac{M_0}{2D}(ax-x^2)$。与经典理论解相同(见文献[5])。

2.9 二邻边支承、二邻边非支承矩形板

二邻边支承、二邻边非支承矩形板有四种工况：$x=0$、$y=0$ 为支承边，$x=0$、$y=b$ 为支承边，$x=a$、$y=0$ 为支承边，$x=a$、$y=b$ 为支承边。每种工况可以组合出 16 种不同的边界条件。本节讨论 $x=0$、$y=0$ 为支承边，$x=a$、$y=b$ 为非支承边矩形板弯曲。图 2.18 为几种常见的边界支承。

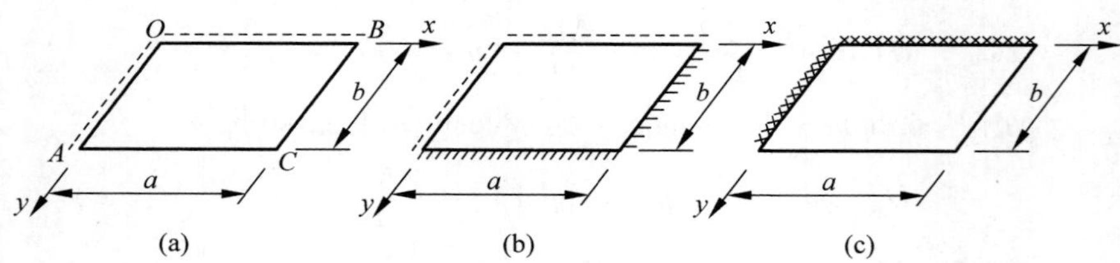

图 2.18 二邻边支承、二邻边非支承矩形板

2.9.1 通解和级数特解

板弯曲通解为

$$
\begin{aligned}
w_1=&\sum_{m=1,3,\cdots}(A_m\sinh\lambda_m y+B_m\cosh\lambda_m y+C_m\lambda_m y\sinh\lambda_m y\\
&+D_m\lambda_m y\cosh\lambda_m y)\sin\lambda_m x+\sum_{n=1,3,\cdots}(E_n\sinh\gamma_n x+F_n\cosh\gamma_n x\\
&+G_n\gamma_n x\sinh\gamma_n x+H_n\gamma_n x\cosh\gamma_n x)\sin\gamma_n y
\end{aligned}
\tag{2.66}
$$

式中 $\lambda_m=\dfrac{m\pi}{2a}$，$\gamma_n=\dfrac{n\pi}{2b}$。$A_m$、$B_m$、$C_m$、$D_m$、$E_n$、$F_n$、$G_n$、$H_n$ 为待定系数。

将板面荷载 $q(x,y)$ 在 $[0,a]$ 和 $[0,b]$ 区间展成下列双重三角级数：

$$q(x,y)=\sum_{m_1=1,3,\cdots}\sum_{n_1=1,3,\cdots}C_{mn}\sin\lambda_{m1}x\sin\gamma_{n1}y \tag{2.67}$$

式中 $\lambda_{m1}=\dfrac{m_1\pi}{2a}$，$\gamma_{n1}=\dfrac{n_1\pi}{2b}$。当 $q(x,y)=q$ 时，$C_{mn}=\dfrac{16q}{m_1n_1\pi^2}$。当 $q(x,y)$ 为作用在 (x_0,y_0) 集中力 F 时，$C_{mn}=\dfrac{4F}{ab}\sin\lambda_{m1}x_0\sin\gamma_{n1}y_0$。相应特解

$$w_{21}=\sum_{m_1=1,3,\cdots}\sum_{n_1=1,3,\cdots}\frac{C_{mn}}{D\ (\lambda_{m1}^2+\gamma_{n1}^2)^2}\sin\lambda_{m1}x\sin\gamma_{n1}y \tag{2.68}$$

当非支承角点作用角点力 R_C 时（方向向上为正），相应特解

$$w_{22}=-\frac{R_cxy}{2D(1-\mu)} \tag{2.69}$$

当支承边因沉降产生挠度，设 $(w)_{x=0}=w_1(y)$，$(w)_{y=0}=w_3(x)$。将 $w_1(y)$ 在 $[0,b]$ 区间展开为 $\sum\limits_{n_1=1,3,\cdots}\sin\gamma_{n1}y$ 级数，$w_3(x)$ 在 $[0,a]$ 区间展开为 $\sum\limits_{m_1=1,3,\cdots}\sin\lambda_{m1}x$ 级数，有

$$\begin{cases}w_1(y)=\Delta_O+\sum\limits_{n_1=1,3,\cdots}S_{nx1}\sin\gamma_{n1}y\\ w_3(x)=\Delta_O+\sum\limits_{m_1=1,3,\cdots}S_{my1}\sin\lambda_{m1}x\end{cases} \tag{2.70}$$

式中 Δ_O 为角点 O 挠度值（角点代码见图 2.18(a)示），S_{nx1}、S_{my1} 分别为 $[w_1(y)-\Delta_O]$ 和 $[w_3(x)-\Delta_O]$ 的级数展开系数。相应特解

$$\begin{aligned}w_{23}=\Delta_O&+\sum_{m_1=1,3,\cdots}\frac{S_{my1}}{\cosh\lambda_{m1}b}\cosh\lambda_{m1}(b-y)\sin\lambda_{m1}x\\&+\sum_{n_1=1,3,\cdots}\frac{S_{nx1}}{\cosh\gamma_{n1}a}\cosh\gamma_{n1}(a-x)\sin\gamma_{n1}y\end{aligned} \tag{2.71}$$

当非支承边作用剪力，设 $(V_x)_{x=a}=V_2(y)$，$(V_y)_{y=b}=V_4(x)$。将函数 $V_2(y)$ 在 $[0,b]$ 区间展开为 $\sum\limits_{n_1=1,3,\cdots}\sin\gamma_{n1}y$ 级数，$V_4(x)$ 在 $[0,a]$ 区间展开为 $\sum\limits_{m_1=1,3,\cdots}\sin\lambda_{m1}x$ 级数，有

$$\begin{cases}V_2(y)=\sum\limits_{n_1=1,3,\cdots}R_{nx2}\sin\gamma_{n1}y\\ V_4(x)=\sum\limits_{m_1=1,3,\cdots}R_{my2}\sin\lambda_{m1}x\end{cases} \tag{2.72}$$

相应特解

$$w_{24}=\sum_{m_1=1,3,\cdots}\frac{R_{my2}\sinh\lambda_{m1}y\sin\lambda_{m1}x}{(1-\mu)D\lambda_{m1}^3\cosh\lambda_{m1}b}+\sum_{n_1=1,3,\cdots}\frac{R_{nx2}\sinh\gamma_{n1}y\sin\gamma_{n1}y}{(1-\mu)D\gamma_{n1}^3\cosh\gamma_{n1}a} \tag{2.73}$$

2.9.2 边界条件对应的线性方程组

引入支承边挠度条件和非支承边剪力条件，并利用通解中两个级数的正交性，得 $x=0$、$x=a$、$y=0$、$y=b$ 边界对应的精确方程

$$\begin{cases}F_n=0\\ E_n(\mu-1)\cosh\gamma_n a+F_n(\mu-1)\sinh\gamma_n a+G_n[(\mu+1)\sinh\gamma_n a\\ \qquad+(\mu-1)\gamma_n a\cosh\gamma_n a]+H_n[(\mu+1)\cosh\gamma_n a\\ \qquad+(\mu-1)\gamma_n a\sinh\gamma_n a]=0\\ B_m=0\\ A_m(\mu-1)\cosh\lambda_m b+B_m(\mu-1)\sinh\lambda_m b+C_m[(\mu+1)\sinh\lambda_m b\\ \qquad+(\mu-1)\lambda_m b\cosh\lambda_m b]+D_m[(\mu+1)\cosh\lambda_m b\\ \qquad+(\mu-1)\lambda_m b\sinh\lambda_m b]=0\end{cases} \tag{2.74}$$

式(2.74)是 $x=0$、$y=0$ 为支承边，$x=a$、$y=b$ 为非支承边矩形板弯曲共有的方程。

引入 $x=0$、$x=a$ 边界弯矩或转角条件，方程中非 $\sin\gamma_n y$ 函数在[0,b]区间上展成 $\sum\limits_{n=1,3,\cdots}\sin\gamma_n y$ 级数，利用级数正交性得相应线性方程。

引入 $y=0$、$y=b$ 边界弯矩或转角条件，方程中非 $\sin\lambda_m x$ 函数在[0,a]区间上展成 $\sum\limits_{m=1,3,\cdots}\sin\lambda_m x$ 级数，利用级数正交性得相应线性方程。

对图 2.18(a)所示矩形板，$x=0$、$y=0$ 为简支边，$x=a$、$y=b$ 为自由边，非支承角点 C 作用角点力 R_c。通解 w_1 见式(2.66)，$w_{21}=0$，$w_{23}=0$，$w_{24}=0$。w_{22} 见式(2.69)示。w_{22} 在简支边上挠度和弯矩为零值，在自由边上弯矩和剪力为零值，边界条件对应的线性方程右端项全为零。得 $w_1=0$，$w=w_{22}$。

对图 2.18(b)所示矩形板，$x=0$、$y=0$ 为简支边，$x=a$、$y=b$ 为滑移边。当无边界外界作用和角点力作用时，$w_{22}=0$，$w_{23}=0$，$w_{24}=0$。在板面荷载作用下，w_{21} 采用式(2.68)级数特解。w_{21} 在简支边挠度和弯矩为零值，在滑移边剪力和转角为零值，边界条件对应的线性方程右端项全为零。得 $w_1=0$，$w=w_{21}$。

2.9.3 多项式特解

在特定条件下，特解 w_{21}、w_{23}、w_{24} 可采用幂函数多项式，例如

$$\begin{cases} q(x,y)=q:w_{21}=\dfrac{q}{8D}(x^2-2ax)(y^2-2by) \\ q(x,y)=\dfrac{qx}{a}:w_{21}=\dfrac{q(2-\mu)}{12Da(3-2\mu)}\Big[(x^3-3a^2x)(y^2-2by) \\ \qquad -\dfrac{x}{2(2-\mu)}(y^4-4by^3+8b^3y)\Big] \end{cases} \tag{a}$$

当 $q(x,y)=qy/b$，相应 w_{21} 可参见式(a)第二式。

当支承边界挠度为

$$\begin{cases} x=0\ w_1(y)=\Delta_O+\dfrac{(\Delta_A-\Delta_O)y}{b}+c_1(y^2-by) \\ y=0\ w_3(x)=\Delta_O+\dfrac{(\Delta_B-\Delta_O)x}{a}+c_2(x^2-ax) \end{cases} \tag{b}$$

式中 Δ_O、Δ_A、Δ_B 分别为角点 O、A、B 挠度值(角点代码见图 2.18(a)示)。c_1、c_2 为任意常数，相应多项式特解

$$w_{23}=\Delta_O+\frac{(\Delta_B-\Delta_O)x}{a}+\frac{(\Delta_A-\Delta_O)y}{b}$$
$$+c_1(y^2-by)+c_2(x^2-ax) \tag{c}$$

当非支承边作用剪力为

$$\begin{cases} x=aV_2(y)=e_1+e_2y \\ y=bV_4(x)=e_3+e_4x \end{cases} \tag{d}$$

式中 e_1、e_2、e_3、e_4 为任意常数，相应多项式特解

$$w_{24}=-\frac{e_1}{2(2-\mu)D}(xy^2-2bxy)-\frac{e_3}{2(2-\mu)D}(x^2y-2axy)$$
$$-\frac{e_2}{6D(\mu^2-4\mu+3)}[(2-\mu)(xy^3-3b^2xy)-x^3y+3a^2xy]$$
$$-\frac{e_4}{6D(\mu^2-4\mu+3)}[(2-\mu)(yx^3-3a^2xy)-y^3x+3b^2xy] \tag{e}$$

【算例 2.8】 利用双向对称性计算[算例 2.2]板挠度。

解： 利用结构对称性，取图 2.13 矩形板的四分之一进行分析。图 2.19 为计算结构：$x=0$、$y=0$ 为简支边，$x=a/2$、$y=b/2$ 为滑移边，承受板面荷载 $q(x,y)=qy/b$。

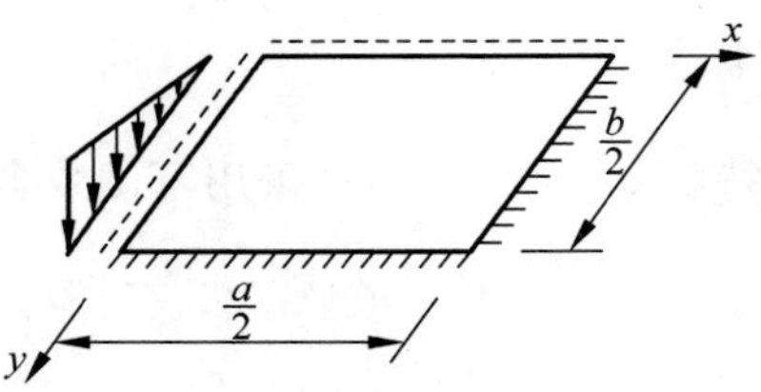

图 2.19 [算例 2.8]示图

仅考虑板面荷载作用,矩形板弯曲解即为特解 w_{21},其表达式参见式(2.68)。为方便起见,将式中 λ_{m1} 改为 $\lambda_m=\dfrac{m\pi}{2(a/2)}=\dfrac{m\pi}{a}$,$\gamma_{n1}$ 改为 $\gamma_n=\dfrac{n\pi}{2(b/2)}=\dfrac{n\pi}{b}$。

$$w=w_{21}=\sum_{m=1,3,\cdots}\sum_{n=1,3,\cdots}\frac{C_{mn}}{D\ (\lambda_m^2+\gamma_n^2)^2}\sin\lambda_m x\sin\gamma_n y$$

式中

$$\begin{aligned}C_{mn}&=\frac{4}{(a/2)(b/2)}\int_0^{a/2}\int_0^{b/2}\frac{qy}{b}\sin\lambda_m x\sin\gamma_n y\,\mathrm{d}x\mathrm{d}y\\&=\frac{16q}{\lambda_m ab^2}\left(1-\cos\frac{m\pi}{2}\right)\left(-\frac{b}{2\gamma_n}\cos\frac{n\pi}{2}+\frac{\sin\dfrac{n\pi}{2}}{\gamma_n^2}\right)\end{aligned}$$

当 $m=1,3,5,\cdots$ 时,$\cos\dfrac{m\pi}{2}=0$; $n=1,3,5,\cdots$ 时,$\cos\dfrac{n\pi}{2}=0$。有

$$C_{mn}=\frac{16q}{\lambda_m\gamma_n^2ab^2}\sin\frac{n\pi}{2}$$

考虑到 $\lambda_m=\alpha_m$,$\gamma_n=\beta_n$,有

$$w=\sum_{m=1,3,\cdots}\sum_{n=1,3,\cdots}\frac{16q\sin\dfrac{n\pi}{2}}{\alpha_m\beta_n^2ab^2D\ (\alpha_m^2+\beta_n^2)^2}\sin\alpha_m x\sin\beta_n y$$

结果与[算例 2.2]相同。

2.10 一边支承、三边非支承矩形板

一边支承、三边非支承矩形板有四种工况:$x=0$ 边支承,$x=a$ 边支承,$y=0$ 边支承,$y=b$ 边支承。每种工况可以组合出 16 种不同的边界支承条件。本节讨论 $x=0$ 边支承,$x=a$、$y=0$、$y=b$ 三边非支承的矩形板弯曲。

图 2.20 为几种常见的支承条件。

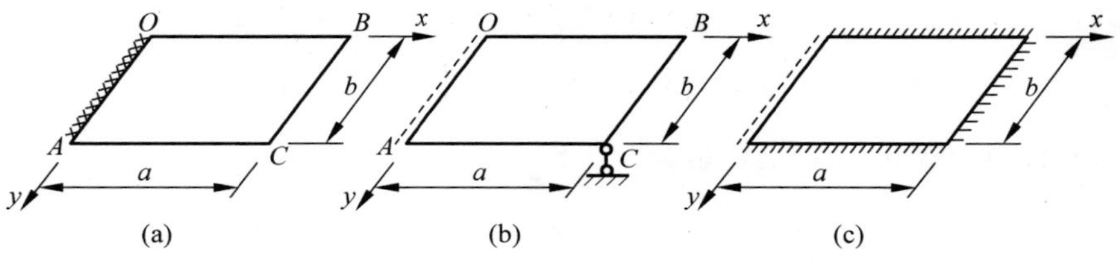

图 2.20 一边支承、三边非支承矩形板

当支承边为固定边时(图 2.20(a)),板为工程可应用的几何不变体,计算结构为原结构。当 $x=0$ 为简支边、$x=a$ 为自由边时,要同时设置点支座才能形成稳定结构;点支座可以在角点上,也可以在板边界上或板内。只有一个点支座时(图 2.20(b)),为广义静定弯曲。计算时要先用静力平衡条件(对 y 轴取矩)计算点支座反力,并用支反力取代点支座,计算结构为可绕 y 轴进行刚体转动的几何可变体。点支座多于一个时为广义超静定弯曲。当 $x=0$ 为简支边、$x=a$ 为滑移边时(例如图 2.20(c))也为广义静定弯曲,计算结构为原结构。

2.10.1 通解和级数特解

计算结构弯曲通解

$$\begin{aligned} w_1 = & \sum_{m=1,3,\cdots} (A_m \sinh\lambda_m y + B_m \cosh\lambda_m y + C_m\lambda_m y \sinh\lambda_m y \\ & + D_m\lambda_m y \cosh\lambda_m y)\sin\lambda_m x + E_0 x + F_0 + G_0 x^2 + H_0 x^3 \\ & + \sum_{n=1,2,\cdots} (E_n \sinh\beta_n x + F_n \cosh\beta_n x + G_n\beta_n x \sinh\beta_n x \\ & + H_n\beta_n x \cosh\beta_n x)\cos\beta_n y \end{aligned} \tag{2.75}$$

式中 $\lambda_m = \dfrac{m\pi}{2a}$,$\beta_n = \dfrac{n\pi}{b}$。$A_m$、$B_m$、$C_m$、$D_m$、$E_n$、$F_n$、$G_n$、$H_n$ 为待定系数。E_0、F_0、G_0、H_0 是 $n=0$ 时的 E_n、F_n、G_n、H_n。

将板面荷载 $q(x,y)$ 在 $[0,a]$ 和 $[0,b]$ 区间展成下列双重三角级数。

$$\begin{aligned} q(x,y) = & \sum_{m_1=1,3,\cdots} \sum_{n_1=0,1,\cdots} C_{mn} \sin\lambda_{m1} x \cos\beta_{n1} y \\ = & \sum_{m_1=1,3,\cdots} C_{m0} \sin\lambda_{m1} x + \sum_{m_1=1,3,\cdots} \sum_{n_1=1,2,\cdots} C_{mn} \sin\lambda_{m1} x \cos\beta_{n1} y \end{aligned} \tag{2.76}$$

式中 $\lambda_{m1}=m_1\pi/(2a)$，$\beta_{n1}=n_1\pi/b$。C_{m0} 是 $n_1=0$ 时的 C_{mn}。$q(x,y)=q$ 时 $C_{m0}=2q/(\lambda_{m1}a)$，$C_{mn}=0$。$q(x,y)$ 为作用在 (x_0,y_0) 集中力 F 时，

$$C_{m0}=\frac{2F}{ab}\sin\lambda_{m1}x_0,\quad C_{mn}=\frac{4F}{ab}\sin\lambda_{m1}x_0\cos\beta_{n1}y_0$$

板面荷载 $q(x,y)$ 的特解为

$$\begin{aligned} w_{21}&=\sum_{m_1=1,3,\cdots}\frac{C_{m0}}{D\lambda_{m1}^4}\sin\lambda_{m1}x \\ &\quad+\sum_{m_1=1,3,\cdots}\sum_{n_1=1,2,\cdots}\frac{C_{mn}}{D\,(\lambda_{m1}^2+\beta_{n1}^2)^2}\sin\lambda_{m1}x\cos\beta_{n1}y \end{aligned}\tag{2.77}$$

当非支承角点 B、C 作用有角点力，设角点力分别为 R_B（方向向下为正值）和 R_C（方向向上为正值），相应特解

$$\begin{aligned} w_{22}&=\frac{1}{4D(1-\mu)b}\left\{R_B\left[x(y^2-2by)-\frac{(2-\mu)x^3}{3}\right]\right. \\ &\quad\left.-R_C\left[xy^2-\frac{(2-\mu)x^3}{3}\right]\right\} \end{aligned}\tag{2.78}$$

当支承边因沉降有边界挠度，设 $(w)_{x=0}=w_1(y)$，将 $w_1(y)$ 在 $[0,b]$ 区间展开为 $\sum\limits_{n_1=0,1,\cdots}\cos\beta_{n1}y$ 级数，有

$$\begin{aligned} w_1(y)&=\sum_{n_1=0,1,\cdots}S_{nx1}\cos\beta_{n1}y \\ &=S_{0x1}+\sum_{n_1=1,2,\cdots}S_{nx1}\cos\beta_{n1}y \end{aligned}\tag{2.79}$$

式中 S_{0x1} 为 $n_1=0$ 时 S_{nx1}，其几何意义为边界上挠度平均值。相应特解

$$w_{23}=S_{0x1}+\sum_{n_1=1,2,\cdots}\frac{S_{nx1}\cosh\beta_{n1}(a-x)}{\cosh\beta_{n1}a}\cos\beta_{n1}y\tag{2.80}$$

当非支承边上作用剪力，设 $x=a$ 时 $V_x=V_2(y)$，$y=0$ 时 $V_y=V_3(x)$，$y=b$ 时 $V_y=V_4(x)$。将 $V_2(y)$ 在 $[0,b]$ 区间展开为 $\sum\limits_{n_1=0,1,\cdots}\cos\beta_{n1}y$ 级数，$V_3(x)$、$V_4(x)$ 在 $[0,a]$ 区间展开为 $\sum\limits_{m_1=1,3,\cdots}\sin\lambda_{m1}x$ 级数，有

$$\begin{cases} V_2(y)=\sum\limits_{n_1=0,1,\cdots}R_{nx2}\cos\beta_{n1}y=R_{0x2}+\sum\limits_{n_1=1,2,\cdots}R_{nx2}\cos\beta_{n1}y \\ V_3(x)=\sum\limits_{m_1=1,3,\cdots}R_{my1}\sin\lambda_{m1}x \\ V_4(x)=\sum\limits_{m_1=1,3,\cdots}R_{my2}\sin\lambda_{m1}x \end{cases}\tag{2.81}$$

式中 R_{0x2} 为 $n_1=0$ 时 R_{nx2}，其物理意义为边界上剪力平均值。相应特解

$$w_{24}=-\frac{R_{0x2}x^3}{6D}-\sum_{n_1=1,2,\cdots}\frac{(R_{nx2}\sinh\beta_{n1}x)}{(\mu-1)D\beta_{n1}^3\cosh\beta_{n1}a}\cos\beta_{n1}y$$
$$+\sum_{m_1=1,3,\cdots}\frac{R_{my1}\cosh\lambda_{m1}(b-y)-R_{my2}\cosh\lambda_{m1}y}{(\mu-1)D\lambda_{m1}^3\sinh\lambda_{m1}b}\sin\lambda_{m1}x \tag{2.82}$$

2.10.2 边界条件对应的线性方程组

引入支承边挠度条件和非支承边剪力条件，并利用通解中两个级数的正交性，得 $x=0$、$x=a$、$y=0$、$y=b$ 边界对应的精确方程

$$\begin{cases}\begin{cases}F_0=0 \quad (n=0)\\ F_n=0 \quad (n>0)\end{cases}\\ \begin{cases}6H_0=0 \quad (n=0)\\ E_n(\mu-1)\cosh\beta_n a+F_n(\mu-1)\sinh\beta_n a+G_n[(\mu+1)\sinh\beta_n a\\ \qquad +(\mu-1)\beta_n a\cosh\beta_n a]+H_n[(\mu+1)\cosh\beta_n a\\ \qquad +(\mu-1)\beta_n a\sinh\beta_n a]=0 \quad (n>0)\end{cases}\\ A_m(\mu-1)+D_m(\mu+1)=0\\ A_m(\mu-1)\cosh\lambda_m b+B_m(\mu-1)\sinh\lambda_m b+C_m[(\mu+1)\sinh\lambda_m b\\ \qquad +(\mu-1)\lambda_m b\cosh\lambda_m b]+D_m[(\mu+1)\cosh\lambda_m b\\ \qquad +(\mu-1)\lambda_m b\sinh\lambda_m b]=0\end{cases} \tag{2.83}$$

式(2.83)为 $x=0$ 边支承，$x=a$、$y=0$、$y=b$ 边非支承矩形板弯曲所共有的方程。

引入 $x=0$、$x=a$ 边界弯矩或转角条件，相应方程中非 $\cos\beta_n y$ 函数在 $[0,b]$ 区间上展开为 $\sum\limits_{n=0,1,\cdots}\cos\beta_n y$ 级数，利用级数正交性得线性方程。

引入 $y=0$、$y=b$ 边界弯矩或转角条件，相应方程中非 $\sin\lambda_m x$ 函数在 $[0,a]$ 区间上展开为 $\sum\limits_{m=1,3,\cdots}\sin\lambda_m x$ 级数，利用级数正交性得线性方程。

2.10.3 求解待定系数

当 $x=0$ 为固定边，或 $x=0$ 为简支边和 $x=a$ 为滑移边的弯曲，利用这

八组线性方程即可确定通解 w_1 中全部待定系数。当 $x=0$ 为简支边和 $x=a$ 为自由边时，方程组中不含待定系数 E_0。这是因为计算结构为可以绕 y 轴转动的几何可变体。w_1 中 E_0x 项与所有边界条件无关。方程组中一定有一个方程是多余的，方程组未知量的系数行列式一定为零值。为使方程组有唯一解，必须删去一个方程。由于计算结构中点支座支反力是对 y 轴弯矩平衡条件确定，与边界条件无关的 E_0 又是 $n=0$ 时的系数，因此应删去由 $x=0$（或 $x=a$）边弯矩条件建立的、对应 $n=0$ 时的线性方程。之后，解出 w_1 中除 E_0 之外其余待定系数。所得挠度为该几何可变体在这组对 y 轴弯矩平衡力系作用下的相对变形。再由点支座处挠度条件确定 E_0 值。设点支座坐标为（x_1，y_1），有挠度 Δ_1（向下为正），有

$$(w_1+w_{21}+w_{22}+w_{23}+w_{24})_{x=x_1,y=y_1}=\Delta_1$$

图 2.20(c)所示矩形板，$x=0$ 为简支边，$x=a$、$y=0$、$y=b$ 为滑移边。当无边界外界作用和角点力作用时，$w_{22}=0$，$w_{23}=0$，$w_{24}=0$。在板面荷载作用下，w_{21} 采用式(2.77)级数特解。边界条件对应的方程右端项全为零。得 $w_1=0$，$w=w_{21}$。

2.10.4 多项式特解

在特定条件下，特解 w_{21}、w_{23}、w_{24} 可采用幂函数多项式，例如

$$\begin{cases} q(x,y)=q: w_{21}=\dfrac{q}{24D}(x^4-4ax^3) \\ q(x,y)=\dfrac{qx}{a}: w_{21}=\dfrac{q}{120Da}(x^5-10a^2x^3) \\ q(x,y)=\dfrac{qy}{b}: w_{21}=\dfrac{(2-\mu)q}{12Db(3-2\mu)}\left[\left(y^3-\dfrac{3}{2}by^2\right)(x^2-2ax) \right. \\ \qquad \left. -\dfrac{y}{2(2-\mu)}(x^4-4ax^3+8a^3x)+\dfrac{b}{2}(x^4-4ax^3)\right] \end{cases} \tag{a}$$

当支承边挠度为

$$w_1(y)=\Delta_O+\frac{(\Delta_A-\Delta_O)y}{b}+c_1(y^2-by) \tag{b}$$

式中 Δ_O、Δ_A 分别为角点 O、A 挠度值（角点代码见图 2.20(a)）。c_1 为任意常数，相应多项式特解

$$w_{23}=\Delta_O+\frac{(\Delta_A-\Delta_O)y}{b}+c_1(y^2-by) \tag{c}$$

当 $x=a$ 非支承边作用均布剪力 e_0 时，相应多项式特解

$$w_{24}=-\frac{e_0 x^3}{6D} \tag{d}$$

在 $x=a$ 边界上作用二次分布剪力或 $y=0$、$y=b$ 边界上作用剪力时，就很难找到满足构造规则的多项式特解。

【算例 2.9】 图 2.21 所示矩形板，$x=0$ 为固定边，$x=a$、$y=0$、$y=b$ 为自由边。在 $x=a$ 边界上作用均布弯矩 M_0，在 $y=0$、$y=b$ 边界上作用均布弯矩 μM_0。求板挠度。

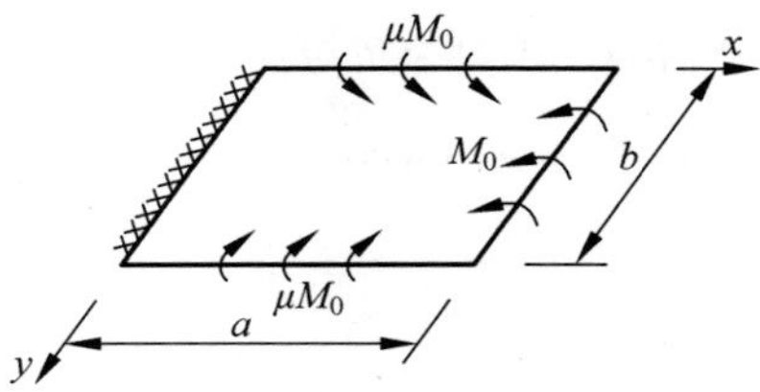

图 2.21　[算例 2.9]示图

解： 通解采用式(2.75)，特解 $w_{21}=0$、$w_{22}=0$、$w_{23}=0$、$w_{24}=0$。边界挠度条件和剪力条件对应的精确方程见式(2.83)，边界转角条件和弯矩条件对应的方程为

$x=0$ 时 $\dfrac{\partial w}{\partial x}=0$，有

$$\begin{cases} n=0: \sum\limits_{m=1,3,\cdots} \lambda_m (A_m a_{01}+B_m a_{02}+C_m a_{03}+D_m a_{04})+E_0=0 \\ n>0: \sum\limits_{m=1,3,\cdots} \lambda_m (A_m a_{n1}+B_m a_{n2}+C_m a_{n3}+D_m a_{n4}) \\ \qquad\qquad +\beta(E_n+H_n)=0 \end{cases} \tag{e}$$

式中 a_{n1}、a_{n2}、a_{n3}、a_{n4} 分别为 $\sinh\lambda_m y$、$\cosh\lambda_m y$、$\lambda_m y\sinh\lambda_m y$、$\lambda_m y\cosh\lambda_m y$ 在 $[0,b]$ 区间上 $\sum\limits_{n=0,1,\cdots}\cos\beta_n y$ 的展开系数，a_{01}、a_{02}、a_{03}、a_{04} 为 $n=0$ 时的 a_{n1}、a_{n2}、a_{n3}、a_{n4}。其值参见附录 A 式(A.41)、式(A.42)、式(A.43)、式(A.44)，但需将式中 α 改为 λ_m

$x=a$ 时 $M_x=-D\left(\dfrac{\partial^2 w}{\partial x^2}+\mu\dfrac{\partial^2 w}{\partial y^2}\right)=M_0$，有

$$
\begin{cases}
n=0: 2G_0+6H_0 a+\sum\limits_{m=1,3,\cdots}\lambda_m^2\{A_m(\mu-1)a_{01}+B_m(\mu-1)a_{02} \\
\quad +C_m[2\mu a_{02}+(\mu-1)a_{03}]+D_m[2\mu a_{01}+(\mu-1)a_{04}]\}\sin\dfrac{m\pi}{2} \\
\quad =-\dfrac{M_0}{D}c_{00}=-\dfrac{M_0}{D} \\
n>0: \sum\limits_{m=1,3,\cdots}\lambda_m^2\{A_m(\mu-1)a_{n1}+B_m(\mu-1)a_{n2}+C_m[2\mu a_{n2}+(\mu-1)a_{n3}] \\
\quad +D_m[2\mu a_{n1}+(\mu-1)a_{n4}]\}\sin\dfrac{m\pi}{2}+\beta_n^2\{E_n(1-\mu)\sinh\beta_n a \\
\quad +F_n(1-\mu)\cosh\beta_n a+G_n[2\cosh\beta_n a+(1-\mu)\beta_n a\sinh\beta_n a] \\
\quad +H_n[2\sinh\beta_n a+(1-\mu)\beta_n a\cosh\beta_n a]\}=-\dfrac{M_0}{D}c_{n0}=0
\end{cases}
\tag{f}
$$

式中 $c_{n0}(c_{00})$ 为 y^0 在[0,b]区间上 $\sum\limits_{n=0,1,\cdots}\cos\beta_n y$ 的展开系数,$c_{00}=1$,$c_{n0}=0$。

$y=0$ 时 $M_y=-D\left(\dfrac{\partial^2 w}{\partial y^2}+\mu\dfrac{\partial^2 w}{\partial x^2}\right)=\mu M_0$,有

$$
\begin{aligned}
&\lambda_m^2[B_m(1-\mu)+2C_m]+\mu[2G_0 d_{m0}+6H_0 d_{m1}] \\
&\quad \sum_{n=1,2,\cdots}\beta_n^2\{E_n(\mu-1)b_{m1}+F_n(\mu-1)b_{m2}+G_n[2\mu b_{m2}+(\mu-1)b_{m3}] \\
&\quad +H_n[2\mu b_{m1}+(\mu-1)b_{m4}]\}=-\frac{\mu M_0}{D}d_{m0}
\end{aligned}
\tag{g}
$$

式中 b_{m1}、b_{m2}、b_{m3}、b_{m4}、d_{m0}、d_{m1} 分别为 $\sinh\beta_n x$、$\cosh\beta_n x$、$\beta_n x\sinh\beta_n x$、$\beta_n x\cosh\beta_n x$、x^0、x 在[0,a]区间上 $\sum\limits_{m=1,3,\cdots}\sin\lambda_m x$ 的展开系数。其值参见附录A式(A.17)、式(A.18)、式(A.19)、式(A.20)、式(A.22)、式(A.23)。

$y=b$ 时 $M_y=-D\left(\dfrac{\partial^2 w}{\partial y^2}+\mu\dfrac{\partial^2 w}{\partial x^2}\right)=\mu M_0$,有

$$
\begin{aligned}
&\lambda_m^2\{A_m(1-\mu)\sinh\lambda_m b+B_m(1-\mu)\cosh\lambda_m b+C_m[2\cosh\lambda_m b \\
&\quad +(1-\mu)\lambda_m b\sinh\lambda_m b]+D_m[2\sinh\lambda_m b+(1-\mu)\lambda_m b\cosh\lambda_m b]\} \\
&\quad +\mu[2G_0 d_{m0}+6H_0 d_{m1}]+\sum_{n=1,2,\cdots}\beta_n^2\{E_n(\mu-1)b_{m1}+F_n(\mu-1)b_{m2} \\
&\quad +G_n[2\mu b_{m2}+(\mu-1)b_{m3}]+H_n[2\mu b_{m1}+(\mu-1)b_{m4}]\}\cos n\pi \\
&=-\frac{\mu M_0}{D}d_{m0}
\end{aligned}
\tag{h}
$$

解之，得通解 w_1 中系数 $G_0=-\dfrac{M_0}{2D}$，其余系数均为零值，有 $w=w_1=-\dfrac{M_0x^2}{2D}$。

如果将上例中的外界作用改为固定边发生边界转动，设边界条件为 $x=0$ 时 $\dfrac{\partial w}{\partial x}=\theta$，$\theta$ 为常量转角。在求解弯曲解时，通解采用式(2.75)，特解 $w_{21}=0$、$w_{22}=0$、$w_{23}=0$、$w_{24}=0$。精确方程见式(2.83)；式(e)、式(f)、式(g)、式(h)左端项不变，式(e)右端项 $n=0$ 时为 $\theta\cdot c_{00}$，$n>0$ 时为 $\theta\cdot c_{n0}$；其余方程右端项全为零值。考虑到 $c_{00}=1$，$c_{n0}=0$，得通解 w_1 中系数 $E_0=\theta$，其余待定系数全为零值。有 $w=w_1=\theta x$。

【算例 2.10】 图 2.22(a)所示矩形板，$x=0$ 为简支边，其余为自由边。角点 B、C 有点支座。因支座沉降，角点 O、A、B、C 挠度分别为 Δ_O、Δ_A、Δ_B、Δ_C，但简支边仍保持直线。求板挠度。

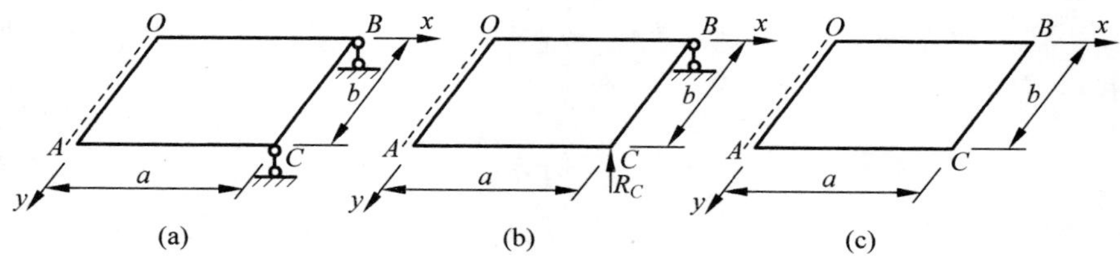

图 2.22　[算例 2.10]示图

解： 矩形板为广义一次超静定弯曲。撤去多余角点支座而代之以未知角点力 R_C(方向向上正)，得弯曲计算基本体系，见图 2.22(b)。

(1) 基本体系在原外界作用下的弯曲

基本体系：OA 边简支，角点 B 有点支座。原外界作用：角点 O、A、B 有挠度 Δ_O、Δ_A、Δ_B，简支边 OA 仍保持直线。

对 y 轴取矩计算角点 B 支反力，得 $R_B=0$。撤去 B 点支座，计算结构为一边简支、三边自由矩形板，见图 2.22(c)示。计算结构无板面荷载、无角点力、无自由边剪力作用；支承边 OA 有直线挠度和角点 B 有挠度 Δ_B。

弯曲通解 w_1 见式(2.75)，特解 $w_{21}=0$、$w_{22}=0$、$w_{24}=0$；由简支边 OA 直线挠度，特解 w_{23} 采用式(c)所示多项式，有

$$w_{23}=\Delta_O+(\Delta_A-\Delta_O)y/b$$

计算结构在原外界作用下的弯曲解

$$w=w_1+\Delta_O+\frac{(\Delta_A-\Delta_O)y}{b}$$

引入四边边界条件得通解 w_1 中 E_0 之外所有待定系数全为零值，计算结构挠度为

$$w = E_0 x + \Delta_O + \frac{(\Delta_A - \Delta_O)y}{b}$$

由 B 角点位移条件：$x=a$、$y=0$ 时 $w=\Delta_B$，得 $E_0=(\Delta_B-\Delta_O)/a$。基本体系在原外界作用下弯曲解

$$w = \Delta_O + \frac{(\Delta_B - \Delta_O)x}{a} + \frac{(\Delta_A - \Delta_O)y}{b}$$

(2) 基本体系在 $R_C=1$ 作用下弯曲

基本体系：OA 边简支，角点 B 有点支座。角点力 $R_C=1$ 作用。

对 y 轴取矩计算 B 角点支反力，$R_B=1$(方向向下为正)。撤去 B 角点支座而代之以角点力 R_B，计算结构为一边简支、三边自由矩形板。有角点力 R_B、R_C 作用；但无板面荷载，无边界剪力作用，支承边 OA 无挠度，角点 B 无支座挠度。

弯曲通解见式(2.75)，特解 $w_{21}=0$、$w_{23}=0$、$w_{24}=0$；特解 w_{22} 见式(2.78)示，代入 $R_B=1$、$R_C=1$，有

$$w_{22} = -\frac{xy}{2D(1-\mu)}$$

引入四边边界条件得通解 w_1 中 E_0 以外其他待定系数全为零值，计算结构挠度为

$$w = E_0 x - \frac{xy}{2D(1-\mu)}$$

由 B 角点位移条件：$x=a$、$y=0$ 时 $w=0$，得 $E_0=0$。基本体系在单位未力($R_C=1$)作用下挠度

$$w = -\frac{xy}{2D(1-\mu)}$$

(3) 用叠加法计算原结构挠度

利用叠加法得原结构挠度为

$$w = \Delta_O + \frac{(\Delta_B - \Delta_O)x}{a} + \frac{(\Delta_A - \Delta_O)y}{b} - \frac{R_C xy}{2D(1-\mu)}$$

用多余点支座位移条件确定角点 C 支反力 R_C。由 $x=a$、$y=b$ 时 $w=\Delta_C$，得

$$R_C = -\frac{2D(1-\mu)}{ab}(\Delta_C + \Delta_O - \Delta_A - \Delta_B)$$

代入上式，有

$$w = \Delta_O + \frac{(\Delta_B - \Delta_O)x}{a} + \frac{(\Delta_A - \Delta_O)y}{b} + \frac{(\Delta_C + \Delta_O - \Delta_A - \Delta_B)xy}{ab}$$

2.11　四边非支承矩形板

四边非支承矩形板边界为自由边或滑移边，可以组成 16 种不同的边界支承条件。由于无支承边，特解 $w_{23}=0$。图 2.23 为几种典型的矩形板。当四边均为自由边时，要设置三个不在同一直线上的点支座才能形成广义静定弯曲，如图 2.23(a)所示。点支座可以在角点上，也可以在板边界上或板内。当 $x=0$、$x=a$ 有一个或两个滑移边、而 $y=0$、$y=b$ 为自由边时，要设置两个坐标 y 不同的点支座才能形成广义静定弯曲，如图 2.23(b)所示；反之，当 $y=0$、$y=b$ 有一个或两个滑移边，而 $x=0$、$x=a$ 为自由边时，要设置两个坐标 x 不同的点支座。当 x 轴方向和 y 轴方向均有一个或两个滑移边时，只需设置一个点支座便成为广义静定弯曲，如图 2.23(c)所示。

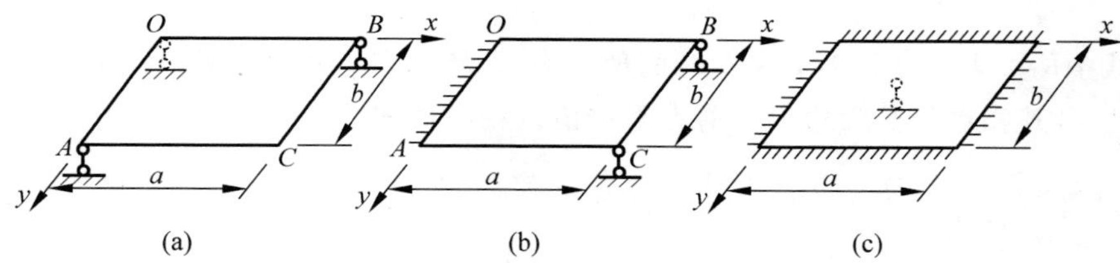

图 2.23　四边非支承矩形板

对广义静定弯曲，计算时先利用平衡条件计算点支座反力并取代点支座。计算结构为可发生刚体位移的几何可变体。

2.11.1　通解和级数特解

计算结构弯曲通解

$$
\begin{aligned}
w_1 = {} & A_0 y + B_0 + C_0 y^2 + D_0 y^3 + \sum_{m=1,2,\cdots} (A_m \sinh\alpha_m y + B_m \cosh\alpha_m y \\
& + C_m\alpha_m y \sinh\alpha_m y + D_m\alpha_m y \cosh\alpha_m y)\cos\alpha_m x + E_0 x \\
& + F_0 + G_0 x^2 + H_0 x^3 + \sum_{n=1,2,\cdots} (E_n \sinh\beta_n x + F_n \cosh\beta_n x \\
& + G_n\beta_n x \sinh\beta_n x + H_n\beta_n x \cosh\beta_n x)\cos\beta_n y
\end{aligned}
\tag{2.84}
$$

式中 $\alpha_m=\dfrac{m\pi}{a}$，$\beta_n=\dfrac{n\pi}{b}$。A_m、B_m、C_m、D_m、E_n、F_n、G_n、H_n 为待定系数。A_0、B_0、C_0、D_0 是 $m=0$ 时的 A_m、B_m、C_m、D_m；E_0、F_0、G_0、H_0 是 $n=0$ 时的 E_n、F_n、G_n、H_n。

当非支承边作用剪力，设 $(V_x)_{x=0}=V_1(y)$，$(V_x)_{x=a}=V_2(y)$，$(V_y)_{y=0}=V_3(x)$，$(V_y)_{y=b}=V_4(x)$。将 $V_1(y)$、$V_2(y)$ 在 $[0,b]$ 区间上展开为 $\sum\limits_{n_1=0,1,\cdots}\cos\beta_{n1}y$，$\beta_{n1}=\dfrac{n_1\pi}{b}$；将 $V_3(x)$、$V_4(x)$ 在 $[0,a]$ 区间展开为 $\sum\limits_{m_1=0,1,\cdots}\cos\alpha_{m1}x$，$\alpha_{m1}=\dfrac{m_1\pi}{a}$。有

$$\begin{cases}V_1(y)=\sum\limits_{n_1=0,1,\cdots}R_{nx1}\cos\beta_{n1}y=R_{0x1}+\sum\limits_{n_1=1,2,\cdots}R_{nx1}\cos\beta_{n1}y\\ V_2(y)=\sum\limits_{n_1=0,1,\cdots}R_{nx2}\cos\beta_{n1}y=R_{0x2}+\sum\limits_{n_1=1,2,\cdots}R_{nx2}\cos\beta_{n1}y\end{cases}\tag{2.85}$$

$$\begin{cases}V_3(x)=\sum\limits_{m_1=0,1,\cdots}R_{my1}\cos\alpha_{m1}y=R_{0y1}+\sum\limits_{m_1=1,2,\cdots}R_{my1}\cos\alpha_{m1}x\\ V_4(x)=\sum\limits_{m_1=0,1,\cdots}R_{my2}\cos\alpha_{m1}y=R_{0y2}+\sum\limits_{m_1=1,2,\cdots}R_{my2}\cos\alpha_{m1}x\end{cases}\tag{2.86}$$

式中 R_{0x1}、R_{0x2} 分别为 $n_1=0$ 时的 R_{nx1}、R_{nx2}，R_{0y1}、R_{0y2} 分别为 $m_1=0$ 时 R_{my1}、R_{my2}，其物理意义为边界上剪力平均值。相应特解

$$\begin{aligned}w_{24}=&\frac{1}{24Da}\left[R_{0x1}\,(a-x)^4-R_{0x2}x^4\right]+\frac{1}{24Db}\left[R_{0y1}\,(b-y)^4-R_{0y2}y^4\right]\\&+\sum_{n_1=1,2,\cdots}\frac{R_{nx1}\cosh\beta_{n1}(a-x)-R_{nx2}\cosh\beta_{n1}x}{(\mu-1)D\beta_{n1}^3\sinh\beta_{n1}a}\cos\beta_{n1}y\\&+\sum_{m_1=1,2,\cdots}\frac{R_{my1}\cosh\alpha_{m1}(b-y)-R_{my2}\cosh\alpha_{m1}y}{(\mu-1)D\alpha_{m1}^3\sinh\alpha_{m1}b}\cos\alpha_{m1}x\end{aligned}\tag{2.87}$$

式(2.87)满足四个边界上剪力分布条件，满足四个角点上角点力为零条件，但不满足式(2.10)所示弯曲平衡偏微分齐次方程，即

$$D\,\nabla^4 w_{24}=\frac{1}{a}(R_{0x1}-R_{0x2})+\frac{1}{b}(R_{0y1}-R_{0y2})\tag{2.88}$$

这表示，当引入 w_{24} 相当于在板面上同时又施加了其值为 $(R_{0x1}-R_{0x2})/a+(R_{0y1}-R_{0y2})/b$ 的均布力。R_{0x1}、R_{0x2} 为 $x=0$ 和 $x=a$ 边界上剪力平均值，$x=0$ 边界上剪力向上为正，$x=a$ 边界上向下为正，$R_{0x1}-R_{0x2}$ 为两个边界上剪力平均值代数和，$(R_{0x1}-R_{0x2})/a$ 为 $x=0$ 和 $x=a$ 二边界总剪力平均值产生的等效板面均布力。同理，$(R_{0y1}-R_{0y2})/b$ 为 $y=0$ 和 $y=b$ 二边总剪力平均值产生的等效板面均布力。

当非支承角点作用集中力时，设角点 O、A、B、C 角点力分别为 R_O、R_A、R_B、R_C。角点码见图2.23(a)示，角点力正向见图2.6示。有

$$w_{22}=-\frac{1}{2D(1-\mu)}\left\{R_Oxy+\frac{(R_B-R_O)[3x^2y-(2-\mu)y^3]}{6a}\right.$$
$$+\frac{(R_A-R_O)[3y^2x-(2-\mu)x^3]}{6a}$$
$$\left.-\frac{R_C+R_O-R_A-R_B}{4ab}\left[\frac{(2-\mu)x^4}{6}-x^2y^2+\frac{(2-\mu)y^4}{6}\right]\right\} \tag{2.89}$$

同样，w_{22}不满足板弯曲平衡偏微分齐次方程，即

$$D\nabla^4 w_{22}=\frac{1}{ab}(R_C+R_O-R_A-R_B) \tag{2.90}$$

这表示，引入w_{22}后相当于在板面上同时作用了其值为$(R_C+R_O-R_A-R_B)/(ab)$的均布力。由图2.6角点力正向知，$R_C+R_O-R_A-R_B$为角点力的代数和，$(R_C+R_O-R_A-R_B)/(ab)$为角点力之和对应的板面等效均布力。

特解w_{22}、w_{24}不满足板弯曲平衡偏微分齐次方程，其原因是四边非支承矩形板的边界剪力，角点力一定要与点支座的支反力平衡。而点支座可能在板边界上、角点上，也可能在板内，因而边界剪力、角点力、板面荷载不是相互独立的，而是相互关联的。这种现象类似于1.1节两端非支承梁、梁端作用特解y_{22}（见式(1.13)）不满足梁弯曲齐次微分方程。

考虑上述相关性，四边非支承矩形板要采用板面计算荷载$q_1(x,y)$来确定相应特解w_{21}。板面计算荷载为板面实际荷载$q(x,y)$扣除边界剪力和角点力的等效板面均布力，即

$$q_1(x,y)=q(x,y)-\frac{1}{a}(R_{0x1}-R_{0x2})-\frac{1}{b}(R_{0y1}-R_{0y2})$$
$$-\frac{1}{ab}(R_C+R_O-R_A-R_B) \tag{2.91}$$

将板面计算荷载$q_1(x,y)$在$[0,a]$和$[0,b]$区间展成下列双重三角级数。

$$q_1(x,y)=\sum_{m_1=0,1,\cdots}\sum_{n_1=0,1,\cdots}C_{mn}\cos\alpha_{m1}x\cos\beta_{n1}y$$
$$=C_{00}+\sum_{m_1=1,2,\cdots}C_{m0}\cos\alpha_{m1}x+\sum_{n_1=1,2,\cdots}C_{0n}\cos\beta_{n1}y$$
$$+\sum_{m_1=1,2,\cdots}\sum_{n_1=1,2,\cdots}C_{mn}\cos\alpha_{m1}x\cos\beta_{n1}y \tag{2.92}$$

式中$\alpha_{m1}=\dfrac{m_1\pi}{a}$，$\beta_{n1}=\dfrac{n_1\pi}{b}$。$C_{m0}$为$m_1>0$和$n_1=0$时的$C_{mn}$；，$C_{0n}$为$m_1=0$和

$n_1>0$ 时的 C_{mn}；C_{00} 是 $m_1=0$ 和 $n_1=0$ 时的 C_{mn}，物理意义为板面计算荷载产生的板面均布力。由于板面实际荷载、角点力、边界剪力为一平衡力系，有 $C_{00}=0$。相应特解

$$w_{21}=\sum_{m_1=1,2,\cdots}\frac{C_{m0}}{D\alpha_{m1}^4}\cos\alpha_{m1}x+\sum_{n_1=1,2,\cdots}\frac{C_{0n}}{D\beta_{n1}^4}\cos\beta_{n1}y+\sum_{m_1=1,2,\cdots}\sum_{n_1=1,2,\cdots}\frac{C_{mn}}{D\left(\alpha_{m1}^2+\beta_{n1}^2\right)^2}\cos\alpha_{m1}x\cos\beta_{n1}y \tag{2.93}$$

2.11.2 边界条件对应的线性方程组

引入非支承边剪力条件，并利用通解中两个级数的正交性，得 $x=0$、$x=a$、$y=0$、$y=b$ 边界对应的精确方程

$$\left\{\begin{array}{l}
\begin{cases}6H_0=0 \quad (n=0)\\ E_n(\mu-1)+H_n(\mu+1)=0 \quad (n>0)\end{cases}\\
\begin{cases}6H_0=0 \quad (n=0)\\ E_n(\mu-1)\cosh\beta_n a+F_n(\mu-1)\sinh\beta_n a+G_n[(\mu+1)\sinh\beta_n a\\ \qquad +(\mu-1)\beta_n a\cosh\beta_n a]+H_n[(\mu+1)\cosh\beta_n a\\ \qquad +(\mu-1)\beta_n a\sinh\beta_n a]=0 \quad (n>0)\end{cases}\\
\begin{cases}6D_0=0 \quad (m=0)\\ A_m(\mu-1)+D_m(\mu+1)=0 \quad (m>0)\end{cases}\\
\begin{cases}6D_0=0 \quad (m=0)\\ A_m(\mu-1)\cosh\alpha_m b+B_m(\mu-1)\sinh\alpha_m b+C_m[(\mu+1)\sinh\alpha_m b\\ \qquad +(\mu-1)\alpha_m b\cosh\alpha_m b]+D_m[(\mu+1)\cosh\alpha_m b\\ \qquad +(\mu-1)\alpha_m b\sinh\alpha_m b]=0 \quad (m>0)\end{cases}
\end{array}\right. \tag{2.94}$$

引入 $x=0$、$x=a$ 边界转角或弯矩条件，方程中非 $\cos\beta_n y$ 函数在 $[0,b]$ 区间上展开为级数 $\sum\limits_{n=0,1,\cdots}\cos\beta_n y$，利用级数正交性得相应方程。

引入 $y=0$、$y=b$ 边界转角或弯矩条件，方程中非 $\cos\alpha_m x$ 函数在 $[0,a]$ 区间上展开为级数 $\sum\limits_{m=0,1,\cdots}\cos\alpha_m x$，利用级数正交性得相应方程。

2.11.3 求解待定系数

通解 w_1 中 B_0、F_0 可合并，与 A_0y、E_0x 同表示刚体位移，它们与板内力无关。当矩形板为四个自由边时，只有边界弯矩和剪力条件，边界条件对应

的方程中不包括 A_0、B_0、E_0、F_0 这四个待定系数。线性方程中方程数多于未知数。为使方程有唯一解，必须删去四个多余方程。多余方程按下列方法选择：①在 $x=0$、$x=a$ 边界条件对应的方程中删去两个方程，其中之一是边界剪力条件对应的、$n=0$ 时的两个相同方程：$6H_0=0$，另一个在两个边界弯矩条件对应的、$n=0$ 时的方程中任选。②在 $y=0$、$y=b$ 边界条件对应的方程中删去两个方程，其中之一是边界剪力条件对应的、$m=0$ 时两个相同方程：$6D_0=0$，另一个在两个边界弯矩条件对应的、$m=0$ 时的方程中任选。利用剩余的方程组求解 w_1 中其余的待定系数，得到的挠度解为悬空板在一组平衡力系作用下相对变形。

引入三个点支座的位移条件确定 w_1 中待定系数 A_0、E_0、(B_0+F_0)，最后可得板实际挠曲线 w，设 (x_1,y_1)、(x_2,y_2)、(x_3,y_3) 分别为三个点支座坐标，Δ_1、Δ_2、Δ_3 为其挠度（方向向下为正），点支座位移条件为：

$$\begin{cases}(w_1+w_{21}+w_{22}+w_{24})_{x=x_1,y=y_1}=\Delta_1\\(w_1+w_{21}+w_{22}+w_{24})_{x=x_2,y=y_2}=\Delta_2\\(w_1+w_{21}+w_{22}+w_{24})_{x=x_3,y=y_3}=\Delta_3\end{cases}\tag{2.95}$$

当 $x=0$、$x=a$ 边界至少有一个滑移边，且 $y=0$、$y=b$ 为自由边时，如图 2.23(b)示，边界条件对应的线性方程组中不包含待定系数 A_0、B_0、F_0，线性方程组中必须要删去三个方程。这三个方程为：①在 $x=0$、$x=a$ 边界条件对应的方程中删去一个方程 $6H_0=0$。②在 $y=0$、$y=b$ 边界条件对应的方程中删去两个方程，选择方法同前。利用剩余的方程组求解 w_1 中其余的待定系数，之后再利用两个点支座位移条件确定 A_0、(B_0+F_0)。

当 $y=0$、$y=b$ 边界中有一个或两个滑移边，且 $x=0$、$x=a$ 为自由边时，边界条件对应的线性方程中不包含待定系数 E_0、F_0、B_0，线性方程组中也要删去三个方程。这三个方程为：①在 $x=0$、$x=a$ 边界条件对应的方程中删去两个方程，选择方法同前。②在 $y=0$、$y=b$ 边界条件对应的方程中删去一个方程 $6D_0=0$。利用剩余的方程组求解 w_1 中其余的待定系数，之后再利用两个点支座位移条件确定 E_0、(B_0+F_0)。

当 x 轴方向和 y 轴方向都存在滑移边时，见图 2.23(c)，边界条件对应的线性方程中不包含待定系数 B_0、F_0。这时线性方程组中只需删去两个方程，它们是边界剪力条件对应的重复二次的方程：$6H_0=0$ 和 $6D_0=0$。利用剩余方程组求解其他待定系数，最后用唯一的点支座位移条件确定 (B_0+F_0) 值。

图 2.23(c)所示矩形板，四边均为滑移边，板内有一个点支座，无角点

力、无边界剪力和边界转角作用，$w_{22}=0$，$w_{24}=0$。在板面荷载作用下，w_{21}采用式(2.93)级数特解。w_{21}在滑移边剪力和转角为零值，边界条件对应的线性方程右端项全为零。得 $w_1=(B_0+F_0)$，$w=(B_0+F_0)+w_{21}$。

【算例 2.11】 图 2.24 所示四边自由矩形板，角点 O、A、B 有点支座，角点 C 作用向下集中力 F。求板挠度。

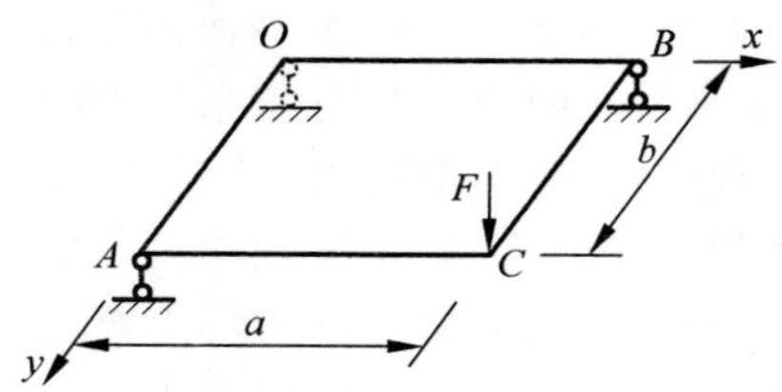

图 2.24 [算例 2.11]示图

解： 用静力平衡条件计算点支座反力，有 $R_O=-F$、$R_A=-F$、$R_B=-F$。撤去点支座代之以支反力，计算结构为一悬空板承受四个角点力作用。通解见式(2.84)，特解 $w_{24}=0$，w_{22} 见式(2.89)，代入角点力后，有 $w_{22}=\dfrac{Fxy}{2D(1-\mu)}$。

由于 $R_C+R_O-R_A-R_B=0$，计算板面荷载 $q_1(x,y)=0$，有 $w_{21}=0$。

四边边界条件对应的线性方程右端项全为零，得通解 w_1 中 A_0、B_0、E_0、F_0 以外其他待定系数全为零值，计算结构挠度为

$$w=A_0y+B_0+E_0x+F_0+\frac{Fxy}{2D(1-\mu)}$$

利用角点 O、A、B 点支座位移条件确定 A_0、E_0、(B_0+F_0)值。由 $x=0$、$y=0$ 时 $w=0$ 得 $B_0+F_0=0$，由 $x=0$、$y=b$ 时 $w=0$ 得 $A_0=0$，由 $x=a$、$y=0$ 时 $w=0$ 得 $E_0=0$。板挠度

$$w=\frac{Fxy}{2D(1-\mu)}$$

【算例 2.12】 图 2.25 所示四边自由矩形板，角点 O、A、B、C 有点支座，因支座沉降角点支座竖向位移分别为Δ_O、Δ_A、Δ_B、Δ_C。求板挠度。

解： 矩形板为广义一次超静定弯曲。撤去角点 C 支座代之以角点力 R_C(方向向上为正)，得弯曲计算的基本体系：四边自由矩形板，角点 O、A、B 有点支座，角点竖向位移分别为Δ_O、Δ_A、Δ_B，角点 C 作用角点力 R_C。

(1) 基本体系在原外界作用下的弯曲

四边自由矩形板，角点 O、A、B 有点支座，有竖向位移Δ_O、Δ_A、Δ_B。

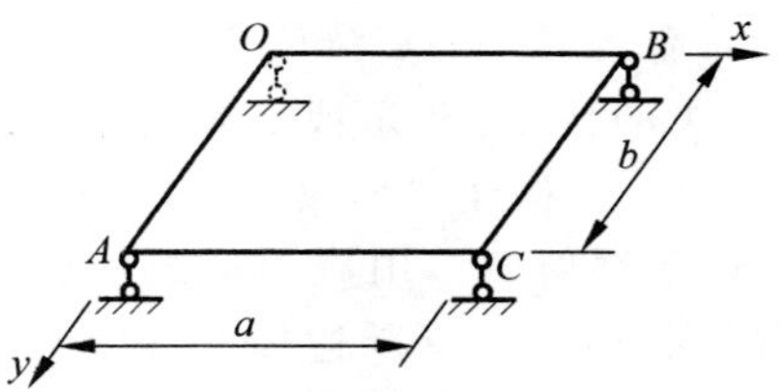

图 2.25 [算例 2.12]示图

因无外界荷载作用，三个点支座反力均为零值。撤去三个点支座，计算结构为一悬空板，无边界剪力、角点力、板面荷载；弯曲通解见式(2.84)，特解 $w_{24}=0$、$w_{22}=0$、$w_{21}=0$。引入四边边界条件，得通解 w_1 中 A_0、B_0、E_0、F_0 以外其他待定系数全为零值，计算结构挠度为

$$w = A_0 y + B_0 + E_0 x + F_0$$

利用角点 O、A、B 点支座位移条件确定 A_0、E_0、(B_0+F_0)值。由 $x=0$、$y=0$ 时 $w=\Delta_O$ 得 $B_0+F_0=\Delta_O$，由 $x=0$、$y=b$ 时 $w=\Delta_A$ 得 $A_0=(\Delta_A-\Delta_O)/b$，由 $x=a$、$y=0$ 时 $w=\Delta_B$ 得 $E_0=(\Delta_B-\Delta_O)/a$。板挠度

$$w = \Delta_O + \frac{(\Delta_B - \Delta_O)x}{a} + \frac{(\Delta_A - \Delta_O)y}{b}$$

(2) 基本体系在单位角点力作用下弯曲

四边自由矩形板，角点 O、A、B 有点支座，角点 C 作用单位角点力。

利用[算例 2.11]挠度解并考虑角点力正向，板挠度为 $w=-\dfrac{xy}{2D(1-\mu)}$。

(3) 用叠加法计算原结构挠度

利用叠加法得原结构挠度为

$$w = \Delta_O + \frac{(\Delta_B - \Delta_O)x}{a} + \frac{(\Delta_A - \Delta_O)y}{b} - \frac{R_C xy}{2D(1-\mu)} \tag{a}$$

用多余点支座位移条件确定角点 C 支反力 R_C。由 $x=a$、$y=b$ 时 $w=\Delta_C$，得

$$R_C = -\frac{2D(1-\mu)}{ab}(\Delta_C + \Delta_O - \Delta_A - \Delta_B)$$

代入式(a)，得原结构挠度

$$w = \Delta_O + \frac{(\Delta_B - \Delta_O)x}{a} + \frac{(\Delta_A - \Delta_O)y}{b} + \frac{(\Delta_C + \Delta_O - \Delta_A - \Delta_B)xy}{ab}$$

2.12 逆向命题验算

逆向命题验算可以客观地评审统一解法的有效性、可信度。首先设定板挠度表达式，利用弯曲平衡偏微分方程、角点力与挠度微分关系、内力与

挠度微分关系反推板面荷载、角点力、转角、弯矩、剪力。对特定边界支承的矩形板，通过计算支承边的挠度、转角或弯矩，非支承边的剪力、转角或弯矩，非支承角点的角点力可以构建出相应弯曲命题。

用四边支承条件选定通解 w_1，用板面荷载或计算板面荷载确定 w_{21}，用非支承角点角点力确定 w_{22}，用支承边挠度确定 w_{23}，用非支承边剪力确定 w_{24}，并用边界条件和点支座位移条件计算通解 w_1 中待定系数。所得弯曲解与设定的挠度、转角、弯矩、剪力、角点力进行比较，从而真实判断解法的计算精度。

【算例 2.13】 设定板挠度$w_0=\dfrac{qx^2y^2}{8D}$，构建图 2.26 矩形板弯曲命题，并用统一解法求解板挠度。

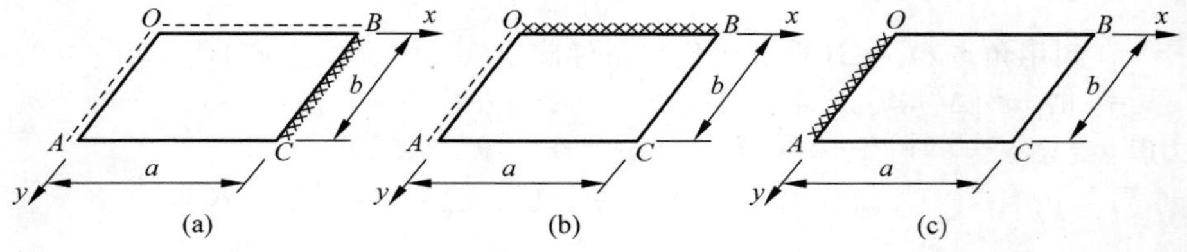

图 2.26 [算例 2.13]示图

解： 由设定挠度推算相应板面荷载 $q(x,y)$、角点力 R_i、转角 $\dfrac{\partial w_0}{\partial x}$ 和 $\dfrac{\partial w_0}{\partial y}$、弯矩 M_x 和 M_y、剪力 V_x 和 V_y，有

$$q(x,y)=D\left(\frac{\partial^4 w_0}{\partial x^4}+2\frac{\partial^4 w_0}{\partial x^2\partial y^2}+\frac{\partial^4 w_0}{\partial y^4}\right)=q$$

$$R_i=-2D(1-\mu)\left(\frac{\partial^2 w_0}{\partial x\partial y}\right)_{i\text{角点坐标}}=-(1-\mu)(qxy)_{i\text{角点坐标}}$$

$$\frac{\partial w_0}{\partial x}=\frac{qxy^2}{4D},\ \frac{\partial w_0}{\partial y}=\frac{qx^2y}{4D}$$

$$M_x=-D\left(\frac{\partial^2 w_0}{\partial x^2}+\mu\frac{\partial^2 w_0}{\partial y^2}\right)=-\frac{q}{4}(y^2+\mu x^2)$$

$$M_y=-D\left(\frac{\partial^2 w_0}{\partial y^2}+\mu\frac{\partial^2 w_0}{\partial x^2}\right)=-\frac{q}{4}(x^2+\mu y^2)$$

$$V_x=-D\left(\frac{\partial^3 w_0}{\partial x^3}+(2-\mu)\frac{\partial^3 w_0}{\partial x\partial y^2}\right)=-\frac{q}{2}(2-\mu)x$$

$$V_y=-D\left(\frac{\partial^3 w_0}{\partial y^3}+(2-\mu)\frac{\partial^3 w_0}{\partial y\partial x^2}\right)=-\frac{q}{2}(2-\mu)y$$

图 2.26 所示三种不同支承条件的矩形板，所承受的板面荷载是相同的，但角点力、边界作用要由各自支承条件分别确定。

(1) 图 2.26(a)所示三边支承、一边非支承矩形板

弯曲命题：矩形板，$x=0$、$y=0$ 为简支边，$x=a$ 为固定边，$y=b$ 为自由边，承受板面荷载 $q(x,y)=q$，边界作用有

$x=0$ 边：$w=0, M_x=-\dfrac{qy^2}{4}$

$x=a$ 边：$w=\dfrac{qa^2y^2}{8D}, \dfrac{\partial w}{\partial x}=\dfrac{qay^2}{4D}$

$y=0$ 边：$w=0, M_y=-\dfrac{qx^2}{4}$

$y=b$ 边：$V_y=-\dfrac{q}{2}(2-\mu)b, M_y=-\dfrac{q}{4}(x^2+\mu b^2)$

板弯曲解 $w=w_1+w_{21}+w_{22}+w_{23}+w_{24}$。通解 w_1 见式(2.50)，无角点力特解($w_{22}=0$)，由于板面荷载及边界外界作用为多项式函数，w_{21}、w_{23}、w_{24} 可采用多项式特解。当 $q(x,y)=q$ 时，由 2.7 节式(a)第一式知

$$w_{21}=\frac{q}{8D}(x^2-ax)(y^2-2by)$$

将 $x=a$ 边界挠度按 2.7 节式(b)格式化，有 $\Delta_B=0$、$\Delta_C=\dfrac{qa^2b^2}{8D}$、$c_2=\dfrac{qa^2}{8D}$。由 2.7 节式(c)知

$$w_{23}=\Delta_C\frac{xy}{ab}+c_2\frac{x}{a}(y^2-by)=\frac{qaxy^2}{8D}$$

将 $y=b$ 边界剪力按 2.7 节式(d)格式化，有 $e_0=-\dfrac{q}{2}(2-\mu)b$、$e_1=0$。由 2.7 节式(e)知

$$w_{24}=\frac{qby(x^2-ax)}{4D}$$

将所有特解相加，有 $w_2=w_{21}+w_{22}+w_{23}+w_{24}=\dfrac{qx^2y^2}{8D}=w_0$。

边界挠度条件和边界剪力条件对应精确方程见式(2.57)所示，方程右端项均为零值。由于 $w_2=w_0$，特解 w_2 所激发的边界弯矩或转角与用设定挠度 w_0 反推的边界弯矩或转角相等。边界弯矩条件和转角条件对应的线性方程右端项也为零值。即引入边界条件后得 $w_1=0$，$w=w_2$，弯曲解与设定挠度相同。

(2) 图 2.26(b)所示二邻边支承、二邻边非支承矩形板

弯曲命题：矩形板，$x=0$ 为简支边，$y=0$ 为固定边，$x=a$、$y=b$ 为自由边，承受板面荷载 $q(x,y)=q$，自由角点 C 作用角点力 $R_C=-(1-\mu)qab$，边界作用有

$x=0$ 边：$w=0, M_x=-\dfrac{qy^2}{4}$

$x=a$ 边：$V_x=-\dfrac{q}{2}(2-\mu)a, M_x=-\dfrac{q}{4}(y^2+\mu a^2)$

$y=0$ 边：$w=0, \dfrac{\partial w}{\partial y}=0$

$y=b$ 边：$V_y=-\dfrac{q}{2}(2-\mu)b, M_y=-\dfrac{q}{4}(x^2+\mu b^2)$

板弯曲通解为式(2.66)。角点力特解见式(2.69)，有

$$w_{22}=\frac{qabxy}{2D}$$

支承边无挠度，$w_{23}=0$。w_{21}、w_{24} 采用多项式特解。当 $q(x,y)=q$ 时，由 2.9 节式(a)第一式知

$$w_{21}=\frac{q}{8D}(x^2-2ax)(y^2-2by)$$

将 $x=a$、$y=b$ 边界剪力按 2.9 节式(d)格式化，有 $e_1=-\dfrac{q}{2}(2-\mu)a$、$e_2=0$、$e_3=-\dfrac{q}{2}(2-\mu)b$、$e_4=0$。由 2.9 节式(e)知

$$w_{24}=\frac{qa(xy^2-2bxy)}{4D}+\frac{qb(x^2y-2axy)}{4D}$$

将所有特解相加，有 $w_2=w_{21}+w_{22}+w_{23}+w_{24}=\dfrac{qx^2y^2}{8D}=w_0$。引入边界条件后得 $w_1=0$，弯曲解 $w=w_2=w_0$。

(3) 图 2.26(c)所示一边支承、三边非支承矩形板

弯曲命题：矩形板，$x=0$ 为固定边，$x=a$、$y=0$、$y=b$ 为自由边，承受板面荷载 $q(x,y)=q$，自由角点 C 作用角点力 $R_C=-(1-\mu)qab$，边界作用有

$x=0$ 边：$w=0, \dfrac{\partial w}{\partial x}=0$

$x=a$ 边：$V_x=-\dfrac{q}{2}(2-\mu)a, M_x=-\dfrac{q}{4}(y^2+\mu a^2)$

$y=0$ 边：$V_y=0, M_y=-\dfrac{qx^2}{4}$

$y=b$ 边：$V_y=-\dfrac{q}{2}(2-\mu)b$，$M_y=-\dfrac{q}{4}(x^2+\mu b^2)$

板弯曲通解 w_1 见式(2.75)。角点力特解见式(2.78)，有

$$w_{22}=\frac{qa\left[xy^2-\dfrac{(2-\mu)x^2}{3}\right]}{4D}$$

支承边无挠度，$w_{23}=0$。w_{21}、w_{24} 采用多项式特解。当 $q(x,y)=q$ 时，由 2.10 节式(a)第一式知

$$w_{21}=\frac{q}{24D}(x^4-4ax^3) \tag{a}$$

对 $x=a$ 自由边上作用的均布剪力，相应特解

$$w_{24}=\frac{q(2-\mu)ax^3}{12D} \tag{b}$$

对 $y=b$ 自由边上作用的均布剪力，相应特解

$$w_{24}=\frac{qy^2(x^2-2ax)}{8D}-\frac{q}{24D}(x^4-4ax^3) \tag{c}$$

特解式(c)由试算法确定。先确定式中第一项，它满足 $y=b$ 边界上剪力分布，在 $x=a$、$y=0$ 自由边界上剪力为零，在 $x=0$ 支承边界上挠度为零，在自由角点 C 角点力为零；但不满足板弯曲平衡偏微分齐次方程。为此，增加第二项给予修正。为防止相互干扰，第二项要满足：在 $x=a$、$y=0$、$y=b$ 自由边界上剪力为零，在 $x=0$ 支承边界上挠度为零，在自由角点 C 角点力为零。这类似于 2.11 节中四边非支承矩形板采用的处理方法：当非支承边剪力特解 w_{24}(对应式(c)中第一项)不满足板弯曲平衡偏微分齐次方程时，相当于在板面上施加了其值为$\nabla^4 w_{24}$ 的等效板面力；为此，采用板面计算荷载 $q_1(x,y)$来确定相应特解 w_{21}。$q_1(x,y)$为板面实际荷载 $q(x,y)$ 扣除边界剪力的等效板面力。式(c)中第二项就是第一项激发的等效板面力对应的特解。现采用不同的处理方法是因为 2.11 节中板面荷载特解采用级数形式，而本算例中采用多项式。

将所有特解相加，有 $w_2=w_{21}+w_{22}+w_{23}+w_{24}=\dfrac{qx^2y^2}{8D}=w_0$。引入边界条件后得 $w_1=0$，弯曲解 $w=w_2=w_0$。

如果设定挠度w_0为更高次的幂函数多项式，弯曲命题中的外界作用也相应改变，就很难能再找到满足构造规则的多项式特解 w_{21}、w_{23}、w_{24}；而级数形式的特解不受限制。

设定挠度$w_0=\frac{q}{D}a^2b^2\sin\frac{\pi x}{a}\sin\frac{\pi y}{2b}$,用同样的方法可以对上述边界支承的矩形板构建相应的弯曲命题,并用统一解法求解板挠度。除 w_{22}外,w_{21}、w_{23}、w_{24}应采用级数特解。所得弯曲解与设定挠度形式上虽然不同,但数值计算结果相同。取 $a=b=1.0$, $q=1.0$, $D=1.0$,$\mu=0.3$,通解 w_1中级数取前 5 项,特解中级数取前 25 项,计算挠度与设定挠度前 4 位有效数字相同。

2.13　结语

纳维叶解是个特解,莱维解法的通解和特解仅考虑单向变形和受力,本文统一解法同时考虑两个坐标轴方向上受力和变形,从而突破经典解法局限性。

微分方程通解表示矩形板在两个坐标轴方向上主要变形和受力特征,分析支承边和非支承边在边界上限定的和在边界内产生的受力和变形特征,选用不同的、与之匹配的数学表达式。

平衡微分方程是以挠度为参数表示板竖向力的平衡,挠度和竖向力是与微分方程直接关联的物理量。外界作用所涉及的挠度和竖向力:板面荷载、角点力、支承边挠度、非支承边剪力都有相应的特解。这可以尽可能多地反映外界作用所激发的作用效应,也能使建模理论与求解方法和谐统一。

通解和特解、特解和特解之间要相互协调、互为补充。特解级数类型与相应方向通解级数类型一致。

第3章 平面问题

3.1 平面问题基本方程和边界条件

任何一个弹性体都是空间物体，当弹性体具有某些特殊形状、并且受到某种特殊体力和面力作用时，空间问题可以简化为平面问题。

3.1.1 两种平面问题

图 3.1(a)所示工程中的深梁结构。与跨度和高度相比，梁的厚度很薄；所受外力平行于梁板平面，并沿厚度方向不变。设厚度方向为 z 轴，梁板中面为 xy 面，板厚为 t。在梁侧面上($z=\pm t/2$)，有

$$(\sigma_z)_{z=\pm t/2}=0,\quad (\tau_{zx})_{z=\pm t/2}=0,\quad (\tau_{zy})_{z=\pm t/2}=0$$

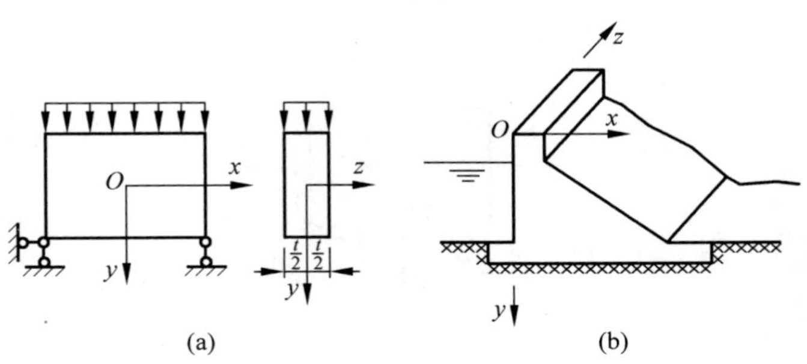

图 3.1 两种平面问题

由于梁板很薄，外力又沿厚度均匀分布，可以近似认为梁内各点应力分量与梁侧面上应力相同。考虑剪应力互等定律，可以认为整个梁所有各点应力均为

$$\sigma_z=0,\quad \tau_{zx}=0,\quad \tau_{zy}=0$$

具有这种应力状态的问题称平面应力问题。

图 3.1(b)所示拦河大坝，承受垂直于纵轴并沿长度方向不变的面力和体力。当大坝长度足以认为是无限长时，每个横截面(xy 面)都可以认为是对称面，横截面上各点只能在自身平面内位移，沿纵轴方向(z 轴)位移为零。每个横截面有相同的位移特征。设 u、v、w 分别为 x 轴向、y 轴向、z 轴向位移，有

$$u = u(x,y), \quad v = v(x,y), \quad w = 0$$

由式(2.3)所示几何方程得 $\varepsilon_z=0$、$\gamma_{zx}=0$、$\gamma_{zy}=0$；而且应变 ε_x、ε_y、γ_{xy} 均与坐标 z 无关。由于位移和应变都在 xy 平面内，这类问题称平面应变问题。

由式(2.4)所示物理方程可得平面应变问题的应力状态特征：$\tau_{zx}=\tau_{xz}=0$，$\tau_{zy}=\tau_{yz}=0$。由于纵轴方向的变形被阻止，其正应力 $\sigma_z\neq0$。

3.1.2 平面问题平衡方程 几何方程 物理方程

图 3.2 所示平面问题物体内微元应力状态，由平衡条件得

$$\begin{cases}\dfrac{\partial\sigma_x}{\partial x}+\dfrac{\partial\tau_{yx}}{\partial y}+F_x=0\\[2mm]\dfrac{\partial\sigma_y}{\partial y}+\dfrac{\partial\tau_{xy}}{\partial x}+F_y=0\\[2mm]\tau_{xy}=\tau_{yx}\end{cases}\tag{3.1}$$

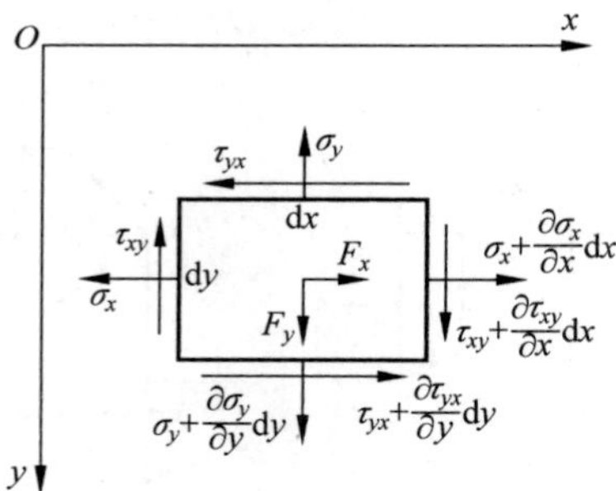

图 3.2 微元受力状态

平面应力问题和平面应变问题有相同的平衡方程式，在平面法线方向(z 轴)正应力 σ_z 不同，前者 $\sigma_z=0$，后者 $\sigma_z\neq0$。

式(3.1)中第三式代入前二式得两个平衡微分方程，涉及三个应力分量 σ_x、σ_y、τ_{xy}，因此单凭平衡方程是无法求解的；必须考虑变形条件，即引入几何方程和物体方程。

几何方程表示应变分量与位移分量的对应关系。对平面问题，xy 平面内涉及两个位移分量 u、v，由式(2.3)得相应的正应变和剪应变为

$$\varepsilon_x=\frac{\partial u}{\partial x},\quad \varepsilon_y=\frac{\partial v}{\partial y},\quad \gamma_{xy}=\frac{\partial u}{\partial y}+\frac{\partial v}{\partial x} \tag{3.2}$$

平面应力问题和平面应变问题有相同的几何方程式(3.2)，但在平面法线方向(z 轴)正应变 ε_z 不同，前者 $\varepsilon_z=-\mu(\sigma_x+\sigma_y)/E$，后者 $\varepsilon_z=0$。

物理方程表示应力分量和应变分量的对应关系。对平面应力问题，由于 $\sigma_z=0$，xy 平面内应变仅与平面内应力有关，由式(2.4)得相应物理方程为

$$\begin{cases}\varepsilon_x=\dfrac{1}{E}(\sigma_x-\mu\sigma_y)\\[2ex]\varepsilon_y=\dfrac{1}{E}(\sigma_y-\mu\sigma_x)\\[2ex]\gamma_{xy}=\dfrac{\tau_{xy}}{G}=\dfrac{2(1+\mu)}{E}\tau_{xy}\end{cases} \tag{3.3}$$

对平面应变问题，由于 $\varepsilon_z=0$，由式(2.4)可得 $\sigma_z=\mu(\sigma_x+\sigma_y)\neq 0$。为建立平面内应变 ε_x、ε_y、γ_{xy} 与应力 σ_x、σ_y、τ_{xy} 的相关性，将式(2.4)中 σ_z 替换为 σ_x、σ_y。变换后的平面应变问题物理方程可保持式(3.3)所示的形式，但式中的 E 要变换为 $E/(1-\mu^2)$，μ 变换为 $\mu/(1-\mu)$。

平面应力问题和平面应变问题有相同的平衡方程、几何方程和相同形式的物理方程，因此可以采用相同的求解方法。

平面问题共涉及三个应力分量 σ_x、σ_y、τ_{xy}，三个应变分量 ε_x、ε_y、γ_{xy}，两个位移分量 u、v，共八个物理量；它要满足两个平衡方程、三个几何方程、三个物理方程，共八个方程。涉及的物理量和方程数量相等，因此平面问题一定有解。当求解条件完备时，利用求解条件可直接求解。

3.1.3 变形协调方程

平面问题采用应力解法。即保持平衡方程不变，用应力分量对几何方程和物理方程进行变换，得应力解法基本方程。

式(3.2)第一式对 y 的二阶偏导数和第二式对 x 的二阶偏导数相加，并利用第三式，有

$$\frac{\partial^2\varepsilon_x}{\partial y^2}+\frac{\partial^2\varepsilon_y}{\partial x^2}=\frac{\partial^2\gamma_{xy}}{\partial x\partial y} \tag{3.4}$$

式(3.4)称应变协调方程或相容条件。应变分量 ε_x、ε_y、γ_{xy} 必须满足这一方程才能保证位移和应变的连续性。否则，几何方程对应的位移分量 u、

v 是不相容的，变形后的物体不再是连续的，产生了叠合或裂缝。

将物理方程式(3.3)代入式(3.4)，有

$$\frac{\partial^2}{\partial y^2}(\sigma_x - \mu\sigma_y) + \frac{\partial^2}{\partial x^2}(\sigma_y - \mu\sigma_x) = 2(1+\mu)\frac{\partial^2 \tau_{xy}}{\partial x \partial y} \tag{3.5}$$

式(3.5)为用应力分量表示的应变协调方程，它与式(3.1)中第一式和第二式组成应力解法的基本方程。应力分量 σ_x、σ_y、τ_{xy} 要满足式(3.1)所示的两个平衡条件和式(3.5)所示的变形条件，求解的物理量和涉及的方程数量相等。

利用式(3.1)对式(3.5)继续变换，使它只包含正应力而不包含剪应力。将式(3.1)第一式对 x 求偏导数，得 $\frac{\partial^2 \tau_{yx}}{\partial x \partial y}$ 表达式；将式(3.1)第二式对 y 求偏导数，得 $\frac{\partial^2 \tau_{xy}}{\partial x \partial y}$ 表达式，二者相加，并注意 $\tau_{xy} = \tau_{yx}$，有

$$2\frac{\partial^2 \tau_{xy}}{\partial x \partial y} = -\frac{\partial^2 \sigma_x}{\partial x^2} - \frac{\partial^2 \sigma_y}{\partial y^2} - \frac{\partial F_x}{\partial x} - \frac{\partial F_y}{\partial y}$$

代入式(3.5)，并简化，有

$$\left(\frac{\partial^2}{\partial x^2} + \frac{\partial^2}{\partial y^2}\right)(\sigma_x + \sigma_y) = -(1+\mu)\left(\frac{\partial F_x}{\partial x} + \frac{\partial F_y}{\partial y}\right) \tag{3.6}$$

式(3.6)为用正应力表示的应变协调方程，它与式(3.5)是等效的。

当体力分量 $F_x = 0$、$F_y = 0$ 时，平衡方程和应变协调方程可简化为

$$\begin{cases} \dfrac{\partial \sigma_x}{\partial x} + \dfrac{\partial \tau_{yx}}{\partial y} = 0 \\ \dfrac{\partial \sigma_y}{\partial y} + \dfrac{\partial \tau_{xy}}{\partial x} = 0 \end{cases} \tag{3.7}$$

$$\left(\frac{\partial^2}{\partial x^2} + \frac{\partial^2}{\partial y^2}\right)(\sigma_x + \sigma_y) = 0 \tag{3.8}$$

式(3.7)和式(3.8)为平面问题对应的齐次方程组。由平衡方程式(3.7)知，正应力和剪应力是相关的，由剪应力将两个正应力相互联系。根据微分方程理论，当这二式同时成立时，一定存在某一个函数 $\varphi(x,y)$，该函数与应力分量 σ_x、σ_y、τ_{xy} 有以下关系：

$$\begin{cases} \sigma_x = \dfrac{\partial^2 \varphi}{\partial y^2} \\ \sigma_y = \dfrac{\partial^2 \varphi}{\partial x^2} \\ \tau_{xy} = \tau_{yx} = -\dfrac{\partial^2 \varphi}{\partial x \partial y} \end{cases} \tag{3.9}$$

$\varphi(x,y)$称应力函数，或艾瑞应力函数。

将式(3.9)代入式(3.8)，有

$$\frac{\partial^4 \varphi}{\partial x^4} + 2\frac{\partial^4 \varphi}{\partial x^2 \partial y^2} + \frac{\partial^4 \varphi}{\partial y^4} = 0 \tag{3.10}$$

式(3.10)为用应力函数表示的应变协调方程，它是一个双调和方程。

式(3.9)和式(3.10)表示：平面问题齐次方程组对应的应力分量具有式(3.9)所示的相关性，而关联函数$\varphi(x,y)$要满足式(3.10)所示的相容条件。

当$\tau_{xy}=\tau_{yx}=c$，c为任意常数。c值变化不改变式(3.7)的平衡关系，不影响正应力大小。说明常量剪应力为一自平衡力系，它丧失了联系正应力的中介作用，为一特殊的应力状态，要给予特别关注。

3.1.4　边界条件

平面问题有四种边界条件。图3.3(a)为本书采用的坐标系、角点码和边界条件图示方法。OA边($x=0$)为完全支承边，边界上法向和切向位移为已知函数；OB边($y=0$)为切向支承和法向自由边，边界上切向位移和法向面力为已知函数；AC边($y=b$)为法向支承和切向自由边，边界上法向位移和切向面力为已知函数；BC边($x=a$)为完全自由边，边界上法向和切向面力为已知函数。此外，在平面内还设有点支座，点支座可以设在边界内、边界上或角点处，如图3.3(b)所示。

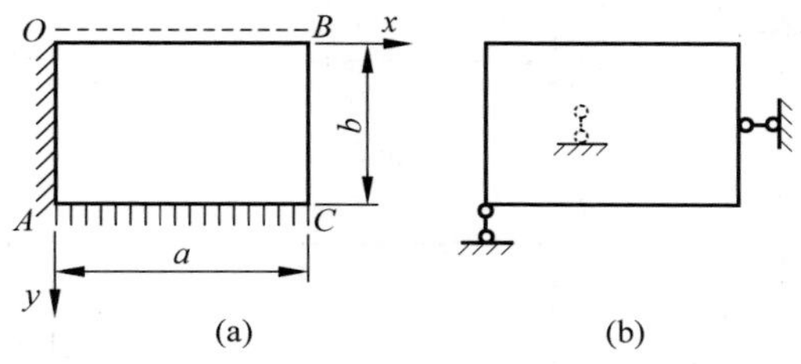

图3.3　边界条件图示

边界条件指存在外界作用时的状态。对没有外界作用的原生状态，例法向(或切向)支承边无法向(或切向)位移，法向(或切向)自由边无法向(或切向)面力，称固有边界条件或边界支承条件。

每条边界都有四种选择，可以组成256种不同边界支承条件的平面问题。再考虑点支座不同设置方式，形成了平面问题边界条件的多样性。为简化起见，边界支承条件用代号Nx^*-Ny^*-Px^*-Py^*表示。Nx表示$x=$

0 和 $x=a$ 边界法向支承条件，Ny 表示 $y=0$ 和 $y=b$ 边界法向支承条件，Px 表示 $x=0$ 和 $x=a$ 边界切向支承条件，Py 表示 $y=0$ 和 $y=b$ 边界切向支承条件。符号 * 表示支承类别："1"表示 $x=0$ 和 $x=a$（或 $y=0$ 和 $y=b$）均为自由边；"2"表示 $x=0$（或 $y=0$）为自由边，$x=a$（或 $y=b$）为支承边；"3"表示 $x=0$（或 $y=0$）为支承边，$x=a$（或 $y=b$）为自由边；"4"表示 $x=0$ 和 $x=a$（或 $y=0$ 和 $y=b$）均为支承边。边界代号与点支座设置方式无关。

图 3.4 示六个不同边界支承条件的平面问题。图 3.4(a)为简支深梁，四边完全自由，边界代号为 $Nx1$-$Ny1$-$Px1$-$Py1$。图 3.4(b)：三边完全自由、$y=b$ 边完全支承，边界代号为 $Nx1$-$Ny2$-$Px1$-$Py2$。图 3.4(c)：二边完全自由、$x=0$ 边完全支承、$x=a$ 边法向支承和切向自由，边界代号为 $Nx4$-$Ny1$-$Px3$-$Py1$。图 3.4(d)：二边完全自由、$x=a$ 和 $y=b$ 边法向支承和切向自由，边界代号为 $Nx2$-$Ny2$-$Px1$-$Py1$。图 3.4(e)：$y=0$ 边完全自由、$x=a$ 边完全支承、其余二边法向支承和切向自由，边界代号为 $Nx4$-$Ny2$-$Px2$-$Py1$。图 3.4(f)：四边法向支承和切向自由，边界代号为 $Nx4$-$Ny4$-$Px1$-$Py1$。

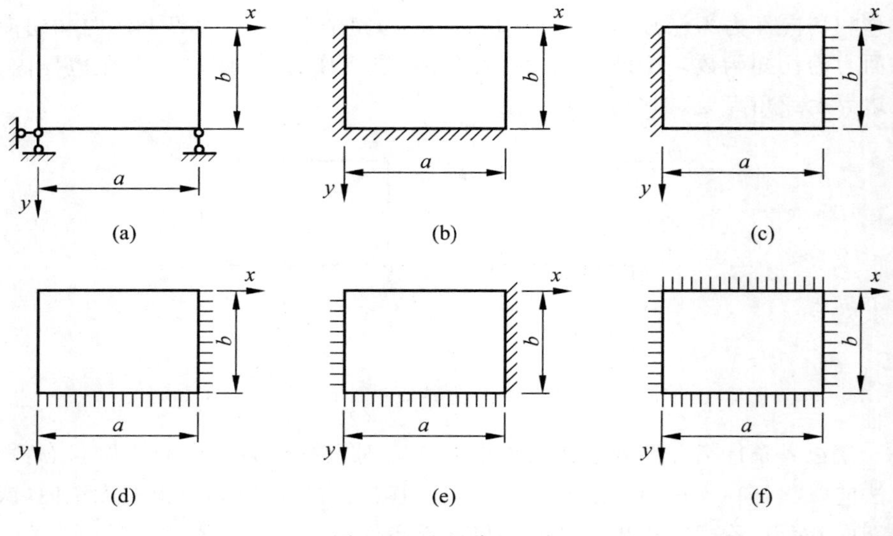

图 3.4　边界代号示例

可以用代号来表示边界支承条件完全确定的某一个平面问题，也可以用代号表示有若干个相同边界支承条件的某一类平面问题。例如 $Ny2$-$Px1$ 类

平面问题指 $y=0$ 为法向自由边，$y=b$ 为法向支承边，$x=0$、$x=a$ 为切向自由边的所有平面问题的集合。由于 $x=0$、$x=a$ 法向支承和 $y=0$、$y=b$ 切向支承有四种选择，该类平面问题包含 16 种不同的边界支承。

3.2 平面问题求解理念和方法

3.2.1 广义静定问题与广义超静定问题分类

平面问题所涉及的物理量和方程数量相等，因此平面问题一定有解。当求解条件完备时可以利用求解条件直接求解。求解条件完备的标准是所有外界作用都是清晰、明确的。平面问题中的外界作用有 4 种形式：①边界内体力作用；②角点集中力作用；③边界外界作用；④点支座约束作用。前三种作用都是明确的。点支座约束作用包括约束局部位移并作用支反力，其中位移约束也是明确的；支反力有两种可能性。当支反力可以用静力平衡条件确定时，求解条件是完备的；否则是不完备的。为此，平面问题采用与薄板弯曲相同的分类方法。

无点支座、或有点支座但其反力可以用静力平衡条件确定的平面问题为广义静定问题，否则为广义超静定问题。前者可以由求解条件直接求解，后者要用叠加法求解。

3.2.2 外界作用连续化 格式化

外界作用有 4 种形式，其中体力作用指作用在边界内的各类荷载或作用，有分布体力（如重力、惯性力）、局部分布体力、集中体力（如边界内点支座支反力）。边界外界作用指支承边上发生的边界位移，自由边上作用的边界面力；不论法向或切向，都存在全边界分布、局部分布、集中作用等形式。很多情况下，外界作用函数是不连续或不可导的，即使是连续函数也不一定易于进行数学处理；因此，对外界作用连续化、格式化是必需的。同薄板弯曲一样，平面问题中的边界外界作用和体力作用在其作用区间内要转换为三角级数或双重三角级数，三角级数展开时要遵循前述的三原则。

外界作用连续化、格式化贯穿整个求解过程，有些作用在求解初期就要格式化，有些是在求解过程中格式化。

3.2.3 平面问题解的构成及求解特点

平面问题在体力作用下，全解由通解和特解组成。通解要满足式(3.10)

所示的双调和方程，解的形式是应力函数表达式。式(3.10)是由体力分量为零值时的平衡方程和应变协调方程推导而来，当体力分量不为零时，式(3.10)就失去了存在的条件，因此体力作用特解必须直接求解式(3.1)所示的平衡方程和式(3.6)所示的应变协调方程。解的形式是应力表达式。全解要满足平面问题的全部边界条件和点支座的支承条件。进一步研究表明(见3.3节)，在角点集中力作用下，其解的构成和求解方法也是如此。通解和特解要分别面对不同形式的微分方程，要采用不同力学物理量作为解的参数，这是平面问题与薄板弯曲问题的主要区别。

体力作用通解和角点力作用通解要满足相同的齐次微分方程式(3.10)，因而二通解可以合并计算；设合并后的通解为 σ_1。而体力作用特解 σ_2 和角点力作用特解 σ_3 要分别由各自的平衡方程和应变协调方程确定，不能合并计算。平面问题全解 σ 为

$$\sigma = \sigma_1 + \sigma_2 + \sigma_3 \tag{a}$$

由外界作用确定特解 σ_2、σ_3，再由求解条件"全解 σ 要满足全部边界条件和点支座位移条件"确定通解 σ_1。设 $F(*)$ 为实有边界条件，F 指边界条件所涉及的物理量，它可以是面力，也可以是位移。引入边界条件后，有

$$F(\sigma_1) + F(\sigma_2) + F(\sigma_3) = F(*) \tag{b}$$

式中 $F(\sigma_1)$、$F(\sigma_2)$、$F(\sigma_3)$ 分别为 σ_1、σ_2、σ_3 在边界上激发的面力或位移效应。其中 $F(\sigma_1)$ 是未知的，$F(\sigma_2)$、$F(\sigma_3)$ 是已知。将 $F(\sigma_2)$、$F(\sigma_3)$ 移至方程右端，有

$$F(\sigma_1) = F(*) - F(\sigma_2) - F(\sigma_3) \tag{c}$$

式右端 $-F(\sigma_2)$、$-F(\sigma_3)$ 分别为反向作用的体力分量和角点力激发的边界效应；叠加实有边界条件 $F(*)$ 后称计算边值条件，由此确定的 σ_1 称计算边值条件解。

σ_1 为应力函数 $\varphi(x,y)$ 的表达式。研究表明，应力函数 $\varphi(x,y)$ 由应力函数通解 φ_1 和应力函数特解 φ_2 组成，通解 φ_1 表示平面问题在边界支承条件限定和计算边值条件作用下主要的受力和变形特征，特解 φ_2 表示特定的计算边值条件和边界力系激发的作用效应。为避免混乱，将求解过程中所涉及的名称统一规范如下：

(1) 体力作用特解 σ_2 称体力作用应力解。

(2) 角点力作用特解 σ_3 称角点力作用应力解。

(3) σ_2、σ_3 激发的边界效应(面力或位移)反向作用在相应边界上称虚拟

边界条件。

(4)实有边界条件与体力作用、角点力作用激发的虚拟边界条件之和称计算边值条件。

(5)计算边值条件解 σ_1 是实有边界条件解、体力作用通解、角点力作用通解总称，也称应力函数解 φ。φ 由应力函数通解 φ_1（简称通解）和应力函数特解 φ_2（简称特解）组成。

3.2.4 广义静定问题求解方法

(1)当无点支座时，原结构即为计算结构，计算结构为几何不变体。当有点支座时，用静力平衡条件计算支反力，并取代点支座，计算结构为有刚体位移的几何可变体。点支座位于边界内时，支反力为集中体力；点支座位于边界上时，支反力为边界集中面力；点支座位于角点上时，支反力为角点集中力。

(2) 计算角点力作用应力解 σ_3（见 3.3 节）。

(3) 计算体力作用应力解 σ_2（见 3.4 节）。

(4) 计算 σ_2、σ_3 激发的边界效应，变号后与实有边界条件组成计算边值条件。

(5) 设定应力函数通解 φ_1 表达式，由特定计算边值条件和边界上特殊力系确定应力函数特解 φ_2。

(6) 引入全部计算边值条件建立线性方程并求解 φ_1 和 φ_2 中待定系数。

(7) 利用式(3.9)推导应力函数 φ 对应的应力分量，并与应力解 σ_2、σ_3 对应的应力分量相加得平面问题总应力分量表达式。利用式(3.3)推导应变分量 ε_x、ε_y、γ_{xy}，其中 $\gamma_{xy}=2(1+\mu)\tau_{xy}/E$。

之后，再由式(3.2)前二式推导位移分量

$$\begin{cases} u=\int \varepsilon_x \mathrm{d}x+u_1(y) \\ v=\int \varepsilon_y \mathrm{d}y+v_1(x) \end{cases} \tag{3.11}$$

将式(3.11)代入式(3.2)第三式，得 γ_{xy} 第二个表达式

$$\gamma_{xy}=\frac{\partial u}{\partial y}+\frac{\partial v}{\partial x}=\frac{\partial\left(\int \varepsilon_x \mathrm{d}x\right)}{\partial y}+\frac{\partial\left(\int \varepsilon_y \mathrm{d}y\right)}{\partial x}+u_1'(y)+v_1'(x) \tag{3.12}$$

比较这两个 γ_{xy} 表达式确定式(3.11)中 $u_1(y)$ 和 $v_1(x)$。位移分量一般形式为

$$\begin{cases} u = u(x,y) + d_0 y + d_1 \\ v = v(x,y) - d_0 x + d_2 \end{cases} \tag{3.13}$$

式中 $u(x,y)$、$v(x,y)$为与应力分量有关联的位移值。d_1、d_2分别为 x 轴向和 y 轴向刚体平动位移常数，d_0为刚体转动位移常数，可由控制点的位移确定。

现分析纯剪应力状态下位移特点。

设应力分量 $\sigma_x=0$，$\sigma_y=0$，$\tau_{xy}=\tau_0$。τ_0为常量剪应力。由物理方程式(3.3)得应变分量 $\varepsilon_x=0$，$\varepsilon_y=0$，$\gamma_{xy}=2(1+\mu)\tau_0/E$。由式(3.11)和式(3.12)得，$u=u_1(y)$，$v=v_1(x)$，$\gamma_{xy}=u'_1(y)+v'_1(x)$。比较这两个 γ_{xy} 表达式，得$u'_1(y)+v'_1(x)=2(1+\mu)\tau_0/E$。

可见，$u'_1(y)$、$v'_1(x)$具有不确定性。设 $u'_1(y)=c_0\times 2(1+\mu)\tau_0/E$，$c_0$为任意常数；则$v'_1(x)=(1-c_0)\times 2(1+\mu)\tau_0/E$。不考虑刚体平动位移，有

$$u(y) = c_0 \times \frac{2(1+\mu)\tau_0 y}{E} \quad v(x) = (1-c_0)\times\frac{2(1+\mu)\tau_0 x}{E} \tag{d}$$

$u(y)$中 $c_0\times\dfrac{2(1+\mu)\tau_0 y}{E}$和 $v(x)$中 $-c_0\times\dfrac{2(1+\mu)\tau_0 x}{E}$具有刚体转动位移特点，可以与式(3.13)中的 $d_0 y$ 和 $-d_0 x$ 合并考虑。当 $c_0=1$ 时，有

$$u(y) = \frac{2(1+\mu)\tau_0 y}{E}, \quad v(x) = 0 \tag{e}$$

当 $c_0=0$ 时，有

$$u(y) = 0, \quad v(x) = \frac{2(1+\mu)\tau_0 x}{E} \tag{f}$$

可见，常量剪应力τ_0对应的位移在边界上呈线性分布，具有刚体转动位移成分，位移方向具有不确定性。

3.2.5 广义超静定问题求解方法

撤去多余点支座而代之以未知力，得到一个广义静定平面问题的基本体系。分别计算基本体系在单位未知力和原外界作用下受力和位移。当仅有一个多余点支座时为一次超静定，利用点支座位移条件可确定支反力，并利用叠加法求解。当有多个多余点支座时为多次超静定，要先利用点支座位移条件建立以多余支座反力为未知量的一组线性方程并求解支反力，再利用叠加法求解。

当基本体系无点支座时，基本体系即为计算结构；当有点支座时，先用静力平衡条件计算支反力并取代点支座才为广义静定问题的计算结构。

3.3 角点力作用应力解

3.3.1 角点力作用下角部微元受力特征

角点力不是体力，也不是边界面力。与一般微元相比，角部微元受力有时有微妙的变化。图 3.5(a)所示角点 O 处微元，微元界面 OO_1、OO_2 为外部边界。当它们均为切向自由边时，边界上分布的切向面力属于外界作用的荷载范畴；相互独立，不一定能满足剪应力双生互等定律。当角部无集中力作用时，这种受力的特殊性对整体受力影响很少，通常可不予理会。但当角点 O 作用 x 轴向或 y 轴向角点力时，外界作用要由角部微元传递，角部微元受力特殊性必须进行专门的研究。

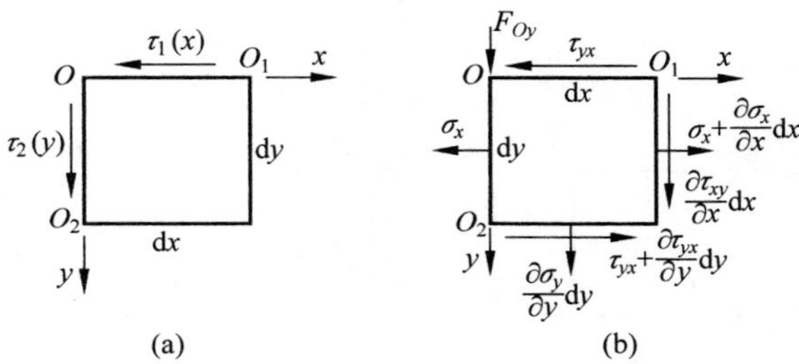

图 3.5 角部微元受力

图 3.5(b)所示角点 O 处作用 y 轴向集中力 F_{Oy}（与 y 轴同向取正号）。F_{Oy} 作用的前提条件是界面 OO_1 为法向自由边，界面 OO_2 为切向自由边。当不考虑体力分量和边界作用时，角点微元应力分布见图示。由平衡条件，有

$$\frac{\partial \sigma_x}{\partial x}+\frac{\partial \tau_{yx}}{\partial y}=0 \tag{3.14}$$

$$\left(\frac{\partial \sigma_y}{\partial y}+\frac{\partial \tau_{xy}}{\partial x}\right)\mathrm{d}x\mathrm{d}y+F_{Oy}=0 \tag{3.15}$$

$$F_{Oy}\frac{\mathrm{d}x}{2}+\tau_{yx}\mathrm{d}x\mathrm{d}y+\frac{\partial \tau_{yx}}{\partial y}\mathrm{d}y\mathrm{d}x\frac{\mathrm{d}y}{2}-\frac{\partial \tau_{xy}}{\partial x}\mathrm{d}x\mathrm{d}y\frac{\mathrm{d}x}{2}=0 \tag{3.16}$$

与式(3.1)相比，只有表示微元在 x 轴方向力的平衡关系式(3.14)不变，其余二式均发生变化。式(3.15)表示微元在 y 轴方向力的平衡关系，式(3.16)表示微元力矩平衡。由式(3.16)也无法推导出剪应力互等定律。角点力 F_{Oy} 通过这个特殊的受力微元传递，将对内力分布产生不可忽视的影响。

暂不考虑 F_{Oy} 作用下角部微元力矩平衡，即认同 $\tau_{xy}=\tau_{yx}$ 普遍适用性。但在 y 轴方向，角部微元和其他一般微元仍存在两个不同的力的平衡关系：式(3.1)第二式和式(3.15)。显然要同时考虑这两个方程是不可能的，唯一的选择是摒弃这两个不和谐方程，用包含两种微元在内的隔离体在同轴方向力的平衡条件代之。这种方法称隔离体平衡法。

3.3.2　隔离体平衡法

图 3.6(a)示角点 O 作用角点力 F_{Oy}，作用的前提条件为：$x=0$ 为切向自由边，$y=0$ 为法向自由边，相应固有边界条件为：$x=0$ 时 $\tau_{xy}=0$，$y=0$ 时 $\sigma_y=0$。现选任意点$(x_0,\ y_0)$，$0<x_0\leqslant a$，$0<y_0\leqslant b$；并取隔离体 $0\leqslant x\leqslant x_0$，$0\leqslant y\leqslant y_0$，隔离体四个界面上面力要满足 y 轴方向力的平衡，有

$$-\int_0^{x_0}(\sigma_y)_{y=y_0}\,\mathrm{d}x-\int_0^{y_0}(\tau_{xy})_{x=x_0}\,\mathrm{d}y=F_{Oy}\tag{3.17}$$

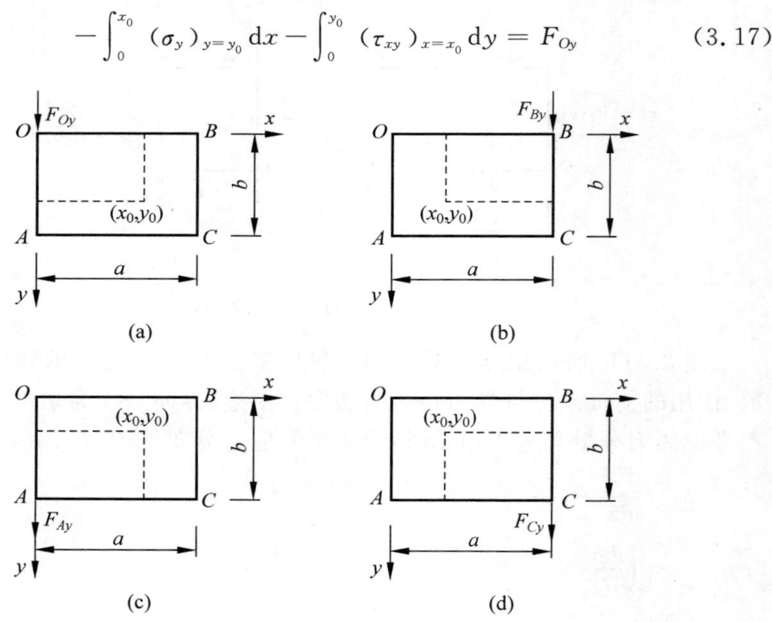

图 3.6　y 轴向角点力作用及相应隔离体

F_{Oy} 作用下，隔离体内应力要满足式(3.14)要求，隔离体界面上面力要满足式(3.17)要求。此外，隔离体内应力还要满足应变协调方程。应变协调方程有式(3.5)、式(3.6)、式(3.10)三种表达式。其中后二式已引入式(3.1)中第二式所示 y 轴力的平衡条件；因该平衡条件已弃用，应变协调

方程只能采用式(3.5)。综合以上分析,F_{Oy}作用下应力分布应满足下列方程组。

$$\begin{cases}\dfrac{\partial\,\sigma_x}{\partial x}+\dfrac{\partial\,\tau_{xy}}{\partial y}=0\\ -\displaystyle\int_0^{x_0}(\sigma_y)_{y=y_0}\,\mathrm{d}x-\int_0^{y_0}(\tau_{xy})_{x=x_0}\,\mathrm{d}y=F_{Oy}\\ \dfrac{\partial^2}{\partial y^2}(\sigma_x-\mu\sigma_y)+\dfrac{\partial^2}{\partial x^2}(\sigma_y-\mu\sigma_x)=2(1+\mu)\dfrac{\partial^2\,\tau_{xy}}{\partial x\partial y}\end{cases}\tag{3.18}$$

当 $F_{Oy}=0$ 时,问题又回归到平面问题的基本方程和求解方法上。因此,F_{Oy}作用下全解由通解和特解组成;通解要满足式(3.10)双调和方程,解的形式为应力函数表达式;特解由式(3.18)直接确定,解的形式为应力表达式。全解要满足平面问题的全部边界条件和点支座位移条件。这种求解理念与体力作用解完全相同。

式(3.16)所示角部微元力矩平衡无法推导出剪应力互等定律。而求解方程式(3.18)第三式又认可互等定律,因此由式(3.18)确定的、以应力形式表示的 F_{Oy}作用特解可能无法满足隔离体力矩平衡。考虑 F_{Oy}作用特解所激发的边界面力或位移要反向作用在相应边界上,作为计算边值条件以确定 F_{Oy}作用通解,因此 F_{Oy}作用全解一定满足任意隔离体力矩平衡。

3.3.3 F_{Oy}作用应力解

F_{Oy}作用下的特解称 F_{Oy}作用应力解,直接求解式(3.18)方程组。式(3.18)包含三个方程,涉及三个物理量。采用试算法求解,分两步进行。

第一步:由式(3.18)表示的各应力分量间的微分关系和 F_{Oy}作用的前提条件,设定应力分量表达式。

如果应力分量 σ_x、σ_y、τ_{xy}为双重三角级数表达式,很容易利用微分方程建立应力分量间的对应关系,在[0,a]和[0,b]区间,三角级数是完整的正交三角函数族。

由式(3.18)第三式知,要使该式成立,$\dfrac{\partial^2\sigma_x}{\partial x^2}$、$\dfrac{\partial^2\sigma_x}{\partial y^2}$、$\dfrac{\partial^2\sigma_y}{\partial x^2}$、$\dfrac{\partial^2\sigma_y}{\partial y^2}$、$\dfrac{\partial^2\tau_{xy}}{\partial x\partial y}$应具有相同类型的级数形式。在 x 轴和 y 轴两个方向上,σ_x、σ_y 级数有相同的三角函数,它们与 τ_{xy}级数中的三角函数呈一阶微分关系。

应力分量 σ_y、τ_{xy} 在边界处的应力值要符合 F_{Oy} 作用时前提条件。当 $x=0$ 时,τ_{xy}中以 x 为三角函数变量的级数为零值,当 $y=0$ 时,σ_y 中以 y 为三角函数变量的级数为零值。

为使隔离体在任何条件下能确保 y 轴方向力的平衡，当 x_0、y_0 在取值区间内随意变化时，$x=x_0$ 界面上必须有切向面力，$y=y_0$ 界面上必须有法向面力。为此要求：当 $x=a$ 时，τ_{xy} 中以 x 为三角函数变量的级数不为零值，当 $y=b$ 时，σ_y 中以 y 为三角函数变量的级数不为零值。

F_{Oy} 应力解取以下双重三角级数

$$\begin{cases}\sigma_x = \sum\limits_{k=1,3,\cdots}\sum\limits_{l=1,3,\cdots} A_{kl}\cos\lambda_k x\sin\gamma_l y \\ \sigma_y = \sum\limits_{k=1,3,\cdots}\sum\limits_{l=1,3,\cdots} B_{kl}\cos\lambda_k x\sin\gamma_l y \\ \tau_{xy} = \sum\limits_{k=1,3,\cdots}\sum\limits_{l=1,3,\cdots} C_{kl}\sin\lambda_k x\cos\gamma_l y\end{cases} \tag{3.19}$$

式中 $\lambda_k=\dfrac{k\pi}{2a}$，$\gamma_l=\dfrac{l\pi}{2b}$。$A_{kl}$、$B_{kl}$、$C_{kl}$ 为待定系数。

第二步：求解式(3.18)方程组，确定应力分量表达式中待定系数。

由式(3.18)第一式得

$$-\sum_{k=1,3,\cdots}\sum_{l=1,3,\cdots} A_{kl}\lambda_k\sin\lambda_k x\sin\gamma_l y-\sum_{k=1,3,\cdots}\sum_{l=1,3,\cdots} C_{kl}\gamma_l\sin\lambda_k x\sin\gamma_l y=0$$

有

$$A_{kl}\lambda_k+C_{kl}\gamma_l=0 \tag{3.20}$$

由式(3.18)第三式得

$$\begin{aligned}&-\sum_{k=1,3,\cdots}\sum_{l=1,3,\cdots}(A_{kl}-\mu B_{kl})\gamma_l^2\cos\lambda_k x\sin\gamma_l y\\&-\sum_{k=1,3,\cdots}\sum_{l=1,3,\cdots}(B_{kl}-\mu A_{kl})\lambda_k^2\cos\lambda_k x\sin\gamma_l y\\&=-2(1+\mu)\sum_{k=1,3,\cdots}\sum_{l=1,3,\cdots} C_{kl}\lambda_k\gamma_l\cos\lambda_k x\sin\gamma_l y\end{aligned}$$

有

$$\gamma_l^2(A_{kl}-\mu B_{kl})+\lambda_k^2(B_{kl}-\mu A_{kl})=2(1+\mu)\lambda_k\gamma_l C_{kl} \tag{3.21}$$

由式(3.18)第二式得

$$F_{Oy}=-\sum_{k=1,3,\cdots}\sum_{l=1,3,\cdots}\left(\frac{1}{\gamma_l}C_{kl}+\frac{1}{\lambda_k}B_{kl}\right)\sin\lambda_k x_0\sin\gamma_l y_0$$

由于 x_0、y_0 为边界内任意点，因而可以用坐标变量 x、y 代之，有

$$F_{Oy}=-\sum_{k=1,3,\cdots}\sum_{l=1,3,\cdots}\left(\frac{1}{\gamma_l}C_{kl}+\frac{1}{\lambda_k}B_{kl}\right)\sin\lambda_k x\sin\gamma_l y \tag{3.22}$$

该式物理含义为隔离体界面面力在 y 轴方向力的平衡。在形式上类同 F_{Oy} 对双重三角级数的展开式，由三角级数正交性得

$$-\left(\frac{1}{\gamma_l}C_{kl}+\frac{1}{\lambda_k}B_{kl}\right)=\frac{4}{ab}\int_0^a\int_0^b F_{Oy}\sin\lambda_k x\sin\gamma_l y\,\mathrm{d}x\mathrm{d}y=\frac{4}{ab}\frac{F_{Oy}}{\lambda_k\gamma_l} \tag{3.23}$$

由式(3.20)、式(3.21)、式(3.23)确定应力分量表达式(3.19)中待定系数，有

$$\begin{cases} A_{kl}=-t_1\dfrac{4F_{Oy}}{ab} \\ B_{kl}=-t_2\dfrac{4F_{Oy}}{ab} \\ C_{kl}=t_3\dfrac{4F_{Oy}}{ab} \end{cases} \tag{3.24}$$

式中

$$\begin{cases} t_1=\dfrac{\gamma_l(\mu\gamma_l^2-\lambda_k^2)}{(\lambda_k^2+\gamma_l^2)^2} \\ t_2=\dfrac{\gamma_l[\gamma_l^2+(2+\mu)\lambda_k^2]}{(\lambda_k^2+\gamma_l^2)^2} \\ t_3=\dfrac{\lambda_k(\mu\gamma_l^2-\lambda_k^2)}{(\lambda_k^2+\gamma_l^2)^2} \end{cases} \tag{3.25}$$

3.3.4　F_{By} 作用应力解

图 3.6(b)所示 B 角点作用角点力 F_{By}，F_{By} 作用的前提条件为 $x=a$ 为切向自由边，$y=0$ 为法向自由边。现选任意点$(x_0,\ y_0)$，$0\leqslant x_0<a$，$0<y_0\leqslant b$；并取隔离体 $x_0\leqslant x\leqslant a$，$0\leqslant y\leqslant y_0$，隔离体四个界面上面力要满足 y 轴方向力的平衡，有

$$-\int_{x_0}^{a}(\sigma_y)_{y=y_0}\mathrm{d}x+\int_0^{y_0}(\tau_{xy})_{x=x_0}\mathrm{d}y=F_{By} \tag{3.26}$$

F_{By} 作用下应力分布应满足式(3.18)中第一式、第三式及式(3.26)。应力分量 σ_x、σ_y、τ_{xy} 为双重三角级数；在 x 轴和 y 轴两个方向上，σ_x 和 σ_y 级数有相同的三角函数，它们与 τ_{xy} 级数中三角函数呈一阶微分关系。为满足 F_{By} 作用的前提条件，$y=0$ 时 σ_y 中以 y 为三角函数变量的级数为零值，$x=a$ 时 τ_{xy} 中以 x 为三角函数变量的级数为零值。为使隔离体在界面变化时确保界面面力与 F_{By} 平衡，$y=b$ 时 σ_y 中以 y 为三角函数变量的级数不为零值，$x=0$ 时 τ_{xy} 中以 x 为三角函数变量的级数不为零值。F_{By} 应力解应取以下双重三角级数

$$\begin{cases}\sigma_x = \sum\limits_{k=1,3,\cdots}\sum\limits_{l=1,3,\cdots} A_{kl}\sin\lambda_k x\sin\gamma_l y\\ \sigma_y = \sum\limits_{k=1,3,\cdots}\sum\limits_{l=1,3,\cdots} B_{kl}\sin\lambda_k x\sin\gamma_l y\\ \tau_{xy} = \sum\limits_{k=1,3,\cdots}\sum\limits_{l=1,3,\cdots} C_{kl}\cos\lambda_k x\cos\gamma_l y\end{cases} \tag{3.27}$$

式中 $\lambda_k=\dfrac{k\pi}{2a}$，$\gamma_l=\dfrac{l\pi}{2b}$。$A_{kl}$、$B_{kl}$、$C_{kl}$ 为待定系数。解之

$$\begin{cases}A_{kl} = -t_1\dfrac{4F_{By}}{ab}\sin\dfrac{k\pi}{2}\\ B_{kl} = -t_2\dfrac{4F_{By}}{ab}\sin\dfrac{k\pi}{2}\\ C_{kl} = -t_3\dfrac{4F_{By}}{ab}\sin\dfrac{k\pi}{2}\end{cases} \tag{3.28}$$

式中 t_1、t_2、t_3 同式(3.25)。

3.3.5 F_{Ay} 作用应力解

图 3.6(c)所示 A 角点作用角点力 F_{Ay}，F_{Ay} 作用的前提条件为 $x=0$ 为切向自由边，$y=b$ 为法向自由边。现选任意点(x_0, y_0)，$0<x_0\leqslant a$，$0\leqslant y_0<b$；并取隔离体 $0\leqslant x\leqslant x_0$，$y_0\leqslant y\leqslant b$，隔离体四个界面上面力要满足 y 轴方向力的平衡，有

$$\int_0^{x_0}(\sigma_y)_{y=y_0}\,\mathrm{d}x-\int_{y_0}^{b}(\tau_{xy})_{x=x_0}\,\mathrm{d}y = F_{Ay} \tag{3.29}$$

F_{Ay} 作用下应力分布应满足式(3.18)中第一式、第三式及式(3.29)。应力分量 σ_x、σ_y、τ_{xy} 为双重三角级数；在 x 轴和 y 轴两个方向上，σ_x 和 σ_y 级数有相同的三角函数，它们与 τ_{xy} 级数中三角函数呈一阶微分关系。为满足 F_{Ay} 作用的前提条件，$y=b$ 时 σ_y 中以 y 为三角函数变量的级数为零值，$x=0$ 时 τ_{xy} 中以 x 为三角函数变量的级数为零值。为使隔离体在界面变化时确保界面面力与 F_{Ay} 平衡，$y=0$ 时 σ_y 中以 y 为三角函数变量的级数不为零值，$x=a$ 时 τ_{xy} 中以 x 为三角函数变量的级数不为零值。F_{Ay} 应力解应取以下双重三角级数

$$\begin{cases}\sigma_x = \sum\limits_{k=1,3,\cdots}\sum\limits_{l=1,3,\cdots} A_{kl}\cos\lambda_k x\cos\gamma_l y\\ \sigma_y = \sum\limits_{k=1,3,\cdots}\sum\limits_{l=1,3,\cdots} B_{kl}\cos\lambda_k x\cos\gamma_l y\\ \tau_{xy} = \sum\limits_{k=1,3,\cdots}\sum\limits_{l=1,3,\cdots} C_{kl}\sin\lambda_k x\sin\gamma_l y\end{cases} \tag{3.30}$$

式中 $\lambda_k=\dfrac{k\pi}{2a}$,$\gamma_l=\dfrac{l\pi}{2b}$。$A_{kl}$、$B_{kl}$、$C_{kl}$为待定系数。解之

$$\begin{cases} A_{kl} = t_1 \dfrac{4F_{Ay}}{ab}\sin\dfrac{l\pi}{2} \\ B_{kl} = t_2 \dfrac{4F_{Ay}}{ab}\sin\dfrac{l\pi}{2} \\ C_{kl} = t_3 \dfrac{4F_{Ay}}{ab}\sin\dfrac{l\pi}{2} \end{cases} \tag{3.31}$$

式中 t_1、t_2、t_3同式(3.25)。

3.3.6 F_{Cy}作用应力解

图 3.6(d)所示 C 角点作用角点力 F_{Cy}，F_{Cy}作用的前提条件为 $x=a$ 为切向自由边,$y=b$ 为法向自由边。现选任意点(x_0，y_0),$0\leqslant x_0<a$,$0\leqslant y_0<b$;并取隔离体 $x_0\leqslant x\leqslant a$,$y_0\leqslant y\leqslant b$,隔离体四个界面上面力要满足 y 轴方向力的平衡,有

$$\int_{x_0}^{a}(\sigma_y)_{y=y_0}\mathrm{d}x+\int_{y_0}^{b}(\tau_{xy})_{x=x_0}\mathrm{d}y=F_{Cy} \tag{3.32}$$

F_{Cy}作用下应力分布应满足式(3.18)中第一式、第三式及式(3.32)。应力分量 σ_x、σ_y、τ_{xy}为双重三角级数;在 x 轴和 y 轴两个方向上,σ_x 和 σ_y 级数有相同的三角函数,它们与 τ_{xy} 级数中三角函数呈一阶微分关系。为满足 F_{Cy}作用的前提条件,$y=b$ 时 σ_y 中以 y 为三角函数变量的级数为零值,$x=a$ 时 τ_{xy} 中以 x 为三角函数变量的级数为零值。为使隔离体在界面变化时确保界面面力与 F_{Cy}平衡,$y=0$ 时 σ_y 中以 y 为三角函数变量的级数不为零值,$x=0$ 时 τ_{xy} 中以 x 为三角函数变量的级数不为零值。F_{Cy}应力解应取以下双重三角级数

$$\begin{cases} \sigma_x = \sum\limits_{k=1,3,\cdots}\sum\limits_{l=1,3,\cdots} A_{kl}\sin\lambda_k x\cos\gamma_l y \\ \sigma_y = \sum\limits_{k=1,3,\cdots}\sum\limits_{l=1,3,\cdots} B_{kl}\sin\lambda_k x\cos\gamma_l y \\ \tau_{xy} = \sum\limits_{k=1,3,\cdots}\sum\limits_{l=1,3,\cdots} C_{kl}\cos\lambda_k x\sin\gamma_l y \end{cases} \tag{3.33}$$

式中 $\lambda_k=\dfrac{k\pi}{2a}$,$\gamma_l=\dfrac{l\pi}{2b}$。$A_{kl}$、$B_{kl}$、$C_{kl}$为待定系数。解之

$$\begin{cases} A_{kl} = t_1 \dfrac{4F_{Cy}}{ab} \sin\dfrac{k\pi}{2} \sin\dfrac{l\pi}{2} \\ B_{kl} = t_2 \dfrac{4F_{Cy}}{ab} \sin\dfrac{k\pi}{2} \sin\dfrac{l\pi}{2} \\ C_{kl} = -t_3 \dfrac{4F_{Cy}}{ab} \sin\dfrac{k\pi}{2} \sin\dfrac{l\pi}{2} \end{cases} \tag{3.34}$$

式中 t_1、t_2、t_3 同式(3.25)。

x 轴向和 y 轴向角点力要分别计算。附录B列出 x 轴向角点力应力解。

3.4 体力作用应力解

3.4.1 体力作用格式化

体力指边界内各类荷载或作用。体力 F_y 作用下应力解应满足下列方程组。

$$\begin{cases} \dfrac{\partial \sigma_x}{\partial x} + \dfrac{\partial \tau_{xy}}{\partial y} = 0 \\ \dfrac{\partial \sigma_y}{\partial y} + \dfrac{\partial \tau_{xy}}{\partial x} + F_y = 0 \\ \left(\dfrac{\partial^2}{\partial x^2} + \dfrac{\partial^2}{\partial y^2}\right)(\sigma_x + \sigma_y) = -(1+\mu)\dfrac{\partial F_y}{\partial y} \end{cases} \tag{3.35}$$

分析微分方程知，如果方程中涉及的物理量都是双重三角级数表达式，很容易建立物理量间的对应关系。为此要将 F_y 格式化，在其作用区间展成双重三角级数。级数展开时要遵循展开三原则。F_y 的通用格式为

$$F_y = \sum_i \sum_j F_{ij} f_1(x,i) f_2(y,j) \tag{3.36}$$

式中 $f_1(x,i)$ 是以 x 为三角函数变量的级数，$f_2(y,j)$ 是以 y 为三角函数变量的级数，i、j 为级数取项，F_{ij} 为展开系数。根据平面问题的边界支承条件，分析 F_y 传力途径，选择合理的三角函数类型。

图3.7(a)所示平面问题，$x=0$ 为切向支承边，$x=a$ 为切向自由边。F_y 作用下，$x=0$ 边界处体力可以就近由边界传递，该处体力对整体应力分布的影响度小，而 $x=a$ 边界处体力因缺乏就近传递的途径对整体应力分布影响度大。为此，以 x 为三角函数变量的级数在切向自由边处不为零，在切向支承边处为零值，级数 $f_1(x,i)$ 有四种选择。

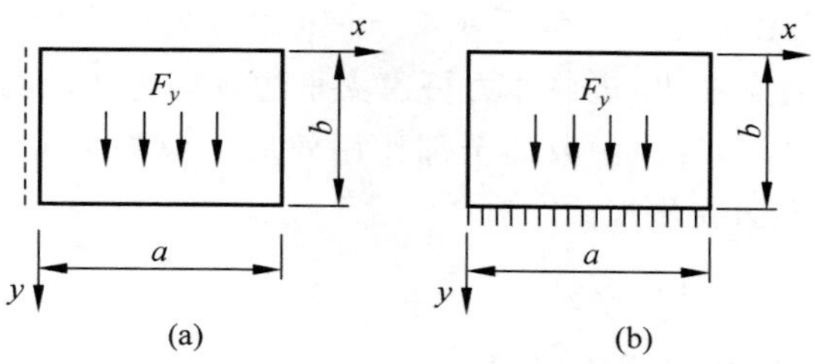

图 3.7 体力 F_y 传力途径

① $Px1$ 类平面问题为 $\sum\limits_{i=0,1,\cdots}\cos\alpha_i x$，$\alpha_i=\dfrac{i\pi}{a}$。

② $Px2$ 类平面问题为 $\sum\limits_{i=1,3,\cdots}\cos\lambda_i x$，$\lambda_i=\dfrac{i\pi}{2a}$。

③ $Px3$ 类平面问题为 $\sum\limits_{i=1,3,\cdots}\sin\lambda_i x$。

④ $Px4$ 类平面问题为 $\sum\limits_{i=1,2,\cdots}\sin\alpha_i x$。

$Px2$、$Px3$、$Px4$ 类平面问题采用的级数在 $x=0$ 和(或)$x=a$ 时为零值，级数展开式无法包容 $x=0$ 和(或)$x=a$ 边界处体力值。但级数为零的边界一定为切向支承边，边界体力可由切向支承边直接传递；因此展开式不单列边界处体力，可以包容原函数的全部作用效应。级数主波形曲线与体力作用效应在 x 轴方向变化规律吻合。

图 3.7(b)所示平面问题，$y=0$ 为法向自由边，$y=b$ 为法向支承边。F_y 作用下，$y=b$ 边界处体力可以就近由边界传递，该处体力对整体应力分布的影响度小，而 $y=0$ 边界处体力因缺乏就近传递的途径对整体应力分布影响度大。为此，以 y 为三角函数变量的级数在法向自由边处不为零，在法向支承边处为零值，级数 $f_2(y,j)$ 有四种选择。

① $Ny1$ 类平面问题为 $\sum\limits_{j=0,1,\cdots}\cos\beta_j y$，$\beta_j=\dfrac{j\pi}{b}$。

② $Ny2$ 类平面问题为 $\sum\limits_{j=1,3,\cdots}\cos\gamma_j y$，$\gamma_j=\dfrac{j\pi}{2b}$。

③ $Ny3$ 类平面问题为 $\sum\limits_{j=1,3,\cdots}\sin\gamma_j y$。

④ $Ny4$ 类平面问题为 $\sum\limits_{j=1,2,\cdots}\sin\beta_j y$。

$Ny2$、$Ny3$、$Ny4$ 类平面问题采用的级数在 $y=0$ 和(或)$y=b$ 时为零

值，级数展开式无法包容 $y=0$ 和(或) $y=b$ 边界处体力值。但级数为零的边界一定为法向支承边，边界体力可由支承边直接传递；因此展开式不单列边界处体力，可以包容原函数的全部作用效应。级数主波形曲线与体力作用效应在 y 轴方向变化规律吻合。

F_y 有16种展开式。

3.4.2 求解体力作用应力解

F_y 作用应力解由式(3.35)确定，求解过程分三步进行。

第一步：将 F_y 格式化，在其作用区间展成双重三角级数(见3.4.1节)。

第二步：由式(3.35)表示的各物理量间的微分关系设定应力分量表达式。由式(3.35)第三式知，要使该式成立，$\frac{\partial^2\sigma_x}{\partial x^2}$、$\frac{\partial^2\sigma_x}{\partial y^2}$、$\frac{\partial^2\sigma_y}{\partial x^2}$、$\frac{\partial^2\sigma_y}{\partial y^2}$、$\frac{\partial F_y}{\partial y}$应具有相同类型的级数形式；在 x 轴和 y 轴两个方向上，σ_x、σ_y 与$\frac{\partial F_y}{\partial y}$有相同类型的三角级数。利用式(3.35)中第一式和第二式还可以确定 τ_{xy} 的三角级数类型。σ_x、σ_y、τ_{xy} 中级数系数为未知值。

第三步：利用式(3.35)建立 σ_x、σ_y、τ_{xy} 级数中未知系数与 F_y 级数中展开系数的对应关系，并解之。

体力作用应力解(体力作用特解)不是唯一的。按上述方法得到的解是一组与 F_y 直接关联的、能有效表示 F_y 传力途径和作用效应的适宜解。F_y 级数展开式与平面问题 $x=0$、$x=a$ 边切向支承，$y=0$、$y=b$ 边法向支承条件有关，有16种形式。附录C列出这16类平面问题对应的应力解通用格式和重力荷载 $\bar{G}$ 作用下应力解表达式。

【算例3.1】 推导图3.8所示三类平面问题 F_y 作用应力解。

解：(1)图3.8(a)所示 $Ny1\text{-}Px1$ 类平面问题。

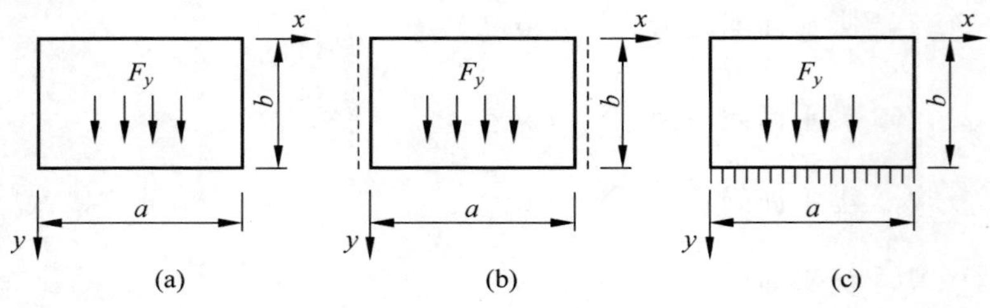

图3.8 F_y 作用例图

体力分量 F_y 在[0,a]和[0,b]区间展成 $\sum\limits_{i=0,1,\cdots}\sum\limits_{j=0,1,\cdots}\cos\alpha_i x\cos\beta_j y$ 级数，$\alpha_i=\dfrac{i\pi}{a}$、$\beta_j=\dfrac{j\pi}{b}$。

$$\begin{aligned}F_y&=\sum_{i=0,1,\cdots}\sum_{j=0,1,\cdots}F_{ij}\cos\alpha_i x\cos\beta_j y\\&=F_{00}+\sum_{j=1,2,\cdots}F_{0j}\cos\beta_j y+\sum_{i=1,2,\cdots}F_{i0}\cos\alpha_i x\\&\quad+\sum_{i=1,2,\cdots}\sum_{j=1,2,\cdots}F_{ij}\cos\alpha_i x\cos\beta_j y\end{aligned}\tag{a}$$

式中F_{00}为 $i=0$ 和 $j=0$ 时F_{ij}，F_{0j}为 $i=0$ 和 $j>0$ 时F_{ij}，F_{i0}为 $i>0$ 和 $j=0$ 时F_{ij}。

$$\frac{\partial F_y}{\partial y}=-\sum_{j=1,2,\cdots}\beta_j F_{0j}\sin\beta_j y-\sum_{i=1,2,\cdots}\sum_{j=1,2,\cdots}\beta_j F_{ij}\cos\alpha_i x\sin\beta_j y$$

由 σ_x、σ_y 与$\dfrac{\partial F_y}{\partial y}$有相同类型的三角级数，设

$$\begin{cases}\sigma_x=\displaystyle\sum_{j=1,2,\cdots}A_{0j}\sin\beta_j y+\sum_{i=1,2,\cdots}\sum_{j=1,2,\cdots}A_{ij}\cos\alpha_i x\sin\beta_j y\\\sigma_y=\displaystyle\sum_{j=1,2,\cdots}B_{0j}\sin\beta_j y+\sum_{i=1,2,\cdots}\sum_{j=1,2,\cdots}B_{ij}\cos\alpha_i x\sin\beta_j y\end{cases}\tag{b}$$

式中A_{0j}、B_{0j}、A_{ij}、B_{ij}为未知系数，A_{0j}、B_{0j}分别为 $i=0$ 时A_{ij}、B_{ij}。

由式(3.35)第三式知

$$\begin{cases}A_{0j}+B_{0j}=-\dfrac{1+\mu}{\beta_j}F_{0j}\\A_{ij}+B_{ij}=-\dfrac{(1+\mu)\beta_j}{\alpha_i^2+\beta_j^2}F_{ij}\end{cases}\tag{c}$$

由式(3.35)第一式，有

$$\frac{\partial\tau_{xy}}{\partial y}=-\frac{\partial\sigma_x}{\partial x}=\sum_{i=1,2,\cdots}\sum_{j=1,2,\cdots}\alpha_i A_{ij}\sin\alpha_i x\sin\beta_j y$$

积分得

$$\tau_{xy}=\sum_{i=1,2,\cdots}\sum_{j=1,2,\cdots}-\frac{\alpha_i A_{ij}}{\beta_j}\sin\alpha_i x\cos\beta_j y+f(x)\tag{d}$$

式中 $f(x)$为以 x 为变量的待定函数。将式(d)、式(b)、式(a)代入式(3.35)中第二式，整理后有

$$\begin{aligned}&\sum_{i=1,2,\cdots}\sum_{j=1,2,\cdots}\left(F_{ij}+\beta_j B_{ij}-\frac{\alpha_i^2 A_{ij}}{\beta_j}\right)\cos\alpha_i x\cos\beta_j y+\sum_{j=1,2,\cdots}(F_{0j}+\beta_j B_{0j})\cos\beta_j y\\&\quad+\sum_{i=1,2,\cdots}F_{i0}\cos\alpha_i x+F_{00}+f'(x)=0\end{aligned}\tag{e}$$

要使上式成立，同类型级数中未知量与已知量必有确定的对应关系，有

$$\begin{cases} F_{ij}+\beta_j B_{ij}-\dfrac{\alpha_i^2 A_{ij}}{\beta_j}=0 \\ F_{0j}+\beta_j B_{0j}=0 \\ \sum\limits_{i=1,2,\cdots} F_{i0}\cos\alpha_i x+F_{00}+f(x)'=0 \end{cases} \tag{f}$$

联立式(f)和式(c)，有

$$\begin{cases} A_{0j}=-\dfrac{\mu F_{0j}}{\beta_j} \quad A_{ij}=-\dfrac{\beta_j(\mu\beta_j^2-\alpha_i^2)F_{ij}}{(\alpha_i^2+\beta_j^2)^2} \\ B_{0j}=-\dfrac{F_{0j}}{\beta_j} \quad B_{ij}=-\dfrac{\beta_j[\beta_j^2+(2+\mu)\alpha_i^2]F_{ij}}{(\alpha_i^2+\beta_j^2)^2} \\ f(x)=-F_{00}x-\sum\limits_{i=1,2}\dfrac{F_{i0}}{\alpha_i}\sin\alpha_i x+k_0 \end{cases} \tag{g}$$

式中 k_0 为任意常数。将式(g)前四式代入式(b)，可确定应力分量 σ_x、σ_y，利用式(d)和式(g)中第五式可确定应力分量 τ_{xy}，其中 k_0 是常量剪应力，是一种自平衡力系，与 F_y 无直接关联，可以略去。

当 $F_y=\bar{G}$（$\bar{G}$为重力荷载）时，$F_{00}=\bar{G}$、$F_{i0}=0$、$F_{0j}=0$、$F_{ij}=0$。相应 $\sigma_x=0$、$\sigma_y=0$、$\tau_{xy}=-\bar{G}x$。

(2) 图 3.8(b)所示 $Ny1$-$Px4$ 类平面问题。

体力分量 F_y 在[0,a]和[0,b]区间展成 $\sum\limits_{i=1,2,\cdots}\sum\limits_{j=0,1,\cdots}\sin\alpha_i x\cos\beta_j y$ 级数，$\alpha_i=\dfrac{i\pi}{a}$、$\beta_j=\dfrac{j\pi}{b}$。

$$\begin{aligned} F_y &= \sum_{i=1,2,\cdots}\sum_{j=0,1,\cdots} F_{ij}\sin\alpha_i x\cos\beta_j y \\ &= \sum_{i=1,2,\cdots} F_{i0}\sin\alpha_i x+\sum_{i=1,2,\cdots}\sum_{j=1,2,\cdots} F_{ij}\sin\alpha_i x\cos\beta_j y \end{aligned} \tag{h}$$

式中F_{i0}为 $j=0$ 时F_{ij}。

$$\frac{\partial F_y}{\partial y}=-\sum_{i=1,2,\cdots}\sum_{j=1,2,\cdots}\beta_j F_{ij}\sin\alpha_i x\sin\beta_j y$$

设

$$\begin{cases} \sigma_x=\sum\limits_{i=1,2,\cdots}\sum\limits_{j=1,2,\cdots} A_{ij}\sin\alpha_i x\sin\beta_j y \\ \sigma_y=\sum\limits_{i=1,2,\cdots}\sum\limits_{j=1,2,\cdots} B_{ij}\sin\alpha_i x\sin\beta_j y \end{cases} \tag{i}$$

式中A_{ij}、B_{ij}为未知系数。由式(3.35)第三式知

$$A_{ij}+B_{ij}=-\frac{(1+\mu)\beta_j}{\alpha_i^2+\beta_j^2}F_{ij} \tag{j}$$

由式(3.35)第二式,有

$$\begin{aligned}\frac{\partial \tau_{xy}}{\partial x}&=-F_y-\frac{\partial \sigma_y}{\partial y}\\&=-\sum_{i=1,2,\cdots}F_{i0}\sin\alpha_i x-\sum_{i=1,2,\cdots}\sum_{j=1,2,\cdots}(F_{ij}+\beta_j B_{ij})\sin\alpha_i x\cos\beta_j y\end{aligned}$$

积分得

$$\tau_{xy}=\sum_{i=1,2,\cdots}\frac{F_{i0}}{\alpha_i}\cos\alpha_i x+\sum_{i=1,2,\cdots}\sum_{j=1,2,\cdots}\frac{F_{ij}+\beta_j B_{ij}}{\alpha_i}\cos\alpha_i x\cos\beta_j y+f(y) \tag{k}$$

式中 $f(y)$为以 y 为变量的待定函数。

由式(3.35)第一式,有

$$\begin{aligned}&\sum_{i=1,2,\cdots}\sum_{j=1,2,\cdots}\alpha_i A_{ij}\cos\alpha_i x\sin\beta_j y\\&=\sum_{i=1,2,\cdots}\sum_{j=1,2,\cdots}\frac{\beta_j(F_{ij}+\beta_j B_{ij})}{\alpha_i}\cos\alpha_i x\sin\beta_j y-f'(y)\end{aligned}$$

要使上式成立,同类型级数中未知量与已知量必有确定的对应关系,有

$$\begin{cases}A_{ij}=\dfrac{\beta_j(F_{ij}+\beta_j B_{ij})}{\alpha_i^2}\\f'(y)=0\end{cases} \tag{l}$$

联立式(l)和式(j),有

$$\begin{cases}A_{ij}=\dfrac{\beta_j(\alpha_i^2-\mu\beta_j^2)F_{ij}}{(\alpha_i^2+\beta_j^2)^2}\\B_{ij}=-\dfrac{\beta_j[\beta_j^2+(2+\mu)\alpha_i^2]F_{ij}}{(\alpha_i^2+\beta_j^2)^2}\\f(y)=k_0\end{cases} \tag{m}$$

式中 k_0为任意常数。将式(h)和式(m)代入式(i)、(k),可确定应力分量 σ_x、σ_y、τ_{xy},其中 k_0可以略去。

当 $F_y=\overline{G}$($\overline{G}$为重力荷载)时,$F_{i0}=2\,\overline{G}(1-\cos i\pi)/(\alpha_i a)$,$F_{ij}=0$。相应 $\sigma_x=0$、$\sigma_y=0$,还有

$$\tau_{xy}=\sum_{i=1,2,\cdots}\frac{2\,\overline{G}}{\alpha_i^2 a}(1-\cos i\pi)\cos\alpha_i x \tag{n}$$

将函数 x 在$[0,a]$区间上展开为 $\sum\limits_{i=0,1,\cdots}\cos\alpha_i x$ 级数,由式(1.20),得

$$x = \frac{a}{2} - \sum_{i=1,2,\cdots} \frac{2}{\alpha_i^2 a}(1-\cos i\pi)\cos\alpha_i x \tag{o}$$

由式(o)，得

$$-\sum_{i=1,2,\cdots} \frac{2}{\alpha_i^2 a}(1-\cos i\pi)\cos\alpha_i x = x - \frac{a}{2}$$

代入式(n)，有$\tau_{xy}=\bar{G}(\frac{a}{2}-x)$。

(3) 图3.8(c)所示 $Ny2\text{-}Px1$ 类平面问题。

体力分量 F_y 在$[0,a]$和$[0,b]$区间展成 $\sum\limits_{i=0,1,\cdots}\sum\limits_{j=1,3,\cdots}\cos\alpha_i x\cos\gamma_j y$ 级数，$\alpha_i=\frac{i\pi}{a}$、$\gamma_j=\frac{j\pi}{2b}$。

$$\begin{aligned}F_y &= \sum_{i=0,1,\cdots}\sum_{j=1,3,\cdots} F_{ij}\cos\alpha_i x\cos\gamma_j y\\ &= \sum_{j=1,3,\cdots} F_{0j}\cos\gamma_j y + \sum_{i=1,2,\cdots}\sum_{j=1,3,\cdots} F_{ij}\cos\alpha_i x\cos\gamma_j y\end{aligned}$$

式中F_{0j}为$i=0$时F_{ij}。解式(3.35)方程组，得

$$\begin{cases}\sigma_x = \sum\limits_{j=1,3,\cdots} A_{0j}\sin\gamma_j y + \sum\limits_{i=1,2,\cdots}\sum\limits_{j=1,3,\cdots} A_{ij}\cos\alpha_i x\sin\gamma_j y\\ \sigma_y = \sum\limits_{j=1,3,\cdots} B_{0j}\sin\gamma_j y + \sum\limits_{i=1,2,\cdots}\sum\limits_{j=1,3,\cdots} B_{ij}\cos\alpha_i x\sin\gamma_j y\\ \tau_{xy} = -\sum\limits_{i=1,2,\cdots}\sum\limits_{j=1,3,\cdots} \frac{\alpha_i A_{ij}}{\gamma_j}\sin\alpha_i x\cos\gamma_j y\end{cases}$$

式中

$$\begin{cases}A_{0j} = -\frac{\mu F_{0j}}{\gamma_j} \quad A_{ij} = \frac{\gamma_j(\alpha_i^2-\mu\gamma_j^2)F_{ij}}{(\alpha_i^2+\gamma_j^2)^2}\\ B_{0j} = -\frac{F_{0j}}{\gamma_j} \quad B_{ij} = -\frac{\gamma_j[\gamma_j^2+(2+\mu)\alpha_i^2]F_{ij}}{(\alpha_i^2+\gamma_j^2)^2}\end{cases}$$

当 $F_y=\bar{G}$ ($\bar{G}$为重力荷载)时，$F_{0j}=\frac{2\bar{G}}{\gamma_j b}\sin\frac{j\pi}{2}$，$F_{ij}=0$。相应

$$\begin{cases}\sigma_x = -\sum\limits_{j=1,3,\cdots}\frac{2\mu\bar{G}}{\gamma_j^2 b}\sin\frac{j\pi}{2}\sin\gamma_j y\\ \sigma_y = -\sum\limits_{j=1,3,\cdots}\frac{2\bar{G}}{\gamma_j^2 b}\sin\frac{j\pi}{2}\sin\gamma_j y\\ \tau_{xy} = 0\end{cases} \tag{p}$$

将函数 y 在$[0,b]$区间上展开为 $\sum\limits_{j=1,3,\cdots}\sin\gamma_j y$ 级数，展开式为

$$y = \sum_{j=1,3,\cdots} \frac{2}{\gamma_j^2 b} \sin \frac{j\pi}{2} \sin\gamma_j y$$

代入式(p),又得 $\sigma_x = -\mu\bar{G}y, \sigma_y = -\bar{G}y, \tau_{xy} = 0$。

体力分量 F_x 作用下,求解方程、F_x 格式化方法发生变化,但求解思路不变。随边界条件变化,应力分量解也有 16 种形式。

3.5 计算边值条件解

计算边值条件解也称应力函数解,它要满足式(3.10)所示的双调和方程。式(3.10)由式(3.8)变换而来,后者是正应力 σ_x、σ_y 表示的应变协调方程。边界上作用的法向面力和发生的法向位移是与双调和方程直接关联的物理量,要给予特别关注。为此,由边界法向支承条件将边界分为两大类:法向支承边和法向自由边。二者有不同的外界作用形式:前者为边界法向位移,后者为边界法向面力;在没有外界作用的原生状态下,二者有不同的固有边界条件:前者边界法向位移为零值,后者边界法向面力为零值;在外界作用下,二者有不同的作用效应:前者产生边界法向应力,后者发生边界法向位移。

3.5.1 应力函数解的组成

应力函数 φ 由通解 φ_1 和特解 φ_2 组成。

$$\varphi = \varphi_1 + \varphi_2 \tag{3.37}$$

通解 φ_1 要表示平面问题在两个坐标轴方向上主要的受力和变形特征;φ_2 是某些特定计算边值条件和某些特殊边界力所激发的、特有的作用效应。

3.5.2 应力函数通解

设平面问题采用图 3.3(a)所示坐标系,为表示两个坐标轴方向上变形和受力,有

$$\varphi_1 = \varphi_{1x} + \varphi_{1y} \tag{3.38}$$

式中 φ_{1x}、φ_{1y} 分别为 x 轴向、y 轴向计算边值条件对应的通解。为满足齐次方程要求和与边值条件相对应,φ_{1x}、φ_{1y} 一般形式是包含四个待定系数的单三角级数。三角级数在相应区间内是完整的正交三角函数族。在边界处,三角级数符合固有的法向边界条件,并符合外界作用激发的法向作用效应分布规律:对法向支承边,法向位移为零值,荷载作用下要产生边界法向应

力；对法向自由边，法向面力为零值，荷载作用下要产生边界法向位移。为此，分析应力函数 φ 与应力分量 σ_x、位移分量 u 的相关性可以为确定 φ_{1x} 中级数类型提供依据。

φ_{1x} 中级数以 x 为三角函数变量，由式(3.9)中第一式 $\sigma_x=\dfrac{\partial^2\varphi}{\partial y^2}$ 知，σ_x 与 φ_{1x} 有相同类型的三角级数；由物理方程式(3.3)知，正应变 ε_x 与 φ_{1x} 也有相同的三角级数；由几何方程式(3.2)中 $\varepsilon_x=\dfrac{\partial u}{\partial x}$ 知，位移分量 u 与 φ_{1x} 有不同类型的三角级数，二者的三角函数呈一阶微分关系。

当 $x=0$ 或 $x=a$ 为法向自由边时，φ_{1x} 级数在边界处应为零值，而一阶导数不为零；以对应法向自由边法向面力为零值的固有边界条件，荷载作用下要发生边界法向位移的变形特点。

当 $x=0$ 或 $x=a$ 为法向支承边时，φ_{1x} 级数在边界处不为零值，而一阶导数为零值；以对应法向支承边法向位移为零值的固有边界条件，荷载作用下要产生边界法向应力的受力特点。

当 $x=0$ 和 $x=a$ 均为法向自由边时($Nx1$ 类平面问题)，有

$$\begin{aligned}\varphi_{1x} = \sum_{m=1,2,\cdots} &(A_m\sinh\alpha_m y + B_m\cosh\alpha_m y \\ &+ C_m\alpha_m y\sinh\alpha_m y + D_m\alpha_m y\cosh\alpha_m y)\sin\alpha_m x \end{aligned}\tag{3.39}$$

式中 $\alpha_m=\dfrac{m\pi}{a}$，A_m、B_m、C_m、D_m 为待定系数。

当 $x=0$ 为法向自由边、$x=a$ 为法向支承边时($Nx2$ 类平面问题)，有

$$\begin{aligned}\varphi_{1x} = \sum_{m=1,3,\cdots} &(A_m\sinh\lambda_m y + B_m\cosh\lambda_m y \\ &+ C_m\lambda_m y\sinh\lambda_m y + D_m\lambda_m y\cosh\lambda_m y)\sin\lambda_m x \end{aligned}\tag{3.40}$$

式中 $\lambda_m=\dfrac{m\pi}{2a}$，$A_m$、$B_m$、$C_m$、$D_m$ 为待定系数。

当 $x=0$ 为法向支承边、$x=a$ 为法向自由边时($Nx3$ 类平面问题)，有

$$\begin{aligned}\varphi_{1x} = \sum_{m=1,3,\cdots} &(A_m\sinh\lambda_m y + B_m\cosh\lambda_m y \\ &+ C_m\lambda_m y\sinh\lambda_m y + D_m\lambda_m y\cosh\lambda_m y)\cos\lambda_m x \end{aligned}\tag{3.41}$$

式中 $\lambda_m=\dfrac{m\pi}{2a}$，$A_m$、$B_m$、$C_m$、$D_m$ 为待定系数。

当 $x=0$ 和 $x=a$ 均为法向支承边时($Nx4$ 类平面问题)，有

$$\begin{aligned}\varphi_{1x} = C_0 y^2 + D_0 y^3 + \sum_{m=1,2,\cdots} &(A_m\sinh\alpha_m y + B_m\cosh\alpha_m y \\ &+ C_m\alpha_m y\sinh\alpha_m y + D_m\alpha_m y\cosh\alpha_m y)\cos\alpha_m x \end{aligned}\tag{3.42}$$

式中 $\alpha_m=\dfrac{m\pi}{a}$。级数 $\sum\limits_{m=0,1,\cdots}\cos\alpha_m x$ 在$[0,a]$区间是一个完整的正交三角函数族。当 $m=0$ 时，$\cos\alpha_m x=1.0$，$\sinh\alpha_m y$、$\alpha_m y\sinh\alpha_m y$、$\alpha_m y\cosh\alpha_m y$ 均为零值。为确保待定系数的完整性并满足式(3.10)所示双调和方程，将 A_m、B_m、C_m、D_m的双曲函数系数在 $m=0$ 时改为幂函数，即 $A_0 y+B_0+C_0 y^2+D_0 y^3$。$A_0$、$B_0$、$C_0$、$D_0$为 $m=0$ 时的 A_m、B_m、C_m、D_m。其中 $A_0 y$、B_0不产生应力，可以忽略。

φ_{1y}中级数以 y 为三角函数变量，应力分量 σ_y 与 φ_{1y}有相同类型的三角级数；位移分量 v 与 φ_{1y}有不同类型的三角级数，二者的三角函数呈一阶微分关系。

当 $y=0$ 或 $y=b$ 为法向自由边时，φ_{1y}级数在边界处应为零值，而一阶导数不为零；当 $y=0$ 或 $y=b$ 为法向支承边时，φ_{1y}级数在边界处不为零值，而一阶导数为零值。

当 $y=0$ 和 $y=b$ 均为法向自由边时($Ny1$ 类平面问题)，有

$$\begin{aligned}\varphi_{1y}=&\sum_{n=1,2,\cdots}(E_n\sinh\beta_n x+F_n\cosh\beta_n x\\&+G_n\beta_n x\sinh\beta_n x+H_n\beta_n x\cosh\beta_n x)\sin\beta_n y\end{aligned}\tag{3.43}$$

式中 $\beta_n=\dfrac{n\pi}{b}$，E_n、F_n、G_n、H_n为待定系数。

当 $y=0$ 为法向自由边、$y=b$ 为法向支承边时($Ny2$ 类平面问题)，有

$$\begin{aligned}\varphi_{1y}=&\sum_{n=1,3,\cdots}(E_n\sinh\gamma_n x+F_n\cosh\gamma_n x\\&+G_n\gamma_n x\sinh\gamma_n x+H_n\gamma_n x\cosh\gamma_n x)\sin\gamma_n y\end{aligned}\tag{3.44}$$

式中 $\gamma_n=\dfrac{n\pi}{2b}$，$E_n$、$F_n$、$G_n$、$H_n$为待定系数。

当 $y=0$ 为法向支承边、$y=b$ 为法向自由边时($Ny3$ 类平面问题)，有

$$\begin{aligned}\varphi_{1y}=&\sum_{n=1,3,\cdots}(E_n\sinh\gamma_n x+F_n\cosh\gamma_n x\\&+G_n\gamma_n x\sinh\gamma_n x+H_n\gamma_n x\cosh\gamma_n x)\cos\gamma_n y\end{aligned}\tag{3.45}$$

式中 $\gamma_n=\dfrac{n\pi}{2b}$，$E_n$、$F_n$、$G_n$、$H_n$为待定系数。

当 $y=0$ 和 $y=b$ 均为法向支承边时($Ny4$ 类平面问题)，有

$$\begin{aligned}\varphi_{1y}=&G_0x^2+H_0x^3+\sum_{n=1,2,\cdots}(E_n\sinh\beta_n x+F_n\cosh\beta_n x\\&+G_n\beta_n x\sinh\beta_n x+H_n\beta_n x\cosh\beta_n x)\cos\beta_n y\end{aligned}\tag{3.46}$$

式中 $\beta_n=\frac{n\pi}{b}$。G_0、H_0 为 $n=0$ 时的 G_n、H_n。

随法向支承条件变化，通解 φ_1 有 16 种形式。

3.5.3　应力函数特解

计算边值条件中涉及的法向面力、法向位移和边界常量剪应力都有相应的特解，以便尽可能多反映边界外界作用所激发的作用效应。

$$\varphi_2 = \varphi_{21} + \varphi_{22} + \varphi_{23} \tag{3.47}$$

式中 φ_{21}、φ_{22}、φ_{23} 分别为边界计算法向面力、边界计算法向位移、边界常量剪应力对应的特解。为防止特解间相互干扰和掣肘，φ_{21}、φ_{22} 要服从以下构造规则：

(1) φ_{21} 要满足法向自由边界上法向面力分布，φ_{22} 要满足法向支承边界上法向位移分布，且 $\nabla^4\varphi_{21}=0$、$\nabla^4\varphi_{22}=0$。

(2) 在法向自由边上，φ_{22} 对应的正应力为零值；在法向支承边上，φ_{21} 中级数部分对应的法向位移为零值，而非级数部分对应的法向位移为零或为线性分布。

在法向支承边界上，φ_{21} 可能有法向线性位移，但不会干扰 φ_{22} 的作用效应。因为还有其他作用(例如特解 φ_{23}、平面问题刚体位移)也会在边界上产生法向线性位移。这些线性位移是独立于用级数表示的位移值，可以建立自己的相关式。

边界计算法向面力、边界计算法向位移是作用在特定区间的物理量。为便于确定相应特解，首先要将形式各异的面力或位移格式化，将其在作用区间展成三角级数表达式，展开时要遵循级数展开三原则。设采用图 3.3(a) 所示坐标系，有

(1) $x=0$ 和 $x=a$ 边界上计算法向面力或法向位移是坐标 y 的函数，展开式中三角级数类型与 φ_{1y} 相同：$Ny1$ 类平面问题为 $\sum\limits_{n_1=1,2,\cdots}\sin\beta_{n1}y$，$Ny2$ 类平面问题为 $\sum\limits_{n_1=1,3,\cdots}\sin\gamma_{n1}y$，$Ny3$ 类平面问题为 $\sum\limits_{n_1=1,3,\cdots}\cos\gamma_{n1}y$，$Ny4$ 类平面问题为 $\sum\limits_{n_1=0,1,\cdots}\cos\beta_{n1}y$。由于级数取项数不同，写法上将 β_n 改为 β_{n1} $(=n_1\pi/b)$，将 γ_n 改为 γ_{n1} $(=n_1\pi/(2b))$。

(2) $y=0$ 和 $y=b$ 边界上计算法向面力或法向位移是坐标 x 的函数，展开式中三角级数类型与 φ_{1x} 相同：$Nx1$ 类平面问题为 $\sum\limits_{m_1=1,2,\cdots}\sin\alpha_{m1}x$，$Nx2$

类平面问题为 $\sum\limits_{m_1=1,3,\cdots}\sin\lambda_{m1}x$，$Nx3$ 类平面问题为 $\sum\limits_{m_1=1,3,\cdots}\cos\lambda_{m1}x$，$Nx4$ 类问题为 $\sum\limits_{m_1=0,1,\cdots}\cos\alpha_{m1}x$。由于级数取项数不同，写法上将 α_m 改为 $\alpha_{m1}(=m_1\pi/a)$，将 λ_m 改为 $\lambda_{m1}(=m_1\pi/(2a))$。

格式化后的计算法向面力、计算法向位移有非级数和级数二部分。要分别构建相应的特解。为便于构造特解，可将 φ_{21}、φ_{22} 各自分解为二部分。$\varphi_{21}=\varphi_{21x}+\varphi_{21y}$，$\varphi_{22}=\varphi_{22x}+\varphi_{22y}$。其中 φ_{21x}、φ_{22x} 为 $x=0$ 和 $x=a$ 边界上法向面力、法向位移对应的特解，φ_{21y}、φ_{22y} 为 $y=0$ 和 $y=b$ 边界上法向面力、法向位移对应的特解。两个方向的特解也不能相互干扰。对其中级数部分，φ_{21x}、φ_{22x} 要满足 $y=0$ 和 $y=b$ 边法向固有边界条件，而 φ_{21y}、φ_{22y} 要满足 $x=0$ 和 $x=a$ 边法向固有边界条件。取特解级数类型与同方向边界法向面力或法向位移级数相同，这些条件可以自动满足。根据构造规则，用试算法确定 φ_{21x}、φ_{22x}、φ_{21y}、φ_{22y}，之后组成特解 φ_{21}、φ_{22}。

边界常量剪应力 τ_0（未知）是一种特殊的外界作用。它不参与微元的平衡，与边界法向面力没有关联，特解 φ_{21} 无法包容 τ_0 激发的作用效应。τ_0 激发的位移在边界上呈线性分布，具有刚体转动位移成分。其中，有两种典型形式：①$u=2(1+\mu)\tau_0 y/E$，$v=0$；②$u=0$，$v=2(1+\mu)\tau_0 x/E$（见 3.2 节中式(e)、式(f)）。这两种位移在边界上的表现为：当 $x=0$ 和 $x=a$ 边界产生法向位移($u\neq0$)时，$y=0$ 和 $y=b$ 边界法向位移一定为零($v=0$)；反之亦然。由于位移方向具有不确定性，当平面问题不存在二邻边法向支承边界条件时，边界法向位移特解 φ_{22} 也无法包容 τ_0 激发的作用效应，必须用特解 $\varphi_{23}(=-\tau_0 xy)$ 单独来表达 τ_0 激发的受力和位移。当平面问题存在二邻边法向支承边界条件时，这两个边界法向位移条件一定包容 τ_0 激发的边界位移；τ_0 激发的作用效应可包容在特解 φ_{22} 中。简化计算时，可不考虑特解 φ_{23}。同时，应力函数 φ 对应的位移分量中也不考虑刚体转动位移常数（后面有关各节有数学论证）。

在法向自由边界上，φ_{23} 对应的法向面力一定为零值，不影响 φ_{21} 的作用效应；在法向支承边界上，只可能产生法向线性位移，也不会干扰 φ_{22} 的作用效应。

3.5.4 计算边值条件对应的线性方程

应力函数

$$\varphi=\varphi_{1x}+\varphi_{1y}+\varphi_{21}+\varphi_{22}+\varphi_{23} \tag{3.48}$$

用 3.2.4 节(7)的方法推导应力函数对应的应力分量、位移分量。应力分量和计算面力边值条件可以直接建立对应关系，而位移分量与计算位移边值条件只有在具有相同刚体位移的条件下才能建立对应关系。为此，先对位移边值条件进行分析与调整，使其不含有刚体位移；之后，利用一些控制点的位移值或某些边界位移物理量确定位移分量中刚体位移常数。具体方法在后面各节介绍。

引入四边计算边值条件可得以通解 φ_1 中待定系数为未知量的线性方程。线性方程分两类，其一为法向边值条件对应的方程，其二为切向边值条件对应的方程。前一类方程为精确方程。每条边界对应一个精确方程。

设 $x=0$ 为法向自由边，边界上法向面力分布为已知值。计算边值条件为 $x=0$ 时 $\sigma_x=f_1(y)$，φ_{23} 对应的法向面力一定为零值，相应方程为

$$[\sigma_x(\varphi_{1x})+\sigma_x(\varphi_{1y})+\sigma_x(\varphi_{21})+\sigma_x(\varphi_{22})]_{x=0}=f_1(y) \tag{a}$$

式中 $\sigma_x(\varphi_{1x})$、$\sigma_x(\varphi_{1y})$、$\sigma_x(\varphi_{21})$、$\sigma_x(\varphi_{22})$ 分别为 φ_{1x}、φ_{1y}、φ_{21}、φ_{22} 对应的 σ_x。

在 $x=0$ 边界上，通解 φ_{1x}、特解 φ_{22} 对应的正应力为零；特解 φ_{21} 满足边界法向面力分布，即 $[\sigma_x(\varphi_{21})]_{x=0}$ 为格式化后的 $f_1(y)$，它可以与式右端面力函数相消，式(a)简化为

$$[\sigma_x(\varphi_{1y})]_{x=0}=0 \tag{b}$$

式(b)左端是以坐标 y 为三角函数变量的级数，利用级数正交性得以待定系数 E_n、F_n、G_n、H_n 为未知量的线性方程。方程右端项为零值，它可以表示待定系数间精确的对应关系，称精确方程。显然，如果没有特解 φ_{21}，式(b)右端项为 $f_1(y)$，这时须将 $f_1(y)$ 在 $[0,b]$ 区间对左端的三角级数展开，才能利用正交性得相应线性方程。该方程右端为 $f_1(y)$ 对级数的展开系数，只能近似表示待定系数间的相关性。

设 $x=0$ 为法向支承边，边界上法向位移为已知值。计算边值条件为 $x=0$ 时 $u=f_2(y)$，相应方程为

$$[u(\varphi_{1x})+u(\varphi_{1y})+u(\varphi_{21})+u(\varphi_{22})+u(\varphi_{23})]_{x=0}=f_2(y) \tag{c}$$

式中 $u(\varphi_{1x})$、$u(\varphi_{1y})$、$u(\varphi_{21})$、$u(\varphi_{22})$、$u(\varphi_{23})$ 分别为 φ_{1x}、φ_{1y}、φ_{21}、φ_{22}、φ_{23} 对应的位移分量 u。与式(a)的简化过程略有不同，对法向支承边 $x=0$，通解 φ_{1x} 在边界上法向位移为零；φ_{21} 中级数部分对应的法向位移为零值，非级数部分有可能产生线性位移；φ_{23} 也会产生边界线性位移。边界线性位移是独立于级数形式的位移，可以建立独立的相关式。特解 φ_{22} 满足边界上法向位移分布，因此 $[u(\varphi_{22})]_{x=0}$ 为格式化后的 $f_2(y)$，它可以与式右端位移函数相消。$[u(\varphi_{1y})]_{x=0}$ 中三角级数与 φ_{1y} 中相同，利用该三角级数的正交性

可得表示待定系数 E_n、F_n、G_n、H_n 精确关系的线性方程。边界线性法向位移建立的相关式也是精确方程。

同样，对 $x=a$ 法向计算边值条件，也可得表示待定系数 E_n、F_n、G_n、H_n 对应关系的精确方程。

当 $x=0$、$x=a$ 均为法向支承边时，φ_{1x} 采用 $\sum\limits_{m=0,1,\cdots}\cos\alpha_m x$ 级数，$m=0$ 时对应的待定系数为 C_0、D_0。利用 $x=0$、$x=a$ 二边法向位移边值条件可得两个表示 E_n、F_n、G_n、H_n 对应关系的精确方程，还可以同时确定 C_0、D_0 值（见 3.8、3.10、3.11 节）。

引入 $y=0$、$y=b$ 边法向计算边值条件，可得表示 A_m、B_m、C_m、D_m 对应关系的精确方程。当 $y=0$、$y=b$ 均为法向支承边时，还可以确定 φ_{1y} 中 $n=0$ 时的待定系数 G_0、H_0 值（见 3.11 节）。

引入边界计算法向面力、边界计算法向位移特解 φ_{21}、φ_{22}，相应边值条件对应精确方程；在弹性薄板弯曲中，引入支承边挠度、非支承边剪力特解 w_{23}、w_{24}，相应边界条件对应精确方程；求解理念是相同的。

边界切向计算边值条件对应的线性方程为一般方程。一般方程又分两种，其一为有效方程，其二为附加方程，每条边界必有一个有效方程。利用精确方程、有效方程、附加方程可求解 φ_1 中的待定系数和 τ_0 值。详见后面各节介绍。

平面问题计算边值条件解的求解理念与弹性薄板弯曲相近，因而可以采用逆向命题的方法评审解法的有效性、可信度。首先设定满足双调和方程的应力函数，例如设定 $\varphi=\sinh\dfrac{x}{a}\sin\dfrac{y}{a}$。计算相应的应力分量、位移分量，对给定边界条件的平面问题反推法向和切向自由边的面力，法向和切向支承边的位移，构造相应的边界作用条件。之后，由平面问题固有的法向支承条件选择 φ_1、φ_{23}，由边界法向面力和法向位移选择 φ_{21}、φ_{22}。推导相应的应力分量、位移分量，引入全部边界条件建立方程求解通解 φ_1 中待定系数和 φ_{23} 中 τ_0 值，并与设定的应力分量比较，从而判断解法的计算精度。计算结果表明，当通解 φ_1 中级数取前 8 项，特解中级数取前 25 项，计算值与设定值前 6 位有效数字相同。

3.6　四边法向自由平面问题

四边法向自由（$Nx1$-$Ny1$ 类）平面问题在切向可以是切向自由边或切向支承边。当不考虑点支座设置时，有图 3.9 所示 16 种边界支承条件。

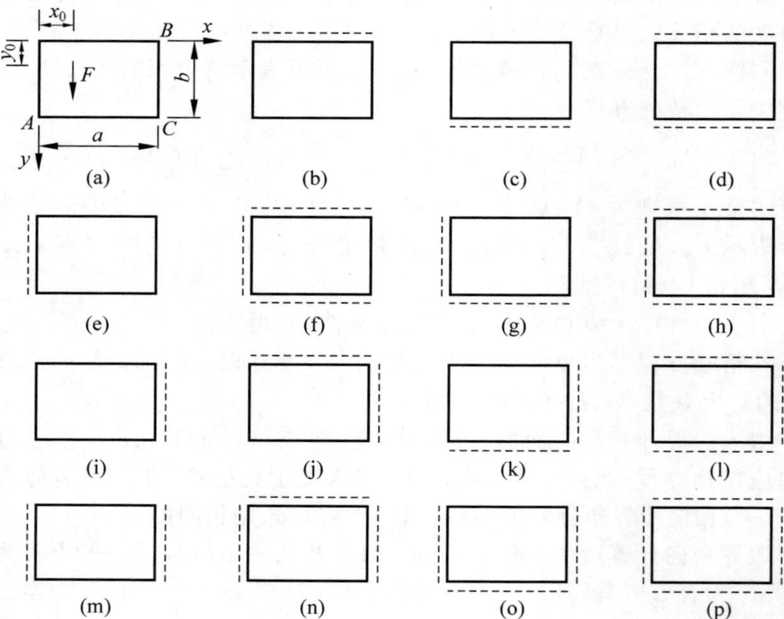

图 3.9 四边法向自由平面问题

3.6.1 应力函数

$Nx1\text{-}Ny1$ 类平面问题无法向支承边，应力函数通解

$$\begin{aligned}\varphi_1 = &\sum_{m=1,2,\cdots}(A_m\sinh\alpha_m y + B_m\cosh\alpha_m y + C_m\alpha_m y\sinh\alpha_m y \\ &+ D_m\alpha_m y\cosh\alpha_m y)\sin\alpha_m x + \sum_{n=1,2,\cdots}(E_n\sinh\beta_n x + F_n\cosh\beta_n x \\ &+ G_n\beta_n x\sinh\beta_n x + H_n\beta_n x\cosh\beta_n x)\sin\beta_n y \end{aligned} \tag{3.49}$$

式中 $\alpha_m=\dfrac{m\pi}{a}$，$\beta_n=\dfrac{n\pi}{b}$。A_m、B_m、C_m、D_m、E_n、F_n、G_n、H_n 为待定系数。

将边界法向计算面力格式化。设 $(\sigma_x)_{x=0}=\sigma_1(y)$，$(\sigma_x)_{x=a}=\sigma_2(y)$。面力函数 $\sigma_1(y)$、$\sigma_2(y)$ 在 $[0,b]$ 区间展开为 $\sum\limits_{n_1=1,2,\cdots}\sin\beta_{n1}y$ 级数，$\beta_{n1}=\dfrac{n_1\pi}{b}$。由于 $y=0$ 和 $y=b$ 时级数为零值，无法包容边界端点面力值，端点面力必须单列。考虑到边界端点又为角点，有

$$\begin{cases}\sigma_1(y)=\sigma_{xO}+\dfrac{(\sigma_{xA}-\sigma_{xO})y}{b}+\sum\limits_{n_1=1,2,\cdots}\sigma_{nx1}\sin\beta_{n1}y\\ \sigma_2(y)=\sigma_{xB}+\dfrac{(\sigma_{xC}-\sigma_{xB})y}{b}+\sum\limits_{n_1=1,2,\cdots}\sigma_{nx2}\sin\beta_{n1}y\end{cases}\tag{3.50}$$

式中 σ_{xO}、σ_{xA}、σ_{xB}、σ_{xC} 分别为角点 O、A、B、C 在 x 轴向应力值，σ_{nx1}、σ_{nx2} 分别为 $[\sigma_1(y)-\sigma_{xO}-(\sigma_{xA}-\sigma_{xO})y/b]$ 和 $[\sigma_2(y)-\sigma_{xB}-(\sigma_{xC}-\sigma_{xB})y/b]$ 的级数展开系数。

设 $(\sigma_y)_{y=0}=\sigma_3(x)$，$(\sigma_y)_{y=b}=\sigma_4(x)$。面力函数 $\sigma_3(x)$、$\sigma_4(x)$ 在 $[0,a]$ 区间展开为 $\sum\limits_{m_1=1,2,\cdots}\sin\alpha_{m1}$ 级数，$\alpha_{m1}=\dfrac{m_1\pi}{a}$。由于 $x=0$ 和 $x=a$ 时级数为零值，边界端点(角点)面力必须单列，有

$$\begin{cases}\sigma_3(x)=\sigma_{yO}+\dfrac{(\sigma_{yB}-\sigma_{yO})x}{a}+\sum\limits_{m_1=1,2,\cdots}\sigma_{my1}\sin\alpha_{m1}x\\ \sigma_4(x)=\sigma_{yA}+\dfrac{(\sigma_{yC}-\sigma_{yA})x}{a}+\sum\limits_{m_1=1,2,\cdots}\sigma_{my2}\sin\alpha_{m1}x\end{cases}\tag{3.51}$$

式中 σ_{yO}、σ_{yA}、σ_{yB}、σ_{yC} 分别为角点 O、A、B、C 在 y 轴向应力值，σ_{my1}、σ_{my2} 分别为 $[\sigma_3(x)-\sigma_{yO}-(\sigma_{yB}-\sigma_{yO})x/a]$ 和 $[\sigma_4(x)-\sigma_{yA}-(\sigma_{yC}-\sigma_{yA})x/a]$ 的级数展开系数。相应特解采用试算法确定，其方法参见附录 D，有

$$\begin{aligned}\varphi_{21}=&\frac{a-x}{a}\left[\frac{\sigma_{xO}y^2}{2}+\frac{(\sigma_{xA}-\sigma_{xO})y^3}{6b}\right]+\frac{x}{a}\left[\frac{\sigma_{xB}y^2}{2}+\frac{(\sigma_{xC}-\sigma_{xB})y^3}{6b}\right]\\&+\frac{b-y}{b}\left[\frac{\sigma_{yO}x^2}{2}+\frac{(\sigma_{yB}-\sigma_{yO})x^3}{6a}\right]+\frac{y}{b}\left[\frac{\sigma_{yA}x^2}{2}+\frac{(\sigma_{yC}-\sigma_{yA})x^3}{6a}\right]\\&-\sum_{m_1=1,2,\cdots}\frac{1}{\alpha_{m1}^2\sinh\alpha_{m1}b}[\sigma_{my1}\sinh\alpha_{m1}(b-y)+\sigma_{my2}\sinh\alpha_{m1}y]\sin\alpha_{m1}x\\&-\sum_{n_1=1,2,\cdots}\frac{1}{\beta_{n1}^2\sinh\beta_{n1}a}[\sigma_{nx1}\sinh\beta_{n1}(a-x)+\sigma_{nx2}\sinh\beta_{n1}x]\sin\beta_{n1}y\end{aligned}\tag{3.52}$$

特解 $\varphi_{22}=0$，$\varphi_{23}=-\tau_0xy$。τ_0 为边界常量剪应力。

3.6.2 计算边值条件对应的方程

引入四边法向面力边值条件，并利用通解中两个级数的正交性，得 $x=0$、$x=a$、$y=0$、$y=b$ 边界对应的精确方程

$$\begin{cases}F_n=0\\ E_n\sinh\beta_na+F_n\cosh\beta_na+G_n\beta_na\sinh\beta_na+H_n\beta_na\cosh\beta_na=0\\ B_m=0\\ A_m\sinh\alpha_mb+B_m\cosh\alpha_mb+C_m\alpha_mb\sinh\alpha_mb+D_m\alpha_mb\cosh\alpha_mb=0\end{cases}\tag{3.53}$$

式(3.53)是 $Nx1\text{-}Ny1$ 类平面问题所共有的精确方程。

引入四边切向计算边值条件。设 $x=0$ 为切向自由边，切向面力计算边值条件为：$(\tau_{xy})_{x=0}=\tau_1(y)$，代入应力函数后，有

$$-\sum_{m=1,2,\cdots}\alpha_m^2\left[A_m\cosh\alpha_m y+B_m\sinh\alpha_m y+C_m(\sinh\alpha_m y+\alpha_m y\cosh\alpha_m y)\right.$$
$$\left.+D_m(\cosh\alpha_m y+\alpha_m y\sinh\alpha_m y)\right]-\sum_{n=1,2,\cdots}\beta_n^2(E_n+H_n)\cos\beta_n y$$
$$-\left(\frac{\partial^2\varphi_{21}}{\partial x\partial y}\right)_{x=0}+\tau_0=\tau_1(y) \tag{a}$$

φ_1 中原级数 $\sum\limits_{m=1,2,\cdots}\sin\alpha_m x$ 变为数项级数，原级数 $\sum\limits_{n=1,2,\cdots}\sin\beta_n y$ 变为 $\sum\limits_{n=1,2,\cdots}\cos\beta_n y$，两个级数取项数不变。$\left(\frac{\partial^2\varphi_{21}}{\partial x\partial y}\right)_{x=0}$ 为特解 φ_{21} 激发的边界剪应力，φ_{21} 中原有级数也发生类似变化：$\sum\limits_{m_1=1,2,\cdots}\sin\alpha_{m1x}$ 变为数项级数，$\sum\limits_{n_1=1,2,\cdots}\sin\beta_{n\ 1}y$ 变为 $\sum\limits_{n_1=1,2,\cdots}\cos\beta_{n1}y$，级数取项数不变。

将 $\left(\frac{\partial^2\varphi_{21}}{\partial x\partial y}\right)_{x=0}$ 移到方程右端，并将式中非 $\cos\beta_n y$ 函数在$[0,b]$区间展开为 $\sum\limits_{n=0,1,\cdots}\cos\beta_n y$ 级数。注意，展开级数取项必须从 $n=0$ 零开始，利用该级数的正交性，得 $n=0$ 时一个方程和 $n>0$ 时一组方程。方程左端项为

$$\begin{cases}n=0:-\sum\limits_{m=1,2,\cdots}\alpha_m^2\left[A_m a_{02}+B_m a_{01}+C_m(a_{01}+a_{04})+D_m(a_{02}+a_{03})\right]+\tau_0\\ n>0:-\sum\limits_{m=1,2,\cdots}\alpha_m^2\left[A_m a_{n2}+B_m a_{n1}+C_m(a_{n1}+a_{n4})+D_m(a_{n2}+a_{n3})\right]\\ \qquad\qquad -\beta_n^2(E_n+H_n)\end{cases} \tag{b}$$

式中 a_{n1}、a_{n2}、a_{n3}、a_{n4} 分别为 $\sinh\alpha_m y$、$\cosh\alpha_m y$、$\alpha_m y\sinh\alpha_m y$、$\alpha_m y\cosh\alpha_m y$ 的级数展开系数，a_{01}、a_{02}、a_{03}、a_{04} 为 $n=0$ 时的系数值，其值参见附录 A 中式(A.41)、式(A.42)、式(A.43)、式(A.44)。

式(a)中 τ_0 对级数的展开值为 $\tau_0 c_{n0}$。c_{n0} 为函数 $y^0(=1)$ 的展开系数。由附录 A 中式(A.46)知，$n=0$ 时 $c_{00}=1$，$n>0$ 时 $c_{n0}=0$。因此在式(b)中，$n=0$ 的方程中 τ_0 保持原值不变，$n>0$ 的方程中不包含 τ_0。

在通解 φ_1 中，原级数 $\sum\limits_{n=1,2,\cdots}\sin\beta_n y$ 及附属的待定系数 E_n、F_n、G_n、H_n，n 的取值均从 1 开始。式(b)第一式 $n=0$ 时的方程与这些待定系数无关，故

称附加方程。式(b)第二式 $n>0$ 时的方程才为求解这些待定系数的有效方程。

式(a)中非 $\cos\beta_n y$ 函数对级数 $\sum\limits_{n=0,1,\cdots}\cos\beta_n y$ 展开时，方程右端 $\left(\dfrac{\partial^2\varphi_{21}}{\partial x\partial y}\right)_{x=0}$ 中的级数 $\sum\limits_{n_1=1,2,\cdots}\cos\beta_{n1} y$ 自动转换为 $\sum\limits_{n=1,2,\cdots}\cos\beta_n y$，级数取项数 $n=1,2,3,\cdots$。有关的系数项仅出现在 $n>0$ 的有效方程中。

式(a)表示 $x=0$ 边界上切向面力的平衡关系。式中非 $\cos\beta_n y$ 函数的级数展开实质上是对不同函数表示的切向面力进行格式化处理。级数展开式包含了切向面力的全部内容。$n=0$ 时的方程表示边界常量剪应力的平衡关系，$n>0$ 时的方程表示非常量剪应力的平衡关系。

当 $x=a$ 为切向自由边时，利用切向面力计算边值条件也可得 $n=0$ 时一个附加方程和 $n>0$ 时一组有效方程。附加方程与 E_n、F_n、G_n、H_n 无关，与 τ_0 有关；有效方程与 τ_0 无关。

当 $y=0$ 或 $y=b$ 为切向自由边时，利用切向面力条件建立对应关系。将式中非 $\cos\alpha_m x$ 函数在[0,a]区间展开为 $\sum\limits_{m=0,1,\cdots}\cos\alpha_m x$ 级数，利用该级数正交性得 $m=0$ 时一个附加方程和 $m>0$ 时一组有效方程。附加方程与 A_m、B_m、C_m、D_m 无关，与 τ_0 有关，有效方程与 τ_0 无关。

当有切向支承边时，推导应力函数对应的位移分量。其形式为

$$\begin{cases} u = u(\varphi_1,\varphi_{21}) + c_0 \times \dfrac{2(1+\mu)\tau_0 y}{E} + d_0 y + d_1 \\[2ex] v = v(\varphi_1,\varphi_{21}) + (1-c_0) \times \dfrac{2(1+\mu)\tau_0 x}{E} - d_0 x + d_2 \end{cases}$$

式中 $u(\varphi_1,\varphi_{21})$、$v(\varphi_1,\varphi_{21})$ 分别为与 φ_1 和 φ_{21} 有直接关联的 x 轴向、y 轴向位移；$c_0\times\dfrac{2(1+\mu)\tau_0 y}{E}$、$(1-c_0)\times\dfrac{2(1+\mu)\tau_0 x}{E}$ 为 φ_{23} 激发的 x 轴向、y 轴向位移；d_0、d_1、d_2 为刚体转动和平动位移常数。其中，$c_0\times 2(1+\mu)\tau_0/E$ 和 d_0 可合并考虑。

利用边界上控制点的切向位移值或点支座位移可确定位移常数 d_1、d_2 和 $c_0\times 2(1+\mu)\tau_0/E+d_0$。当 $c_0\times 2(1+\mu)\tau_0/E+d_0=0$ 时，x 轴向位移 u 中不含有 τ_0，y 轴向位移 v 中含有 τ_0；当 $c_0\times 2(1+\mu)\tau_0/E+d_0=2(1+\mu)\tau_0/E$ 时，x 轴向位移 u 中含有 τ_0，y 轴向位移 v 中不含有 τ_0。因此，位移条件对应的方程中可能含有 τ_0，也可能不含 τ_0，但如果四边均为切向支承边时，必有一个方程含 τ_0。

设 $x=0$ 为切向支承边，切向位移条件为 $x=0$ 时 $v=v_1(y)$，相应方程为

$$-\frac{1}{E}\sum_{n=1,2,\cdots}\beta_n[F_n(1+\mu)+2G_n]\cos\beta_n y+[v(\varphi_{21})+v(\varphi_{23})]_{x=0}=v_1(y) \tag{c}$$

式中 $[v(\varphi_{21})]_{x=0}$、$[v(\varphi_{23})]_{x=0}$ 分别为与 φ_{21} 和 φ_{23} 有关联的边界位移值，其中 φ_{23} 在边界上的切向位移或为零或为常量。将 $[v(\varphi_{21})]_{x=0}$ 移到方程右端；并将式中非 $\cos\beta_n y$ 函数在 $[0,b]$ 区间展开为 $\sum\limits_{n=0,1,\cdots}\cos\beta_n y$ 级数。利用该级数正交性，得 $n=0$ 时一个附加方程和 $n>0$ 时一组有效方程。$n=0$ 的方程表示边界上常量位移关系，$n>0$ 的方程表示非常量位移关系。有效方程中不含 τ_0，附加方程中可能有 τ_0，也可能不含 τ_0。

当 $x=a$ 为切向支承边时，利用切向位移条件得 $n=0$ 时一个附加方程和 $n>0$ 时一组有效方程。有效方程中不含 τ_0，附加方程中可能有 τ_0，也可能不含 τ_0。

当 $y=0$ 或 $y=b$ 为切向支承边时，利用切向位移条件建立对应关系。将式中非 $\cos\alpha_m x$ 函数在 $[0,a]$ 区间展开为 $\sum\limits_{m=0,1,\cdots}\cos\alpha_m x$ 级数，利用级数正交性得 $m=0$ 时一个附加方程和 $m>0$ 时一组有效方程。有效方程中不含 τ_0，附加方程中可能有 τ_0，也可能不含 τ_0。

式(3.53)所示精确方程和四边有效方程均不含 τ_0，联立可计算通解 φ_1 中八个待定系数。由于方程组中未知量系数为双曲函数，随 m、n 取值加大，双曲函数值急剧升高，导致系数矩阵阶数和奇异性增加；计算时 φ_1 中级数取项数不宜太多。当 $a\approx b$ 时不超过10项，随 a/b 或 b/a 比值加大，取项数还要适当减少。而特解 φ_{21} 中级数取项可不受限制，适当增加取项数可提高计算精度。

当平面问题存在切向自由边时，对应的附加方程一定含有 τ_0，利用该方程可求解 τ_0，其余三个附加方程一定为恒等式。当四边均为切向支承边时，必定有一个附加方程含有 τ_0，从而可以求解；其余三个附加方程均为恒等式。

3.6.3　通用规则

下列规则具有普遍适用性，以后各节都会参照采用。

(1) 边界法向面力在边界区间内要展开为三角级数表达式。级数类型

和同方向通解中的相同，但取项数不同，改变级数参数写法以示区别。级数必须包容原函数的全部内容，如果级数在边界端点为零值，端点面力必须单列。

（2）切向面力和切向位移对应的方程中，φ_1、φ_{21}中原级数类型将发生改变，但级数取项数不变。为建立相关性，要对不同函数表示的面力或位移进行格式化处理，即将形式各异的面力或位移展开为同类型三角级数。该级数在边界区间内为一完整的正交三角函数族，级数展开式要包容原函数全部内容或全部作用效应。当φ_1中原级数为$\sum\limits_{m=1,2,\cdots}\sin\alpha_m x\left(\sum\limits_{n=1,2,\cdots}\sin\beta_n y\right)$时，切向面力和切向位移要对级数$\sum\limits_{m=0,1,\cdots}\cos\alpha_m x\left(\sum\limits_{n=0,1,\cdots}\cos\beta_n y\right)$展开。利用该级数正交性，就会得$m>0(n>0)$的有效方程和$m=0(n=0)$的附加方程。

（3）由方程组不同的构造特点，采用合理的计算待定系数和τ_0的途径。

（4）通解φ_1中级数取项数不宜太多。

【算例 3.2】 图 3.10(a)所示简支深梁，跨度为a，高度为b，承受均布荷载q(与y轴同向取正号)，计算深梁应力分布。

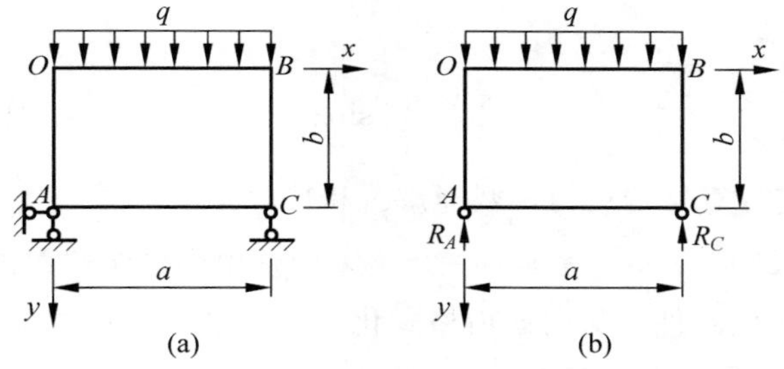

图 3.10　简支深梁

解： 撤去点支座而代之支反力，得图 3.10(b)所示计算结构。$R_A=R_C=-qa/2$。

（1）计算角点力R_A、R_C对应的应力解

R_A作用应力解见式(3.30)、式(3.31)，R_C作用应力解见式(3.33)、式(3.34)，R_A、R_C共同作用下应力解为

$$\begin{cases}\sigma_x=-\dfrac{2q}{b}\sum\limits_{k=1,3,\cdots}\sum\limits_{l=1,3,\cdots}t_1\sin\dfrac{l\pi}{2}\cos\gamma_l y\left(\cos\lambda_k x+\sin\dfrac{k\pi}{2}\sin\lambda_k x\right)\\ \sigma_y=-\dfrac{2q}{b}\sum\limits_{k=1,3,\cdots}\sum\limits_{l=1,3,\cdots}t_2\sin\dfrac{l\pi}{2}\cos\gamma_l y\left(\cos\lambda_k x+\sin\dfrac{k\pi}{2}\sin\lambda_k x\right)\\ \tau_{xy}=-\dfrac{2q}{b}\sum\limits_{k=1,3,\cdots}\sum\limits_{l=1,3,\cdots}t_3\sin\dfrac{l\pi}{2}\sin\gamma_l y\left(\sin\lambda_k x-\sin\dfrac{k\pi}{2}\cos\lambda_k x\right)\end{cases}\quad\text{(d)}$$

式中 $\lambda_k=k\pi/(2a)$、$\gamma_l=l\pi/(2b)$，t_1、t_2、t_3 见式(3.25)。

(2) 确定计算结构计算边值条件

利用式(d)计算边界上法向和切向面力，反向作用在相应边界上，再叠加实有的边界面力即为计算边值条件。

$$x=0:\begin{cases}\sigma_x=\dfrac{2q}{b}\sum\limits_{k=1,3,\cdots}\sum\limits_{l=1,3,\cdots}t_1\sin\dfrac{l\pi}{2}\cos\gamma_l y\\ \tau_{xy}=-\dfrac{2q}{b}\sum\limits_{k=1,3,\cdots}\sum\limits_{l=1,3,\cdots}t_3\sin\dfrac{k\pi}{2}\sin\dfrac{l\pi}{2}\sin\gamma_l y\end{cases}$$

$$x=a:\begin{cases}\sigma_x=\dfrac{2q}{b}\sum\limits_{k=1,3,\cdots}\sum\limits_{l=1,3,\cdots}t_1\sin\dfrac{l\pi}{2}\cos\gamma_l y\\ \tau_{xy}=\dfrac{2q}{b}\sum\limits_{k=1,3,\cdots}\sum\limits_{l=1,3,\cdots}t_3\sin\dfrac{k\pi}{2}\sin\dfrac{l\pi}{2}\sin\gamma_l y\end{cases}$$

$$y=0:\begin{cases}\sigma_y=\dfrac{2q}{b}\sum\limits_{k=1,3,\cdots}\sum\limits_{l=1,3,\cdots}t_2\sin\dfrac{l\pi}{2}\left(\cos\lambda_k x+\sin\dfrac{k\pi}{2}\sin\lambda_k x\right)-q\\ \tau_{xy}=0\end{cases}$$

$$y=b:\begin{cases}\sigma_y=0\\ \tau_{xy}=\dfrac{2q}{b}\sum\limits_{k=1,3,\cdots}\sum\limits_{l=1,3,\cdots}t_3\left(\sin\lambda_k x-\sin\dfrac{k\pi}{2}\cos\lambda_k x\right)\end{cases}$$

(3) 确定计算结构应力函数通解 φ_1 和特解 φ_2

φ_1 采用式(3.49)，$\varphi_{22}=0$，$\varphi_{23}=-\tau_0 xy$，φ_{21} 由四边法向面力确定。

将计算边值条件中法向面力格式化。$x=0$ 和 $x=a$ 边面力按式(3.50)格式化。第一式 $\sigma_1(y)$ 中系数为

$$x=0:\begin{cases}\sigma_{x0}=\dfrac{2q}{b}\sum\limits_{k=1,3,\cdots}\sum\limits_{l=1,3,\cdots}t_1\sin\dfrac{l\pi}{2}\\ \sigma_{xA}=0\\ \sigma_{nx1}=\dfrac{2q}{b}\sum\limits_{k=1,3,\cdots}\sum\limits_{l=1,3,\cdots}t_1\sin\dfrac{l\pi}{2}\left(a_{n8}-a_{n9}+\dfrac{a_{n10}}{b}\right)\end{cases}$$

式中 a_{n8}、a_{n9}、a_{n10} 分别为 $\cos\gamma_l y$、y^0、y 的在$[0,b]$区间级数 $\sum\limits_{n_1=1,2,\cdots}\sin\beta_{n1}y$ 展开系数，有

$$a_{n8}=\frac{2\beta_{n1}}{b(\beta_{n1}^2-\gamma_l^2)},\quad a_{n9}=\frac{2}{\beta_{n1}b}(1-\cos n_1\pi),\quad a_{n10}=-\frac{2}{\beta_{n1}}\cos n_1\pi$$

第二式 $\sigma_2(y)$ 中系数为

$$x=a:\begin{cases}\sigma_{xB}=\dfrac{2q}{b}\sum\limits_{k=1,3,\cdots}\sum\limits_{l=1,3,\cdots}t_1\sin\dfrac{l\pi}{2}\\ \sigma_{xC}=0\\ \sigma_{nx2}=\dfrac{2q}{b}\sum\limits_{k=1,3,\cdots}\sum\limits_{l=1,3,\cdots}t_1\sin\dfrac{l\pi}{2}\left(a_{n8}-a_{n9}+\dfrac{a_{n10}}{b}\right)\end{cases}$$

a_{n8}、a_{n9}、a_{n10}同前。

$y=0$ 和 $y=b$ 边法向面力按式(3.51)格式化，第一式$\sigma_3(x)$中系数为

$$y=0:\begin{cases}\sigma_{yO}=\dfrac{2q}{b}\sum\limits_{k=1,3,\cdots}\sum\limits_{l=1,3,\cdots}t_2\sin\dfrac{l\pi}{2}-q\\ \sigma_{yB}=\dfrac{2q}{b}\sum\limits_{k=1,3,\cdots}\sum\limits_{l=1,3,\cdots}t_2\sin\dfrac{l\pi}{2}-q\\ \sigma_{my1}=\dfrac{2q}{b}\sum\limits_{k=1,3,\cdots}\sum\limits_{l=1,3,\cdots}t_2\sin\dfrac{l\pi}{2}\left(b_{m11}+b_{m10}\sin\dfrac{k\pi}{2}-b_{m9}\right)\end{cases}$$

式中 b_{m9}、b_{m10}、b_{m11}分别为 x^0、$\sin\lambda_k x$、$\cos\lambda_k x$ 的在$[0,a]$区间 $\sum\limits_{m_1=1,2,\cdots}\sin\alpha_{m1}x$ 展开系数，有

$$b_{m9}=\frac{2}{\alpha_{m1}a}(1-\cos m_1\pi),\quad b_{m10}=-\frac{2\alpha_{m1}\sin\dfrac{k\pi}{2}\cos m_1\pi}{a(\alpha_{m1}^2-\lambda_k^2)}$$

$$b_{m11}=\frac{2\alpha_{m1}}{a(\alpha_{m1}^2-\lambda_k^2)}$$

第二式$\sigma_4(x)$中系数为

$$y=b:\begin{cases}\sigma_{yA}=0\\ \sigma_{yC}=0\\ \sigma_{my2}=0\end{cases}$$

由式(3.52)确定特解φ_{21}。

(4) 引入四边计算边值条件建立相应线性方程

四边法向计算面力条件对应的精确方程见式(3.53)，$x=0$ 边切向计算面力对应的方程见式(a)示，其中

$$\left(\frac{\partial^2\varphi_{21}}{\partial x\partial y}\right)_{x=0}=-\sum_{m_1=1,2,\cdots}\frac{\sigma_{my1}\cosh\alpha_{m1}(b-y)}{\sinh\alpha_{m1}b}+\sum_{n_1=1,2,\cdots}\frac{(-\sigma_{nx1}\cosh\beta_{n1}a+\sigma_{nx2})\cos\beta_{n1}y}{\sinh\beta_{n1}a}$$

$$\tau_1(y)=-\frac{2q}{b}\sum_{k=1,3,\cdots}\sum_{l=1,3,\cdots}t_3\sin\frac{k\pi}{2}\sin\frac{l\pi}{2}\sin\gamma_l y$$

将$\left(\dfrac{\partial^2\varphi_{21}}{\partial x\partial y}\right)_{x=0}$、$\tau_1(y)$中非 $\cos\beta_n y$ 函数在$[0,b]$区间展开为 $\sum\limits_{n=0,1,\cdots}\cos\beta_n y$ 级数。利用级数正交性，由式(a)得线性方程，左端项见式(b)，右端项为

$n=0$ 时

$$-\frac{2q}{b}\sum_{k=1,3,\cdots}\sum_{l=1,3,\cdots}t_3\sin\frac{k\pi}{2}\sin\frac{l\pi}{2}a_{06}+\sum_{m_1=1,2,\cdots}\frac{1}{\sinh\alpha_{m1}b}\sigma_{my1}a_{05} \tag{e}$$

$n>0$ 时

$$-\frac{2q}{b}\sum_{k=1,3,\cdots}\sum_{l=1,3,\cdots}t_3\sin\frac{k\pi}{2}\sin\frac{l\pi}{2}a_{n6}+\sum_{m_1=1,2,\cdots}\frac{\sigma_{my1}a_{n5}}{\sinh\alpha_{m1}b}+\frac{\sigma_{nx1}\cosh\beta_n a-\sigma_{nx2}}{\sinh\beta_n a} \tag{f}$$

式中 a_{n5}、a_{n6}分别为函数 $\cosh\alpha_{m1}(b-y)$、$\sin\gamma_l y$ 的展开系数，a_{05}、a_{06} 为 $n=0$ 时的系数值。其中 a_{n5}表达式参见附录 A 中式(A. 45)示，a_{n6}表达式为

$$\begin{cases}a_{06}=\dfrac{1}{\gamma_l b} & (n=0)\\[2ex] a_{n6}=-\dfrac{2\gamma_l}{b(\beta_n^2-\gamma_l^2)} & (n>0)\end{cases}$$

由 $x=a$ 边切向计算面力条件，得

$n=0$ 时

$$\sum_{m=1,2,\cdots}-\alpha_m^2[A_m a_{02}+B_m a_{01}+C_m(a_{01}+a_{04})+D_m(a_{02}+a_{03})]\cos m\pi+\tau_0$$

$$=\frac{2q}{b}\sum_{k=1,3,\cdots}\sum_{l=1,3,\cdots}t_3\sin\frac{k\pi}{2}\sin\frac{l\pi}{2}a_{06}+\sum_{m_1=1,2,\cdots}\frac{\sigma_{my1}a_{05}\cos m_1\pi}{\sinh\alpha_{m1}b}-\frac{\sigma_{yO}a}{b} \tag{g}$$

$n>0$ 时

$$-\sum_{m=1,2,\cdots}\alpha_m^2[A_m a_{n2}+B_m a_{n1}+C_m(a_{n1}+a_{n4})+D_m(a_{n2}+a_{n3})]\cos m\pi$$

$$-\beta_n^2[E_n\cosh\beta_n a+F_n\sinh\beta_n a+G_n(\sinh\beta_n a+\beta_n a\cosh\beta_n a)$$

$$+H_n(\cosh\beta_n a+\beta_n a\sinh\beta_n a)]=\frac{2q}{b}\sum_{k=1,3,\cdots}\sum_{l=1,3,\cdots}t_3\sin\frac{k\pi}{2}\sin\frac{l\pi}{2}a_{n6}$$

$$+\sum_{m_1=1,2,\cdots}\frac{\sigma_{my1}a_{n5}\cos m_1\pi}{\sinh\alpha_{m1}b}+\frac{\sigma_{nx1}-\sigma_{nx2}\cosh\beta_n a}{\sinh\beta_n a} \tag{h}$$

式中 a_{n1}、a_{n2}、a_{n3}、a_{n4}、a_{n5}、a_{n6}(a_{01}、a_{02}、a_{03}、a_{04}、a_{05}、a_{06})见式(a)和式(f)。

由 $y=0$ 边切向计算面力条件，有

$$- \sum_{m=1,2,\cdots} \alpha_m^2 (A_m + D_m) \cos\alpha_m x$$

$$- \sum_{n=1,2,\cdots} \beta_n^2 [E_n \cosh\beta_n x + F_n \sinh\beta_n x + G_n (\sinh\beta_n x + \beta_n x \cosh\beta_n x)$$

$$+ H_n (\cosh\beta_n x + \beta_n x \sinh\beta_n x)] - \left(\frac{\partial^2 \varphi_{21}}{\partial x \partial y}\right)_{y=0} + \tau_0 = 0$$

将$\left(\frac{\partial^2 \varphi_{21}}{\partial x \partial y}\right)_{y=0}$移到方程右端，式中非 $\cos\alpha_m x$ 函数在$[0,a]$区间展开为$\sum\limits_{m=0,1,\cdots} \cos\alpha_m x$ 级数。注意，展开级数取项必须从 $m=0$ 零开始，以确保展开级数在$[0,a]$区间内为完整的正交三角函数族。利用该级数的正交性，得 $m=0$ 时一个方程和 $m>0$ 时一组方程。

$m=0$ 时

$$- \sum_{n=1,2,\cdots,} \beta_n^2 [E_n b_{02} + F_n b_{01} + G_n (b_{01} + b_{04}) + H_n (b_{02} + b_{03})] + \tau_0$$

$$= \sum_{n_1=1,2,\cdots} \frac{\sigma_{nx1} b_{05} - \sigma_{nx2} b_{06}}{\sinh\beta_{n1} a} - \frac{\sigma_{y0} d_{01}}{b} \tag{i}$$

$m>0$ 时

$$- \alpha_m^2 (A_m + D_m)$$

$$- \sum_{n=1,2,\cdots,} \beta_n^2 [E_n b_{m2} + F_n b_{m1} + G_n (b_{m1} + b_{m4}) + H_n (b_{m2} + b_{m3})]$$

$$= - \frac{\sigma_{y0} d_{m1}}{b} + \frac{\sigma_{my1} \cosh\alpha_m b}{\sinh\alpha_m b} + \sum_{n_1=1,2,\cdots} \frac{\sigma_{nx1} b_{m5} - \sigma_{nx2} b_{m6}}{\sinh\beta_{n1} a} \tag{j}$$

式中 b_{m1}、b_{m2}、b_{m3}、b_{m4}、b_{m5}、b_{m6}、d_{m1} 分别为函数 $\sinh\beta_n x$、$\cosh\beta_n x$、$\beta_n x \sinh\beta_n x$、$\beta_n x \cosh\beta_n x$、$\cosh\beta_{n1}(a-x)$、$\cosh\beta_{n1} x$、x 的级数展开系数，b_{01}、b_{02}、b_{03}、b_{04}、b_{05}、b_{06}、d_{01} 为 $m=0$ 时的系数值。其中 b_{m1}、b_{m2}、b_{m3}、b_{m4}、d_{m1} 表达式参见附录 A 中式(A.9)、式(A.10)、式(A.11)、式(A.12)、式(A.15)；b_{m5}、b_{m6} 表达式参见式(A.13)、式(A.10)，但要将式中 β 改为 β_{n1}。

由 $y=b$ 边切向计算面力条件，得

$m=0$ 时

$$- \sum_{n=1,2,\cdots,} \beta_n^2 [E_n b_{02} + F_n b_{01} + G_n (b_{01} + b_{04}) + H_n (b_{02} + b_{03})] \cos n\pi + \tau_0$$

$$= \frac{2q}{b} \sum_{k=1,3,\cdots} \sum_{l=1,3,\cdots} t_3 \left(b_{07} - b_{08} \sin\frac{k\pi}{2}\right) - \frac{\sigma_{y0} d_{01}}{b}$$

$$+ \sum_{n_1=1,2,\cdots} \frac{(\sigma_{nx1} b_{05} - \sigma_{nx2} b_{06}) \cos n_1 \pi}{\sinh\beta_{n1} a} \tag{k}$$

$m>0$ 时

$$
\begin{aligned}
&-\alpha_m^2[A_m\cosh\alpha_m b+B_m\sinh\alpha_m b+C_m(\sinh\alpha_m b+\alpha_m b\cosh\alpha_m b)\\
&+D_m(\mathrm{conh}\alpha_m b+\alpha_m b\sinh\alpha_m b)]\\
&-\sum_{n=1,2,\cdots,}\beta_n^2[E_n b_{m2}+F_n b_{m1}+G_n(b_{m1}+b_{m4})+H_n(b_{m2}+b_{m3})]\cos n\pi\\
=&\frac{2q}{b}\sum_{k=1,3,\cdots}\sum_{l=1,3,\cdots}t_3\left(b_{m7}-b_{m8}\sin\frac{k\pi}{2}\right)-\frac{\sigma_{y0}d_{m1}}{b}+\frac{\sigma_{my1}}{\sinh\alpha_m b}\\
&+\sum_{n_1=1,2,\cdots}\frac{(\sigma_{nx1}b_{m5}-\sigma_{nx2}b_{m6})\cos n_1\pi}{\sinh\beta_{n1}a}
\end{aligned}\tag{l}
$$

式中 b_{m1}、b_{m2}、b_{m3}、b_{m4}、b_{m5}、b_{m6}、d_{m1}（b_{01}、b_{02}、b_{03}、b_{04}、b_{05}、b_{06}、d_{01}）同式(i)或式(j)。b_{m7}、b_{m8} 分别为函数 $\sin\lambda_k x$、$\cos\lambda_k x$ 的在$[0,a]$区间 $\sum\limits_{m=0,1,\cdots}\cos\alpha_m x$ 展开系数，b_{07}、b_{08} 为 $m=0$ 时的系数值。b_{m7}、b_{m8} 表达式为

$$
\begin{cases}
b_{07}=\dfrac{1}{\lambda_k a} & (m=0)\\[2ex]
b_{m7}=-\dfrac{2\lambda_k}{a(\alpha_m^2-\lambda_k^2)} & (m>0)
\end{cases}
$$

$$
\begin{cases}
b_{08}=\dfrac{1}{\lambda_k a}\sin\dfrac{k\pi}{2} & (m=0)\\[2ex]
b_{m8}=-\dfrac{2\lambda_k\sin\dfrac{k\pi}{2}\cos m\pi}{a(\alpha_m^2-\lambda_k^2)} & (m>0)
\end{cases}
$$

式(3.53)所示的精确方程及式(f)、式(h)、式(j)、式(l)四个有效方程与τ_0无关，由此可解出通解φ_1中八个待定系数。式(e)、式(g)、式(i)、式(k)四个附加方程均与τ_0有关，任选一个解出τ_0值，并验算其余三个是否为恒等式，以校核计算过程是否有误。

由应力函数 φ 推导相应应力分量，并与角点力 R_A、R_C应力解相加得简支深梁应力分布。

取 $a=b=1.0$，$q=1.0$，φ_1 中级数取前 8 项，角点力应力解和特解φ_{21}中级数取前 50 项进行计算。表 3.1 列出跨中截面正应力分布(剪应力均为零值)，并与有限元值和半逆解法结果进行比较，其中有限元计算时采用 16×16 四边八节点等参元。理论结果与有限元值均呈现拱模型受力机制，在主要受力区(截面上部)二者结果十分吻合。受力模型也与结构试验相同。而传统半逆解法所得应力分布与实际受力不符。

表 3.1　简支深梁跨中截面应力分布

计算点		理论值		有限元值		半逆解法值	
x/a	y/b	σ_x	σ_y	σ_x	σ_y	σ_x	σ_y
	0	−0.271	−1.006	−0.272	−1.004	−0.950	−1.000
	0.125	−0.220	−0.959	−0.226	−0.961	−0.548	−0.957
	0.25	−0.274	−0.852	−0.280	−0.854	−0.288	−0.844
	0.375	−0.370	−0.683	−0.379	−0.681	−0.120	−0.684
0.5	0.5	−0.450	−0.441	−0.461	−0.433	0	−0.500
	0.625	−0.392	−0.157	−0.400	−0.139	0.120	−0.316
	0.75	0.014	0.056	0.017	0.084	0.288	−0.156
	0.875	0.932	0.010	0.928	0.089	0.548	−0.043
	1.0	0.912	0.000	1.997	−0.009	0.950	0.000

3.7　一边法向支承平面问题

一边法向支承、三边法向自由平面问题有四类：①$Nx3$-$Ny1$ 类平面问题（图 3.11(a)），②$Nx2$-$Ny1$ 类平面问题（图 3.11(b)），③$Nx1$-$Ny3$ 类平面问题（图 3.11(c)），④$Nx1$-$Ny2$ 类平面问题（图 3.11(d)）。每类平面问题都有图 3.9 所示 16 种切向边界条件。当不考虑点支座设置时，一边法向支承平面问题包含 64 种不同的边界条件。

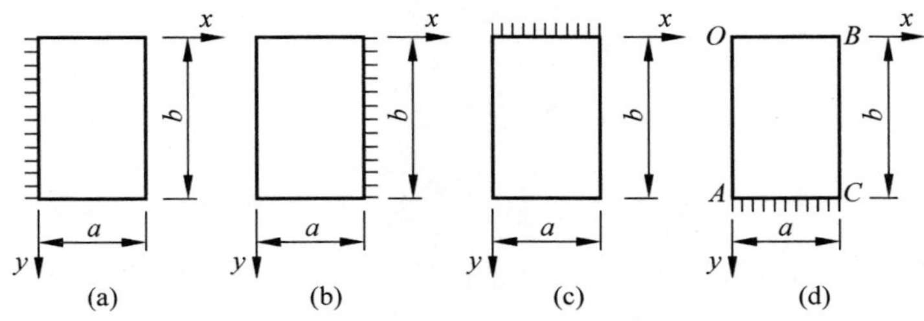

图 3.11　一边法向支承平面问题

本节主要讨论 $Nx1$-$Ny2$ 类平面问题应力函数解的求解方法。

设 $y=b$ 边原法向位移为 $v=\varphi_4(x)$，角点 A、C 在 y 轴向位移值分别为 v_A、v_C。利用该位移条件将所有 y 轴向边界位移进行调整。如果 $x=0$ 和 $x=a$ 为切向自由边，只须调整 $y=b$ 边法向位移（见式(a)第 3 式）；如果 $x=0$ 和 $x=a$ 为切向支承边，设原切向位移分别为 $\varphi_1(y)$、$\varphi_2(y)$，则调整后

的边界位移条件为

$$\begin{cases} x=0: v=v_1(y)=\varphi_1(y)-v_A \\ x=a: v=v_2(y)=\varphi_2(y)-v_C \\ y=b: v=v_4(x)=\varphi_4(x)-v_A-\dfrac{(v_C-v_A)x}{a} \end{cases} \tag{a}$$

调整后的位移条件不包含 y 轴向的刚体平动和刚体转动成分，A、C 角点在 y 轴向位移均为零值，$y=b$ 边法向位移的级数展开式和相应特解 φ_{22} 更简单。由于所有 y 轴向位移同时叠加相同的刚体位移，位移调整不影响平面问题应力分布。

3.7.1 $Nx1$-$Ny2$ 类平面问题应力函数

应力函数通解

$$\varphi_1=\sum_{m=1,2,\cdots}(A_m\sinh\alpha_m y+B_m\cosh\alpha_m y+C_m\alpha_m y\sinh\alpha_m y+D_m\alpha_m y\cosh\alpha_m y)\sin\alpha_m x+\sum_{n=1,3,\cdots}(E_n\sinh\gamma_n x+F_n\cosh\gamma_n x+G_n\gamma_n x\sinh\gamma_n x+H_n\gamma_n x\cosh\gamma_n x)\sin\gamma_n y \tag{3.54}$$

式中 $\alpha_m=\dfrac{m\pi}{a}$，$\gamma_n=\dfrac{n\pi}{2b}$。$A_m$、$B_m$、$C_m$、$D_m$、$E_n$、$F_n$、$G_n$、$H_n$ 为待定系数。

将法向面力和调整后的法向位移格式化。设 $(\sigma_x)_{x=0}=\sigma_1(y)$，$(\sigma_x)_{x=a}=\sigma_2(y)$。函数 $\sigma_1(y)$、$\sigma_2(y)$ 在 $[0,b]$ 区间展开为 $\sum\limits_{n_1=1,3,\cdots}\sin\gamma_{n1}y$ 级数，$\gamma_{n1}=\dfrac{n_1\pi}{2b}$。有

$$\begin{cases} \sigma_1(y)=\sigma_{xO}+\sum\limits_{n_1=1,3,\cdots}\sigma_{nx1}\sin\gamma_{n1}y \\ \sigma_2(y)=\sigma_{xB}+\sum\limits_{n_1=1,3,\cdots}\sigma_{nx2}\sin\gamma_{n1}y \end{cases} \tag{3.55}$$

式中 σ_{xO}、σ_{xB} 分别为角点 O、B 在 x 轴向应力值，σ_{nx1}、σ_{nx2} 分别为 $[\sigma_1(y)-\sigma_{xO}]$ 和 $[\sigma_2(y)-\sigma_{xB}]$ 的级数展开系数。

设 $(\sigma_y)_{y=0}=\sigma_3(x)$，$(v)_{y=b}=v_4(x)$。将面力函数 $\sigma_3(x)$、位移函数 $v_4(x)$ 在 $[0,a]$ 区间展开为 $\sum\limits_{m_1=1,2,\cdots}\sin\alpha_{m1}x$ 级数，$\alpha_{m1}=\dfrac{m_1\pi}{a}$。有

$$\begin{cases} \sigma_3(x)=\sigma_{yO}+\dfrac{(\sigma_{yB}-\sigma_{yO})x}{a}+\sum\limits_{m_1=1,2,\cdots}\sigma_{my1}\sin\alpha_{m1}x \\ v_4(x)=\sum\limits_{m_1=1,2,\cdots}v_{my2}\sin\alpha_{m1}x \end{cases} \tag{3.56}$$

式中 σ_{yO}、σ_{yB} 分别为角点 O、B 在 y 轴向应力值，σ_{my1} 为$[\sigma_3(x)-\sigma_{yO}-(\sigma_{yB}-\sigma_{yO})(x/a)]$的级数展开系数。由于调整后 A、C 角点在 y 轴向位移均为零值，$y=b$ 边位移展开式中不用单列角点位移值。

由三边法向面力，得

$$\varphi_{21}=\left[\sigma_{xO}+\frac{(\sigma_{xB}-\sigma_{xO})x}{a}\right]\frac{y^2}{2}+\left[\frac{\sigma_{yO}x^2}{2}+\frac{(\sigma_{yB}-\sigma_{yO})x^3}{6a}\right]$$
$$-\sum_{n_1=1,3,\cdots}\frac{1}{\gamma_{n1}^2\sinh\gamma_{n1}a}[\sigma_{nx1}\sinh\gamma_{n1}(a-x)+\sigma_{nx2}\sinh\gamma_{n1}x]\sin\gamma_{n1}y$$
$$-\sum_{m_1=1,2,\cdots}\frac{\sigma_{my1}\cosh\alpha_{m1}(b-y)\sin\alpha_{m1}x}{\alpha_{m1}^2\cosh\alpha_{m1}b}\tag{3.57}$$

由 $y=b$ 边法向位移，得

$$\varphi_{22}=-\sum_{m_1=1,2,\cdots}\frac{E}{1+\mu}\frac{v_{my2}\sinh\alpha_{m1}y\sin\alpha_{m1}x}{\alpha_{m1}\cosh\alpha_{m1}b}\tag{3.58}$$

$\varphi_{23}=-\tau_0xy$。τ_0 为边界常量剪应力。φ_{21}、φ_{22} 构建过程见附录 D。

3.7.2 $Nx1$-$Ny2$ 类平面问题计算边值条件对应的方程

推导应力函数 φ 对应的应力分量、位移分量。利用角点 A、C 在 y 轴向位移为零值和其他条件确定位移分量中刚体位移常数。

引入法向面力和法向位移边值条件，并利用通解中两个级数的正交性，得 $x=0$、$x=a$、$y=0$、$y=b$ 边界对应的精确方程

$$\begin{cases}F_n=0\\ E_n\sinh\gamma_na+F_n\cosh\gamma_na+G_n\gamma_na\sinh\gamma_na+H_n\gamma_na\cosh\gamma_na=0\\ B_m=0\\ A_m(1+\mu)\cosh\alpha_mb+B_m(1+\mu)\sinh\alpha_mb+C_m[(\mu-1)\sinh\alpha_mb\\ \quad+(1+\mu)\alpha_mb\cosh\alpha_mb]+D_m[(\mu-1)\cosh\alpha_mb+(1+\mu)\alpha_mb\sinh\alpha_mb]=0\end{cases}\tag{3.59}$$

式(3.59)是 $Nx1$-$Ny2$ 类平面问题共有的精确方程。

引入切向面力和切向位移边值条件，设 $x=0$ 为切向自由边，切向面力计算边值条件为：$(\tau_{xy})_{x=0}=\tau_1(y)$，代入应力函数后，有

$$-\sum_{m=1,2,\cdots}\alpha_m^2[A_m\cosh\alpha_my+B_m\sinh\alpha_my+C_m(\sinh\alpha_my+\alpha_my\cosh\alpha_my)$$
$$+D_m(\cosh\alpha_my+\alpha_my\sinh\alpha_my)]-\sum_{n=1,3,\cdots}\gamma_n^2(E_n+H_n)\cos\gamma_ny$$
$$-\left(\frac{\partial^2\varphi_{21}}{\partial x\partial y}\right)_{x=0}-\left(\frac{\partial^2\varphi_{22}}{\partial x\partial y}\right)_{x=0}+\tau_0=\tau_1(y)\tag{b}$$

φ_1中原级数 $\sum\limits_{m=1,2,\cdots}\sin\alpha_m x$ 变为数项级数，原级数 $\sum\limits_{n=1,3,\cdots}\sin\gamma_n y$ 变为 $\sum\limits_{n=1,3,\cdots}\cos\gamma_n y$，级数取项数不变。特解$\varphi_{21}$、$\varphi_{22}$ 中原级数也有类似变化。

将$\left(\dfrac{\partial^2\varphi_{21}}{\partial x\partial y}\right)_{x=0}$、$\left(\dfrac{\partial^2\varphi_{22}}{\partial x\partial y}\right)_{x=0}$ 移到方程右端，并将式中非 $\cos\gamma_n y$ 函数在$[0,b]$区间展开为 $\sum\limits_{n=1,3,\cdots}\cos\gamma_n y$。利用级数正交性，得有效方程，其左端项为

$$-\sum_{m=1,2,\cdots}\alpha_m^2[A_m a_{n2}+B_m a_{n1}+C_m(a_{n1}+a_{n4})+D_m(a_{n2}+a_{n3})]$$
$$-\gamma_n^2(E_n+H_n)+\tau_0 c_{n0} \tag{c}$$

式中 a_{n1}、a_{n2}、a_{n3}、a_{n4}、c_{n0}分别为 $\sinh\alpha_m y$、$\cosh\alpha_m y$、$\alpha_m y\sinh\alpha_m y$、$\alpha_m y\cosh\alpha_m y$、$y^0$的级数展开系数，其值参见附录 A 中式(A. 57)、式(A. 58)、式(A. 59)、式(A. 60)、式(A. 62)。方程右端项可参照 3. 6 节分析方法确定。有效方程中含有τ_0值。

式(b)中非 $\cos\gamma_n y$ 函数在$[0,b]$区间展开为级数实质上是对边界切向面力和其他函数表示的切向面力进行格式化处理。在 $y=b$ 时级数 $\sum\limits_{n=1,3,\cdots}\cos\gamma_n y$ 为零值，级数表达式无法包容 $x=0$ 边界上、$y=b$ 端点函数值。但由于邻边 $y=b$ 为法向支承边，$x=0$ 边界上、$y=b$ 端点的切向面力可由邻边的法向支承直接传递；因此，级数展开式不必单列 $y=b$ 端点函数值，可以包容 $x=0$ 边界上切向面力的全部作用效应。

引入 $x=a$ 边切向面力条件也可得类似的有效方程。有效方程中含有τ_0值。

如果 $y=0$ 为切向自由边，切向面力条件为：$(\tau_{xy})_{y=0}=\tau_3(x)$，代入应力函数后，有

$$-\sum_{m=1,2,\cdots}\alpha_m^2(A_m+D_m)\cos\alpha_m x-\sum_{n=1,3,\cdots}\gamma_n^2[E_n\cosh\gamma_n x+F_n\sinh\gamma_n x$$
$$+G_n(\sinh\gamma_n x+\gamma_n x\cosh\gamma_n x)+H_n(\cosh\gamma_n x+\gamma_n x\sinh\gamma_n x)]$$
$$-\left(\frac{\partial^2\varphi_{21}}{\partial x\partial y}\right)_{y=0}-\left(\frac{\partial^2\varphi_{22}}{\partial x\partial y}\right)_{y=0}+\tau_0=\tau_3(x) \tag{d}$$

将$\left(\dfrac{\partial^2\varphi_{21}}{\partial x\partial y}\right)_{y=0}$、$\left(\dfrac{\partial^2\varphi_{22}}{\partial x\partial y}\right)_{y=0}$ 移到方程右端，并将式中非 $\cos\alpha_m x$ 函数在$[0,a]$区间展开为 $\sum\limits_{m=0,1,\cdots}\cos\alpha_m x$ 级数。展开式中 m 的取值要从零开始。利

用级数正交性得 $m=0$ 时一个附加方程和 $m>0$ 时一组有效方程，方程左端项为

$$
\begin{cases}
m=0: \sum\limits_{n=1,3,\cdots,} \gamma_n^2 [E_n b_{02} + F_n b_{01} + G_n (b_{01} + b_{04}) + H_n (b_{02} + b_{03})] + \tau_0 \\
m>0: -\alpha_m^2 (A_m + D_m) - \sum\limits_{n=1,3,\cdots,} \gamma_n^2 [E_n b_{m2} + F_n b_{m1} + G_n (b_{m1} + b_{m4}) \\
\qquad + H_n (b_{m2} + b_{m3})]
\end{cases}
\tag{e}
$$

式中 b_{m1}、b_{m2}、b_{m3}、b_{m4} 分别为函数 $\sinh\gamma_n x$、$\cosh\gamma_n x$、$\gamma_n x\sinh\gamma_n x$、$\gamma_n x\cosh\gamma_n x$ 的级数展开系数，b_{01}、b_{02}、b_{03}、b_{04} 为 $m=0$ 时的系数值。其表达式见附录 A 中式(A.9)、式(A.10)、式(A.11)、式(A.12)，但要将式中 β 改为 γ_n。

附加方程表示边界上常量剪应力的平衡关系，包含 τ_0；有效方程表示非常量剪应力的平衡关系，不包含 τ_0。

设 $y=b$ 边界上切向面力条件为：$(\tau_{xy})_{y=b}=\tau_4(x)$，代入应力函数后，有

$$
\begin{aligned}
& -\sum_{m=1,2,\cdots} \alpha_m^2 [A_m \cosh\alpha_m b + B_m \sinh\alpha_m b + C_m (\sinh\alpha_m b + \alpha_m b\cosh\alpha_m b) \\
& + D_m (\mathrm{conh}\alpha_m b + \alpha_m b\sinh\alpha_m b)]\cos\alpha_m x \\
& - \left(\frac{\partial^2 \varphi_{21}}{\partial x\partial y}\right)_{y=b} - \left(\frac{\partial^2 \varphi_{22}}{\partial x\partial y}\right)_{y=b} + \tau_0 = \tau_4(x)
\end{aligned}
\tag{f}
$$

将特解 φ_{21}、φ_{22} 有关项移到方程右端，并将式中非 $\cos\alpha_m x$ 函数在 $[0,a]$ 区间展开为 $\sum\limits_{m=0,1,\cdots} \cos\alpha_m x$ 级数。利用级数正交性得 $m=0$ 时一个附加方程和 $m>0$ 时一组有效方程。有效方程不包含 τ_0；而附加方程左端项中仅包含 τ_0，不包含 φ_1 中的待定系数，从而可以直接求解 τ_0 值。

当存在切向支承边时，切向位移条件对应的方程有以下特点。

在 $x=0$、$x=a$ 边界切向位移条件对应的方程中，式中非 $\cos\gamma_n y$ 函数在 $[0,b]$ 区间展开为 $\sum\limits_{n=1,3,\cdots} \cos\gamma_n y$ 级数，利用级数正交性得一组有效方程。有效方程可能包含 τ_0，也可能不含 τ_0。式中非 $\cos\gamma_n y$ 函数展开为级数实质上是对边界切向位移和其他函数表示的切向位移进行格式化处理。级数 $\sum\limits_{n=1,3,\cdots} \cos\gamma_n y$ 在 $y=b$ 端点为零值，无法包容端点切向位移值；但由于邻边 $y=b$ 为法向支承边，$x=0$ 或 $x=a$ 边界、在 $y=b$ 端点切向位移作用效应可由邻边端点法向位移体现。端点切向位移无意义。级数展开式可不包容端点切向位移值，但包容边界切向位移的全部作用效应。

在 $y=0$ 和 $y=b$ 边界切向位移条件对应的方程中，式中非 $\cos\alpha_m x$ 函数在[0,a]区间展开为 $\sum_{m=0,1,\cdots}\cos\alpha_m x$ 级数，利用级数正交性得 $m=0$ 时一个附加方程和 $m>0$ 时一组有效方程。有效方程中不包含 τ_0，附加方程中可能包含 τ_0，也可能不包含 τ_0。

由四边切向计算边值条件可得四组有效方程和两个附加方程。当 $y=b$ 为切向自由边时，可先利用该边的附加方程求解 τ_0 值，后利用精确方程和有效方程确定 φ_1 中待定系数。否则，要联立精确方程、有效方程和一个附加方程同时求解 φ_1 中待定系数和 τ_0，另一个附加方程为恒等式。

3.7.3　通用规则

下列方法具有普遍适用性，以后各节均会参照采用。

(1) 当存在法向支承边时，利用法向位移边界条件对同一方向所有位移条件进行调整，以消除位移条件中包含的刚体位移成分。

(2) 调整后的边界法向位移在边界区间内要展成三角级数表达式。级数类型和同方向通解中的相同，但取项数不同，改变级数参数写法以示区别。级数必须包容原函数的全部内容，如果级数在边界端点为零值，端点位移不为零时必须单列。用调整后的位移条件构造特解 φ_{22}。

(3) 在切向面力和切向位移对应的方程中，要对面力或位移进行格式化处理。将各种不同函数表示的面力或位移在作用区间内展成同一种三角级数表达式。如果级数在区间端点为零值，展开式可不必单列端点函数值，因为该端点的邻边一定为法向支承边，展开式可以包容原函数的全部作用效应。

【算例3.3】 图3.12所示悬臂构件，尺寸为 a、b，分别作用水平均布力 q 和角点集中力 F，$y=b$ 边界无位移，求应力分布。

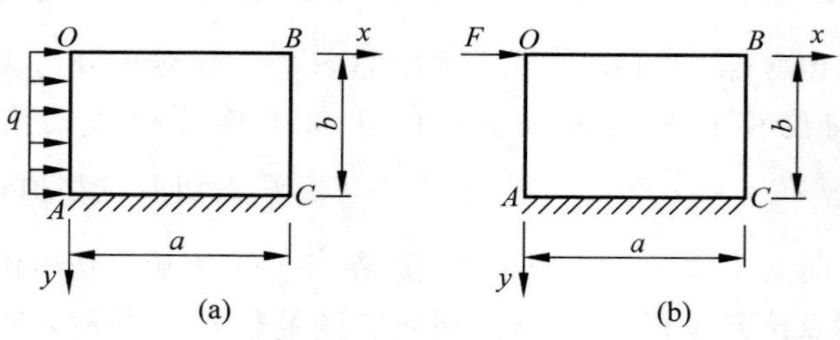

图3.12　悬臂构件受力示图

解：（一）悬臂构件承受水平均布力 q

（1）由于无体力和角点力作用，实有边界条件即为计算边值条件：

$$\begin{cases} x=0:\sigma_x=-q,\tau_{xy}=0 \\ x=a:\sigma_x=0,\tau_{xy}=0 \\ y=0:\sigma_y=0,\tau_{xy}=0 \\ y=b:v=0,u=0 \end{cases}$$

（2）应力函数

φ_1见式(3.54)。在式(3.55)和式(3.56)中，除$\sigma_{xO}=-q$外，其余展开系数为零值。应力函数特解$\varphi_{21}=-\dfrac{(a-x)qy^2}{2a}$，$\varphi_{22}=0$，$\varphi_{23}=-\tau_0 xy$。

推导应力函数对应的应力分量、位移分量，并取 $x=0$、$y=b$ 时 $u=0$、$v=0$ 和 $x=a$、$y=b$ 时 $v=0$ 确定刚体位移常数。有

$$\begin{aligned} u=\frac{1}{E}\Bigg\{&-\alpha_m\sum_{m=1,2,\cdots}\{A_m(1+\mu)\sinh\alpha_m y+B_m(1+\mu)\cosh\alpha_m y \\ &+C_m[2\cosh\alpha_m y+(1+\mu)\alpha_m y\sinh\alpha_m y] \\ &+D_m[2\sinh\alpha_m y+(1+\mu)\alpha_m y\cosh\alpha_m y]\}\cos\alpha_m x \\ &-\sum_{n=1,3,\cdots}\gamma_n\{E_n(1+\mu)\cosh\gamma_n x+F_n(1+\mu)\sinh\gamma_n x \\ &+G_n[(\mu-1)\sinh\gamma_n x+(\mu+1)\gamma_n x\cosh\gamma_n x] \\ &+H_n[(\mu-1)\cosh\gamma_n x+(\mu+1)\gamma_n x\sinh\gamma_n x]\}\sin\gamma_n y \\ &-\frac{q}{a}\left(ax-\frac{x^2}{2}\right)-\frac{(2+\mu)qy^2}{2a}+2(1+\mu)\tau_0 y\Bigg\}+d_0 y+d_1 \end{aligned}$$

$$\begin{aligned} v=\frac{1}{E}\Bigg\{&\sum_{m=1,2,\cdots}-\alpha_m\{A_m(1+\mu)\cosh\alpha_m y+B_m(1+\mu)\sinh\alpha_m y \\ &+C_m[(\mu-1)\sinh\alpha_m y+(1+\mu)\alpha_m y\cosh\alpha_m y] \\ &+D_m[(\mu-1)\cosh\alpha_m y+(1+\mu)\alpha_m y\sinh\alpha_m y]\}\sin\alpha_m x \\ &-\sum_{n=1,3,\cdots}\gamma_n\{E_n(1+\mu)\sinh\gamma_n x+F_n(1+\mu)\cosh\gamma_n x \\ &+G_n[2\cosh\gamma_n x+(\mu+1)\gamma_n x\sinh\gamma_n x] \\ &+H_n[2\sinh\gamma_n x+(\mu+1)\gamma_n x\cosh\gamma_n x]\}\cos\gamma_n y \\ &+\frac{\mu(a-x)qy}{a}\Bigg\}-d_0 x+d_2 \end{aligned}$$

式中

$$d_0=-\frac{\mu bq}{Ea}$$

$$d_1=\frac{1}{E}\left\{\sum_{m=1,2,\cdots}\alpha_m\{A_m(1+\mu)\sinh\alpha_m b+B_m(1+\mu)\cosh\alpha_m b\right.$$
$$+C_m[2\cosh\alpha_m b+(1+\mu)\alpha_m b\sinh\alpha_m b]$$
$$+D_m[2\sinh\alpha_m b+(1+\mu)\alpha_m b\cosh\alpha_m b]\}$$
$$+\sum_{n=1,3,\cdots}\gamma_n[E_n(1+\mu)+H_n(\mu-1)]\sin\frac{n\pi}{2}$$
$$\left.+\frac{(2+3\mu)b^2q}{2a}-2(1+\mu)\tau_0 b\right\}$$
$$d_2=-\frac{\mu bq}{E}$$

(3) 引入四边计算边值条件

由四边法向计算边值条件得式(3.59)所示精确方程。

由 $x=0$ 边切向面力条件得有效方程,其中左端项同式(c),全式为

$$-\sum_{m=1,2,\cdots}\alpha_m^2[A_m a_{n2}+B_m a_{n1}+C_m(a_{n1}+a_{n4})+D_m(a_{n2}+a_{n3})]$$
$$-\gamma_n^2(E_n+H_n)+\tau_0 c_{n0}=\frac{qc_{n1}}{a}\tag{g}$$

式中 a_{n1}、a_{n2}、a_{n3}、a_{n4}、c_{n0} 同式(c)。c_{n1} 为 y 在$[0,b]$区间 $\sum\limits_{n=1,3,\cdots}\cos\gamma_n y$ 的展开系数,其值见附录A式(A.63)所示。

由 $x=a$ 边切向面力条件得有效方程

$$-\sum_{m=1,2,\cdots}\alpha_m^2[A_m a_{n2}+B_m a_{n1}+C_m(a_{n1}+a_{n4})+D_m(a_{n2}+a_{n3})]\cos m\pi$$
$$-\gamma_n^2[E_n\cosh\gamma_n a+F_n\sinh\gamma_n a+G_n(\sinh\gamma_n a+\gamma_n a\cosh\gamma_n a)$$
$$+H_n(\cosh\gamma_n a+\gamma_n a\sinh\gamma_n a)]+\tau_0 c_{n0}=\frac{qc_{n1}}{a}\tag{h}$$

式中 a_{n1}、a_{n2}、a_{n3}、a_{n4}、c_{n0}、c_{n1} 同式(c)和式(g)。

由 $y=0$ 边切向面力条件得 $m=0$ 时一个附加方程和 $m>0$ 时一组有效方程,方程左端项同式(e),右端项为零值。全式为

$m=0$ 时:

$$\sum_{n=1,3,\cdots}\gamma_n^2[E_n b_{02}+F_n b_{01}+G_n(b_{01}+b_{04})+H_n(b_{02}+b_{03})]+\tau_0=0\tag{i}$$

$m>0$ 时:

$$-\alpha_m^2(A_m+D_m)-\sum_{n=1,3,\cdots}\gamma_n^2[E_n b_{m2}+F_n b_{m1}+G_n(b_{m1}+b_{m4})$$
$$+H_n(b_{m2}+b_{m3})]=0\tag{j}$$

由 $y=b$ 边切向位移条件得 $m=0$ 时一个附加方程和 $m>0$ 时一组有效方程。

$m=0$ 时：

$$-\sum_{n=1,3,\cdots}\gamma_n\{E_n(1+\mu)b_{02}+F_n(1+\mu)b_{01}+G_n[(\mu-1)b_{01}+(\mu+1)b_{04}]$$

$$+H_n[(\mu-1)b_{02}+(\mu+1)b_{03}]\}\sin\frac{n\pi}{2}$$

$$=q\left(d_{01}-\frac{d_{02}}{2a}\right)-\sum_{n=1,3,\cdots}\gamma_n[E_n(1+\mu)+H_n(\mu-1)]\sin\frac{n\pi}{2}$$

$$-\sum_{m=1,2,\cdots}\alpha_m\{A_m(1+\mu)\sinh\alpha_m b+B_m(1+\mu)\cosh\alpha_m b+C_m[2\cosh\alpha_m b$$

$$+(1+\mu)\alpha_m b\sinh\alpha_m b]+D_m[2\sinh\alpha_m b+(1+\mu)\alpha_m b\cosh\alpha_m b]\} \tag{k}$$

$m>0$ 时：

$$-\alpha_m\{A_m(1+\mu)\sinh\alpha_m b+B_m(1+\mu)\cosh\alpha_m b+C_m[2\cosh\alpha_m b$$

$$+(1+\mu)\alpha_m b\sinh\alpha_m b]+D_m[2\sinh\alpha_m b+(1+\mu)\alpha_m b\cosh\alpha_m b]\}$$

$$-\sum_{n=1,3,\cdots}\gamma_n\{E_n(1+\mu)b_{m2}+F_n(1+\mu)b_{m1}$$

$$+G_n[(\mu-1)b_{m1}+(\mu+1)b_{m4}]$$

$$+H_n[(\mu-1)b_{m2}+(\mu+1)b_{m3}]\}\sin\frac{n\pi}{2}$$

$$=q\left(d_{m1}-\frac{d_{m2}}{2a}\right) \tag{l}$$

式(i)、式(j)、式(k)、式(l)中 b_{m1}、b_{m2}、b_{m3}、b_{m4}(b_{01}、b_{02}、b_{03}、b_{04})同式(e)，d_{m1}、d_{m2}分别为 x、x^2 在$[0,a]$区间 $\sum\limits_{m=0,1,\cdots}\cos\alpha_m x$ 的展开系数，d_{01}、d_{02} 为 $m=0$ 时的展开值，其表达式见附录 A 式(A.15)、式(A.16)所示。

联立精确方程式(3.59)，有效方程式(g)、式(h)、式(j)、式(l)和附加方程式(i)可求解φ_1中待定系数和τ_0值，式(k)所示附加方程为恒等式。

式(k)右端项再现含有 A_m、B_m、C_m、D_m、E_n、F_n 的数项级数是因为刚体平动位移常数 d_1。这类方程若参与计算将会降低数值计算精度，应避免。当 $y=0$、$y=b$ 均为切向支承边时，切向位移条件所得 $m=0$ 时两个附加方程都含有相同表达式的数项级数。这时可用差方程方法删去方程右端项的待定系数(见 3.8 节[算例 3.5](二))。

取 $a=b=1.0$，$E=1.0$，$\mu=0.3$，$q=1.0$，φ_1 中级数取前 8 项。表 3.2 列出三种方法计算的中部截面($y=0.5b$)和固定端截面($y=b$)弯曲正应力和

剪应力分布。在中部截面上，理论结果与有限元结果是非常相近，前2位有效数字基本相同；而半逆解法结果与之相比有一定差异，但分布规律相同。在固定端截面上，理论结果与有限元结果略有差异，而半逆解法结果与之相比差异更大，甚至剪应力分布规律均发生改变。这是因为理论解法可以满足固定边所有点的位移条件，有限元法仅满足单元节点处的位移条件，而半逆解法只能满足边界中点处位移条件。

表3.2　水平均布力作用时悬臂构件应力分布

计算点		理论值		有限元值		半逆解法值	
x/a	y/b	σ_y	τ_{xy}	σ_y	τ_{xy}	σ_y	τ_{xy}
0		0.456	−0.098	0.462	−0.001	0.55	0
0.25		0.471	−0.553	0.470	−0.556	0.463	−0.563
0.5	0.5	0.032	−0.748	0.032	−0.750	0	−0.75
0.75		−0.446	−0.577	−0.445	−0.580	−0.463	−0.563
1		−0.616	−0.050	−0.618	−0.003	−0.55	0
0		5.643	−2.147	8.200	−2.877	2.8	0
0.25		0.855	−1.111	0.819	−1.071	1.588	−1.125
0.5	1.0	−0.103	−0.957	−0.111	−0.902	0	−1.5
0.75		−1.016	−0.815	−1.003	−0.765	−1.588	−1.125
1		−4.328	−1.065	−5.593	−1.381	−2.8	0

（二）悬臂构件承受角点集中力 F

(1) 角点集中力 F 作用应力解

由附录B中式(B.3)知，F 作用应力解为

$$\begin{cases} \sigma_x = -\sum\limits_{k=1,3,\cdots}\sum\limits_{l=1,3,\cdots} t_4 \dfrac{4F}{ab}\sin\lambda_k x\cos\gamma_l y \\ \sigma_y = -\sum\limits_{k=1,3,\cdots}\sum\limits_{l=1,3,\cdots} t_5 \dfrac{4F}{ab}\sin\lambda_k x\cos\gamma_l y \\ \tau_{xy} = \sum\limits_{k=1,3,\cdots}\sum\limits_{l=1,3,\cdots} t_6 \dfrac{4F}{ab}\cos\lambda_k x\sin\gamma_l y \end{cases}$$

式中 $\lambda_k=\dfrac{k\pi}{2a}$，$\gamma_l=\dfrac{l\pi}{2b}$，$t_4$、$t_5$、$t_6$ 见附录B中式(B.4)。

由应力解推导位移分量，并取 $x=0$、$y=b$ 时 $u=0$、$v=0$ 和 $x=a$、$y=b$ 时 $v=0$ 确定刚体位移常数。角点力激发的位移为

$$u=\frac{1}{E}\sum_{k=1,3,\cdots}\sum_{l=1,3,\cdots}\frac{4F}{ab}\frac{1}{\lambda_k}(t_4-\mu t_5)\cos\lambda_k x\cos\gamma_l y$$

$$+\frac{y-b}{Ea}\sum_{k=1,3,\cdots}\sum_{l=1,3,\cdots}\frac{4F}{ab}\frac{1}{\gamma_l}(\mu t_4-t_5)\cos\frac{k\pi}{2}\cos\frac{l\pi}{2}$$

$$v=\frac{1}{E}\sum_{k=1,3,\cdots}\sum_{l=1,3,\cdots}\frac{4F}{ab}\frac{1}{\gamma_l}(\mu t_4-t_5)\sin\lambda_k x\sin\gamma_l y$$

$$-\frac{x}{Ea}\sum_{k=1,3,\cdots}\sum_{l=1,3,\cdots}\frac{4F}{ab}\frac{1}{\gamma_l}(\mu t_4-t_5)\sin\frac{k\pi}{2}\sin\frac{l\pi}{2}$$

(2) 计算边值条件

F 作用应力解在边界处激发的面力或位移反向作用在相应边界上即为计算边值条件。

$x=0$ 边：

$$\begin{cases}\sigma_x=0\\ \tau_{xy}=-\sum\limits_{k=1,3,\cdots}\sum\limits_{l=1,3,\cdots}t_6\dfrac{4F}{ab}\sin\gamma_l y\end{cases}$$

$x=a$ 边：

$$\begin{cases}\sigma_x=\sum\limits_{k=1,3,\cdots}\sum\limits_{l=1,3,\cdots}t_4\dfrac{4F}{ab}\sin\dfrac{k\pi}{2}\cos\gamma_l y\\ \tau_{xy}=0\end{cases}$$

$y=0$ 边：

$$\begin{cases}\sigma_y=\sum\limits_{k=1,3,\cdots}\sum\limits_{l=1,3,\cdots}t_5\dfrac{4F}{ab}\sin\lambda_k x\\ \tau_{xy}=0\end{cases}$$

$y=b$ 边：

$$\begin{cases}u=0\\ v=-\dfrac{1}{E}\sum\limits_{k=1,3,\cdots}\sum\limits_{l=1,3,\cdots}\dfrac{4F}{ab}\dfrac{1}{\gamma_l}(\mu t_4-t_5)\sin\dfrac{l\pi}{2}\sin\lambda_k x\\ \qquad+\dfrac{x}{Ea}\sum\limits_{k=1,3,\cdots}\sum\limits_{l=1,3,\cdots}\dfrac{4F}{ab}\dfrac{1}{\gamma_l}(\mu t_4-t_5)\sin\dfrac{k\pi}{2}\sin\dfrac{l\pi}{2}\end{cases}$$

(3) 将计算边值条件中的法向面力和法向位移格式化

$x=0$、$x=a$ 边法向面力按式(3.55)格式化，其中$\sigma_{xO}=0$，$\sigma_{nx1}=0$，

$$\sigma_{xB}=\sum_{k=1,3,\cdots}\sum_{l=1,3,\cdots}\frac{4F}{ab}t_4\sin\frac{k\pi}{2}$$

$$\sigma_{nx2}=\sum_{k=1,3,\cdots}\sum_{l=1,3,\cdots}\frac{4F}{ab}t_4\sin\frac{k\pi}{2}(a_{n6}-c_{n0})$$

式中 c_{n0}、a_{n6}分别为 y^0、$\cos\gamma_l y$ 在[0,b]区间 $\sum\limits_{n_1=1,3,\cdots}\sin\gamma_{n1}y$ 的展开系数。

$$c_{n0}=\frac{1}{\gamma_{n1}b},\quad a_{n6}=\begin{cases}\dfrac{2\gamma_{n1}-2\gamma_l\sin\dfrac{l\pi}{2}\sin\dfrac{n_1\pi}{2}}{b(\gamma_{n1}^2-\gamma_l^2)} & (\gamma_{n1}\neq\gamma_l)\\[2ex] \dfrac{1}{\gamma_{n1}b} & (\gamma_{n1}=\gamma_l)\end{cases}$$

$y=0$、$y=b$ 边法向面力和法向位移按式(3.56)格式化，其中

$$\sigma_{yO}=0,\quad \sigma_{yB}=\sum_{k=1,3,\cdots}\sum_{l=1,3,\cdots}\frac{4F}{ab}t_5\sin\frac{k\pi}{2}$$

$$\sigma_{my1}=\sum_{k=1,3,\cdots}\sum_{l=1,3,\cdots}\frac{4F}{ab}t_5\left(b_{m6}-\frac{\sin\dfrac{k\pi}{2}}{a}d_{m1}\right)$$

$$v_{my2}=\frac{1}{E}\sum_{k=1,3,\cdots}\sum_{l=1,3,\cdots}\frac{4F}{ab}\frac{1}{\gamma_l}(t_5-\mu t_4)\sin\frac{l\pi}{2}\left(b_{m6}-\frac{\sin\dfrac{k\pi}{2}}{a}d_{m1}\right)$$

式中 b_{m6}、d_{m1} 分别为 $\sin\lambda_k x$、x 在$[0,a]$区间 $\sum\limits_{m_1=1,2,\cdots}\sin\alpha_{m1}x$ 的展开系数。

$$b_{m6}=-\frac{2\alpha_{m1}\cos m_1\pi\sin\dfrac{k\pi}{2}}{a(\alpha_{m1}^2-\lambda_k^2)},\quad d_{m1}=-\frac{2\cos m_1\pi}{\alpha_{m1}}$$

(4) 应力函数表达式

通解φ_1采用式(3.54)，特解φ_{21}、φ_{22}分别由式(3.57)、式(3.58)确定，$\varphi_{23}=-\tau_0 xy$。推导应力函数对应的应力分量、位移分量，并取 $x=0$、$y=b$ 时 $u=0$、$v=0$ 和 $x=a$、$y=b$ 时 $v=0$ 确定位移分量中刚体位移常数。

引入四边计算边值条件，求解φ_1中待定系数和τ_0值，求解过程类同本算例(一)。

取 $a=b=1.0$，$E=1.0$，$\mu=0.3$，$F=1.0$，φ_1中级数取前9项，φ_{21}、φ_{22}和 F 作用应力解中级数取前100项。表3.3列出三种方法计算的中部截面和固定端截面的应力分布，可得出与表3.2相似的结论。

表3.3 角点集中力作用时悬臂构件应力分布

计算点		理论值			有限元值			半逆解法值		
x/a	y/b	σ_x	σ_y	τ_{xy}	σ_x	σ_y	τ_{xy}	σ_x	σ_y	τ_{xy}
0		0.000	4.182	1.377	−0.014	4.104	0.010	0	3	−1.5
0.25		0.259	1.201	−0.826	0.275	1.251	−0.820	0	1.5	−1.125
0.5	0.5	0.078	−0.497	−1.642	0.082	−0.503	−1.657	0	0	0
0.375		−0.028	−1.478	−1.357	−0.028	−1.489	−1.371	0	−1.5	−1.125
0.5		−0.005	−2.384	−0.049	0.001	−2.252	−0.010	0	−3	−1.5

续表

计算点		理论值			有限元值			半逆解法值		
x/a	y/b	σ_x	σ_y	τ_{xy}	σ_x	σ_y	τ_{xy}	σ_x	σ_y	τ_{xy}
0		0.000	9.578	−1.172	3.115	10.382	−2.462	0	6	−1.5
0.25		0.565	2.344	−0.837	0.697	2.322	−0.779	0	3	−1.125
0.5	1.0	−0.037	−0.078	−0.944	−0.025	−0.085	−0.874	0	0	0
0.375		−0.564	−2.299	−1.034	−0.686	−2.286	−0.967	0	−3	−1.125
0.5		−0.003	−8.415	−1.844	−3.163	−10.54	−2.536	0	−6	−1.5

【算例 3.4】 图 3.13 所示 $Nx1$-$Ny2$-$Px1$-$Py1$ 平面问题，分别承受边界面力和重力荷载 $\overline{G}$ 作用，$y=b$ 边界无法向位移，求应力分布。

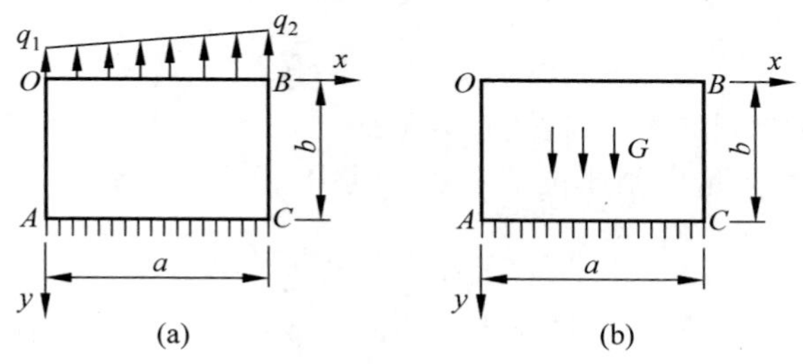

图 3.13 [算例 3.4]示图

解：(一)边界面力作用

由于无体力和角点力作用，实有边界条件即为计算边值条件：

$$x=0、x=a \text{ 时} \begin{cases}\sigma_x=0\\ \tau_{xy}=0\end{cases}$$

$$y=0 \text{ 时} \begin{cases}\sigma_y=q_1+(q_2-q_1)x/a\\ \tau_{xy}=0\end{cases}$$

$$y=b \text{ 时} \begin{cases}v=0\\ \tau_{xy}=0\end{cases}$$

通解φ_1见式(3.54)。在式(3.55)和式(3.56)中，除$\sigma_{yO}=q_1$、$\sigma_{yB}=q_2$外，其余展开系数为零值。应力函数特解$\varphi_{22}=0$，$\varphi_{23}=-\tau_0 xy$，$\varphi_{21}=\dfrac{q_1x^2}{2}+\dfrac{(q_2-q_1)x^3}{6a}$。推导应力函数对应的应力分量、位移分量，并取 $x=0$、$y=b$ 时 $v=0$ 和 $x=a$、$y=b$ 时 $v=0$ 确定位移分量中刚体位移常数。其中 y 轴向

位移为

$$v=v(\varphi_1)+\frac{y-b}{E}\left[q_1+\frac{(q_2-q_1)x}{a}\right]$$

式中 $v(\varphi_1)$为与φ_1有直接关联的位移。

引入四边边界条件建立方程，四边法向条件对应的精确方程见式(3.59)。由于$\left(\frac{\partial^2\varphi_{21}}{\partial x\partial y}\right)=0$、$\left(\frac{\partial^2\varphi_{22}}{\partial x\partial y}\right)=0$，四边切向面力条件对应的方程左端项同式(g)、式(h)、式(i)、式(j)、式(l)，右端项均为零值，得φ_1中所有待定系数和τ_0为零。应力函数 $\varphi=\varphi_{21}$，由此可得应力分布$\sigma_x=0$，$\sigma_y=q_1+\frac{(q_2-q_1)x}{a}$，$\tau_{xy}=0$。

(二) 重力荷载 $\bar{G}$ 作用

由附录C中C.5所示 $Ny2\text{-}Px1$ 类平面问题知，重力荷载作用下应力解为

$$\sigma_x=-\mu\bar{G}y,\quad \sigma_y=-\bar{G}y,\quad \tau_{xy}=0$$

推导应力解对应的位移分量，并取 $x=0$、$y=b$ 时 $v=0$ 和 $x=a$、$y=b$ 时 $v=0$ 确定位移分量中刚体位移常数。其中，重力荷载激发的 y 轴向位移为

$$v=\frac{\mu^2-1}{2E}\bar{G}(y^2-b^2)$$

重力荷载应力解在边界处激发的面力或位移反向作用在相应边界上即为计算边值条件。有

$$x=0、x=a\text{ 时}\begin{cases}\sigma_x=\mu\bar{G}y\\ \tau_{xy}=0\end{cases},\quad y=0\text{ 时}\begin{cases}\sigma_y=0\\ \tau_{xy}=0\end{cases},\quad y=b\text{ 时}\begin{cases}v=0\\ \tau_{xy}=0\end{cases}$$

应力函数通解φ_1见式(3.54)。在式(3.55)和式(3.56)中，除σ_{nx1}、σ_{nx2}外，其余展开系数为零值。应力函数特解$\varphi_{22}=0$，$\varphi_{23}=-\tau_0 xy$，

$$\varphi_{21}=-\sum_{n_1=1,3,\cdots}\frac{[\sigma_{nx1}\sinh\gamma_{n1}(a-x)+\sigma_{nx2}\sinh\gamma_{n1}x]\sin\gamma_{n1}y}{\gamma_{n1}^2\sinh\gamma_{n1}a}$$

式中 $\sigma_{nx1}=\sigma_{nx2}=\frac{2\mu\bar{G}}{\gamma_{n1}^2 b}\sin\frac{n_1\pi}{2}$

推导应力函数对应的应力分量、位移分量，并取 $x=0$、$y=b$ 时 $v=0$ 和 $x=a$、$y=b$ 时 $v=0$ 确定位移分量中刚体位移常数。利用四边计算边值条件建立方程，求解φ_1中待定系数和τ_0。叠加重力荷载作用应力解，为重力荷载 $\bar{G}$ 作用下应力分布。

取 $a=b=1.0$，$E=1.0$，$\mu=0.3$，$\bar{G}=1.0$，φ_1中级数取前8项，φ_{21}中级数取前25项，表3.4列出两个方法计算的中部截面应力分布，二者结果非常吻合。

表 3.4 重力荷载 $\bar{G}$ 作用应力分布

计算点		理论值			有限元值		
x/a	y/b	σ_x	σ_y	τ_{xy}	σ_x	σ_y	τ_{xy}
0		0.000	−0.488	−0.000	0.000	−0.487	−0.000
0.125		0.001	−0.493	−0.006	0.002	−0.493	−0.006
0.25	0.5	0.004	−0.501	−0.007	0.004	−0.501	−0.008
0.375		0.006	−0.507	−0.005	0.006	−0.507	−0.005
0.5		0.007	−0.509	0.000	0.007	−0.509	0.000

须说明的是，图 3.13(a)和图 3.13(b)所示平面问题，支承条件相同，都作用 y 轴向荷载，但应力分布有差别：前者$\sigma_x=0$、$\tau_{xy}=0$，后者$\sigma_x\neq0$、$\tau_{xy}\neq0$。这是因为前者σ_y、ε_x 与 y 轴无关；后者σ_y、ε_x 随 y 轴变化，激发了σ_x、τ_{xy}。

3.8 一对边法向支承平面问题

一对边法向支承、一对边法向自由平面问题有两类：①$Nx4$-$Ny1$ 类平面问题(图 3.14(a))，②$Nx1$-$Ny4$ 类平面问题(图 3.14(b))。每类平面问题都有图 3.9 所示 16 种切向支承。当不考虑点支座设置时，一对边法向支承、一对边法向自由平面问题包含 32 种不同的边界条件。

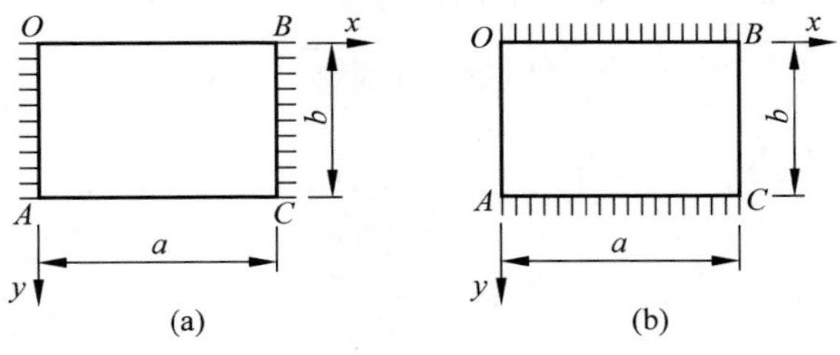

图 3.14 一对边法向支承平面问题

本节主要讨论 $Nx4$-$Ny1$ 类平面问题应力函数解的求解方法。设 $x=0$ 边原法向位移为 $u=f_1(y)$，角点 O、A 在 x 轴向位移值分别为 u_O、u_A。$x=a$ 边原法向位移为 $u=f_2(y)$，角点 B、C 在 x 轴向位移值分别为 u_B、u_C。利用 $x=0$ 边法向位移条件将所有 x 轴向边界位移进行调整。如果 $y=0$ 和 $y=b$ 为切向自由边，只须调整 $x=0$ 和 $x=a$ 边法向位移(见式(a)第一式和第二式)；如果 $y=0$ 和 $y=b$ 为切向支承边，设 $y=0$ 边有切向位移 $f_3(x)$，$y=b$ 边有切向位移 $f_4(x)$，调整后的边界位移条件为

$$\begin{cases} x=0: u=u_1(y)=f_1(y)-u_O-\dfrac{(u_A-u_O)y}{b} \\ x=a: u=u_2(y)=f_2(y)-u_O-\dfrac{(u_A-u_O)y}{b} \\ y=0: u=u_3(x)=f_3(x)-u_O \\ y=b: u=u_4(x)=f_4(x)-u_A \end{cases} \tag{a}$$

调整后的位移条件不包含 x 轴向的刚体平动和刚体转动成分，O、A 角点在 x 轴向位移均为零值，B、C 角点在 x 轴向位移为 (u_B-u_O)、(u_C-u_A)。

3.8.1 $Nx4$-$Ny1$ 类平面问题应力函数

应力函数通解

$$\begin{aligned} \varphi_1 = & C_0y^2+D_0y^3+\sum_{m=1,2,\cdots}(A_m\sinh\alpha_m y+B_m\cosh\alpha_m y+C_m\alpha_m y\sinh\alpha_m y \\ & +D_m\alpha_m y\cosh\alpha_m y)\cos\alpha_m x+\sum_{n=1,2,\cdots}(E_n\sinh\beta_n x+F_n\cosh\beta_n x \\ & +G_n\beta_n x\sinh\beta_n x+H_n\beta_n x\cosh\beta_n x)\sin\beta_n y \end{aligned} \tag{3.60}$$

式中 $\alpha_m=\dfrac{m\pi}{a}$，$\beta_n=\dfrac{n\pi}{b}$。A_m、B_m、$C_m(C_0)$、$D_m(D_0)$、E_n、F_n、G_n、H_n 为待定系数。

将边界法向面力和调整后的法向位移格式化。$x=0$、$x=a$ 边法向位移函数 $u_1(y)$、$u_2(y)$ 在 $[0,b]$ 区间展开为 $\sum\limits_{n_1=1,2,\cdots}\sin\beta_{n1}y$ 级数，$\beta_{n1}=\dfrac{n_1\pi}{b}$。有

$$\begin{cases} u_1(y)=\sum\limits_{n_1=1,2,\cdots}u_{nx1}\sin\beta_{n1}y \\ u_2(y)=(u_B-u_O)+\dfrac{(u_C-u_A-u_B+u_O)y}{b}+\sum\limits_{n_1=1,2,\cdots}u_{nx2}\sin\beta_{n1}y \end{cases} \tag{3.61}$$

式中 u_O、u_A、u_B、u_C 为调整前的角点位移，u_{nx2} 为 $[u_2(y)-(u_B-u_O)-(u_C-u_A-u_B+u_O)y/b]$ 的级数展开系数。相应特解

$$\begin{aligned} \varphi_{22} = & \frac{E}{2a}\left[(u_B-u_O)y^2+\frac{(u_C-u_A-u_B+u_O)y^3}{3b}\right] \\ & +\sum_{n_1=1,2,\cdots}\frac{E}{1+\mu}\,\frac{u_{nx1}\cosh\beta_{n1}(a-x)-u_{nx2}\cosh\beta_{n1}x}{\beta_{n1}\sinh\beta_{n1}a}\sin\beta_{n1}y \end{aligned} \tag{3.62}$$

设 $(\sigma_y)_{y=0}=\sigma_3(x)$，$(\sigma_y)_{y=b}=\sigma_4(x)$；面力函数 $\sigma_3(x)$、$\sigma_4(x)$ 在 $[0,a]$ 区

间展开为 $\sum_{m_1=0,1,\cdots}\cos\alpha_{m1}x$ 级数，$\alpha_{m1}=\dfrac{m_1\pi}{a}$。有

$$\begin{cases}\sigma_3(x)=\sigma_{0y1}+\sum\limits_{m_1=1,2,\cdots}\sigma_{my1}\cos\alpha_{m1}x\\[2ex] \sigma_4(x)=\sigma_{0y2}+\sum\limits_{m_1=1,2,\cdots}\sigma_{my2}\cos\alpha_{m1}x\end{cases}\tag{3.63}$$

式中σ_{0y1}、σ_{0y2}分别为 $m=0$ 时的σ_{my1}、σ_{my2}，其物理含义为边界面力平均值。相应特解

$$\begin{aligned}\varphi_{21}=&\frac{x^2}{2}\left[\frac{\sigma_{0y1}(b-y)}{b}+\frac{\sigma_{0y2}y}{b}\right]\\&-\sum_{m_1=1,2,\cdots}\frac{\sigma_{my1}\sinh\alpha_{m1}(b-y)+\sigma_{my2}\sinh\alpha_{m1}y}{\alpha_{m1}^2\sinh\alpha_{m1}b}\cos\alpha_{m1}x\end{aligned}\tag{3.64}$$

$\varphi_{23}=-\tau_0xy$。τ_0为边界常量剪应力。

3.8.2 $Nx4$-$Ny1$ 类平面问题计算边值条件对应的方程

推导应力函数 φ 对应的应力分量、位移分量，并取 $x=0$、$y=0$ 时 $u=0$ 和 $x=0$、$y=b$ 时 $u=0$ 确定位移分量中刚体位移常数。有

$$\begin{aligned}u=&\frac{1}{E}\Big\{(2C_0+6D_0y)x\\&+\sum_{m=1,2,\cdots}\alpha_m\{A_m(1+\mu)\sinh\alpha_my+B_m(1+\mu)\cosh\alpha_my\\&+C_m[2\cosh\alpha_my+(1+\mu)\alpha_my\sinh\alpha_my]\\&+D_m[2\sinh\alpha_my+(1+\mu)\alpha_my\cosh\alpha_my]\}\sin\alpha_mx\\&-\sum_{n=1,2,\cdots}\beta_n\{E_n(1+\mu)\cosh\beta_nx+F_n(1+\mu)\sinh\beta_nx\\&+G_n[(\mu-1)\sinh\beta_nx+(\mu+1)\beta_nx\cosh\beta_nx]\\&+H_n[(\mu-1)\cosh\beta_nx+(\mu+1)\beta_nx\sinh\beta_nx]\}\sin\beta_ny\\&-\mu x\left[\frac{\sigma_{0y1}(b-y)}{b}+\frac{\sigma_{0y2}y}{b}\right]\\&-(1+\mu)\sum_{m_1=1,2,\cdots}\frac{\sigma_{my1}\sinh\alpha_{m1}(b-y)+\sigma_{my2}\sinh\alpha_{m1}y}{\alpha_{m1}\sinh\alpha_{m1}b}\sin\alpha_{m1}x\Big\}\\&+\frac{x}{a}\left[(u_B-u_O)+\frac{(u_C-u_A-u_B+u_O)y}{b}\right]\\&+\sum_{n_1=1,2,\cdots}\frac{u_{nx1}\sinh\beta_{n1}(a-x)+u_{nx2}\sinh\beta_{n1}x}{\sinh\beta_{n1}a}\sin\beta_{n1}y\end{aligned}\tag{b}$$

$$v = v(\varphi_1, \varphi_{21}, \varphi_{22}) + \frac{2(1+\mu)\tau_0 x}{b} + d_2 \tag{c}$$

式中 $v(\varphi_1, \varphi_{21}, \varphi_{22})$ 为与应力函数 φ_1、φ_{21}、φ_{22} 有关的位移值；d_2 为 y 轴向刚体平动位移常数，利用 $x=0$、$x=a$ 边界的切向位移值或点支座 y 轴向位移确定。

引入 $x=0$ 边法向位移边值条件：$x=0$ 时 $u=u_1(y)$，得

$$E_n(\mu+1) + H_n(\mu-1) = 0 \tag{3.65}$$

引入 $x=a$ 边法向位移边值条件：$x=a$ 时 $u=u_2(y)$，有

$$\begin{aligned} & a(2C_0 + 6D_0 y) - \sum_{n=1,2,\cdots} \beta_n \{E_n(1+\mu)\cosh\beta_n a + F_n(1+\mu)\sinh\beta_n a \\ & \quad + G_n[(\mu-1)\sinh\beta_n a + (\mu+1)\beta_n a\cosh\beta_n a] \\ & \quad + H_n[(\mu-1)\cosh\beta_n a + (\mu+1)\beta_n a\sinh\beta_n a]\}\sin\beta_n y \\ & = \mu a\left[\frac{\sigma_{0y1}(b-y)}{b} + \frac{\sigma_{0y2}\, y}{b}\right] \end{aligned} \tag{d}$$

式中未知量 C_0 表示为 y 的零次项系数，D_0 表示为 y 一次项系数，E_n、F_n、G_n、H_n 表示为级数 $\sum\limits_{n=1,2,\cdots} \sin\beta_n y$ 的系数。要使上式成立，并能准确表示未知量间相关性，不同形式表示的未知量必须分别建立各自的对应关系。有

$$\begin{cases} C_0 = \dfrac{\mu\sigma_{0y1}}{2} \\ D_0 = \dfrac{\mu(\sigma_{0y2} - \sigma_{0y1})}{6b} \\ E_n(1+\mu)\cosh\beta_n a + F_n(1+\mu)\sinh\beta_n a \\ \quad + G_n[(\mu-1)\sinh\beta_n a + (\mu+1)\beta_n a\cosh\beta_n a] \\ \quad + H_n[(\mu-1)\cosh\beta_n a + (\mu+1)\beta_n a\sinh\beta_n a] = 0 \end{cases} \tag{3.66}$$

引入 $y=0$、$y=b$ 边法向面力边值条件，得

$$\begin{cases} y = 0: B_m = 0 \\ y = b: A_m\sinh\alpha_m b + B_m\cosh\alpha_m b + C_m\alpha_m b\sinh\alpha_m b \\ \qquad + D_m\alpha_m b\cosh\alpha_m b = 0 \end{cases} \tag{3.67}$$

式(3.65)、式(3.66)、式(3.67)是 $Nx4\text{-}Ny1$ 类平面问题所共有的精确方程。

设 $x=0$ 为切向自由边，切向面力边值条件为：$(\tau_{xy})_{x=0} = \tau_1(y)$，代入应力函数后，有

$$-\sum_{n=1,2,\cdots} \beta_n^2(E_n + H_n)\cos\beta_n y + \sum_{n_1=1,2,\cdots} \frac{E\beta_{n1}\, u_{nx1}}{1+\mu}\cos\beta_{n1} y + \tau_0 = \tau_1(y) \tag{e}$$

将 $\sum_{n_1=1,2,\cdots} \cos\beta_{n1} y$ 级数有关项移到方程右端，并将式中非 $\cos\beta_n y$ 函数在$[0,b]$区间展开为 $\sum_{n=0,1,\cdots} \cos\beta_n y$ 级数。利用级数正交性得 $n=0$ 时一个附加方程和 $n>0$ 时一组有效方程，有

$$\begin{cases} n = 0: \tau_0 = a_{06} \\ n > 0: -\beta_n^2(E_n + H_n) = a_{n6} - \dfrac{E\beta_{n1} u_{nx1}}{1+\mu} \end{cases} \tag{f}$$

式中 a_{n6} 为函数 $\tau_1(y)$ 的展开系数，a_{06} 为 $n=0$ 时的系数值。附加方程表示边界上常量剪应力的平衡关系，左端项中仅有 τ_0；有效方程表示非常量剪应力的平衡关系，不包含 τ_0。利用附加方程可以直接求解 τ_0 值。

引入 $x=a$ 切向面力计算边值条件也可得 $n=0$ 时一个附加方程和 $n>0$ 时一组有效方程。有效方程不包含 τ_0；而附加方程左端项中仅有 τ_0，也可以直接求解 τ_0 值。

如果 $y=0$ 为切向自由边，切向面力条件为：$(\tau_{xy})_{y=0} = \tau_3(x)$，相应方程为

$$\begin{aligned} &\sum_{m=1,2,\cdots} \alpha_m^2(A_m + D_m)\sin\alpha_m x \\ &\quad - \sum_{n=1,2,\cdots} \beta_n^2[E_n\cosh\beta_n x + F_n\sinh\beta_n x + G_n(\sinh\beta_n x + \beta_n x\cosh\beta_n x) \\ &\quad + H_n(\cosh\beta_n x + \beta_n x\sinh\beta_n x)] - \left(\frac{\partial^2 \varphi_{21}}{\partial x\partial y}\right)_{y=0} - \left(\frac{\partial^2 \varphi_{22}}{\partial x\partial y}\right)_{y=0} \\ &\quad + \tau_0 = \tau_3(x) \end{aligned} \tag{g}$$

将特解 φ_{21}、φ_{22} 有关项移到方程右端，并将式中非 $\sin\alpha_m x$ 函数在$[0,a]$区间展开为 $\sum_{m=1,2,\cdots} \sin\alpha_m x$ 级数。利用级数正交性得一组有效方程。方程中含有 τ_0 值。

引入 $y=b$ 边切向面力计算边值条件也可得包含 τ_0 的一组有效方程。

当存在切向支承边时，用相同方法可推导切向位移条件对应的方程。在 $x=0$ 或 $x=a$ 边界切向位移条件对应的方程中，非 $\cos\beta_n y$ 函数在$[0,b]$区间展开为 $\sum_{n=0,1,2} \cos\beta y$ 级数，利用级数正交性得 $n=0$ 时一个附加方程和 $n>0$ 时一组有效方程。附加方程表示边界上常量位移分布；有效方程表示非常量位移分布。

在 $y=0$ 或 $y=b$ 边界切向位移条件对应的方程中，非 $\sin\alpha_m x$ 函数在 $[0,a]$ 区间展开为 $\sum\limits_{m=1,2,\cdots}\sin\alpha_m x$ 级数，利用级数正交性得一组有效方程。

通解 φ_1 中原级数为 $\sum\limits_{m=0,1,\cdots}\cos\alpha_m x$，$m=0$ 时对应待定系数 C_0、D_0。$y=0$ 或 $y=b$ 边界切向面力、位移条件对应的方程中非 $\sin\alpha_m x$ 函数要展开为 $\sum\limits_{m=1,2,\cdots}\sin\alpha_m x$ 级数，展开式中没有 $m=0$ 项；对应的方程也与 C_0、D_0 无关。由式(3.66)知，C_0、D_0 由 $x=0$ 或 $x=a$ 边法向位移边值条件确定。

由四边切向计算边值条件可得四组有效方程和两个附加方程。当 $x=0$ 或 $x=a$ 为切向自由边时，可先利用该边的附加方程求解 τ_0 值，后利用精确方程和有效方程确定 φ_1 中待定系数。否则，要联立精确方程、有效方程和一个差方程同时求解 φ_1 中待定系数和 τ_0，见[算例 3.5](二)。

【算例 3.5】 计算图 3.15 所示平面问题应力分布，支承边界无位移。

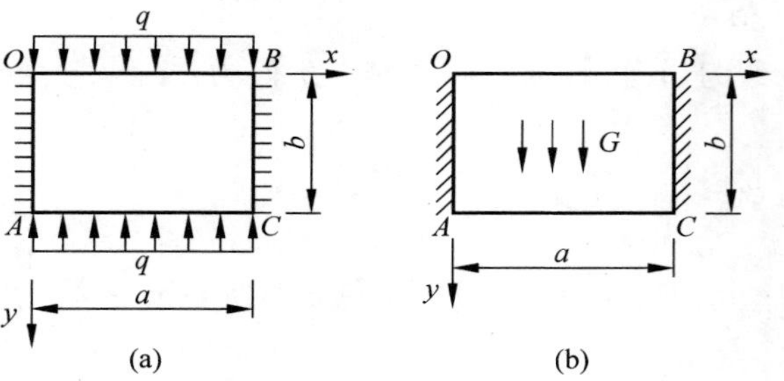

图 3.15　[算例 3.5]示图

解：(一)图 3.15(a)所示 $Nx4\text{-}Ny1\text{-}Px1\text{-}Py1$ 平面问题，由于无体力和角点力作用，实有边界条件即为计算边值条件：

$$x=0、x=a\text{ 时}\begin{cases}u=0\\ \tau_{xy}=0\end{cases},\quad y=0、y=b\text{ 时}\begin{cases}\sigma_y=q\\ \tau_{xy}=0\end{cases}$$

应力函数通解 φ_1 见式(3.60)。在式(3.61)和式(3.63)中，除 $\sigma_{Oy1}=q$、$\sigma_{Oy2}=q$ 外，其余展开系数为零值。有 $\varphi_{21}=qx^2/2$，$\varphi_{22}=0$，$\varphi_{23}=-\tau_0 xy$。推导应力函数对应的应力分量、位移分量，并取 $x=0$、$y=0$ 时 $u=0$ 和 $x=0$、$y=b$ 时 $u=0$ 确定位移分量中刚体位移常数。其中 x 轴向位移为 $u=u(\varphi_1)-\mu qx/(Eb)$，式中 $u(\varphi_1)$ 为与 φ_1 有直接关联的位移，见式(b)中有关项。

引入 $x=0$ 边法向位移边值条件得精确方程式(3.65)。

引入 $x=a$ 边法向位移边值条件得精确方程式(3.66)，其中 $C_0=\mu q/2$，

$D_0=0$。

引入 $y=0$、$y=b$ 边法向面力边值条件得精确方程式(3.67)。

引入 $x=0$ 边切向面力边值条件得方程左端项同式(f)，右端项为零。有$\tau_0=0$。

引入 $x=a$ 边切向面力边值条件，得

$$\begin{cases} n=0: \tau_0=0 \\ n>0: E_n\cosh\beta_n a+F_n\sinh\beta_n a+G_n(\sinh\beta_n a+\beta_n a\cosh\beta_n a) \\ \qquad +H_n(\cosh\beta_n a+\beta_n a\sinh\beta_n a)=0 \end{cases} \tag{h}$$

引入 $y=0$ 边切向面力边值条件，得

$$\alpha_m^2(A_m+D_m)-\sum_{n=1,2,\cdots}\beta_n^2[E_n b_{m2}+F_n b_{m1}+G_n(b_{m1}+b_{m4}) \\ +H_n(b_{m2}+b_{m3})]=0 \tag{i}$$

式中 b_{m1}、b_{m2}、b_{m3}、b_{m4} 分别为 $\sinh\beta_n x$、$\cosh\beta_n x$、$\beta_n x\sinh\beta_n x$、$\beta_n x\cosh\beta_n x$ 在 $[0,a]$ 区间 $\sum\limits_{m=1,2,\cdots}\sin\alpha_m x$ 的展开系数，其表达式参见附录 A 式(A.1)、式(A.2)、式(A.3)、式(A.4)所示。

引入 $y=b$ 边切向面力边值条件，得

$$\alpha_m^2[A_m\cosh\alpha_m b+B_m\sinh\alpha_m b+C_m(\sinh\alpha_m b+\alpha_m b\cosh\alpha_m b) \\ D_m(\cosh\alpha_m b+\alpha_m b\sinh\alpha_m b)]-\sum_{n=1,2,\cdots}\beta_n^2[E_n b_{m2}+F_n b_{m1} \\ +G_n(b_{m1}+b_{m4})+H_n(b_{m2}+b_{m3})]\cos n\pi=0 \tag{j}$$

式中 b_{m1}、b_{m2}、b_{m3}、b_{m4} 同式(i)。

联立精确方程和切向面力边值条件对应的有效方程可求解φ_1中 $m>0$ 和 $n>0$ 时待定系数均为零值。有 $\varphi_1=C_0y^2=\frac{\mu q y^2}{2}$。

$$\varphi=\varphi_1+\varphi_{21}=\frac{q}{2}(x^2+\mu y^2)$$

平面问题应力分布为$\sigma_x=\mu q$，$\sigma_y=q$，$\tau_{xy}=0$。

(二) 图 3.15(b) 所示 $Nx4$-$Ny1$-$Px4$-$Py1$ 平面问题，重力荷载 $\overline{G}$ 作用

由附录 C 中 C.4 所示 $Ny1$-$Px4$ 类平面问题知，重力荷载作用下应力解为

$$\sigma_x=0,\ \sigma_y=0,\ \tau_{xy}=\overline{G}(a/2-x)$$

推导应力解对应的位移分量，并取 $x=0$、$y=0$ 时 $u=0$、$v=0$ 和 $x=0$、

$y=b$ 时 $u=0$ 确定位移分量中刚体位移常数。重力荷载激发的位移为

$$u=0,\quad v=\frac{2(1+\mu)\overline{G}}{E}\left(\frac{ax}{2}-\frac{x^2}{2}\right)$$

重力荷载应力解在边界处激发的面力或位移反向作用在相应边界上为计算边值条件,分别为

$$x=0、x=a\ \text{时}\ \begin{cases}u=0\\ v=0\end{cases},\quad y=0、y=b\ \text{时}\ \begin{cases}\sigma_y=0\\ \tau_{xy}=\overline{G}\left(x-\dfrac{a}{2}\right)\end{cases}$$

应力函数通解φ_1见式(3.60)。式(3.61)和式(3.63)中展开系数均为零值。有$\varphi_{21}=0$,$\varphi_{22}=0$,$\varphi_{23}=-\tau_0 xy$,推导应力函数对应的应力分量、位移分量,并取 $x=0$、$y=0$ 时 $u=0$、$v=0$ 和 $x=0$、$y=b$ 时 $u=0$ 确定位移分量中刚体位移常数。y 轴向位移为

$$\begin{aligned}v=\frac{1}{E}\Bigg\{&-\mu(2C_0y+3D_0y^2)-\sum_{m=1,2,\cdots}\alpha_m\{A_m(1+\mu)\cosh\alpha_m y\\&+B_m(1+\mu)\sinh\alpha_m y+C_m[(\mu-1)\sinh\alpha_m y+(1+\mu)\alpha_m y\cosh\alpha_m y]\\&+D_m[(\mu-1)\cosh\alpha_m y+(1+\mu)\alpha_m y\sinh\alpha_m y]\}\cos\alpha_m x\\&-\sum_{n=1,2,\cdots}\{E_n(1+\mu)\sinh\beta_n x+F_n(1+\mu)\cosh\beta_n x\\&+G_n[2\cosh\beta_n x+(\mu+1)\beta_n x\sinh\beta_n x]\\&+H_n[2\sinh\beta_n x+(\mu+1)\beta_n x\cosh\beta_n x]\}\cos\beta_n y\Bigg\}+\frac{2(1+\mu)\tau_0 x}{E}+d_2\end{aligned}$$

其中

$$\begin{aligned}d_2=\frac{1}{E}\Bigg\{&\sum_{m=1,2,\cdots}\alpha_m[A_m(1+\mu)+D_m(\mu-1)]\\&+\sum_{n=1,2,\cdots}\beta_n[F_n(1+\mu)+2G_n]\Bigg\}\end{aligned}\tag{k}$$

引入 $x=0$ 边法向位移计算边值条件得精确方程式(3.65)。

引入 $x=a$ 边法向位移计算边值条件得精确方程式(3.66),其中 $C_0=0$,$D_0=0$。

引入 $y=0$、$y=b$ 边法向面力计算边值条件得精确方程式(3.67)。

引入 $x=0$ 边切向位移计算边值条件,得

$$\begin{aligned}\frac{1}{E}\Bigg\{&\sum_{m=1,2,\cdots}(-\alpha_m)\{A_m(1+\mu)\cosh\alpha_m y+B_m(1+\mu)\sinh\alpha_m y\\&+C_m[(\mu-1)\sinh\alpha_m y+(\mu+1)\alpha_m y\cosh\alpha_m y]\end{aligned}$$

$$+D_m[(\mu-1)\cosh\alpha_m y+(\mu+1)\alpha_m y\sinh\alpha_m y]\}$$

$$-\sum_{n=1,2,\cdots}\beta_n[F_n(1+\mu)+2G_n]\cos\beta_n y\Bigg\}+d_2=0$$

将式中非 $\cos\beta_n y$ 函数在$[0,b]$区间展开为 $\sum\limits_{n=0,1,\cdots}\cos\beta_n y$ 级数。利用级数正交性得 $n=0$ 时一个附加方程和 $n>0$ 时一组有效方程，有 $n=0$ 时

$$\frac{1}{E}\sum_{m=1,2,\cdots}(-\alpha_m)\{A_m(1+\mu)a_{02}+B_m(1+\mu)a_{01}+C_m[(\mu-1)a_{01}$$

$$+(\mu+1)a_{04}]+D_m[(\mu-1)a_{02}+(\mu+1)a_{03}]\}+d_2=0 \tag{l}$$

$n>0$ 时

$$\frac{1}{E}\Bigg\{\sum_{m=1,2,\cdots}(-\alpha_m)\{A_m(1+\mu)a_{n2}+B_m(1+\mu)a_{n1}+C_m[(\mu-1)a_{n1}$$

$$+(\mu+1)a_{n4}]+D_m[(\mu-1)a_{n2}+(\mu+1)a_{n3}]\}$$

$$-\beta_n[F_n(1+\mu)+2G_n]\Bigg\}=0 \tag{m}$$

式中 a_{n1}、a_{n2}、a_{n3}、a_{n4} 分别为 $\sinh\alpha_m y$、$\cosh\alpha_m y$、$\alpha_m y\sinh\alpha_m y$、$\alpha_m y\cosh\alpha_m y$ 的级数展开系数，a_{01}、a_{02}、a_{03}、a_{04} 为 $n=0$ 时 a_{n1}、a_{n2}、a_{n3}、a_{n4}。其值参见附录 A 中式(A.41)、式(A.42)、式(A.43)、式(A.44)示。

引入 $x=a$ 边切向位移计算边值条件，将式中非 $\cos\beta_n y$ 函数在$[0,b]$区间展开为 $\sum\limits_{n=0,1,\cdots}\cos\beta_n y$ 级数。利用级数正交性得

$n=0$ 时

$$\frac{1}{E}\sum_{m=1,2,\cdots}(-\alpha_m)\{A_m(1+\mu)a_{02}+B_m(1+\mu)a_{01}+C_m[(\mu-1)a_{01}$$

$$+(\mu+1)a_{04}]+D_m[(\mu-1)a_{02}+(\mu+1)a_{03}]\}\cos m\pi$$

$$+d_2+\frac{2(1+\mu)\tau_0 a}{E}=0 \tag{n}$$

$n>0$ 时

$$\frac{1}{E}\Bigg\{\sum_{m=1,2,\cdots}(-\alpha_m)\{A_m(1+\mu)a_{n2}+B_m(1+\mu)a_{n1}+C_m[(\mu-1)a_{n1}$$

$$+(\mu+1)a_{n4}]+D_m[(\mu-1)a_{n2}+(\mu+1)a_{n3}]\}\cos m\pi$$

$$-\beta_n\{E_n(1+\mu)\sinh\beta_n a+F_n(1+\mu)\cosh\beta_n a+G_n[2\cosh\beta_n a$$

$$+(\mu+1)\beta_n a\sinh\beta_n a]+H_n[2\sinh\beta_n a$$

$$+(\mu+1)\beta_n a\cosh\beta_n a]\}\Bigg\}=0 \tag{o}$$

式中 a_{n1}、a_{n2}、a_{n3}、a_{n4}(a_{01}、a_{02}、a_{03}、a_{04})同式(l)、式(m)。

$x=0$ 和 $x=a$ 为切向支承边，附加方程式(l)和式(n)中均包含刚体平动常数 d_2。由式(k)知，d_2 又与未知系数有关，这类方程若直接参与计算将会降低数值计算精度。这时可将这两个附加方程相减，差方程为

$$-\sum_{m=1,2,\cdots}\frac{\alpha_m}{E}\{A_m(1+\mu)a_{02}+B_m(1+\mu)a_{01}+C_m[(\mu-1)a_{01}+(\mu+1)a_{04}]+D_m[(\mu-1)a_{02}+(\mu+1)a_{03}]\}(1-\cos m\pi)-\frac{2(1+\mu)\tau_0 a}{E}=0 \tag{p}$$

引入 $y=0$ 边切向面力计算边值条件，得

$$\sum_{m=1,2,\cdots}\alpha_m^2(A_m+D_m)\sin\alpha_m x-\sum_{n=1,2,\cdots}\beta_n^2[E_n\cosh\beta_n x+F_n\sinh\beta_n x+G_n(\sinh\beta_n x+\beta_n x\cosh\beta_n x)+H_n(\cosh\beta_n x+\beta_n x\sinh\beta_n x)]+\tau_0=\bar{G}\left(x-\frac{a}{2}\right)$$

将式中非 $\sin\alpha_m x$ 函数在[0,a]区间展开为 $\sum\limits_{m=1,2,\cdots}\sin\alpha_m x$ 级数，利用级数正交性得一组有效方程。

$$\alpha_m^2(A_m+D_m)-\sum_{n=1,2,\cdots}\beta_n^2[E_n b_{m2}+F_n b_{m1}+G_n(b_{m1}+b_{m4})+H_n(b_{m2}+b_{m3})]+\tau_0 d_{m0}=\bar{G}\left(d_{m1}-\frac{ad_{m0}}{2}\right) \tag{q}$$

式中 b_{m1}、b_{m2}、b_{m3}、b_{m4}、d_{m0}、d_{m1} 分别为 $\sinh\beta_n x$、$\cosh\beta_n x$、$\beta_n x\sinh\beta_n x$、$\beta_n x\cosh\beta_n x$、x^0、x 的级数展开系数，其表达式参见附录A式(A.1)、式(A.2)、式(A.3)、式(A.4)、式(A.6)、式(A.7)所示。

引入 $y=b$ 边切向面力计算边值条件，得

$$\alpha_m^2[A_m\cosh\alpha_m b+B_m\sinh\alpha_m b+C_m(\sinh\alpha_m b+\alpha_m b\cosh\alpha_m b)+D_m(\cosh\alpha_m b+\alpha_m b\sinh\alpha_m b)]-\sum_{n=1,2,\cdots}\beta_n^2[E_n b_{m2}+F_n b_{m1}+G_n(b_{m1}+b_{m4})+H_n(b_{m2}+b_{m3})]\cos n\pi+\tau_0 d_{m0}=\bar{G}\left(d_{m1}-\frac{ad_{m0}}{2}\right) \tag{r}$$

式中 b_{m1}、b_{m2}、b_{m3}、b_{m4}、d_{m0}、d_{m1} 同式(q)。

联立精确方程、有效方程式(m)、式(o)、式(q)、式(r)和差方程式(p)求解 φ_1 中 $m>0$ 和 $n>0$ 时待定系数和 τ_0。

应力函数对应的应力分量叠加重力荷载作用应力解，即为重力荷载 $\bar{G}$ 作

用下应力分布。

取 $a=b=1.0, E=1.0, \mu=0.3, \bar{G}=1.0$，$\varphi_1$ 中级数取前 8 项，表 3.5 列出两个方法计算的 $x=0.5a$ 截面上应力分布(剪应力为零值)，二者结果吻合。

表 3.5　重力荷载作用下应力分布

计算点		理论值		有限元值	
x/a	y/b	σ_x	σ_y	σ_x	σ_y
0.5	0	−0.5316	0	−0.4560	−0.0045
	0.125	−0.1694	−0.0801	−0.1741	−0.0767
	0.25	−0.0494	−0.0732	−0.0511	−0.0737
	0.375	−0.0102	−0.0401	−0.0107	−0.0402
	0.5	0	0	0	0

3.9　二邻边法向支承平面问题

二邻边法向支承平面问题有四类：①$Nx3$-$Ny3$ 类平面问题(图 3.16(a))，②$Nx3$-$Ny2$ 类平面问题(图 3.16(b))，③$Nx2$-$Ny3$ 类平面问题(图 3.16(c))，④$Nx2$-$Ny2$ 类平面问题(图 3.16(d))。每类平面问题都有图 3.9 所示 16 种切向支承。二邻边法向支承平面问题包含 64 种不同的边界条件。

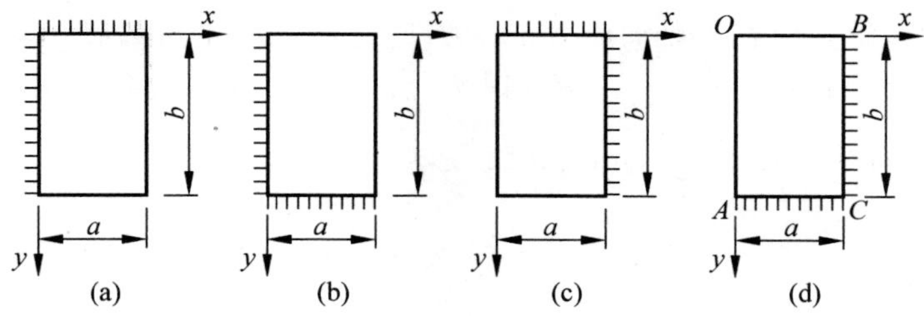

图 3.16　二邻边法向支承平面问题

本节主要讨论 $Nx2$-$Ny2$ 类平面问题应力函数解的求解方法。设 $x=a$ 边原法向位移为 $u=f_2(y)$，角点 B 在 x 轴向位移为 u_B；$y=b$ 边原法向位移为 $v=\varphi_4(x)$，角点 A 在 y 轴向位移为 v_A。利用法向支承边位移条件将边界位移进行调整，所有 x 轴向位移减 u_B，所有 y 轴向位移减 v_A。调整后的位移条件不包含 x 轴向和 y 轴向刚体平动位移成分，A 角点在 y 轴向位移为零值，B 角点在 x 轴向位移为零值，调整后 $x=a$、$y=b$ 边法向位移条件为

$$\begin{cases} x = a: u = u_2(y) = f_2(y) - u_B \\ y = b: v = v_4(x) = \varphi_4(x) - v_A \end{cases} \tag{a}$$

3.9.1 $Nx2$-$Ny2$ 类平面问题应力函数

应力函数通解

$$\begin{aligned} \varphi_1 = & \sum_{m=1,3,\cdots} (A_m \sinh\lambda_m y + B_m \cosh\lambda_m y + C_m \lambda_m y \sinh\lambda_m y \\ & + D_m \lambda_m y \cosh\lambda_m y) \sin\lambda_m x + \sum_{n=1,3,\cdots} (E_n \sinh\gamma_n x + F_n \cosh\gamma_n x \\ & + G_n \gamma_n x \sinh\gamma_n x + H_n \gamma_n x \cosh\gamma_n x) \sin\gamma_n y \end{aligned} \tag{3.68}$$

式中 $\lambda_m = \dfrac{m\pi}{2a}$，$\gamma_n = \dfrac{n\pi}{2b}$。$A_m$、$B_m$、$C_m$、$D_m$、$E_n$、$F_n$、$G_n$、$H_n$ 为待定系数。

将边界法向面力和调整后的法向位移格式化。设 $(\sigma_x)_{x=0} = \sigma_1(y)$，$(u)_{x=a} = u_2(y)$。面力和位移函数在[0,$b$]区间展开为 $\sum\limits_{n_1=1,3,\cdots} \sin\gamma_{n1} y$ 级数，$\gamma_{n1} = \dfrac{n_1 \pi}{2b}$。有

$$\begin{cases} \sigma_1(y) = \sigma_{xO} + \sum\limits_{n_1=1,3,\cdots} \sigma_{nx1} \sin\gamma_{n1} y \\ u_2(y) = \sum\limits_{n_1=1,3,\cdots} u_{nx2} \sin\gamma_{n1} y \end{cases} \tag{3.69}$$

式中 σ_{xO} 为角点 O 在 x 轴向应力，σ_{nx1} 为 $[\sigma_1(y) - \sigma_{xO}]$ 的级数展开系数。

设 $y=0$ 时 $\sigma_y = \sigma_3(x)$，$y=b$ 时 $v = v_4(x)$。面力函数和位移函数在[0,a]区间展开为 $\sum\limits_{m_1=1,3,\cdots} \sin\lambda_{m1} x$ 级数，$\lambda_{m1} = \dfrac{m_1 \pi}{2a}$。有

$$\begin{cases} \sigma_3(x) = \sigma_{yO} + \sum\limits_{m_1=1,3,\cdots} \sigma_{my1} \sin\lambda_{m1} y \\ v_4(x) = \sum\limits_{m_1=1,3,\cdots} v_{my2} \sin\lambda_{m1} y \end{cases} \tag{3.70}$$

式中 σ_{yO} 为角点 O 在 y 轴向应力，σ_{my1} 为 $[\sigma_3(x) - \sigma_{yO}]$ 的级数展开系数。

由 $x=0$、$y=0$ 边格式化后的法向面力得

$$\begin{aligned} \varphi_{21} = & \frac{\sigma_{xO} y^2}{2} + \frac{\sigma_{yO} x^2}{2} - \sum_{m_1=1,3,\cdots} \frac{\sigma_{my1} \cosh\lambda_{m1}(b-y) \sin\lambda_{m1} x}{\lambda_{m1}^2 \cosh\lambda_{m1} b} \\ & - \sum_{n_1=1,3,\cdots} \frac{\sigma_{nx1} \cosh\gamma_{n1}(a-x) \sin\gamma_{n1} y}{\gamma_{n1}^2 \cosh\gamma_{n1} a} \end{aligned} \tag{3.71}$$

由 $x=a$、$y=b$ 边格式化后的法向位移得

$$\varphi_{22} = -\sum_{m_1=1,3,\cdots}\frac{E}{1+\mu}\frac{v_{my2}\sinh\lambda_{m1}y\sin\lambda_{m1}x}{\lambda_{m1}\cosh\lambda_{m1}b} - \sum_{n_1=1,3,\cdots}\frac{E}{1+\mu}\frac{u_{nx2}\sinh\gamma_{n1}x\sin\gamma_{n1}y}{\gamma_{n1}\cosh\gamma_{n1}a} \tag{3.72}$$

不考虑边界常量剪应力特解φ_{23}。

3.9.2　$Nx2$-$Ny2$ 类平面问题计算边值条件对应的方程

推导应力函数 φ 对应的应力分量、位移分量，在位移分量中不考虑刚体转动位移常数 d_0。为从数学角度解释为什么不考虑φ_{23}和 d_0，在下面位移分量中暂先引入φ_{23}和 d_0，设φ_{23}激发的位移采用 3.2.4 节中式(d)表达式。有

$$\begin{aligned}
u = \frac{1}{E}\Big\{&-\sum_{m=1,3,\cdots}\lambda_m\{A_m(1+\mu)\sinh\lambda_m y + B_m(1+\mu)\cosh\lambda_m y\\
&+ C_m[2\cosh\lambda_m y + (1+\mu)\lambda_m y\sinh\lambda_m y]\\
&+ D_m[2\sinh\lambda_m y + (1+\mu)\lambda_m y\cosh\lambda_m y]\}\cos\lambda_m x\\
&-\sum_{n=1,3,\cdots}\gamma_n\{E_n(1+\mu)\cosh\gamma_n x + F_n(1+\mu)\sinh\gamma_n x\\
&+ G_n[(\mu-1)\sinh\gamma_n x + (\mu+1)\gamma_n x\cosh\gamma_n x]\\
&+ H_n[(\mu-1)\cosh\gamma_n x + (\mu+1)\gamma_n x\sinh\gamma_n x]\}\sin\gamma_n y\\
&+ (\sigma_{x0}-\mu\sigma_{y0})x + \sum_{m_1=1,3,\cdots}\frac{(1+\mu)\sigma_{my1}\cosh\lambda_{m1}(b-y)\cos\lambda_{m1}x}{\lambda_{m1}\cosh\lambda_{m1}b}\\
&-\sum_{n_1=1,3,\cdots}\frac{(1+\mu)\sigma_{nx1}\sinh\gamma_{n1}(a-x)\sin\gamma_{n1}y}{\gamma_{n1}\cosh\gamma_{n1}a}\Big\}\\
&+\sum_{m_1=1,3,\cdots}\frac{v_{my2}\sinh\lambda_{m1}y\cos\lambda_{m1}x}{\cosh\lambda_{m1}b} + \sum_{n_1=1,3,\cdots}\frac{u_{nx2}\cosh\gamma_{n1}x\sin\gamma_{n1}y}{\cosh\gamma_{n1}a}\\
&+ c_0\times\frac{2(1+\mu)\tau_0 y}{E} + d_0 y + d_1
\end{aligned} \tag{b}$$

$$\begin{aligned}
v = \frac{1}{E}\Big\{&-\sum_{m=1,3,\cdots}\lambda_m\{A_m(1+\mu)\cosh\lambda_m y + B_m(1+\mu)\sinh\lambda_m y\\
&+ C_m[(\mu-1)\sinh\lambda_m y + (1+\mu)\lambda_m y\cosh\lambda_m y]\\
&+ D_m[(\mu-1)\cosh\lambda_m y + (1+\mu)\lambda_m y\sinh\lambda_m y]\}\sin\lambda_m x\\
&-\sum_{n=1,3,\cdots}\gamma_n\{E_n(1+\mu)\sinh\gamma_n x + F_n(1+\mu)\cosh\gamma_n x\\
&+ G_n[2\cosh\gamma_n x + (\mu+1)\gamma_n x\sinh\gamma_n x]\\
&+ H_n[2\sinh\gamma_n x + (\mu+1)\gamma_n x\cosh\gamma_n x]\}\cos\gamma_n y
\end{aligned}$$

$$+ (\sigma_{yO} - \mu\sigma_{xO})y - \sum_{m_1=1,3,\cdots} \frac{(1+\mu)\sigma_{my1}\sinh\lambda_{m1}(b-y)\sin\lambda_{m1}x}{\lambda_{m1}\cosh\lambda_{m1}b}$$

$$\left. + \sum_{n_1=1,3,\cdots} \frac{(1+\mu)\sigma_{nx1}\cosh\gamma_{n1}(a-x)\cos\gamma_{n1}y}{\gamma_{n1}\cosh\gamma_{n1}a}\right\}$$

$$+ \sum_{m_1=1,3,\cdots} \frac{v_{my2}\cosh\lambda_{m1}y\sin\lambda_{m1}x}{\cosh\lambda_{m1}b} + \sum_{n_1=1,3,\cdots} \frac{u_{nx2}\sinh\gamma_{n1}x\cos\gamma_{n1}y}{\cosh\gamma_{n1}a}$$

$$+ (1-c_0)\times\frac{2(1+\mu)\tau_0 x}{E} - d_0x + d_2 \tag{c}$$

取 $x=a$、$y=0$ 时 $u=0$ 和 $x=0$、$y=b$ 时 $v=0$ 确定位移分量中刚体平动位移常数。有

$$d_1 = -\frac{(\sigma_{xO}-\mu\sigma_{yO})a}{E} \quad d_2 = -\frac{(\sigma_{yO}-\mu\sigma_{xO})b}{E}$$

引入 $y=b$ 边法向位移边值条件：$y=b$ 时 $v=v_4(x)$，有

$$-\frac{1}{E}\sum_{m=1,3,\cdots}\lambda_m\{A_m(1+\mu)\cosh\lambda_m b + B_m(1+\mu)\sinh\lambda_m b$$
$$+ C_m[(\mu-1)\sinh\lambda_m b + (1+\mu)\lambda_m b\cosh\lambda_m b]$$
$$+ D_m[(\mu-1)\cosh\lambda_m b + (1+\mu)\lambda_m b\sinh\lambda_m b]\}\sin\lambda_m x$$
$$+ (1-c_0)\times\frac{2(1+\mu)\tau_0 x}{E} - d_0 x = 0$$

式中未知量 d_0、τ_0 表示为 x 一次项系数，A_m、B_m、C_m、D_m 表示为 $\sum\limits_{m=1,3,\cdots}\sin\lambda_m x$ 的系数。要使上式成立，并能准确表示未知量间相关性，不同形式（或量纲）表示的未知量必须分别建立各自的对应关系。并考虑 $\sum\limits_{m=1,3,\cdots}\sin\lambda_m x$ 的正交性，有

$$d_0 = 2(1-c_0)(1+\mu)\tau_0/E$$

$$A_m(1+\mu)\cosh\lambda_m b + B_m(1+\mu)\sinh\lambda_m b + C_m[(\mu-1)\sinh\lambda_m b$$
$$+ (\mu+1)\lambda_m b\cosh\lambda_m b] + D_m[(\mu-1)\cosh\lambda_m b$$
$$+ (\mu+1)\lambda_m b\sinh\lambda_m b] = 0 \tag{3.73}$$

引入 $x=a$ 边法向位移边值条件：$(u)_{x=a}=u_2(y)$，并代入 d_0 值，有

$$-\frac{1}{E}\sum_{n=1,3,\cdots}\gamma_n\{E_n(1+\mu)\cosh\gamma_n a + F_n(1+\mu)\sinh\gamma_n a$$
$$+ G_n[(\mu-1)\sinh\gamma_n a + (\mu+1)\gamma_n a\cosh\gamma_n a]$$
$$+ H_n[(\mu-1)\cosh\gamma_n a + (\mu+1)\gamma_n a\sinh\gamma_n a]\}\sin\gamma_n y$$
$$+ \frac{2(1+\mu)\tau_0 y}{E} = 0$$

式中未知量τ_0表示为 y 一次项系数，E_n、F_n、G_n、H_n表示为级数 $\sum\limits_{n=1,3,\cdots}\sin\gamma_n y$ 的系数。要使上式成立，并能准确表示未知量间相关性，不同形式（或量纲）表示的未知量必须分别建立各自的对应关系。并考虑级数的正交性，有

$$
\begin{aligned}
&\tau_0 = 0 \\
&E_n(1+\mu)\cosh\gamma_n a + F_n(1+\mu)\sinh\gamma_n a + G_n[(\mu-1)\sinh\gamma_n a \\
&\quad + (\mu+1)\gamma_n a\cosh\gamma_n a] + H_n[(\mu-1)\cosh\gamma_n a \\
&\quad + (\mu+1)\gamma_n a\sinh\gamma_n a] = 0
\end{aligned}
\tag{3.74}
$$

由$\tau_0=0$，可得 $d_0=0$。可见，简化计算时不必考虑φ_{23}和 d_0。

引入 $x=0$、$y=0$ 边法向面力边值条件，得

$$
\begin{cases}
x = 0: F_n = 0 \\
y = b: B_m = 0
\end{cases}
\tag{3.75}
$$

式(3.73)、式(3.74)、式(3.75)是 $Nx2$-$Ny2$ 类平面问题所共有的精确方程。

引入 $x=0$、$x=a$ 切向计算边值条件，对应的方程中非 $\cos\gamma_n y$ 函数在 $[0,b]$区间展开为 $\sum\limits_{n=1,3,\cdots}\cos\gamma_n y$ 级数，利用级数正交性得一组有效方程。

引入 $y=0$、$y=b$ 切向计算边值条件，对应的方程中非 $\cos\lambda_m x$ 函数在 $[0,a]$区间展开为 $\sum\limits_{m=1,3,\cdots}\cos\lambda_m x$ 级数，利用级数正交性得一组有效方程。

联立精确方程、有效方程求解φ_1中的待定系数。

【算例 3.6】 计算图 3.17 所示平面问题应力分布，支承边界无位移。

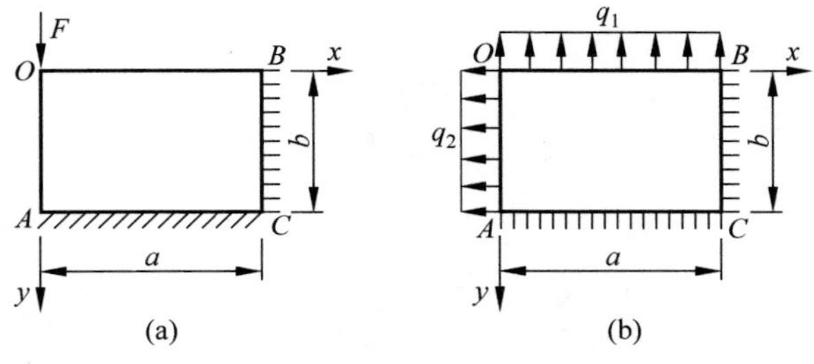

图 3.17 [算例 3.6]示图

解：(一)图 3.17(a)所示 $Nx2$-$Ny2$-$Px1$-$Py2$ 平面问题，作用角点力 F。

角点力 F 作用下应力解见式(3.19)、式(3.24)，有

$$\begin{cases}\sigma_x=-\sum\limits_{k=1,3,\cdots}\sum\limits_{l=1,3,\cdots}t_1\dfrac{4F}{ab}\cos\lambda_k x\sin\gamma_l y\\ \sigma_y=-\sum\limits_{k=1,3,\cdots}\sum\limits_{l=1,3,\cdots}t_2\dfrac{4F}{ab}\cos\lambda_k x\sin\gamma_l y\\ \tau_{xy}=\sum\limits_{k=1,3,\cdots}\sum\limits_{l=1,3,\cdots}t_3\dfrac{4F}{ab}\sin\lambda_k x\cos\gamma_l y\end{cases}$$

式中 $\lambda_k=\dfrac{k\pi}{2a}$，$\gamma_l=\dfrac{l\pi}{2b}$。$t_1$、$t_2$、$t_3$ 见式(3.25)。

推导应力解对应的位移分量，在位移分量中不考虑刚体转动位移常数 d_0。并取 $x=a$、$y=0$ 时 $u=0$ 和 $x=0$、$y=b$ 时 $v=0$ 确定位移分量中刚体平动位移常数。角点力 F 激发的位移为

$$u=-\frac{1}{E}\sum_{k=1,3,\cdots}\sum_{l=1,3,\cdots}\frac{4F}{\lambda_k ab}(t_1-\mu t_2)\sin\lambda_k x\sin\gamma_l y$$

$$v=\frac{1}{E}\sum_{k=1,3,\cdots}\sum_{l=1,3,\cdots}\frac{4F}{\gamma_l ab}(t_2-\mu t_1)\cos\lambda_k x\cos\gamma_l y$$

角点力 F 在边界处激发的面力或位移反向作用在相应边界上为计算边值条件，分别为

$$x=0:\begin{cases}\sigma_x=\sum\limits_{k=1,3,\cdots}\sum\limits_{l=1,3,\cdots}t_1\dfrac{4F}{ab}\sin\gamma_l y\\ \tau_{xy}=0\end{cases}$$

$$x=a:\begin{cases}u=\dfrac{1}{E}\sum\limits_{k=1,3,\cdots}\sum\limits_{l=1,3,\cdots}\dfrac{4F}{\lambda_k ab}(t_1-\mu t_2)\sin\dfrac{k\pi}{2}\sin\gamma_l y\\ \tau_{xy}=-\sum\limits_{k=1,3,\cdots}\sum\limits_{l=1,3,\cdots}t_3\dfrac{4F}{ab}\sin\dfrac{k\pi}{2}\cos\gamma_l y\end{cases}$$

$$y=0:\begin{cases}\sigma_y=0\\ \tau_{xy}=-\sum\limits_{k=1,3,\cdots}\sum\limits_{l=1,3,\cdots}t_3\dfrac{4F}{ab}\sin\lambda_k x\end{cases}$$

$$y=b:\begin{cases}v=0\\ u=\dfrac{1}{E}\sum\limits_{k=1,3,\cdots}\sum\limits_{l=1,3,\cdots}\dfrac{4F}{\lambda_k ab}(t_1-\mu t_2)\sin\dfrac{l\pi}{2}\sin\lambda_k x\end{cases}$$

将 $x=0$、$x=a$ 边计算法向面力和法向位移按式(3.69)格式化，其中

$$\sigma_{xO}=0\quad \sigma_{nx1}=\sum_{k=1,3,\cdots}t_1\frac{4F}{ab}$$

$$u_{nx2}=\frac{1}{E}\sum_{k=1,3,\cdots}\frac{4F}{\lambda_k ab}(t_1-\mu t_2)\sin\frac{k\pi}{2}$$

将 $y=0$、$y=b$ 边计算法向面力和法向位移按式(3.70)格式化，其中

$$\sigma_{yO}=0 \quad \sigma_{my1}=0 \quad v_{my2}=0$$

应力函数通解φ_1见式(3.68),φ_{21}见式(3.71),φ_{22}见式(3.72),不考虑φ_{23}。推导应力函数对应的应力分量、位移分量。u、v表达式见式(b)、式(c)所示。在位移分量中不考虑刚体转动位移常数d_0。并取$x=a$、$y=0$时$u=0$和$x=0$、$y=b$时$v=0$确定位移分量中刚体平动位移常数。

引入$y=b$边法向位移计算边值条件得精确方程式(3.73)。

引入$x=a$边法向位移计算边值条件得精确方程式(3.74)。

引入$x=0$、$y=0$边法向面力计算边值条件得精确方程式(3.75)。

引入$x=0$边切向面力计算边值条件，有效方程为

$$-\sum_{m=1,3,\cdots}\lambda_m^2\left[A_m a_{n2}+B_m a_{n1}+C_m(a_{n1}+a_{n4})+D_m(a_{n2}+a_{n3})\right]$$

$$-\gamma_n^2(E_n+H_n)=\frac{\sinh\gamma_n a}{\cosh\gamma_n a}\sigma_{nx1}-\frac{E\gamma_n u_{nx2}}{(1+\mu)\cosh\gamma_n a} \tag{d}$$

式中a_{n1}、a_{n2}、a_{n3}、a_{n4}分别为$\sinh\lambda_m y$、$\cosh\lambda_m y$、$\lambda_m y\sinh\lambda_m y$、$\lambda_m y\cosh\lambda_m y$在$[0,b]$区间$\sum\limits_{n=1,3,\cdots}\cos\gamma_n y$的展开系数,其值参见附录A中式(A.57)、式(A.58)、式(A.59)、式(A.60)示,但要将式中α改为λ_m。

引入$x=a$边切向面力计算边值条件,有效方程为

$$-\gamma_n^2\left[E_n\cosh\gamma_n a+F_n\sinh\gamma_n a+G_n(\sinh\gamma_n a+\gamma_n a\cosh\gamma_n a)\right.$$

$$\left.+H_n(\cosh\gamma_n a+\gamma_n a\sinh\gamma_n a)\right]=-\frac{E\gamma_n u_{nx2}}{1+\mu}-\sum_{k=1,3,\cdots}t_3\frac{4F}{ab}\sin\frac{k\pi}{2} \tag{e}$$

引入$y=0$边切向面力计算边值条件，有效方程为

$$-\lambda_m^2(A_m+D_m)-\sum_{n=1,3,\cdots}\gamma_n^2\left[E_n b_{m2}+F_n b_{m1}+G_n(b_{m1}+b_{m4})\right.$$

$$\left.+H_n(b_{m2}+b_{m3})\right]=-\sum_{k=1,3,\cdots}\sum_{l=1,3,\cdots}t_3\frac{4Fb_{m6}}{ab}-\sum_{n_1=1,3,\cdots}\frac{E\gamma_{n1}}{1+\mu}\frac{u_{nx2}b_{m7}}{\cosh\gamma_{n1}a}$$

$$+\sum_{n_1=1,3,\cdots}\frac{\sigma_{nx1}b_{m5}}{\cosh\gamma_{n1}a} \tag{f}$$

式中b_{m1}、b_{m2}、b_{m3}、b_{m4}、b_{m5}、b_{m6}、b_{m7}分别为$\sinh\gamma_n x$、$\cosh\gamma_n x$、$\gamma_n x\sinh\gamma_n x$、$\gamma_n x\cosh\gamma_n x$、$\sinh\gamma_n(a-x)$、$\sin\lambda_k x$、$\cosh\gamma_{n1}x$在$[0,a]$区间$\sum\limits_{m=1,3,\cdots}\cos\lambda_m x$的展开系数，其中$b_{m1}$、$b_{m2}$、$b_{m3}$、$b_{m4}$、$b_{m5}$见附录A式(A.25)、式(A.26)、式(A.27)、式(A.28)、式(A.29)所示,但要将式中β改为γ_n。b_{m7}见附录A式(A.26)所示,但要将式中β改为γ_{n1}。b_{m6}表达式为

$$b_{m6} = \begin{cases} \dfrac{1}{\lambda_m a} & (k = m) \\ \dfrac{2\lambda_m \sin\dfrac{k\pi}{2}\sin\dfrac{m\pi}{2} - 2\lambda_k}{a(\lambda_m^2 - \lambda_k^2)} & (k \neq m) \end{cases}$$

引入 $y=b$ 边切向位移计算边值条件，有效方程为

$$\begin{aligned}
& -\frac{\lambda_m}{E}\{A_m(1+\mu)\sinh\lambda_m b + B_m(1+\mu)\cosh\lambda_m b + C_m[2\cosh\lambda_m b \\
& + (1+\mu)\lambda_m b\sinh\lambda_m b] + D_m[2\sinh\lambda_m b + (1+\mu)\lambda_m b\cosh\lambda_m b]\} \\
& -\frac{1}{E}\sum_{n=1,3,\cdots}\gamma_n\{E_n(1+\mu)b_{m2} + F_n(1+\mu)b_{m1} + G_n[(\mu-1)b_{m1} \\
& + (\mu+1)b_{m4}] + H_n[(\mu-1)b_{m2} + (\mu+1)b_{m3}]\}\sin\frac{n\pi}{2} \\
= & \frac{1}{E}\sum_{k=1,3,\cdots}\sum_{l=1,3,\cdots}\frac{4F}{\lambda_k ab}(t_1 - \mu t_2)\sin\frac{l\pi}{2}b_{m6} \\
& + \sum_{n_1=1,3,\cdots}\frac{(1+\mu)\sigma_{nx1}b_{m5}\sin\dfrac{n_1\pi}{2}}{\gamma_{n1}\cosh\gamma_{n1}a} - \sum_{n_1=1,3,\cdots}\frac{u_{nx2}b_{m7}\sin\dfrac{n_1\pi}{2}}{\cosh\gamma_{n1}a} \qquad \text{(g)}
\end{aligned}$$

式中 b_{m1}、b_{m2}、b_{m3}、b_{m4}、b_{m5}、b_{m6}、b_{m7} 同式(f)。

联立精确方程和方程式(d)、式(e)、式(f)、式(g)求解φ_1中待定系数。应力函数对应的应力分量叠加 F 作用应力解，即为角点力 F 作用下应力分布。

取 $a=b=1.0$，$E=1.0$，$\mu=0.3$，$F=1.0$，φ_1 中级数取前 9 项，F 作用应力解和φ_{21}、φ_{22}中级数取前 50 项，表 3.6 列出两个方法计算的应力分布，二者结果吻合。

表 3.6 角点力作用下应力分布

计算点		理论值			有限元值		
x/a	y/b	σ_x	σ_y	τ_{xy}	σ_x	σ_y	τ_{xy}
0	0.5	0	−5.119	−0.652	0.019	−4.254	−0.013
0.25	0.5	−0.452	−1.894	−0.908	−0.478	−1.888	−0.933
0.5	0.5	−0.430	−0.343	−0.366	−0.443	−0.338	−0.364
0.75	0.5	−0.175	0.136	−0.059	−0.174	0.125	−0.051
1.0	0.5	−0.071	0.228	−0.008	−0.071	0.223	0
0.5	0	2.649	0	0.183	2.720	−0.010	0.016
0.5	0.25	0.366	0.103	0.152	0.375	0.125	0.181
0.5	0.75	−0.414	−0.727	−0.424	−0.424	−0.731	−0.428
0.5	1.0	−0.261	−0.881	−0.447	−0.265	0.884	−0.461

（二）图 3.17(b)所示 $Nx2\text{-}Ny2\text{-}Px1\text{-}Py1$ 平面问题，$y=0$、$x=0$ 边分别作用均布面力 q_1、q_2。

由于无体力和角点力作用，实有边界条件即为计算边值条件：

$$\begin{cases} x=0:\sigma_x=q_2,\tau_{xy}=0 \\ x=a:u=0,\tau_{xy}=0 \\ y=0:\sigma_y=q_1,\tau_{xy}=0 \\ y=b:v=0,\tau_{xy}=0 \end{cases}$$

应力函数通解 φ_1 见式(3.68)。在式(3.69)和式(3.70)中，除 $\sigma_{xO}=q_2$、$\sigma_{yO}=q_1$ 外，其余展开系数为零值。有 $\varphi_{21}=(q_2y^2+q_1x^2)/2$，$\varphi_{22}=0$，不考虑 φ_{23}。推导应力函数对应的应力分量、位移分量，在位移分量中不考虑刚体转动位移常数 d_0。并取 $x=a$、$y=0$ 时 $u=0$ 和 $x=0$、$y=b$ 时 $v=0$ 确定位移分量中刚体平动位移常数。有

$$u=u(\varphi_1)+\frac{1}{E}(q_2-\mu q_1)(x-a)$$

$$v=v(\varphi_1)+\frac{1}{E}(q_1-\mu q_2)(y-b)$$

式中 $u(\varphi_1)$、$v(\varphi_1)$ 为与 φ_1 有直接关联的位移，参见式(b)、式(c)。

式(3.73)、式(3.74)、式(3.75)所示精确方程不变。$x=0$、$x=a$、$y=0$ 边切向面力边值条件对应的方程左端项同式(d)、式(e)、式(f)，右端项均为零值。$y=b$ 边切向面力边值条件对应的方程为

$$\begin{aligned} &A_m\cosh\lambda_m b+B_m\sinh\lambda_m b+C_m(\sinh\lambda_m b+\lambda_m b\cosh\lambda_m b) \\ &\quad+D_m(\sinh\lambda_m b+\lambda_m b\cosh\lambda_m b)=0 \end{aligned}$$

联立精确方程、有效方程可求解 φ_1 中待定系数均为零值。有

$$\varphi=\varphi_{21}=(q_2y^2+q_1x^2)/2$$

平面问题应力分布为 $\sigma_x=q_2$，$\sigma_y=q_1$，$\tau_{xy}=0$。

3.10 三边法向支承平面问题

三边法向支承平面问题有四类：①$Nx4\text{-}Ny2$ 类平面问题(图 3.18(a))，②$Nx4\text{-}Ny3$ 类平面问题(图 3.18(b))，③$Nx2\text{-}Ny4$ 类平面问题(图 3.18(c))，④$Nx3\text{-}Ny4$ 类平面问题(图 3.18(d))。每类平面问题都有图 3.9 所示 16 种切向支承。三边法向支承平面问题包含 64 种不同的边界条件。

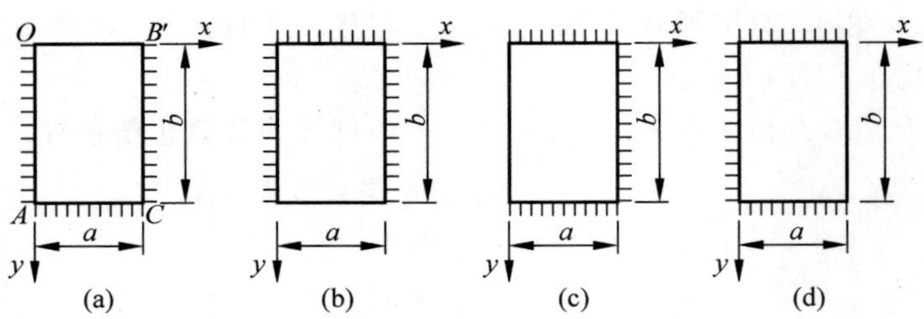

图 3.18　三边法向支承平面问题

本节主要讨论 $Nx4\text{-}Ny2$ 类平面问题应力函数解的求解方法。设 $x=0$ 边原法向位移为 $u=f_1(y)$，角点 O 在 x 轴向位移为 u_O；$x=a$ 边原法向位移为 $u=f_2(y)$，角点 B 在 x 轴向位移为 u_B；$y=b$ 边原法向位移为 $v=\varphi_4(x)$，边界位移平均值为 $v_{0y2}=\dfrac{1}{a}\int_0^a\varphi_4(x)\mathrm{d}x$。利用法向支承边位移条件将边界位移进行调整。所有 x 轴向位移减 u_O，所有 y 轴向位移减 v_{0y2}。调整后的边界位移条件不包含 x 轴向和 y 轴向刚体平动位移成分。O 角点在 x 轴向位移为零值，B 角点在 x 轴向位移为 u_B-u_O，$y=b$ 边法向平均位移为零值。$x=0$、$x=a$、$y=b$ 三边调整后法向位移条件为

$$\begin{cases}x=0\text{：}u=u_1(y)=f_1(y)-u_O\\x=a\text{：}u=u_2(y)=f_2(y)-u_O\\y=b\text{：}v=v_4(x)=\varphi_4(x)-v_{0y2}\end{cases}\tag{a}$$

3.10.1　$Nx4\text{-}Ny2$ 类平面问题应力函数

应力函数通解

$$\begin{aligned}\varphi_1&=C_0y^2+D_0y^3+\sum_{m=1,2,\cdots}(A_m\sinh\alpha_my+B_m\cosh\alpha_my\\&\quad+C_m\alpha_my\sinh\alpha_my+D_m\alpha_my\cosh\alpha_my)\cos\alpha_mx+\sum_{n=1,3,\cdots}(E_n\sinh\gamma_nx\\&\quad+F_n\cosh\gamma_nx+G_n\gamma_nx\sinh\gamma_nx+H_n\gamma_nx\cosh\gamma_nx)\sin\gamma_ny\end{aligned}\tag{3.76}$$

式中 $\alpha_m=\dfrac{m\pi}{a}$，$\gamma_n=\dfrac{n\pi}{2b}$。$A_m$、$B_m$、$C_m(C_0)$、$D_m(D_0)$、$E_n$、$F_n$、$G_n$、$H_n$ 为待定系数。

将边界法向面力和调整后的法向位移格式化。$x=0$、$x=a$ 边位移函数 $u_1(y)$、$u_2(y)$ 在$[0,b]$区间展开为 $\sum\limits_{n_1=1,3,\cdots}\sin\gamma_{n1}y$ 级数，$\gamma_1=\dfrac{n_1\pi}{2b}$。有

$$\begin{cases} u_1(y) = \sum\limits_{n_1=1,3,\cdots} u_{nx1}\sin\gamma_{n1}y \\ u_2(y) = (u_B - u_O) + \sum\limits_{n_1=1,3,\cdots} u_{nx2}\sin\gamma_{n1}y \end{cases} \tag{3.77}$$

式中(u_B-u_O)为 B 角点在 x 轴向调整后的位移，u_{nx2} 为$[u_2(y)-(u_B-u_O)]$的级数展开系数。

$y=0$ 边面力函数$\sigma_3(x)$和 $y=b$ 边位移函数$v_4(x)$在$[0,a]$区间展成 $\sum\limits_{m_1=0,1,\cdots}\cos\alpha_{m1}x$ 级数，$\alpha_{m1}=\dfrac{m_1\pi}{a}$。有

$$\begin{cases} \sigma_3(x) = \sigma_{0y1} + \sum\limits_{m_1=1,2,\cdots} \sigma_{my1}\cos\alpha_{m1}x \\ v_4(x) = \sum\limits_{m_1=1,2,\cdots} v_{my2}\cos\alpha_{m1}x \end{cases} \tag{3.78}$$

式中σ_{my1}为$[\sigma_3(x)-\sigma_{0y1}]$的级数展开系数。$\sigma_{0y1}$ 为 $m_1=0$ 时σ_{my1}，其物理含义为边界面力平均值。

由 $y=0$ 边格式化后的法向面力得

$$\varphi_{21} = \frac{\sigma_{0y1}x^2}{2} - \sum_{m_1=1,2,\cdots} \frac{\sigma_{my1}\cosh\alpha_{m1}(b-y)\cos\alpha_{m1}x}{\alpha_{m1}^2\cosh\alpha_{m1}b} \tag{3.79}$$

由 $x=0$、$x=a$、$y=b$ 三边格式化后的法向位移得

$$\begin{aligned} \varphi_{22} = {} & \frac{Ey^2}{2a}(u_B - u_O) \\ & + \sum_{n_1=1,3,\cdots} \frac{E}{1+\mu} \frac{[u_{nx1}\cosh\gamma_{n1}(a-x) - u_{nx2}\cosh\gamma_{n1}x]\sin\gamma_{n1}y}{\gamma_{n1}\sinh\gamma_{n1}a} \\ & - \sum_{m_1=1,2,\cdots} \frac{E}{1+\mu} \frac{v_{my2}\sinh\alpha_{m1}y\cos\alpha_{m1}x}{\alpha_{m1}\cosh\alpha_{m1}b} \end{aligned} \tag{3.80}$$

不考虑边界常量剪应力特解φ_{23}。

3.10.2 $Nx4$-$Ny2$ 类平面问题计算边值条件对应的方程

推导应力函数 φ 对应的应力分量、位移分量。在位移分量中不考虑刚体转动位移常数 d_0。为从数学角度解释为什么不考虑φ_{23}和 d_0，在下面位移分量中暂先引入φ_{23}和 d_0，设φ_{23}激发的位移采用 3.2.4 节中式(d)表达式。有

$$\begin{aligned} u = \frac{1}{E}\Big\{ & \sum_{m=1,2,\cdots} \alpha_m \{A_m(1+\mu)\sinh\alpha_m y + B_m(1+\mu)\cosh\alpha_m y \\ & + C_m[2\cosh\alpha_m y + (1+\mu)\alpha_m y\sinh\alpha_m y] \end{aligned}$$

$$+ D_m[2\sinh\alpha_m y + (1+\mu)\alpha_m y\cosh\alpha_m y]\}\sin\alpha_m x$$

$$- \sum_{n=1,3,\cdots} \gamma_n \{E_n(1+\mu)\cosh\gamma_n x + F_n(1+\mu)\sinh\gamma_n x$$

$$+ G_n[(\mu-1)\sinh\gamma_n x + (\mu+1)\gamma_n x\cosh\gamma_n x] + H_n[(\mu-1)\cosh\gamma_n x$$

$$+ (\mu+1)\gamma_n x\sinh\gamma_n x]\}\sin\gamma_n y + (2C_0 + 6D_0 y)x$$

$$\left. -\mu\sigma_{0y1} x - \sum_{m_1=1,2,\cdots} \frac{(1+\mu)\sigma_{my1}\cosh\alpha_{m1}(b-y)\sin\alpha_{m1}x}{\alpha_{m1}\cosh\alpha_{m1}b} \right\}$$

$$+ \frac{(u_B - u_O)x}{a} + \sum_{n_1=1,3,\cdots} \frac{[u_{nx1}\sinh\gamma_{n1}(a-x) + u_{nx2}\sinh\gamma_{n1}x]\sin\gamma_{n1}y}{\sinh\gamma_{n1}a}$$

$$- \sum_{m_1=1,2,\cdots} \frac{v_{my2}\sinh\alpha_{m1}y\sin\alpha_{m1}x}{\cosh\alpha_{m1}b} + c_0 \times \frac{2(1+\mu)\tau_0 y}{E} + d_0 y + d_1 \tag{b}$$

$$v = \frac{1}{E}\left\{- \sum_{m=1,2,\cdots} \alpha_m \{A_m(1+\mu)\cosh\alpha_m y + B_m(1+\mu)\sinh\alpha_m y\right.$$

$$+ C_m[(\mu-1)\sinh\alpha_m y + (1+\mu)\alpha_m y\cosh\alpha_m y]$$

$$+ D_m[(\mu-1)\cosh\alpha_m y + (1+\mu)\alpha_m y\sinh\alpha_m y]\}\cos\alpha_m x$$

$$- \sum_{n=1,3,\cdots} \gamma_n \{E_n(1+\mu)\sinh\gamma_n x + F_n(1+\mu)\cosh\gamma_n x$$

$$+ G_n[2\cosh\gamma_n x + (\mu+1)\gamma_n x\sinh\gamma_n x] + H_n[2\sinh\gamma_n x$$

$$+ (\mu+1)\gamma_n x\cosh\gamma_n x]\}\cos\gamma_n y - \mu(2C_0 y + 3D_0 y^2) + \sigma_{0y1} y$$

$$\left. - \sum_{m_1=1,2,\cdots} \frac{(1+\mu)\sigma_{my1}\sinh\alpha_{m1}(b-y)\cos\alpha_{m1}x}{\alpha_{m1}\cosh\alpha_{m1}b} \right\} - \frac{\mu(u_B - u_O)(y-b)}{a}$$

$$- \sum_{n_1=1,3,\cdots} \frac{[u_{nx1}\cosh\gamma_{n1}(a-x) - u_{nx2}\cosh\gamma_{n1}x]\cos\gamma_{n1}y}{\sinh\gamma_{n1}a}$$

$$+ \sum_{m_1=1,2,\cdots} \frac{v_{my2}\cosh\alpha_{m1}y\cos\alpha_{m1}x}{\cosh\alpha_{m1}b} - \frac{3D_0 x^2}{E}$$

$$+ (1-c_0) \times \frac{2(1+\mu)\tau_0 x}{E} - d_0 x + d_2 \tag{c}$$

取 $x=0$、$y=0$ 时 $u=0$ 和 $y=b$ 边法向平均位移为零值确定位移分量中刚体平动位移常数。有

$$d_1 = 0$$

$$d_2 = -\frac{\sigma_{0y1}b}{E} + \frac{\mu(2C_0 b + 3D_0 b^2)}{E} + \frac{D_0 a^2}{E} - (1-c_0) \times \frac{(1+\mu)\tau_0 a}{E} + \frac{ad_0}{2}$$

引入 $y=b$ 边法向位移边值条件： $y=b$ 时 $v=v_4(x)$，有

$$-\frac{1}{E}\sum_{m=1,2,\cdots}\alpha_m\{A_m(1+\mu)\cosh\alpha_m b+B_m(1+\mu)\sinh\alpha_m b$$
$$+C_m[(\mu-1)\sinh\alpha_m b+(1+\mu)\alpha_m b\cosh\alpha_m b]$$
$$+D_m[(\mu-1)\cosh\alpha_m b+(1+\mu)\alpha_m b\sinh\alpha_m b]\}\cos\alpha_m x$$
$$+\frac{D_0(a^2-3x^2)}{E}+(1-c_0)\times\frac{(1+\mu)\tau_0(2x-a)}{E}-d_0\left(x-\frac{a}{2}\right)=0$$

式中未知量 d_0、τ_0 表示为 x 一次项系数，D_0 表示为 x 二次项系数，A_m、B_m、C_m、D_m 表示为 $\sum\limits_{m=1,2,\cdots}\cos\alpha_m x$ 的系数。要使上式成立，并能准确表示未知量间相关性，不同形式(或量纲)表示的未知量必须分别建立各自的对应关系。并考虑级数的正交性，有

$$d_0=2(1-c_0)(1+\mu)\tau_0/E$$

$$\begin{cases}D_0=0\\A_m(1+\mu)\cosh\alpha_m b+B_m(1+\mu)\sinh\alpha_m b+C_m[(\mu-1)\sinh\alpha_m b+\\(1+\mu)\alpha_m b\cosh\alpha_m b]+D_m[(\mu-1)\cosh\alpha_m b+(1+\mu)\alpha_m b\sinh\alpha_m b]=0\end{cases}\tag{3.81}$$

引入 $x=0$ 边法向位移边值条件：$x=0$ 时 $u=u_1(y)$，并代入 d_0 值，有

$$-\frac{1}{E}\sum_{n=1,3,\cdots}\gamma_n[E_n(1+\mu)+H_n(\mu-1)]\sin\gamma_n y+\frac{2(1+\mu)\tau_0 y}{E}=0$$

式中未知量 τ_0 表示为 y 一次项系数，E_n、H_n 表示为 $\sum\limits_{n=1,3,\cdots}\sin\gamma_n y$ 的系数。要使上式成立，并能准确表示未知量间相关性，不同形式(或量纲)表示的未知量必须分别建立各自的对应关系。并考虑级数的正交性，有

$$\tau_0=0$$
$$E_n(1+\mu)+H_n(\mu-1)=0\tag{3.82}$$

由 $\tau_0=0$，可得 $d_0=0$。可见，简化计算时不必考虑 φ_{23} 和 d_0。

引入 $x=a$ 边法向位移边值条件：$x=a$ 时 $u=u_2(y)$，并考虑 $D_0=0$，有

$$-\frac{1}{E}\sum_{n=1,3,\cdots}\gamma_n\{E_n(1+\mu)\cosh\gamma_n a+F_n(1+\mu)\sinh\gamma_n a$$
$$+G_n[(\mu-1)\sinh\gamma_n a+(\mu+1)\gamma_n a\cosh\gamma_n a]$$
$$+H_n[(\mu-1)\cosh\gamma_n a+(\mu+1)\gamma_n a\sinh\gamma_n a]\}\sin\gamma_n y$$
$$+2C_0 a-\mu\sigma_{0y1}a=0$$

未知量 C_0 表示为 y 的零次项系数，E_n、F_n、G_n、H_n 表示为 $\sum\limits_{n=1,3,\cdots}\sin\gamma_n y$ 的系

数，二者必须分别建立各自的对应关系。并考虑级数的正交性，有

$$\begin{cases} C_0 = \dfrac{\mu\sigma_{0y1}}{2} \\ E_n(1+\mu)\cosh\gamma_n a + F_n(1+\mu)\sinh\gamma_n a + G_n[(\mu-1)\sinh\gamma_n a + \\ (\mu+1)\gamma_n a\cosh\gamma_n a] + H_n[(\mu-1)\cosh\gamma_n a + (\mu+1)\gamma_n a\sinh\gamma_n a] = 0 \end{cases} \tag{3.83}$$

引入 $y=0$ 边法向面力边值条件，得

$$B_m = 0 \tag{3.84}$$

式(3.81)、式(3.82)、式(3.83)、式(3.84)是 $Nx4\text{-}Ny2$ 类平面问题所共有的精确方程。

在 $x=0$、$x=a$ 切向计算边值条件对应的方程中，非 $\cos\gamma_n y$ 函数在 $[0,b]$ 区间展开为 $\sum\limits_{n=1,3,\cdots}\cos\gamma_n y$ 级数，利用级数正交性得有效方程。在 $y=0$、$y=b$ 切向计算边值条件对应的方程中，非 $\sin\alpha_m x$ 函数在 $[0,a]$ 区间展开为 $\sum\limits_{m=1,2,\cdots}\sin\alpha_m x$ 级数，利用级数正交性得有效方程。联立精确方程、有效方程求解 φ_1 中 $m>0$ 和 $n>0$ 时的待定系数。

【算例 3.7】 计算图 3.19 所示平面问题应力分布，支承边界无位移。

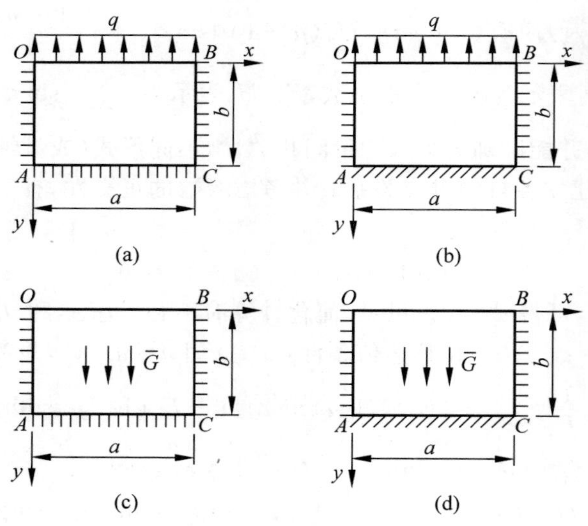

图 3.19 [算例 3.7]示图

解：(一)图 3.19(a)所示 $Nx4\text{-}Ny2\text{-}Px1\text{-}Py1$ 平面问题，$y=0$ 边作用

均布面力 q。由于无体力和角点力作用，实有边界条件即为计算边值条件：

$$\begin{cases} x = 0: u = 0, & \tau_{xy} = 0 \\ x = a: u = 0, & \tau_{xy} = 0 \\ y = 0: \sigma_y = q, & \tau_{xy} = 0 \\ y = b: v = 0, & \tau_{xy} = 0 \end{cases}$$

应力函数通解 φ_1 见式(3.76)。在式(3.77)和式(3.78)中，除 $\sigma_{0y1} = q$ 外，其余展开系数为零值。有 $\varphi_{21} = qx^2/2$，$\varphi_{22} = 0$，不考虑 φ_{23}。推导应力函数对应的应力分量、位移分量。在位移分量中不考虑刚体转动位移常数 d_0。取 $x=0$、$y=0$ 时 $u=0$ 和 $y=b$ 边法向平均位移为零值确定位移分量中刚体平动位移常数。

由 $y=b$、$x=0$、$x=a$、$y=0$ 边法向边值条件得精确方程式(3.81)、式(3.82)、式(3.83)、式(3.84)。由式(3.83)中第一式得 $C_0 = \mu q/2$。

$x=0$ 边切向面力边值条件对应的有效方程为

$$-\gamma_n^2 (E_n + H_n) = 0$$

$x=a$ 边切向面力边值条件对应的有效方程为

$$\begin{aligned} -\gamma_n^2 [& E_n \cosh\gamma_n a + F_n \sinh\gamma_n a + G_n (\sinh\gamma_n a \\ & + \gamma_n a \cosh\gamma_n a) + H_n (\cosh\gamma_n a + \gamma_n a \sinh\gamma_n a)] = 0 \end{aligned}$$

$y=0$ 边切向面力边值条件对应的有效方程为

$$\begin{aligned} \alpha_m^2 (A_m + D_m) - \sum_{n=1,3,\cdots} \gamma_n^2 [& E_n b_{m2} + F_n b_{m1} \\ & + G_n (b_{m1} + b_{m4}) + H_n (b_{m2} + b_{m3})] = 0 \end{aligned}$$

式中 b_{m1}、b_{m2}、b_{m3}、b_{m4} 分别为 $\sinh\gamma_n x$、$\cosh\gamma_n x$、$\gamma_n x \sinh\gamma_n x$、$\gamma_n x \cosh\gamma_n x$ 在 $[0,a]$ 区间 $\sum\limits_{m=1,2,\cdots} \sin\alpha_m x$ 的展开系数，其值参见附录 A 式(A.1)、式(A.2)、式(A.3)、式(A.4)所示，但要将式中 β 改为 γ_n。

$y=b$ 边切向面力边值条件对应的有效方程为

$$\begin{aligned} \alpha_m^2 [& A_m \cosh\alpha_m b + B_m \sinh\alpha_m b + C_m (\sinh\alpha_m b \\ & + \alpha_m b \cosh\alpha_m b) + D_m (\cosh\alpha_m b + \alpha_m b \sinh\alpha_m b)] = 0 \end{aligned} \tag{d}$$

联立精确方程、有效方程可确定 φ_1 中 $m>0$ 和 $n>0$ 时待定系数均为零值。有

$$\varphi_1 = C_0 y^2 = \mu q y^2/2$$

$$\varphi = \varphi_1 + \varphi_{21} = q(x^2 + \mu y^2)/2$$

平面问题应力分布为 $\sigma_x = \mu q$，$\sigma_y = q$，$\tau_{xy} = 0$。

（二）图 3.19(b)所示 $Nx4$-$Ny2$-$Px1$-$Py2$ 平面问题，$y=0$ 边作用均布面力 q。

与[算例 3.7]（一）相比，$y=b$ 边切向计算边值条件为 $y=b$ 时 $u=0$。应力函数、精确方程和 C_0、D_0 值不变。$x=0$、$x=a$、$y=0$ 三边对应的有效方程不变。$y=b$ 边切向位移边值条件对应的有效方程为

$$\begin{aligned}&\alpha_m\{A_m(1+\mu)\sinh\alpha_m b+B_m(1+\mu)\cosh\alpha_m b+C_m[2\cosh\alpha_m b\\&\quad+(1+\mu)\alpha_m b\sinh\alpha_m b]+D_m[2\sinh\alpha_m b+(1+\mu)\alpha_m b\cosh\alpha_m b]\}\\&\quad-\sum_{n=1,3,\cdots}\gamma_n\{E_n(1+\mu)b_{m2}+F_n(1+\mu)b_{m1}+G_n[(\mu-1)b_{m1}\\&\quad+(\mu+1)b_{m4}]+H_n[(\mu-1)b_{m2}+(\mu+1)b_{m3}]\}\sin\frac{n\pi}{2}=0\end{aligned}$$

式中 b_{m1}、b_{m2}、b_{m3}、b_{m4} 同式(d)。

联立精确方程、有效方程可求解 φ_1 中 $m>0$ 和 $n>0$ 时待定系数均为零值。应力分布与[算例 3.7]（一）相同。

（三）图 3.19(c)所示 $Nx4$-$Ny2$-$Px1$-$Py1$ 平面问题，重力荷载 $\overline{G}$ 作用。

由附录 C 中 C.5 所示 $Ny2$-$Px1$ 类平面问题知，重力荷载作用下应力解为

$$\sigma_x=-\mu\overline{G}y,\quad \sigma_y=-\overline{G}y,\quad \tau_{xy}=0$$

推导应力解对应的位移分量，位移分量中不考虑刚体转动位移常数 d_0。取 $x=0$、$y=0$ 时 $u=0$ 和 $y=b$ 边法向平均位移为零值确定位移分量中刚体平动位移常数。重力荷载激发的位移为

$$u=0 v=\frac{\overline{G}(1-\mu^2)}{2E}(b^2-y^2)$$

重力荷载应力解在边界处激发的面力或位移反向作用在相应边界上为计算边值条件，分别为

$$x=0\text{、}x=a\text{ 时 }\begin{cases}u=0\\ \tau_{xy}=0\end{cases},\quad y=0\text{ 时}\begin{cases}\sigma_y=0\\ \tau_{xy}=0\end{cases},\quad y=b\text{ 时 }\begin{cases}v=0\\ \tau_{xy}=0\end{cases}$$

计算边值条件为没有外界作用的固有边界条件，有 $\varphi_{21}=0$，$\varphi_{22}=0$，由边值条件得 $\varphi_1=0$，应力函数 $\varphi=0$。重力荷载 $\overline{G}$ 作用下应力分布即为重力荷载作用应力解：$\sigma_x=-\mu\overline{G}y$、$\sigma_y=-\overline{G}y$、$\tau_{xy}=0$。

（四）图 3.19(d)所示 $Nx4$-$Ny2$-$Px1$-$Py2$ 平面问题，重力荷载 $\overline{G}$ 作用。

与[算例 3.7]（三）相比，重力荷载应力解和相应的位移分量不变，在

$x=0$、$x=a$、$y=0$ 边界处激发计算边值条件不变，$y=b$ 边计算边值条件为：$y=b$ 时 $v=0$、$u=0$。计算边值条件为没有外界作用的固有边界条件，应力函数 $\varphi=0$。重力荷载 $\bar{G}$ 作用下应力分布即为重力荷载作用应力解：$\sigma_x=-\mu\bar{G}y$、$\sigma_y=-\bar{G}y$、$\tau_{xy}=0$。

3.11 四边法向支承平面问题

四边法向支承（$Nx4$-$Ny4$）平面问题有 16 种不同的边界条件，见图 3.20 所示。

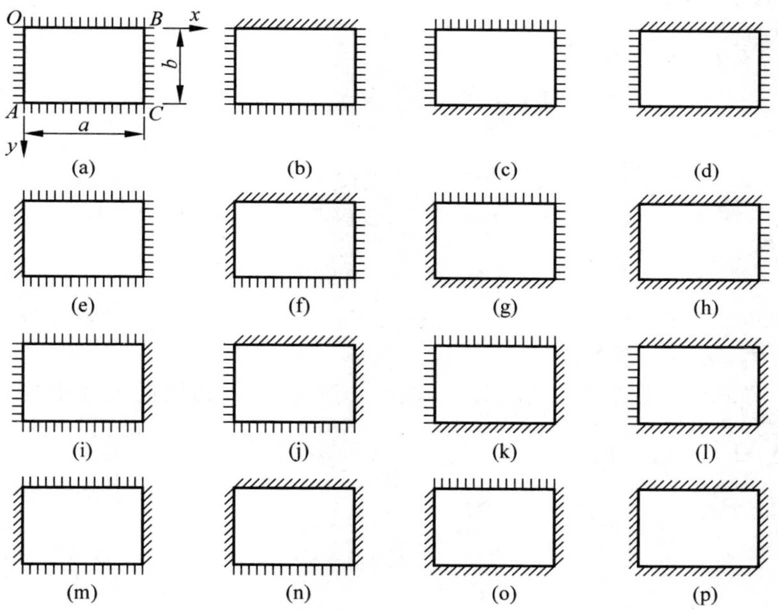

图 3.20 四边法向支承平面问题

设 $x=0$ 边原法向位移为 $u=f_1(y)$，$x=a$ 边原法向位移为 $u=f_2(y)$；位移平均值分别为$u_{0x1}=\dfrac{1}{b}\displaystyle\int_0^b f_1(y)\mathrm{d}y$，$u_{0x2}=\dfrac{1}{b}\displaystyle\int_0^b f_2(y)\mathrm{d}y$。$y=0$、$y=b$ 边原法向位移分别为 $v=\varphi_3(x)$、$v=\varphi_4(x)$；位移平均值分别为 $v_{0y1}=\dfrac{1}{a}\displaystyle\int_0^a \varphi_3(x)\mathrm{d}x$，$v_{0y2}=\dfrac{1}{a}\displaystyle\int_0^a \varphi_4(x)\mathrm{d}x$。利用法向支承边位移条件将边界位移进行调整。所有 x 轴向位移减u_{0x1}，所有 y 轴向位移减v_{0y1}，调整后的

边界位移条件不包含 x 轴向和 y 轴向刚体平动位移成分。$x=0$ 边法向平均位移为零值，$x=a$ 边法向平均位移为 $(u_{0x2}-u_{0x1})$，$y=0$ 边法向平均位移为零值，$y=b$ 边法向平均位移为 $(v_{0y2}-v_{0y1})$。调整后四边法向位移条件为

$$\begin{cases} x=0: u=u_1(y)=f_1(y)-u_{0x1} \\ x=a: u=u_2(y)=f_2(y)-u_{0x1} \\ y=0: v=v_3(x)=\varphi_3(x)-v_{0y1} \\ y=b: v=v_4(x)=\varphi_4(x)-v_{0y1} \end{cases} \tag{a}$$

3.11.1 应力函数

应力函数通解

$$\begin{aligned} \varphi_1 = & C_0 y^2 + D_0 y^3 + \sum_{m=1,2,\cdots} (A_m \sinh\alpha_m y + B_m \cosh\alpha_m y \\ & + C_m \alpha_m y \sinh\alpha_m y + D_m \alpha_m y \cosh\alpha_m y)\cos\alpha_m x \\ & + G_0 x^2 + H_0 x^3 + \sum_{n=1,2,\cdots} (E_n \sinh\beta_n x + F_n \cosh\beta_n x \\ & + G_n \beta_n x \sinh\beta_n x + H_n \beta_n x \cosh\beta_n x)\cos\beta_n y \end{aligned} \tag{3.85}$$

式中 $\alpha_m = m\pi/a$，$\beta_n = n\pi/b$。A_m、B_m、$C_m(C_0)$、$D_m(D_0)$、E_n、F_n、$G_n(G_0)$、$H_n(H_0)$ 为待定系数。

将调整后的边界法向位移格式化。$x=0$、$x=a$ 边法向位移函数 $u_1(y)$、$u_2(y)$ 在 $[0,b]$ 区间展开为 $\sum\limits_{n_1=0,1,\cdots}\cos\beta_{n1}y$ 级数，$\beta_{n1}=\dfrac{n_1\pi}{b}$。有

$$\begin{cases} u_1(y) = \sum\limits_{n_1=1,2,\cdots} u_{nx1}\cos\beta_{n1}y \\ u_2(y) = (u_{0x2}-u_{0x1}) + \sum\limits_{n_1=1,2,\cdots} u_{nx2}\cos\beta_{n1}y \end{cases} \tag{3.86}$$

式中 u_{nx2} 为 $[u_2(y)-(u_{0x2}-u_{0x1})]$ 的级数展开系数。

$y=0$、$y=b$ 边法向位移函数 $v_3(x)$、$v_4(x)$ 在 $[0,a]$ 区间展开为 $\sum\limits_{m_1=0,1,\cdots}\cos\alpha_{m1}x$ 级数，$\alpha_{m1}=m_1\pi/a$。

$$\begin{cases} v_3(x) = \sum\limits_{m_1=1,2,\cdots} v_{my1}\cos\alpha_{m1}x \\ v_4(x) = (v_{0y2}-v_{0y1}) + \sum\limits_{m_1=1,2,\cdots} v_{my2}\cos\alpha_{m1}x \end{cases} \tag{3.87}$$

式中 v_{my2} 为 $[v_4(x)-(v_{0y2}-v_{0y1})]$ 的级数展开系数。

由格式化后的法向位移得相应特解

$$\varphi_{22}=\frac{Ey^2}{2a}(u_{0x2}-u_{0x1})+\frac{Ex^2}{2b}(v_{0y2}-v_{0y1})$$
$$+\sum_{n_1=1,2,\cdots}\frac{E}{1+\mu}\frac{[u_{nx1}\cosh\beta_{n1}(a-x)-u_{nx2}\cosh\beta_{n1}x]\cos\beta_{n1}y}{\beta_{n1}\sinh\beta_{n1}a}$$
$$+\sum_{m_1=1,2,\cdots}\frac{E}{1+\mu}\frac{[v_{my1}\cosh\alpha_{m1}(b-y)-v_{my2}\cosh\alpha_{m1}y]\cos\alpha_{m1}x}{\alpha_{m1}\sinh\alpha_{m1}b}\tag{3.88}$$

特解$\varphi_{21}=0$。

不考虑边界常量剪应力特解φ_{23}。

3.11.2 计算边值条件对应的方程

推导应力函数φ对应的应力分量、位移分量，在位移分量中不考虑刚体转动位移常数d_0。为从数学角度解释为什么不考虑φ_{23}和d_0，在下面位移分量中暂先引入φ_{23}和d_0，设φ_{23}激发的位移采用3.2.4节中式(d)所用的表达式。有

$$\begin{aligned}u=\frac{1}{E}\Big\{&(2C_0+6D_0y)x-\mu(2G_0x+3H_0x^2)\\&+\sum_{m=1,2,\cdots}\alpha_m\{A_m(1+\mu)\sinh\alpha_my+B_m(1+\mu)\cosh\alpha_my\\&+C_m[2\cosh\alpha_my+(1+\mu)\alpha_my\sinh\alpha_my]\\&+D_m[2\sinh\alpha_my+(1+\mu)\alpha_my\cosh\alpha_my]\}\sin\alpha_mx\\&-\sum_{n=1,2,\cdots}\beta_n\{E_n(1+\mu)\cosh\beta_nx+F_n(1+\mu)\sinh\beta_nx\\&+G_n[(\mu-1)\sinh\beta_nx+(\mu+1)\beta_nx\cosh\beta_nx]\\&+H_n[(\mu-1)\cosh\beta_nx+(\mu+1)\beta_nx\sinh\beta_nx]\}\cos\beta_ny\Big\}\\&+\frac{x}{a}(u_{0x2}-u_{0x1})-\frac{\mu x}{b}(v_{0y2}-v_{0y1})\\&+\sum_{n_1=1,2,\cdots}\frac{[u_{nx1}\sinh\beta_{n1}(a-x)+u_{nx2}\sinh\beta_{n1}x]\cos\beta_{n1}y}{\sinh\beta_{n1}a}\\&+\sum_{m_1=1,2,\cdots}\frac{[v_{my1}\cosh\alpha_{m1}(b-y)-v_{my2}\cosh\alpha_{m1}y]\sin\alpha_{m1}x}{\sinh\alpha_{m1}b}\\&-\frac{3H_0y^2}{E}+c_0\times\frac{2(1+\mu)\tau_0y}{E}+d_0y+d_1\end{aligned}\tag{b}$$

$$
\begin{aligned}
v = \frac{1}{E}\Bigg\{ & -\mu(2C_0 y + 3D_0 y^2) + y(2G_0 + 6H_0 x) \\
& - \sum_{m=1,2,\cdots} \alpha_m \{A_m(1+\mu)\cosh\alpha_m y + B_m(1+\mu)\sinh\alpha_m y \\
& + C_m[(\mu-1)\sinh\alpha_m y + (1+\mu)\alpha_m y\cosh\alpha_m y] \\
& + D_m[(\mu-1)\cosh\alpha_m y + (1+\mu)\alpha_m y\sinh\alpha_m y]\}\cos\alpha_m x \\
& + \sum_{n=1,2,\cdots} \beta_n \{E_n(1+\mu)\sinh\beta_n x + F_n(1+\mu)\cosh\beta_n x \\
& + G_n[2\cosh\beta_n x + (\mu+1)\beta_n x\sinh\beta_n x] \\
& + H_n[2\sinh\beta_n x + (\mu+1)\beta_n x\cosh\beta_n x]\}\sin\beta_n y \Bigg\} \\
& + \frac{y}{b}(v_{0y2} - v_{0y1}) - \frac{\mu y}{a}(u_{0x2} - u_{0x1}) \\
& + \sum_{n_1=1,2,\cdots} \frac{[u_{nx1}\cosh\beta_{n1}(a-x) - u_{nx2}\cosh\beta_{n1}x]\sin\beta_{n1}y}{\sinh\beta_{n1}a} \\
& + \sum_{m_1=1,2,\cdots} \frac{[v_{my1}\sinh\alpha_{m1}(b-y) + v_{my2}\sinh\alpha_{m1}y]\cos\alpha_{m1}x}{\sinh\alpha_{m1}b} \\
& - \frac{3D_0 x^2}{E} + (1-c_0)\times\frac{2(1+\mu)\tau_0 x}{E} - d_0 x + d_2 \qquad \text{(c)}
\end{aligned}
$$

取 $x=0$ 边法向平均位移为零值、$y=0$ 边法向平均位移为零值确定位移分量中刚体平动位移常数。有

$$
d_1 = -\frac{b}{2}\left[c_0 \times \frac{2(1+\mu)\tau_0}{E} + d_0\right] + \frac{H_0 b^2}{E}
$$

$$
d_2 = \frac{a}{2}\left[-(1-c_0)\times\frac{2(1+\mu)\tau_0}{E} + d_0\right] + \frac{D_0 a^2}{E}
$$

引入 $y=0$ 边法向位移边值条件：$y=0$ 时 $v=v_3(x)$，有

$$
-\frac{1}{E}\left\{\sum_{m=1,2,\cdots}\alpha_m[A_m(1+\mu) + D_m(\mu-1)]\cos\alpha_m x\right\} + \frac{D_0}{E}(a^2 - 3x^2)
$$

$$
-(1-c_0)\times\frac{2(1+\mu)\tau_0}{E}\left(\frac{a}{2} - x\right) + d_0\left(\frac{a}{2} - x\right) = 0
$$

式中未知量 d_0、τ_0 表示为 x 一次项系数，D_0 表示为 x 二次项系数，A_m、D_m 表示为 $\sum_{m=1,2,\cdots}\cos\alpha_m x$ 的系数。要使上式成立，并能准确表示未知量间相关性，不同形式(或量纲)表示的未知量必须分别建立各自的对应关系。有

$$
d_0 = 2(1-c_0)(1+\mu)\tau_0/E
$$

$$
\begin{cases}
D_0 = 0 \\
A_m(1+\mu) + D_m(\mu-1) = 0
\end{cases} \tag{3.89}
$$

引入 $x=0$ 边法向位移边值条件：$x=0$ 时 $u=u_1(y)$，并代入 d_0 值，有

$$-\frac{1}{E}\left\{\sum_{n=1,2,\cdots}\beta_n[E_n(1+\mu)+H_n(\mu-1)]\cos\beta_n y\right\}+\frac{2(1+\mu)\tau_0}{E}\left(y-\frac{b}{2}\right)$$
$$+\frac{H_0}{E}(b^2-3y^2)=0$$

式中未知量τ_0表示为 y 一次项系数，H_0表示为 y 二次项系数，E_n、H_n表示为 $\sum\limits_{n=1,2,\cdots}\cos\beta_n y$ 的系数。要使上式成立，并能准确表示未知量间相关性，不同形式(或量纲)表示的未知量必须分别建立各自的对应关系。并考虑级数的正交性，有

$$\begin{cases}\tau_0=0\\ H_0=0\\ E_n(1+\mu)+H_n(\mu-1)=0\end{cases}\tag{3.90}$$

由$\tau_0=0$，可得 $d_0=0$。可见，简化计算时不必考虑φ_{23}和 d_0。

引入 $x=a$ 边法向位移边值条件：$x=a$ 时 $u=u_2(y)$，有

$$-\frac{\mu a(v_{0y2}-v_{0y1})}{b}+\frac{1}{E}\Bigg\{2C_0a-2\mu G_0a$$
$$-\sum_{n=1,2,\cdots}\beta_n\{E_n(1+\mu)\cosh\beta_n a+F_n(1+\mu)\sinh\beta_n a$$
$$+G_n[(\mu-1)\sinh\beta_n a+(\mu+1)\beta_n a\cosh\beta_n a]$$
$$+H_n[(\mu-1)\cosh\beta_n a+(\mu+1)\beta_n a\sinh\beta_n a]\}\cos\beta_n y\Bigg\}=0$$

未知量C_0、G_0表示为 y 的零次项系数，E_n、F_n、G_n、H_n表示为 $\sum\limits_{n=1,2,\cdots}\cos\beta_n y$ 的系数，二者必须分别建立各自的对应关系。并考虑级数的正交性，有

$$\begin{cases}2C_0a-2\mu G_0a=-\dfrac{E\mu a(v_{0y2}-v_{0y1})}{b}\\ E_n(1+\mu)\cosh\beta_n a+F_n(1+\mu)\sinh\beta_n a\\ \quad+G_n[(\mu-1)\sinh\beta_n a+(\mu+1)\beta_n a\cosh\beta_n a]\\ \quad+H_n[(\mu-1)\cosh\beta_n a+(\mu+1)\beta_n a\sinh\beta_n a]=0\end{cases}\tag{3.91}$$

引入 $y=b$ 边法向位移边值条件：$y=b$ 时 $v=v_4(x)$，有

$$-\frac{\mu b(u_{0x2}-u_{0x1})}{a}+\frac{1}{E}\Bigg\{2G_0b-2\mu C_0b$$
$$-\sum_{m=1,2,\cdots}\alpha_m\{A_m(1+\mu)\cosh\alpha_m b+B_m(1+\mu)\sinh\alpha_m b$$

$$+ C_m[(\mu-1)\sinh\alpha_m b + (\mu+1)\alpha_m b\cosh\alpha_m b]$$
$$+ D_m[(\mu-1)\cosh\alpha_m b + (\mu+1)\alpha_m b\sinh\alpha_m b]\}\cos\alpha_m x\Bigg\} = 0$$

未知量C_0、G_0表示为x的零次项系数，A_m、B_m、C_m、D_m表示为$\sum_{m=1,2,\cdots}\cos\alpha_m x$的系数，二者必须分别建立各自的对应关系。并考虑级数的正交性，有

$$\begin{cases} 2G_0 b - 2\mu C_0 b = \dfrac{E\mu b(u_{0x2}-u_{0x1})}{a} \\ A_m(1+\mu)\cosh\alpha_m b + B_m(1+\mu)\sinh\alpha_m b \\ \quad + C_m[(\mu-1)\sinh\alpha_m b + (\mu+1)\alpha_m b\cosh\alpha_m b] \\ \quad + D_m[(\mu-1)\cosh\alpha_m b + (\mu+1)\alpha_m b\sinh\alpha_m b] = 0 \end{cases} \tag{3.92}$$

联立求解式(3.91)中第一式和式(3.92)中第一式得

$$\begin{cases} C_0 = \dfrac{E}{1-\mu^2}\left[\dfrac{\mu^2(u_{0x2}-u_{0x1})}{2a} + \dfrac{\mu(v_{0y2}-v_{0y1})}{2b}\right] \\ G_0 = \dfrac{E}{1-\mu^2}\left[\dfrac{\mu^2(v_{0y2}-v_{0y1})}{2b} + \dfrac{\mu(u_{0x2}-u_{0x1})}{2a}\right] \end{cases} \tag{3.93}$$

式(3.89)、式(3.90)、式(3.91)、式(3.92)是$Nx4$-$Ny4$类平面问题所共有的精确方程。

在$x=0$、$x=a$切向计算边值条件对应的方程中，非$\sin\beta_n y$函数在$[0,b]$区间展开为$\sum_{n=1,2,\cdots}\sin\beta_n y$级数，利用级数正交性得相应有效方程。在$y=0$、$y=b$切向计算边值条件对应的方程中，非$\sin\alpha_m x$函数在$[0,a]$区间展开为$\sum_{m=1,2,\cdots}\sin\alpha_m x$级数，利用级数正交性得相应有效方程。联立精确方程、有效方程求解φ_1中$m>0$和$n>0$时的待定系数。

【算例3.8】 计算图3.21所示平面问题应力分布，支承边界无位移。

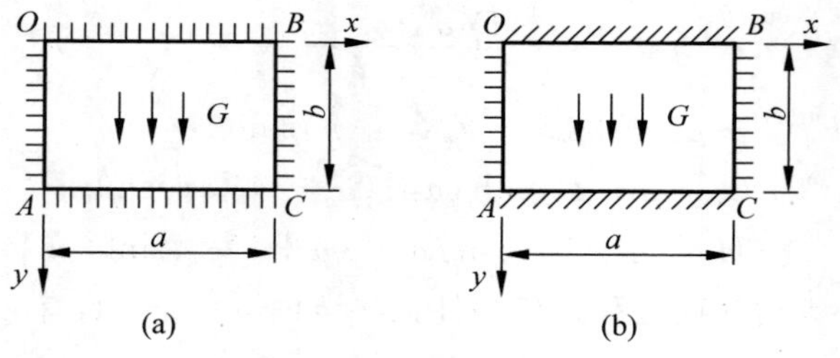

图3.21 [算例3.8]示图

解：(一)图3.21(a)所示$Nx4$-$Ny4$-$Px1$-$Py1$平面问题，重力荷载$\overline{G}$作用。

由附录 C 中 C.13 知，重力荷载作用下应力解为

$$\sigma_x = \mu\bar{G}\left(\frac{b}{2} - y\right), \quad \sigma_y = \bar{G}\left(\frac{b}{2} - y\right), \quad \tau_{xy} = 0$$

推导应力解对应的位移分量，并取 $x=0$ 边法向平均位移为零值 $\left[u_{0x1} = \frac{1}{b}\int_0^b (u)_{x=0}\mathrm{d}y = 0\right]$、$y=0$ 边法向平均位移为零值 $\left[v_{0y1} = \frac{1}{a}\int_0^a (v)_{y=0}\mathrm{d}x = 0\right]$ 确定位移分量中刚体平动位移常数。重力荷载激发的位移为

$$u = 0 \quad v = \frac{(1-\mu^2)\bar{G}}{E}\left(\frac{by}{2} - \frac{y^2}{2}\right)$$

重力荷载应力解在边界处激发的面力或位移反向作用在相应边界上为计算边值条件，分别为

$$x = 0、x = a \text{ 时 } \begin{cases} u = 0 \\ \tau_{xy} = 0 \end{cases}, \quad y = 0、y = b \text{ 时 } \begin{cases} v = 0 \\ \tau_{xy} = 0 \end{cases}$$

计算边值条件为没有外界作用的固有边界条件，应力函数 $\varphi=0$。重力荷载 $\bar{G}$ 作用下应力分布即为重力荷载作用应力解。

（二）图 3.21(b)所示 $Nx4$-$Ny4$-$Px1$-$Py4$ 平面问题，重力荷载 $\bar{G}$ 作用。

与[算例 3.8](一)相比，重力荷载作用应力解、相应的位移分量不变。激发的计算边值条件为

$$x = 0、x = a \text{ 时 } \begin{cases} u = 0 \\ \tau_{xy} = 0 \end{cases}, \quad y = 0、y = b \text{ 时 } \begin{cases} v = 0 \\ u = 0 \end{cases}$$

同理，应力函数 $\varphi=0$。重力荷载 $\bar{G}$ 作用下应力分布即为重力荷载作用应力解。

【算例 3.9】 计算图 3.22 所示 $Nx4$-$Ny4$-$Px1$-$Py1$ 平面问题应力分布，$x=a$ 边有法向位移 $u=\frac{a_1}{b}(b-2y)$，其他支承边界无位移。

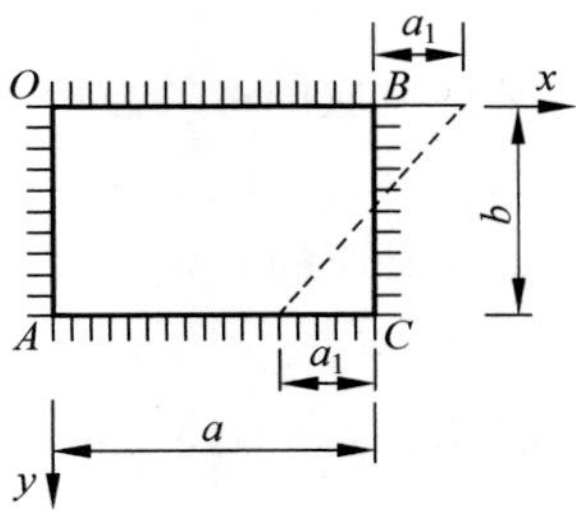

图 3.22　[算例 3.9]示图

解：实有边界条件为计算边值条件：

$$\begin{cases} x=0: u=0, \tau_{xy}=0 \\ x=a: u=\dfrac{a_1}{b}(b-2y), \tau_{xy}=0 \\ y=0: v=0, \tau_{xy}=0 \\ y=b: v=0, \tau_{xy}=0 \end{cases}$$

将 $x=a$ 边法向位移函数按式(3.86)第二式格式化。其中$u_{0x2}-u_{0x1}=0$，

$$u_{nx2}=\frac{4a_1}{\beta_{n1}^2 b^2}(1-\cos n_1\pi)$$

应力函数通解φ_1见式(3.85)。在式(3.86)和式(3.87)中，除u_{nx2}外其余展开系数为零值，有$\varphi_{21}=0$。不考虑φ_{23}，

$$\varphi_{22}=-\sum_{n_1=1,2,\cdots}\frac{E}{1+\mu}\frac{u_{nx2}\cosh\beta_{n1}x\cos\beta_{n1}y}{\beta_{n1}\sinh\beta_{n1}a}$$

推导应力函数对应的应力分量、位移分量，在位移分量中不考虑刚体转动位移常数 d_0。取 $x=0$ 边法向平均位移为零值和 $y=0$ 边法向平均位移为零值$\left[\dfrac{1}{b}\int_0^b(u)_{x=0}\mathrm{d}y=0, \dfrac{1}{a}\int_0^a(v)_{y=0}\mathrm{d}x=0\right]$确定位移分量中刚体平动位移常数。

引入四边法向位移边值条件得精确方程式(3.89)、式(3.90)、式(3.91)、式(3.92)。由式(3.93)得$C_0=0, G_0=0$。

$x=0$ 边切向面力边值条件对应的有效方程为

$$\beta_n^2(E_n+H_n)=0$$

$x=a$ 边切向面力边值条件对应的有效方程为

$$\beta_n^2[E_n\cosh\beta_n a+F_n\sinh\beta_n a+G_n(\sinh\beta_n a+\beta_n a\cosh\beta_n a)$$
$$+H_n(\cosh\beta_n a+\beta_n a\sinh\beta_n a)]=-\frac{E\beta_n}{1+\mu}u_{nx2}$$

$y=0$ 边切向面力边值条件对应的有效方程为

$$\alpha_m^2(A_m+D_m)=0$$

$y=b$ 边切向面力边值条件对应的有效方程为

$$\alpha_m^2[A_m\cosh\alpha_m b+B_m\sinh\alpha_m b+C_m(\sinh\alpha_m b$$
$$+\alpha_m b\cosh\alpha_m b)+D_m(\cosh\alpha_m b+\alpha_m b\sinh\alpha_m b)]=0$$

取 $a=b=1.0, E=1.0, \mu=0.3, a_1=1.0$，$\varphi_1$ 中级数取前 8 项，φ_{22} 中级数取前 10 项，表 3.7 列出 $x=0.5a$ 截面上应力分布，与有限元结果吻合。

表 3.7 边界位移下应力分布

计算点		理论值			有限元值		
x/a	y/b	σ_x	σ_y	τ_{xy}	σ_x	σ_y	τ_{xy}
	0	0.773	−0.212	0	0.776	−0.212	0
	0.125	0.701	−0.187	−0.157	0.696	−0.188	−0.157
0.5	0.25	0.515	−0.129	−0.271	0.513	−0.129	−0.270
	0.375	0.268	−0.063	−0.331	0.267	−0.063	−0.331
	0.5	0	0	−0.348	0	0	−0.349

3.12 结语

在薄板弯曲中，所有外界作用的解（通解或特解）都是同一个微分方程（齐次或非齐次）的定解问题，所有解都采用相同力学物理量（挠度）作为解的参数。在平面问题中，通解和特解要分别面对不同形式的微分方程，要采用不同力学物理量作为解的参数。这是平面问题与薄板弯曲问题的主要区别。

平面问题在边界作用下（边界上作用的面力或发生的边界位移）求解方法与薄板弯曲相同。边界作用全解由通解和特解组成，解的形式是应力函数表达式。由于双调和方程是从正应力 σ_x、σ_y 表示的应变协调方程变换而来，法向应力和相应的位移是与方程直接关联的物理量。分析法向支承边和法向自由边在边界上限定的和在边界内产生的受力和变形特征，在通解中选用不同的、与之匹配的数学表达式。边界作用所涉及的边界法向面力或发生的边界法向位移都有相应的特解。特解级数类型与相应方向通解级数类型一致。

平面问题在体力作用下，全解由通解和特解组成。通解要满足双调和方程，解的形式是应力函数表达式。特解必须直接求解微元的平衡方程和包含体力分量的应变协调方程。解的形式是应力表达式。

平面问题在角点力作用下，全解由通解和特解组成。通解要满足双调和方程，解的形式是应力函数表达式。特解必须直接求解微元的平衡方程（非角点力方向）、隔离体界面面力的平衡方程（角点力方向）和包含全部应力分量的应变协调方程。解的形式是应力表达式。

平面问题与薄板弯曲问题另一区别是：

薄板弯曲：在边界转角和弯矩对应的方程中，通解中原三角级数有一个变为数项级数，另一个类型不变。所有边界转角和弯矩函数要展开为该级数，利用级数正交性得线性方程。

平面问题：在边界切向面力或切向位移对应的方程中，通解中原三角级数有一个变为数项级数，另一个类型改变。原级数 $\sum\limits_{m=1,2,\cdots}\sin\alpha_m x\left(\text{或}\sum\limits_{n=1,2,\cdots}\sin\beta_n y\right)$ 改变为 $\sum\limits_{m=1,2,\cdots}\cos\alpha_m x\left(\text{或}\sum\limits_{n=1,2,\cdots}\cos\beta_n y\right)$，切向面力或切向位移函数要展开为 $\sum\limits_{m=0,1,\cdots}\cos\alpha_m x\left(\text{或}\sum\limits_{n=0,1,\cdots}\cos\beta_n y\right)$，利用级数正交性除得到 $m>0$（或 $n>0$）的方程外，还有 $m=0$（或 $n=0$）的附加方程。附加方程正好可用于计算边界常量剪应力 τ_0。

通解中原三角级数 $\sum\limits_{m=0,1,\cdots}\cos\alpha_m x\left(\text{或}\sum\limits_{n=0,1,\cdots}\cos\beta_n y\right)$ 改变为 $\sum\limits_{m=1,2,\cdots}\sin\alpha_m x\left(\text{或}\sum\limits_{n=1,2,\cdots}\sin\beta_n y\right)$，切向面力或切向位移函数要展开为 $\sum\limits_{m=1,2,\cdots}\sin\alpha_m x\left(\text{或}\sum\limits_{n=1,2,\cdots}\sin\beta_n y\right)$，利用级数正交性仅能得 $m>0$（或 $n>0$）的方程。通解中 $m=0$（或 $n=0$）对应的待定系数可由法向边值条件确定。

平面问题受力的特殊性和求解方法的适应性和谐统一。

第 4 章 弹性薄板自由振动

4.1 板自由振动微分方程

板自由振动指板受到外界初始干扰(初位移、初速度)后而产生的垂直于中面的、围绕平衡位置的周期性运动。自由振动分析主要解决振动过程中的振形和频率。

板在某静止状态下发生振动,振动过程中任一瞬间 t 的挠度为 $W(x,y,t)$。设板单位面积质量为$\bar{m}$,单位面积板产生惯性力为$-\bar{m}\dfrac{\mathrm{d}^2W}{\mathrm{d}t^2}$,同时伴随产生弹性恢复力为$-D\nabla^4W$,$D$ 为板的弯曲刚度。由牛顿第二定律,有

$$\bar{m}\frac{\mathrm{d}^2W}{\mathrm{d}t^2}+D\nabla^4W=0 \tag{a}$$

式(a)为板自由振动方程。

板振动挠度 $W(x,y,t)$是由无数多个相互正交的振形挠度叠加,每一个振形挠度都为简谐振动,设$W_i(x,y,t)$为第 i 个振形挠度,ω_i为相应振动圆频率,$w_i(x,y)$为振形曲面,有

$$W_i=(A_i\sin\omega_it+B_i\cos\omega_it)w_i(x,y) \tag{b}$$

振形挠度要满足式(a)所示的振动方程,将式(b)代入式(a),并消去因子$(A_i\sin\omega_it+B_i\cos\omega_it)$,得

$$\nabla^4 w_i-\frac{\bar{m}\omega_i^2}{D}w_i=0 \tag{c}$$

设 $w(x,y)$代表任一振形曲面,ω 为相应的振动圆频率,取$\kappa^4=\dfrac{\bar{m}\omega^2}{D}$,且有$\nabla^4w=\dfrac{\partial^4w}{\partial x^4}+2\dfrac{\partial^4w}{\partial x^2\partial y^2}+\dfrac{\partial^4w}{\partial y^4}$,式(c)转换为

$$\frac{\partial^4 w}{\partial x^4}+2\frac{\partial^4 w}{\partial x^2\partial y^2}+\frac{\partial^4 w}{\partial y^4}-\kappa^4 w=0 \tag{4.1}$$

式(4.1)为振形微分方程。式中 w 为自平衡位置算起的振形曲面(或振形函数),κ 为振形常数(或振形特征值)。

振形曲面要满足板固有边界条件。当有点支座时,还要满足点支座处位移和支反力条件。板自由振动分析时,由点支座的位置将矩形板分类:无点支承、边界内点支承、边界上点支承、角点点支承。

4.2 无点支承的矩形板

4.2.1 基本思路

(1) 板自由振动微分方程实质上是表示振动过程中动能和势能的转换规律,与外界作用无关,不存在广义静定问题和广义超静定问题的区别。

(2) 振形微分方程是以挠度为参数表示的板竖向力的平衡,挠度和竖向力是与微分方程直接关联的物理量。同弹性薄板弯曲一样,以挠度和竖向力为指标将板的边界分为两类:支承边和非支承边。前者包括固定边和简支边,后者包括自由边和滑移边。边界支承条件见图 2.7。两条支承边的交点或一条支承边的端点为支承角点,两条非支承边的交点为非支承角点。

(3) 为表示矩形板在两个坐标轴方向上边界支承条件所限定的振动特征,振形曲面为

$$w=w_x+w_y \tag{4.2}$$

w_x、w_y 分别为 x 轴向、y 轴向边界限定的振形曲面。

w_x、w_y 一般形式是包含四个待定系数的单三角级数,以与相应边界条件相对应。三角级数在相应区间上是完整的正交三角函数族,三角级数符合相应边界固有的挠度和剪力分布:在支承边,三角级数为零值,表示振动过程中边界挠度为零;级数的一阶和三阶导数不为零,表示振动过程中边界上要产生边界反力。在非支承边,三角级数的一阶和三阶导数为零,表示振动过程中边界剪力为零;而级数不为零值,表示振动要产生边界挠度。由此组成的振形曲面可以自动满足矩形板角点处的振动特点:在支承角点处,挠度为零而角点力不为零;在非支承角点处,挠度不为零而角点力为零。

(4) 引入矩形板四边边界条件建立以振形函数 w 中待定系数为未知量的线性方程。面对板固有边界条件,所有线性方程右端项均为零值。要使

未知量不全为零,对应的系数行列式必为零,这就是板振动频率方程。

4.2.2 振形曲面

设矩形板采用图 2.7 所示的坐标系,a、b 分别为 x 轴向、y 轴向边长。

当 $x=0$、$x=a$ 为支承边时,有

$$\begin{aligned} w_x = & \sum_{m<\kappa a/\pi}(A_m\sinh\alpha_{m1}y + B_m\cosh\alpha_{m1}y + C_m\sin\alpha_{m2}y \\ & + D_m\cos\alpha_{m2}y)\sin\alpha_m x + \sum_{m>\kappa a/\pi}(A_m\sinh\alpha_{m1}y + B_m\cosh\alpha_{m1}y \\ & + C_m\sinh\alpha_{m3}y + D_m\cosh\alpha_{m3}y)\sin\alpha_m x \end{aligned} \tag{4.3}$$

式中 $\alpha_m = m\pi/a$, $m=1,2,3,\cdots$。$\alpha_{m1}=\sqrt{\kappa^2+\alpha_m^2}$, $\alpha_{m2}=\sqrt{\kappa^2-\alpha_m^2}$, $\alpha_{m3}=\sqrt{\alpha_m^2-\kappa^2}$。$A_m$、$B_m$、$C_m$、$D_m$ 为待定系数。

当 $x=0$ 为支承边、$x=a$ 为非支承边时,有

$$\begin{aligned} w_x = & \sum_{m<2\kappa a/\pi}(A_m\sinh\lambda_{m1}y + B_m\cosh\lambda_{m1}y + C_m\sin\lambda_{m2}y \\ & + D_m\cos\lambda_{m2}y)\sin\lambda_m x + \sum_{m>2\kappa a/\pi}(A_m\sinh\lambda_{m1}y + B_m\cosh\lambda_{m1}y \\ & + C_m\sinh\lambda_{m3}y + D_m\cosh\lambda_{m3}y)\sin\lambda_m x \end{aligned} \tag{4.4}$$

式中 $\lambda_m=m\pi/(2a)$, $m=1,3,5,\cdots$。$\lambda_{m1}=\sqrt{\kappa^2+\lambda_m^2}$, $\lambda_{m2}=\sqrt{\kappa^2-\lambda_m^2}$, $\lambda_{m3}=\sqrt{\lambda_m^2-\kappa^2}$。$A_m$、$B_m$、$C_m$、$D_m$ 为待定系数。

当 $x=0$ 为非支承边、$x=a$ 为支承边时,有

$$\begin{aligned} w_x = & \sum_{m<2\kappa a/\pi}(A_m\sinh\lambda_{m1}y + B_m\cosh\lambda_{m1}y + C_m\sin\lambda_{m2}y \\ & + D_m\cos\lambda_{m2}y)\cos\lambda_m x + \sum_{m>2\kappa a/\pi}(A_m\sinh\lambda_{m1}y + B_m\cosh\lambda_{m1}y \\ & + C_m\sinh\lambda_{m3}y + D_m\cosh\lambda_{m3}y)\cos\lambda_m x \end{aligned} \tag{4.5}$$

式中 λ_m、λ_{m1}、λ_{m2}、λ_{m3} 同式(4.4)。A_m、B_m、C_m、D_m 为待定系数。

当 $x=0$、$x=a$ 为非支承边时,有

$$\begin{aligned} w_x = & A_0\sinh\kappa y + B_0\cosh\kappa y + C_0\sin\kappa y + D_0\cos\kappa y \\ & + \sum_{0<m<\kappa a/\pi}(A_m\sinh\alpha_{m1}y + B_m\cosh\alpha_{m1}y + C_m\sin\alpha_{m2}y \\ & + D_m\cos\alpha_{m2}y)\cos\alpha_m x + \sum_{m>\kappa a/\pi}(A_m\sinh\alpha_{m1}y + B_m\cosh\alpha_{m1}y \\ & + C_m\sinh\alpha_{m3}y + D_m\cosh\alpha_{m3}y)\cos\alpha_m x \end{aligned} \tag{4.6}$$

式中 $\alpha_m = m\pi/a$, $m=0,1,2,\cdots$。$\alpha_{m1}=\sqrt{\kappa^2+\alpha_m^2}$, $\alpha_{m2}=\sqrt{\kappa^2-\alpha_m^2}$, $\alpha_{m3}=$

$\sqrt{\alpha_m^2-\kappa^2}$。当 $m=0$ 时，$\cos\alpha_m x=1.0$，$\alpha_{m1}=\kappa$，$\alpha_{m2}=\kappa$。待定系数 A_0、B_0、C_0、D_0 为 $m=0$ 时 A_m、B_m、C_m、D_m。级数 $\sum\limits_{m=0,1,\cdots}\cos\alpha_m x$ 在$[0,a]$区间是完整的正交三角函数族。

当 $y=0$、$y=b$ 为支承边时，有

$$\begin{aligned}w_y = &\sum_{n<\kappa b/\pi}(E_n\sinh\beta_{n1}x+F_n\cosh\beta_{n1}x+G_n\sin\beta_{n2}x\\&+H_n\cos\beta_{n2}x)\sin\beta_n y+\sum_{n>\kappa b/\pi}(E_n\sinh\beta_{n1}x+F_n\cosh\beta_{n1}x\\&+G_n\sinh\beta_{n3}x+H_n\cosh\beta_{n3}x)\sin\beta_n y\end{aligned}\tag{4.7}$$

式中 $\beta_n=n\pi/b$，$n=1,2,3,\cdots$。$\beta_{n1}=\sqrt{\kappa^2+\beta_n^2}$，$\beta_{n2}=\sqrt{\kappa^2-\beta_n^2}$，$\beta_{n3}=\sqrt{\beta_n^2-\kappa^2}$。$E_n$、$F_n$、$G_n$、$H_n$ 为待定系数。

当 $y=0$ 为支承边、$y=b$ 为非支承边时，有

$$\begin{aligned}w_y = &\sum_{n<2\kappa b/\pi}(E_n\sinh\gamma_{n1}x+F_n\cosh\gamma_{n1}x+G_n\sin\gamma_{n2}x\\&+H_n\cos\gamma_{n2}x)\sin\gamma_n y+\sum_{n>2\kappa b/\pi}(E_n\sinh\gamma_{n1}x+F_n\cosh\gamma_{n1}x\\&+G_n\sinh\gamma_{n3}x+H_n\cosh\gamma_{n3}x)\sin\gamma_n y\end{aligned}\tag{4.8}$$

式中 $\gamma_n=n\pi/(2b)$，$n=1,3,5,\cdots$。$\gamma_{n1}=\sqrt{\kappa^2+\gamma_n^2}$，$\gamma_{n2}=\sqrt{\kappa^2-\gamma_n^2}$，$\gamma_{n3}=\sqrt{\gamma_n^2-\kappa^2}$。$E_n$、$F_n$、$G_n$、$H_n$ 为待定系数。

当 $y=0$ 为非支承边、$y=b$ 为支承边时，有

$$\begin{aligned}w_y = &\sum_{n<2\kappa b/\pi}(E_n\sinh\gamma_{n1}x+F_n\cosh\gamma_{n1}x+G_n\sin\gamma_{n2}x\\&+H_n\cos\gamma_{n2}x)\cos\gamma_n y+\sum_{n>2\kappa b/\pi}(E_n\sinh\gamma_{n1}x+F_n\cosh\gamma_{n1}x\\&+G_n\sinh\gamma_{n3}x+H_n\cosh\gamma_{n3}x)\cos\gamma_n y\end{aligned}\tag{4.9}$$

式中 γ_n、γ_{n1}、γ_{n2}、γ_{n3} 同式(4.8)。E_n、F_n、G_n、H_n 为待定系数。

当 $y=0$、$y=b$ 为非支承边时，有

$$\begin{aligned}w_y = &E_0\sinh\kappa x+F_0\cosh\kappa x+G_0\sin\kappa x+H_0\cos\kappa x\\&+\sum_{0<n<\kappa b/\pi}(E_n\sinh\beta_{n1}x+F_n\cosh\beta_{n1}x+G_n\sin\beta_{n2}x\\&+H_n\cos\beta_{n2}x)\cos\beta_n y+\sum_{n>\kappa b/\pi}(E_n\sinh\beta_{n1}x+F_n\cosh\beta_{n1}x\\&+G_n\sinh\beta_{n3}x+H_n\cosh\beta_{n3}x)\cos\beta_n y\end{aligned}\tag{4.10}$$

式中 $\beta_n=n\pi/b$，$n=0,1,2,\cdots$。β_{n1}、β_{n2}、β_{n3} 同式(4.7)。待定系数 E_0、F_0、G_0、

H_0 为 $n=0$ 时 E_n、F_n、G_n、H_n。级数 $\sum_{n=0,1,\cdots}\cos\beta_n y$ 在 $[0,b]$ 区间是完整的正交三角函数族。

待定系数与边界支承条件和振动频率有关。

4.2.3 振形曲面的正交性

板振动曲面是无数多个振形曲面的线性组合，要求振形曲面必须是正交的。图 4.1 所示矩形板，$x=0$、$x=a$、$y=0$ 三边支承、$y=b$ 边非支承，支承边可以是固定边或简支边，非支承边可以是自由边或滑移边。这类板包括 16 种不同的边界支承条件，振形曲面相同，其表达式为

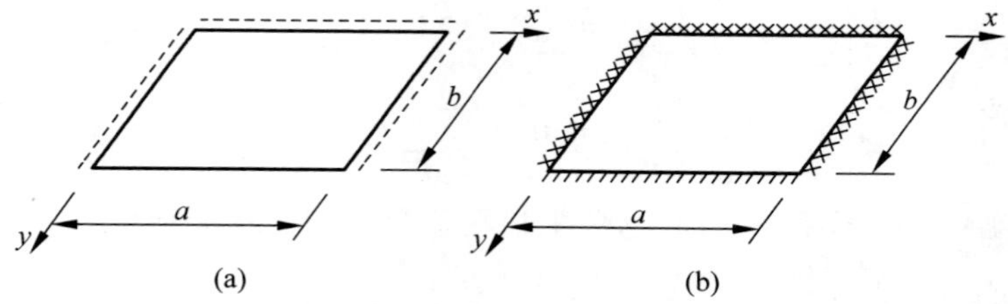

图 4.1 三边支承、一边非支承矩形板

$$
\begin{aligned}
w = & \sum_{m<\kappa a/\pi}(A_m \sinh\alpha_{m1} y + B_m \cosh\alpha_{m1} y + C_m \sin\alpha_{m2} y \\
& + D_m \cos\alpha_{m2} y)\sin\alpha_m x + \sum_{m>\kappa a/\pi}(A_m \sinh\alpha_{m1} y + B_m \cosh\alpha_{m1} y \\
& + C_m \sinh\alpha_{m3} y + D_m \cosh\alpha_{m3} y)\sin\alpha_m x \\
& + \sum_{n<2\kappa b/\pi}(E_n \sinh\gamma_{n1} x + F_n \cosh\gamma_{n1} x + G_n \sin\gamma_{n2} x \\
& + H_n \cos\gamma_{n2} x)\sin\gamma_n y + \sum_{n>2\kappa b/\pi}(E_n \sinh\gamma_{n1} x + F_n \cosh\gamma_{n1} x \\
& + G_n \sinh\gamma_{n3} x + H_n \cosh\gamma_{n3} x)\sin\gamma_n y
\end{aligned}
\tag{d}
$$

式中 $\alpha_m=m\pi/a$，$m=1,2,3,\cdots$。α_{m1}、α_{m2}、α_{m3} 同式(4.3)。$\gamma_n=n\pi/(2b)$，$n=1,3,5,\cdots$。γ_{n1}、γ_{n2}、γ_{n3} 同式(4.8)。

振形曲面可以简写为

$$
w = \sum_{m<M} Y_1 X + \sum_{m>M} Y_2 X + \sum_{n<N} X_1 Y + \sum_{n>N} X_2 Y \tag{e}
$$

式中 $X=\sin\alpha_m x$，$M=\kappa a/\pi$；$Y=\sin\gamma_n y$，$N=2\kappa b/\pi$。其余符号可以通过比较式(d)、式(e)确定。

现考虑第 i 振形和第 j 振形。设第 i 振形常数为κ_i，级数项取值为 m_i、n_i，$M_i=\kappa_i a/\pi$，$N_i=2\kappa_i b/\pi$。相应振形曲面简写为

$$w_i = \sum_{m_i<M_i} Y_{1i} X_i + \sum_{m_i>M_i} Y_{2i} X_i + \sum_{n_i<N_i} X_{1i} Y_i + \sum_{n_i>N_i} X_{2i} Y_i \tag{f}$$

式中$X_i=\sin\alpha_{mi}x$，$Y_i=\sin\gamma_{ni}y$。

设第 j 振形常数为κ_j，级数项取值为 m_j、n_j，$M_j=\kappa_j a/\pi$，$N_j=2\kappa_j b/\pi$。相应振形曲面简写为

$$w_j = \sum_{m_j<M_j} Y_{1j} X_j + \sum_{m_j>M_j} Y_{2j} X_j + \sum_{n_j<N_j} X_{1j} Y_j + \sum_{n_j>N_j} X_{2j} Y_j \tag{g}$$

式中$X_j=\sin\alpha_{mj}x$，$Y_j=\sin\gamma_{nj}y$。

由振形微分方程，有

$$\frac{\partial^4 w_i}{\partial x^4} + 2\frac{\partial^4 w_i}{\partial x^2 \partial y^2} + \frac{\partial^4 w_i}{\partial y^4} = \kappa_i^4 w_i \tag{h}$$

$$\frac{\partial^4 w_j}{\partial x^4} + 2\frac{\partial^4 w_j}{\partial x^2 \partial y^2} + \frac{\partial^4 w_j}{\partial y^4} = \kappa_j^4 w_j \tag{i}$$

式(h)乘w_j，式(i)乘w_i，并将这些乘积在整个板范围内积分，有

$$\int_0^a\int_0^b \left(\frac{\partial^4 w_i}{\partial x^4} + 2\frac{\partial^4 w_i}{\partial x^2 \partial y^2} + \frac{\partial^4 w_i}{\partial y^4}\right) w_j \mathrm{d}x\mathrm{d}y = \int_0^a\int_0^b \kappa_i^4 w_i w_j \mathrm{d}x\mathrm{d}y \tag{j}$$

$$\int_0^a\int_0^b \left(\frac{\partial^4 w_j}{\partial x^4} + 2\frac{\partial^4 w_j}{\partial x^2 \partial y^2} + \frac{\partial^4 w_j}{\partial y^4}\right) w_i \mathrm{d}x\mathrm{d}y = \int_0^a\int_0^b \kappa_j^4 w_j w_i \mathrm{d}x\mathrm{d}y \tag{k}$$

式(j)减式(k)，考虑三角函数在边界处的数值和边界条件对应的方程，得

$$(\kappa_i^4 - \kappa_j^4)\int_0^a\int_0^b w_i w_j \mathrm{d}x\mathrm{d}y = 0 \tag{l}$$

当$\kappa_i \neq \kappa_j$时，有

$$\int_0^a\int_0^b w_i w_j \mathrm{d}x\mathrm{d}y = 0 \tag{m}$$

式(m)表示按4.2.2条设定的、满足边界条件的振形曲面具有正交性。

式(d)所示的振形曲面仅适用于$x=0$、$x=a$、$y=0$三边支承、$y=b$边非支承矩形板。当支承边变为非支承边或非支承边变为支承边时，就不能利用式(d)、式(d)中三角函数在边界处的数值和边界条件对应的方程导出式(m)，说明振形曲面和边界支承条件是相互对应的，振形曲面具有唯一性。

推导式(m)所示正交性的全过程见附录E。

4.2.4　降低频率方程行列式阶数

用搜索法求解频率方程。从某初始值开始，按一定步长(例如10^{-4})设

定振形常数，频率方程行列式中未知值都变为已知值。计算相应行列式；当其值为零时(可设计算精度为 10^{-14})，即表示设定的振形常数值为频率方程解。为提高计算精度并减少计算时间，降低频率方程行列式阶数是必须的。

(1) 在 $x=0$、$x=a$ 边界上，振形函数w_x 满足支承边挠度为零条件和非支承边剪力为零条件，这两个边界条件对应的方程中不出现待定系数 A_m、B_m、C_m、D_m。利用w_y 中级数的正交性可得仅包含 E_n、F_n、G_n、H_n 的线性方程。这两个方程精确表示这四个系数间的对应关系，利用这种关系可以将四个系数减少为两个。同样，引用 $y=0$、$y=b$ 边界挠度条件和边界剪力条件可得仅包含 A_m、B_m、C_m、D_m 的两个精确方程，这四个系数也可以减少为两个。从而将频率方程行列式阶数减少一半。

(2) 板自由振动振形和频率与外界作用无关。当矩形板边界支承条件对称分布时，利用对称性可以将振形分为对称振形或反对称振形分别计算，相应频率方程行列式阶数可减少一半。

(3) 振形曲面w_x、w_y 中级数取项数不宜过多，当 $a\approx b$ 时，一般不超过 10 项。随 a/b 或 b/a 比值增大，取项数还要适当减少。

这种计算思路与 Gorman. D. J 教授所著《Free Vibretion Analysis of Rectangular Platers》(文献[7])中的方法是一致的，也与本书中弹性薄板弯曲计算理念相吻合。

【算例 4.1】 利用对称性推导图 4.2 所示四边自由矩形板自由振动频率方程。

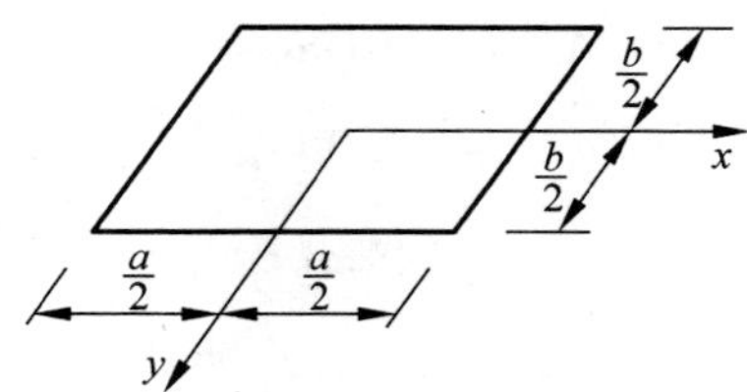

图 4.2 四边自由矩形板

解：(一)双向对称振动

振形函数见式(4.2)，其中

$$
\begin{aligned}
w_x &= B_0\cosh\kappa y + D_0\cos\kappa y \\
&\quad + \sum_{0<m<\kappa a/\pi}(B_m\cosh\alpha_{m1}y + D_m\cos\alpha_{m2}y)\cos\alpha_m x \\
&\quad + \sum_{m>\kappa a/\pi}(B_m\cosh\alpha_{m1}y + D_m\cosh\alpha_{m3}y)\cos\alpha_m x
\end{aligned}
$$

式中 $\alpha_m = m\pi/a, m = 0, 2, 4, \cdots$。$\alpha_{m1} = \sqrt{\kappa^2 + \alpha_m^2}, \alpha_{m2} = \sqrt{\kappa^2 - \alpha_m^2}, \alpha_{m3} = \sqrt{\alpha_m^2 - \kappa^2}$。待定系数 B_0、D_0 分别为 $m=0$ 时 B_m、D_m。级数 $\sum\limits_{m=0,2,\cdots} \cos\alpha_m x$ 在 $\left[-\frac{a}{2}, \frac{a}{2}\right]$ 区间上是完整的、相对于 y 轴呈对称分布的正交三角函数族。以 y 为变量的函数曲线相对 x 轴也呈对称分布。级数项 m 取零值或偶数，在 $x=\pm a/2$ 边界处，级数不为零，级数的一阶导数和三阶导数为零。w_x 符合自由边界处挠度不为零、剪力为零的振动规律。

$$\begin{aligned} w_y = {} & F_0\cosh\kappa x + H_0\cos\kappa x \\ & + \sum_{0<n<\kappa b/\pi} (F_n\cosh\beta_{n1}x + H_n\cos\beta_{n2}x)\cos\beta_n y \\ & + \sum_{n>\kappa b/\pi} (F_n\cosh\beta_{n1}x + H_n\cosh\beta_{n3}x)\cos\beta_n y \end{aligned}$$

式中 $\beta_n = n\pi/b, n=0,2,4,\cdots$。$\beta_{n1} = \sqrt{\kappa^2+\beta_n^2}, \beta_{n2} = \sqrt{\kappa^2-\beta_n^2}, \beta_{n3} = \sqrt{\beta_n^2-\kappa^2}$。待定系数 F_0、H_0 分别为 $n=0$ 时 F_n、H_n。级数 $\sum\limits_{n=0,2,\cdots} \cos\beta_n y$ 在 $\left[-\frac{b}{2}, \frac{b}{2}\right]$ 区间上是完整的、相对于 x 轴呈对称分布的正交三角函数族。以 x 为变量的函数曲线相对 y 轴也呈对称分布。级数项 n 取零值或偶数，在 $y=\pm b/2$ 边界处，级数不为零，级数的一阶导数和三阶导数为零。w_y 符合自由边界处挠度不为零、剪力为零的振动规律。

由 $x=a/2$ 时 $V_x=0$，有

$$\begin{aligned} & \kappa^3(F_0\sinh(\kappa a/2) + H_0\sin(\kappa a/2)) \\ & + \sum_{0<n<\kappa b/\pi} \{F_n[\beta_{n1}^3 - (2-\mu)\beta_{n1}\beta_n^2]\sinh(\beta_{n1}a/2) \\ & + H_n[\beta_{n2}^3 + (2-\mu)\beta_{n2}\beta_n^2]\sin(\beta_{n2}a/2)\}\cos\beta_n y \\ & + \sum_{n>\kappa b/\pi} \{F_n[\beta_{n1}^3 - (2-\mu)\beta_{n1}\beta_n^2]\sinh(\beta_{n1}a/2) \\ & + H_n[\beta_{n3}^3 - (2-\mu)\beta_{n3}\beta_n^2]\sinh(\beta_{n3}a/2)\}\cos\beta_n y = 0 \end{aligned}$$

利用 $\sum\limits_{n=0,2,\cdots} \cos\beta_n y$ 正交性，有

$n=0$ 时

$$\kappa^3(F_0\sinh(\kappa a/2) + H_0\sin(\kappa a/2)) = 0$$

$0<n<\kappa b/\pi$ 时

$$\begin{aligned} & F_n[\beta_{n1}^3 - (2-\mu)\beta_{n1}\beta_n^2]\sinh(\beta_{n1}a/2) \\ & \quad + H_n[\beta_{n2}^3 + (2-\mu)\beta_{n2}\beta_n^2]\sin(\beta_{n2}a/2) = 0 \end{aligned}$$

$n>\kappa b/\pi$ 时

$$F_n[\beta_{n1}^3-(2-\mu)\beta_{n1}\beta_n^2]\sinh(\beta_{n1}a/2)$$
$$+H_n[\beta_{n3}^3-(2-\mu)\beta_{n3}\beta_n^2]\sinh(\beta_{n3}a/2)=0$$

简化后，有

$$\begin{cases} n=0: F_0=-H_0\dfrac{\sin(\kappa a/2)}{\sinh(\kappa a/2)} \\ 0<n<\dfrac{\kappa b}{\pi}: F_n=-H_n\dfrac{\beta_{n2}[\kappa^2+(1-\mu)\beta_n^2]\sin(\beta_{n2}a/2)}{\beta_{n1}[\kappa^2-(1-\mu)\beta_n^2]\sinh(\beta_{n1}a/2)} \\ n>\dfrac{\kappa b}{\pi}: F_n=H_n\dfrac{\beta_{n3}[\kappa^2+(1-\mu)\beta_n^2]\sinh(\beta_{n3}a/2)}{\beta_{n1}[\kappa^2-(1-\mu)\beta_n^2]\sinh(\beta_{n1}a/2)} \end{cases} \tag{n}$$

由 $x=a/2$ 时 $M_x=0$，有

$$\mu\kappa^2(B_0\cosh\kappa y-D_0\cos\kappa y)$$
$$+\sum_{0<m<\kappa a/\pi}[B_m(\mu\alpha_{m1}^2-\alpha_m^2)\cosh\alpha_{m1}y$$
$$-D_m(\mu\alpha_{m2}^2+\alpha_m^2)\cos\alpha_{m2}y]\cos(m\pi/2)$$
$$+\sum_{m>\kappa a/\pi}[B_m(\mu\alpha_{m1}^2-\alpha_m^2)\cosh\alpha_{m1}y$$
$$+D_m(\mu\alpha_{m3}^2-\alpha_m^2)\cosh\alpha_{m3}y]\cos(m\pi/2)$$
$$+\kappa^2[F_0\cosh(\kappa a/2)-H_0\cos(\kappa a/2)]$$
$$+\sum_{0<n<\kappa b/\pi}[F_n(\beta_{n1}^2-\mu\beta_n^2)\cosh(\beta_{n1}a/2)$$
$$-H_n(\beta_{n2}^2+\mu\beta_n^2)\cos(\beta_{n2}a/2)]\cos\beta_n y$$
$$+\sum_{n>\kappa b/\pi}[F_n(\beta_{1n}^2-\mu\beta_n^2)\cosh(\beta_{n1}a/2)$$
$$+H_n(\beta_{n3}^2-\mu\beta_n^2)\cosh(\beta_{n3}a/2)]\cos\beta_n y=0$$

将式中非 $\cos\beta_n y$ 函数在 $\left[-\dfrac{b}{2},\dfrac{b}{2}\right]$ 区间上展成 $\sum\limits_{n=0,2,\cdots}\cos\beta_n y$ 级数。利用级数正交性，得

$n=0$ 时

$$\mu\kappa^2(B_0a_{01}-D_0a_{02})$$
$$+\sum_{0<m<\kappa a/\pi}[B_m(\mu\alpha_{m1}^2-\alpha_m^2)a_{03}-D_m(\mu\alpha_{m2}^2+\alpha_m^2)a_{04}]\cos(m\pi/2)$$
$$+\sum_{m>\kappa a/\pi}[B_m(\mu\alpha_{m1}^2-\alpha_m^2)a_{03}+D_m(\mu\alpha_{m3}^2-\alpha_m^2)a_{05}]\cos(m\pi/2)$$
$$+\kappa^2[F_0\cosh(\kappa a/2)-H_0\cos(\kappa a/2)]=0 \tag{o1}$$

$0<n<\kappa b/\pi$ 时

$$
\begin{aligned}
&\mu\kappa^2(B_0a_{n1}-D_0a_{n2})\\
&\quad+\sum_{0<m<\kappa a/\pi}[B_m(\mu\alpha_{m1}^2-\alpha_m^2)a_{n3}-D_m(\mu\alpha_{m2}^2+\alpha_m^2)a_{n4}]\cos(m\pi/2)\\
&\quad+\sum_{m>\kappa a/\pi}[B_m(\mu\alpha_{m1}^2-\alpha_m^2)a_{n3}+D_m(\mu\alpha_{m3}^2-\alpha_m^2)a_{n5}]\cos(m\pi/2)\\
&\quad+F_n(\beta_{n1}^2-\mu\beta_n^2)\cosh(\beta_{n1}a/2)-H_n(\beta_{n2}^2+\mu\beta_n^2)\cos(\beta_{n2}a/2)=0
\end{aligned}
\tag{o2}
$$

$n>\kappa b/\pi$ 时

$$
\begin{aligned}
&\mu\kappa^2(B_0a_{n1}-D_0a_{n2})\\
&\quad+\sum_{0<m<\kappa a/\pi}[B_m(\mu\alpha_{m1}^2-\alpha_m^2)a_{n3}-D_m(\mu\alpha_{m2}^2+\alpha_m^2)a_{n4}]\cos(m\pi/2)\\
&\quad+\sum_{m>\kappa a/\pi}[B_m(\mu\alpha_{m1}^2-\alpha_m^2)a_{n3}+D_m(\mu\alpha_{m3}^2-\alpha_m^2)a_{n5}]\cos(m\pi/2)\\
&\quad+F_n(\beta_{n1}^2-\mu\beta_n^2)\cosh(\beta_{n1}a/2)+H_n(\beta_{n3}^2-\mu\beta_n^2)\cosh(\beta_{n3}a/2)=0
\end{aligned}
\tag{o3}
$$

式中 a_{n1}、a_{n2}、a_{n3}、a_{n4}、a_{n5} 分别为 $\cosh\kappa y$、$\cos\kappa y$、$\cosh\alpha_{m1}y$、$\cos\alpha_{m2}y$、$\cosh\alpha_{m3}y$ 的级数展开系数，a_{01}、a_{02}、a_{03}、a_{04}、a_{05} 分别为 $n=0$ 时的系数值。有

$$
a_{n1}=\begin{cases}(2/\kappa b)\sinh(\kappa b/2) & (n=0)\\ \dfrac{4\kappa\sinh(\kappa b/2)\cos(n\pi/2)}{(\beta_n^2+\kappa^2)b} & (n=2,4,6,\cdots)\end{cases}
$$

$$
a_{n2}=\begin{cases}(2/\kappa b)\sin(\kappa b/2) & (n=0)\\ -\dfrac{4\kappa\sin(\kappa b/2)\cos(n\pi/2)}{(\beta_n^2-\kappa^2)b} & (n=2,4,6,\cdots)\end{cases}
$$

$$
a_{n3}=\begin{cases}(2/\alpha_{m1}b)\sinh(\alpha_{m1}b/2) & (n=0)\\ \dfrac{4\alpha_{m1}\sinh(\alpha_{m1}b/2)\cos(n\pi/2)}{(\beta_n^2+\alpha_{m1}^2)b} & (n=2,4,6,\cdots)\end{cases}
$$

$$
a_{n4}=\begin{cases}(2/\alpha_{m2}b)\sin(\alpha_{m2}b/2) & (n=0)\\ -\dfrac{4\alpha_{m2}\sin(\alpha_{m2}b/2)\cos(n\pi/2)}{(\beta_n^2-\alpha_{m2}^2)b} & (n=2,4,6,\cdots)\end{cases}
$$

$$
a_{n5}=\begin{cases}(2/\alpha_{m3}b)\sinh(\alpha_{m3}b/2) & (n=0)\\ \dfrac{4\alpha_{m3}\sinh(\alpha_{m3}b/2)\cos(n\pi/2)}{(\beta_n^2+\alpha_{m3}^2)b} & (n=2,4,6,\cdots)\end{cases}
$$

由 $y=\dfrac{b}{2}$ 时 $V_y=0$ 边界条件，利用 $\sum\limits_{m=0,2,\cdots}\cos\alpha_m x$ 正交性，有

$$\begin{cases} m=0: B_0=-D_0\dfrac{\sin(\kappa b/2)}{\sinh(\kappa b/2)} \\ 0<m<\dfrac{\kappa a}{\pi}: B_m=-D_m\dfrac{\alpha_{m2}[\kappa^2+(1-\mu)\alpha_m^2]\sin(\alpha_{m2}b/2)}{\alpha_{m1}[\kappa^2-(1-\mu)\alpha_m^2]\sinh(\alpha_{m1}b/2)} \\ m>\dfrac{\kappa a}{\pi}: B_m=D_m\dfrac{\alpha_{m3}[\kappa^2+(1-\mu)\alpha_m^2]\sinh(\alpha_{m3}b/2)}{\alpha_{m1}[\kappa^2-(1-\mu)\alpha_m^2]\sinh(\alpha_{m1}b/2)} \end{cases} \tag{p}$$

由 $y=\dfrac{b}{2}$ 时 $M_y=0$ 边界条件建立方程，将式中非 $\cos\alpha_m x$ 函数在 $\left[-\dfrac{a}{2},\dfrac{a}{2}\right]$ 区间上展成 $\sum\limits_{m=0,2,\cdots}\cos\alpha_m x$ 级数。利用级数正交性，得

$m=0$ 时

$$\begin{aligned} &\kappa^2[B_0\cosh(\kappa b/2)-D_0\cos(\kappa b/2)] \\ &\quad+\mu\kappa^2(F_0b_{01}-H_0b_{02}) \\ &\quad+\sum_{0<n<\kappa b/\pi}[F_n(\mu\beta_{n1}^2-\beta_n^2)b_{03}-H_n(\mu\beta_{n2}^2+\beta_n^2)b_{04}]\cos(n\pi/2) \\ &\quad+\sum_{n>\kappa b/\pi}[F_n(\mu\beta_{n1}^2-\beta_n^2)b_{03}+H_n(\mu\beta_{n3}^2-\beta_n^2)b_{05}]\cos(n\pi/2)=0 \end{aligned} \tag{q1}$$

$0<m<\kappa a/\pi$ 时

$$\begin{aligned} &B_m(\alpha_{m1}^2-\mu\alpha_m^2)\cosh(\alpha_{m1}b/2)-D_m(\alpha_{m2}^2+\mu\alpha_m^2)\cos(\alpha_{m2}b/2) \\ &\quad+\mu\kappa^2(F_0b_{m1}-H_0b_{m2}) \\ &\quad+\sum_{0<n<\kappa b/\pi}[F_n(\mu\beta_{n1}^2-\beta_n^2)b_{m3}-H_n(\mu\beta_{n2}^2+\beta_n^2)b_{m4}]\cos(n\pi/2) \\ &\quad+\sum_{n>\kappa b/\pi}[F_n(\mu\beta_{n1}^2-\beta_n^2)b_{m3}+H_n(\mu\beta_{n3}^2-\beta_n^2)b_{m5}]\cos(n\pi/2)=0 \end{aligned} \tag{q2}$$

$m>\kappa a/\pi$ 时

$$\begin{aligned} &B_m(\alpha_{m1}^2-\mu\alpha_m^2)\cosh(\alpha_{m1}b/2)+D_m(\alpha_{m3}^2-\mu\alpha_m^2)\cosh(\alpha_{m3}b/2) \\ &\quad+\mu\kappa^2(F_0b_{m1}-H_0b_{m2}) \\ &\quad+\sum_{0<n<\kappa b/\pi}[F_n(\mu\beta_{n1}^2-\beta_n^2)b_{m3}-H_n(\mu\beta_{n2}^2+\beta_n^2)b_{m4}]\cos(n\pi/2) \\ &\quad+\sum_{n>\kappa b/\pi}[F_n(\mu\beta_{n1}^2-\beta_n^2)b_{m3}+H_n(\mu\beta_{n3}^2-\beta_n^2)b_{m5}]\cos(n\pi/2)=0 \end{aligned} \tag{q3}$$

式中 b_{m1}、b_{m2}、b_{m3}、b_{m4}、b_{m5} 分别为 $\cosh\kappa x$、$\cos\kappa x$、$\cosh\beta_{n1}x$、$\cos\beta_{n2}x$、$\cosh\beta_{n3}x$ 在 $\left[-\dfrac{a}{2},\dfrac{a}{2}\right]$ 区间 $\sum\limits_{m=0,2,\cdots}\cos\alpha_m x$ 的展开系数，b_{01}、b_{02}、b_{03}、b_{04}、b_{05} 为 $m=0$ 时的系数值。其表达式分别类同 a_{n1}、a_{n2}、a_{n3}、a_{n4}、a_{n5}，但要将式中 β_n 改为 α_m，n 改为 m，b 改为 a，α_{m1}、α_{m2}、α_{m3} 分别改为 β_{n1}、β_{n2}、β_{n3} 即可。

利用式(n)、式(p)，将式(o1)、式(o2)、式(o3)、式(q1)、式(q2)、式(q3)中四个未知系数简化为两个，并最终组成仅包含待定系数 D_m（包括 D_0）和 H_n（包括 H_0）的振动频率方程。

（二）双向反对称振动

振形函数见式(4.2)，其中

$$w_x = \sum_{m<\kappa a/\pi}(A_m\sinh\alpha_{m1}y + C_m\sin\alpha_{m2}y)\sin\alpha_m x + \sum_{m>\kappa a/\pi}(A_m\sinh\alpha_{m1}y + C_m\sinh\alpha_{m3}y)\sin\alpha_m x$$

式中 $\alpha_m = m\pi/a, m=1,3,5,\cdots$。$\alpha_{m1}=\sqrt{\kappa^2+\alpha_m^2}$，$\alpha_{m2}=\sqrt{\kappa^2-\alpha_m^2}$，$\alpha_{m3}=\sqrt{\alpha_m^2-\kappa^2}$。$A_m$、$C_m$ 为待定系数。级数 $\sum\limits_{m=1,3,\cdots}\sin\alpha_m x$ 在 $\left[-\dfrac{a}{2},\dfrac{a}{2}\right]$ 区间上是完整的、相对于 y 轴呈反对称分布的正交三角函数族。以 y 为变量的函数曲线相对 x 轴也呈反对称分布。级数项 m 取奇数，在 $x=\pm a/2$ 边界处，级数不为零，级数的一阶导数和三阶导数为零。w_x 符合自由边界处挠度不为零、剪力为零的振动规律。

$$w_y = \sum_{n<\kappa b/\pi}(E_n\sinh\beta_{n1}x + G_n\sin\beta_{n2}x)\sin\beta_n y + \sum_{n>\kappa b/\pi}(E_n\sinh\beta_{n1}x + G_n\sinh\beta_{n3}x)\sin\beta_n y$$

式中 $\beta_n=n\pi/b, n=1,3,5,\cdots$。$\beta_{n1}=\sqrt{\kappa^2+\beta_n^2}$，$\beta_{n2}=\sqrt{\kappa^2-\beta_n^2}$，$\beta_{n3}=\sqrt{\beta_n^2-\kappa^2}$。$E_n$、$G_n$ 为待定系数。级数 $\sum\limits_{n=1,3,\cdots}\sin\beta_n y$ 在 $\left[-\dfrac{b}{2},\dfrac{b}{2}\right]$ 区间上是完整的、相对于 x 轴呈反对称分布的正交三角函数族。以 x 为变量的函数曲线相对 y 轴也呈反对称分布。级数项 n 取奇数，在 $y=\pm b/2$ 边界处，级数不为零，级数的一阶导数和三阶导数为零。w_y 符合自由边界处挠度不为零、剪力为零的振动规律。

由 $x=\dfrac{a}{2}$ 时 $V_x=0$ 边界条件建立方程，利用级数 $\sum\limits_{n=1,3,\cdots}\sin\beta_n y$ 正交性，得

$$\begin{cases} n<\dfrac{\kappa b}{\pi}: E_n = G_n\dfrac{\beta_{n2}[\kappa^2+(1-\mu)\beta_n^2]\cos(\beta_{n2}a/2)}{\beta_{n1}[\kappa^2-(1-\mu)\beta_n^2]\cosh(\beta_{n1}a/2)} \\ n>\dfrac{\kappa b}{\pi}: E_n = G_n\dfrac{\beta_{n3}[\kappa^2+(1-\mu)\beta_n^2]\cosh(\beta_{n3}a/2)}{\beta_{n1}[\kappa^2-(1-\mu)\beta_n^2]\cosh(\beta_{n1}a/2)} \end{cases} \tag{r}$$

由 $y=\dfrac{b}{2}$ 时 $V_y=0$ 边界条件建立方程，利用级数 $\sum\limits_{m=1,3,\cdots}\sin\alpha_m x$ 正交

性，得

$$\begin{cases} m<\dfrac{\kappa a}{\pi}:A_m=C_m\dfrac{\alpha_{m2}[\kappa^2+(1-\mu)\alpha_m^2]\cos(\alpha_{m2}b/2)}{\alpha_{m1}[\kappa^2-(1-\mu)\alpha_m^2]\cosh(\alpha_{m1}b/2)} \\ m>\dfrac{\kappa a}{\pi}:A_m=C_m\dfrac{\alpha_{m3}[\kappa^2+(1-\mu)\alpha_m^2]\cosh(\alpha_{m3}b/2)}{\alpha_{m1}[\kappa^2-(1-\mu)\alpha_m^2]\cosh(\alpha_{m1}b/2)} \end{cases} \tag{s}$$

由 $x=\dfrac{a}{2}$ 时 $M_x=0$ 边界条件建立方程，将式中非 $\sin\beta_n y$ 函数在 $\left[-\dfrac{b}{2},\dfrac{b}{2}\right]$ 区间上展成 $\sum\limits_{n=1,3,\cdots}\sin\beta_n y$ 级数，利用级数正交性，得

$n<\kappa b/\pi$ 时

$$\begin{aligned}&\sum_{m<\kappa a/\pi}[A_m(\mu\alpha_{m1}^2-\alpha_m^2)a_{n6}-C_m(\mu\alpha_{m2}^2+\alpha_m^2)a_{n7}]\sin(m\pi/2)\\&+\sum_{m>\kappa a/\pi}[A_m(\mu\alpha_{m1}^2-\alpha_m^2)a_{n6}+C_m(\mu\alpha_{m3}^2-\alpha_m^2)a_{n8}]\sin(m\pi/2)\\&+E_n(\beta_{n1}^2-\mu\beta_n^2)\sinh(\beta_{n1}a/2)-G_n(\beta_{n2}^2+\mu\beta_n^2)\sin(\beta_{n2}a/2)=0\end{aligned} \tag{t1}$$

$n>\kappa b/\pi$ 时

$$\begin{aligned}&\sum_{m<\kappa a/\pi}[A_m(\mu\alpha_{m1}^2-\alpha_m^2)a_{n6}-C_m(\mu\alpha_{m2}^2+\alpha_m^2)a_{n7}]\sin(m\pi/2)\\&+\sum_{m>\kappa a/\pi}[A_m(\mu\alpha_{m1}^2-\alpha_m^2)a_{n6}+C_m(\mu\alpha_{m3}^2-\alpha_m^2)a_{n8}]\sin(m\pi/2)\\&+E_n(\beta_{n1}^2-\mu\beta_n^2)\sinh(\beta_{n1}a/2)+G_n(\beta_{n3}^2-\mu\beta_n^2)\sinh(\beta_{n3}a/2)=0\end{aligned} \tag{t2}$$

式中 a_{n6}、a_{n7}、a_{n8} 分别为 $\sinh\alpha_{m1}y$、$\sin\alpha_{m2}y$、$\sinh\alpha_{m3}y$ 的级数展开系数，有

$$a_{n6}=\frac{4\alpha_{m1}\cosh(\alpha_{m1}b/2)\sin(n\pi/2)}{(\beta_n^2+\alpha_{m1}^2)b}\quad(n=1,3,5,\cdots)$$

$$a_{n7}=\frac{4\alpha_{m2}\cos(\alpha_{m2}b/2)\sin(n\pi/2)}{(\beta_n^2-\alpha_{m2}^2)b}\quad(n=1,3,5,\cdots)$$

$$a_{n8}=\frac{4\alpha_{m3}\cosh(\alpha_{m3}b/2)\sin(n\pi/2)}{(\beta_n^2+\alpha_{m3}^2)b}\quad(n=1,3,5,\cdots)$$

由 $y=\dfrac{b}{2}$ 时 $M_y=0$ 边界条件建立方程，将式中非 $\sin\alpha_m x$ 函数在 $\left[-\dfrac{a}{2},\dfrac{a}{2}\right]$ 区间上展成 $\sum\limits_{m=1,3,\cdots}\sin\alpha_m x$ 级数，利用级数正交性，得

$m<\kappa a/\pi$ 时

$$\begin{aligned}&A_m(\alpha_{m1}^2-\mu\alpha_m^2)\sinh(\alpha_{m1}b/2)-C_m(\alpha_{m2}^2+\mu\alpha_m^2)\sin(\alpha_{m2}b/2)\\&\quad+\sum_{n<\kappa b/\pi}[E_n(\mu\beta_{n1}^2-\beta_n^2)b_{m6}-G_n(\mu\beta_{n2}^2+\beta_n^2)b_{m7}]\sin(n\pi/2)\end{aligned}$$

$$+\sum_{n>\kappa b/\pi}[E_n(\mu\beta_{n1}^2-\beta_n^2)b_{m6}+G_n(\mu\beta_{n3}^2-\beta_n^2)b_{m8}]\sin(n\pi/2)=0 \quad \text{(u1)}$$

$m>\kappa a/\pi$ 时

$$A_m(\alpha_{m1}^2-\mu\alpha_m^2)\sinh(\alpha_{m1}b/2)+C_m(\alpha_{m3}^2-\mu\alpha_m^2)\sinh(\alpha_{m3}b/2)$$
$$+\sum_{n<\kappa b/\pi}[E_n(\mu\beta_{n1}^2-\beta_n^2)b_{m6}-G_n(\mu\beta_{n2}^2+\beta_n^2)b_{m7}]\sin(n\pi/2)$$
$$+\sum_{n>\kappa b/\pi}[E_n(\mu\beta_{n1}^2-\beta_n^2)b_{m6}+G_n(\mu\beta_{n3}^2-\beta_n^2)b_{m8}]\sin(n\pi/2)=0 \quad \text{(u2)}$$

式中 b_{m6}、b_{m7}、b_{m8} 分别为 $\sinh\beta_{n1}x$、$\sin\beta_{n2}x$、$\sinh\beta_{n3}x$ 的级数展开系数。其表达式分别类同 a_{n6}、a_{n7}、a_{n8}，但要将式中 β_n 改为 α_m，n 改为 m，b 改为 a，α_{m1}、α_{m2}、α_{m3} 分别改为 β_{n1}、β_{n2}、β_{n3} 即可。

利用式(r)、式(s)，将式(t1)、式(t2)、式(u1)、式(u2)简化，并最终组成仅包含待定系数 C_m 和 G_n 的振动频率方程。

（三）对 x 轴对称、对 y 轴反对称振动

振形函数见式(4.2)，其中

$$w_x=\sum_{m<\kappa a/\pi}(B_m\cosh\alpha_{m1}y+D_m\cos\alpha_{m2}y)\sin\alpha_m x$$
$$+\sum_{m>\kappa a/\pi}(B_m\cosh\alpha_{m1}y+D_m\cosh\alpha_{m3}y)\sin\alpha_m x$$

式中 $\alpha_m=m\pi/a$，$m=1,3,5,\cdots$。$\alpha_{m1}=\sqrt{\kappa^2+\alpha_m^2}$，$\alpha_{m2}=\sqrt{\kappa^2-\alpha_m^2}$，$\alpha_{m3}=\sqrt{\alpha_m^2-\kappa^2}$。$B_m$、$D_m$ 为待定系数。级数 $\sum\limits_{m=1,3,\cdots}\sin\alpha_m x$ 在 $\left[-\dfrac{a}{2},\dfrac{a}{2}\right]$ 区间上是完整的、相对于 y 轴呈反对称分布的正交三角函数族。以 y 为变量的函数曲线相对 x 轴呈对称分布。级数项 m 取奇数，在 $x=\pm a/2$ 边界处，级数不为零，级数的一阶导数和三阶导数为零。w_x 符合自由边界处挠度不为零、剪力为零的振动规律。

$$w_y=E_0\sinh\kappa x+G_0\sin\kappa x$$
$$+\sum_{0<n<\kappa b/\pi}(E_n\sinh\beta_{n1}x+G_n\sin\beta_{n2}x)\cos\beta_n y$$
$$+\sum_{n>\kappa b/\pi}(E_n\sinh\beta_{n1}x+G_n\sinh\beta_{n3}x)\cos\beta_n y$$

式中 $\beta_n=n\pi/b$，$n=0,2,4,\cdots$。$\beta_{n1}=\sqrt{\kappa^2+\beta_n^2}$，$\beta_{n2}=\sqrt{\kappa^2-\beta_n^2}$，$\beta_{n3}=\sqrt{\beta_n^2-\kappa^2}$。$E_n$、$G_n$ 为待定系数。级数 $\sum\limits_{n=0,2,\cdots}\cos\beta_n y$ 在 $\left[-\dfrac{b}{2},\dfrac{b}{2}\right]$ 区间上是完整的、相对于 x 轴呈对称分布的正交三角函数族。以 x 为变量的函数曲线相对 y 轴呈反对称分布。级数项 n 取零值或偶数，在 $y=\pm b/2$ 边界处，级数不为零，

级数的一阶导数和三阶导数为零。w_y 符合自由边界处挠度不为零、剪力为零的振动规律。

引入边界条件并简化可得有两个未知系数的振动频率方程。

（四）对 x 轴反对称、对 y 轴对称振动

振形函数见式(4.2)，其中

$$\begin{aligned} w_x &= A_0 \sinh\kappa y + C_0 \sin\kappa y \\ &\quad + \sum_{0<m<\kappa a/\pi} (A_m \sinh\alpha_{m1} y + C_m \sin\alpha_{m2} y)\cos\alpha_m x \\ &\quad + \sum_{m>\kappa a/\pi} (A_m \sinh\alpha_{m1} y + C_m \sinh\alpha_{m3} y)\cos\alpha_m x \end{aligned}$$

式中 $\alpha_m = m\pi/a, m = 0, 2, 4, \cdots$。$\alpha_{m1} = \sqrt{\kappa^2 + \alpha_m^2}, \alpha_{m2} = \sqrt{\kappa^2 - \alpha_m^2}, \alpha_{m3} = \sqrt{\alpha_m^2 - \kappa^2}$。$A_m$、$C_m$ 为待定系数。级数 $\sum\limits_{m=0,2,\cdots} \cos\alpha_m x$ 在 $\left[-\dfrac{a}{2}, \dfrac{a}{2}\right]$ 区间上是完整的、相对于 y 轴呈对称分布的正交三角函数族。以 y 为变量的函数曲线相对 x 轴呈反对称分布。级数项 m 取零值或偶数，在 $x=\pm a/2$ 边界处，级数不为零，级数的一阶导数和三阶导数为零。w_x 符合自由边界处挠度不为零、剪力为零的振动规律。

$$\begin{aligned} w_y &= \sum_{n<\kappa b/\pi} (F_n \cosh\beta_{n1} x + H_n \cos\beta_{n2} x)\sin\beta_n y \\ &\quad + \sum_{n>\kappa b/\pi} (F_n \cosh\beta_{n1} x + H_n \cosh\beta_{n3} x)\sin\beta_n y \end{aligned}$$

式中 $\beta_n = n\pi/b, n=1,3,5,\cdots$。$\beta_{n1} = \sqrt{\kappa^2 + \beta_n^2}, \beta_{n2} = \sqrt{\kappa^2 - \beta_n^2}, \beta_{n3} = \sqrt{\beta_n^2 - \kappa^2}$。$F_n$、$H_n$ 为待定系数。级数 $\sum\limits_{n=1,3,\cdots} \sin\beta_n y$ 在 $\left[-\dfrac{b}{2}, \dfrac{b}{2}\right]$ 区间上是完整的、相对于 x 轴呈反对称分布的正交三角函数族。以 x 为变量的函数曲线相对 y 轴呈对称分布。级数项 n 取奇数，在 $y=\pm b/2$ 边界处，级数不为零，级数的一阶导数和三阶导数为零。w_y 符合自由边界处挠度不为零、剪力为零的振动规律。

引入边界条件并简化可得有两个未知系数的振动频率方程。

4.3 非角点支承的矩形板

非角点支承的矩形板有点支座在边界内和点支座在边界上两种情况。

4.3.1　边界内设有点支座

文献[7]第 8 章论述了四边简支矩形板边界内设有点支座时自由振动分析方法。图 4.3(a)所示四边简支矩形板，在坐标(x_0，y_0)处设有点支座。板振动时点支座处位移为零值。由于位移被限制，点支座要产生与板振动频率相同的、周期性变化的支反力。板振幅最大时，支反力最大；振幅为零时，支反力为零值。

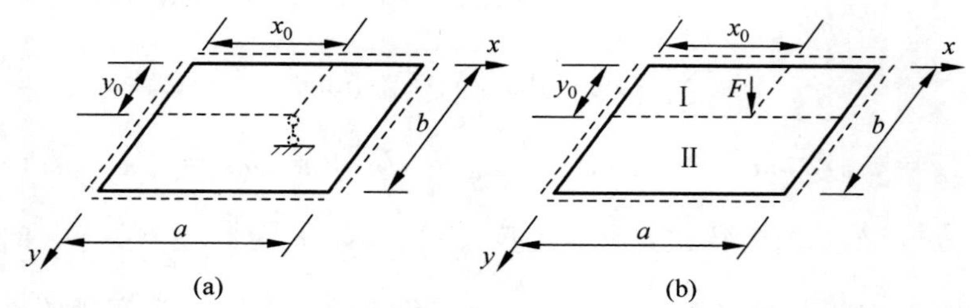

图 4.3　边界内有点支座的四边简支矩形板

板振动时点支座支反力幅值为 F(未知)。撤去点支座而代之以支反力，并过支反力作用点将板分为两个板块(见图 4.3(b))。板块原边界支承不变；分界线 $y=y_0$ 为两板块共同边界，为自由边。由于 $x=0$、$x=a$ 为简支边，引入 $x=0$、$x=a$ 边界条件后，上、下板块振形曲面中 $w_y=0$，仅需考虑 w_x，其表达式见式(4.3)。每个板块振形曲面有四个待定系数，再加支反力 F，共 9 个未知系数。

将支反力 F 在[0,a]区间上展成 $\sum\limits_{m=1,2,\cdots} \sin\alpha_m x$ 级数，$\alpha_m=m\pi/a$。利用 $y=0$、$y=b$ 边界支承条件、分界线 $y=y_0$ 处挠度、转角、弯矩、剪力 4 个条件和点支座处挠度为零条件，共得 9 个方程。要使未知量不全为零，方程组未知系数行列式必为零，得板振动频率方程。

上述方法表明：当边界内设有点支座时，振动过程中将产生支反力，板自由振动分析必须采用分块法。这是因为振形微分方程是表示振动过程中微元动能和势能的转换，对点支座支承的微元，振动过程中动能始终为零(零速度)，不存在能量转换。表示振形曲线在点支座处无定义(间断点)，在板内是不连续函数。通过分块，将间断点转移到板边界上，使振形曲线在板块内成为连续函数。

分块法无需在弹性薄板弯曲计算中采用，这是因为弯曲平衡微分方程是表示微元竖向力的平衡，对点支座支承或集中力作用的微元，外力（集中力）与内力（微元横截面上剪力）始终保持平衡关系，板绕曲函数在点支座处有定义。

对任意边界支承（可以是固定边、简支边、自由边、滑移边）的矩形板，在坐标(x_0, y_0)处设有点支座，见图 4.4(a)所示。自由振动分析基本思路为：

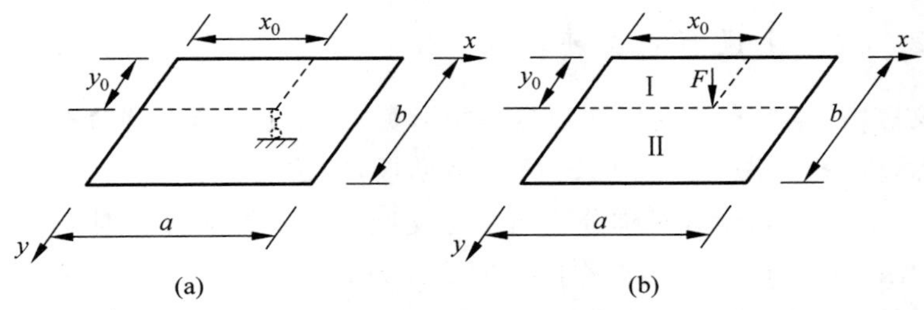

图 4.4　边界内有点支座的矩形板

(1) 设板振动时点支座支反力幅值为 F（未知）。撤去点支座而代之以支反力。

(2) 过 F 作用点将板分为两个板块，分界线平行 x 轴或 y 轴。板块原边界支承不变；对图 4.4(b)所示分块，分界线 $y=y_0$ 为二板块共同边界，为非支承边。当 $y=0$ 和 $y=b$ 边界支承条件相同，且 $y_0=b/2$ 时，可认定为滑移边；否则，为自由边。

(3) 将支反力 F 在$[0,a]$区间上展开为以级数形式表示的分布力 $f(x)$。当 $x=0$、$x=a$ 为支承边时，展开为 $\sum\limits_{m=1,2,\cdots}\sin\alpha_m x$、$\alpha_m=\dfrac{m\pi}{a}$ 级数；当 $x=0$ 为支承边、$x=a$ 为非支承边时，展开为 $\sum\limits_{m=1,3,\cdots}\sin\lambda_m x$、$\lambda_m=\dfrac{m\pi}{2a}$ 级数；当 $x=0$ 为非支承边、$x=a$ 为支承边时，展开为 $\sum\limits_{m=1,3,\cdots}\cos\lambda_m x$ 级数；当 $x=0$、$x=a$ 为非支承边时，展开为 $\sum\limits_{m=0,1,\cdots}\cos\alpha_m x$ 级数。

(4) 当分界线 $y=y_0$ 为滑移边时，取一个板块分析，支反力 F 减半，方法见 4.3.2 节。当分界线 $y=y_0$ 为自由边时，对板块Ⅰ、Ⅱ设定振动频率相同的振形函数表达式。这两个振形函数有 16 个待定系数，再考虑 F，共 17 个未知量。每个板块有 3 个单独的边界，对应 12 个线性方程；再考虑分界线处挠度、转角、弯矩、剪力 4 个条件和点支座处挠度为零条件，共 17 个方程。两个板块在分界线处挠度、转角、弯矩相等，剪力条件为

$$\left\{\left[\frac{\partial^3 w_{\mathrm{II}}}{\partial y^3}+(2-\mu)\frac{\partial^3 w_{\mathrm{II}}}{\partial x^2 \partial y}\right]-\left[\frac{\partial^3 w_{\mathrm{I}}}{\partial y^3}+(2-\mu)\frac{\partial^3 w_{\mathrm{I}}}{\partial x^2 \partial y}\right]\right\}_{y=y_0}=f(x) \tag{4.11}$$

(5) 要使未知量不全为零,对应的系数行列式必为零,得板振动频率方程。

4.3.2　边界上设有点支座

文献[7]第 8 章论述了四边自由矩形板、边界上设有对称分布点支座时自由振动分析方法。图 4.5(a)所示矩形板,四边自由。在 $y=\pm b/2$ 边界上,$x=\pm a_1/2$ 处设有对称分布四个点支座。自由振动分析时取四分之一板块(见图 4.5(b)),利用对称性将振形分为对称振形或反对称振形分别计算。计算时,撤去点支座而代之以支反力,结构振形表达式 w 由基本振形 w_1 和支反力激发的附加振形 w_2 组成。基本振形 w_1 为无点支座矩形板振形曲面,附加振形 w_2 反映支反力激发的特有振动。将支反力在[0,$a/2$]区间上展成以级数形式表示的分布剪力,再由构造条件构建 w_2。引入四边边界条件和点支座处振幅为零条件得板振动频率方程。

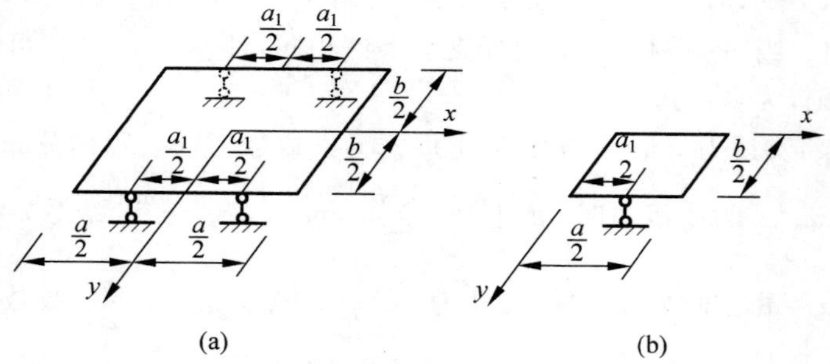

图 4.5　边界上有对称分布点支座的四边自由矩形板

对任意边界支承的矩形板、边界上设有点支座时自由振动分析基本思路为:

(1) 撤去点支座代之以支反力,得自由振动分析的基本结构。

(2) 原结构振形函数表达式 w 由基本结构振形 w_1 和支反力激发的附加振形 w_2 组成,w 要满足式(4.1)所示振形微分方程。

$$w=w_1+w_2 \tag{4.12}$$

(3) 基本振形 w_1 按本章 4.2 节方法确定,即 $w_1=w_{1x}+w_{1y}$。设采用

图 2.7 所示的坐标系，w_{1x}为 $x=0$、$x=a$ 两边所激发的振形曲面，w_{1y}为 $y=0$、$y=b$ 两边所激发的振形曲面，其表达式分别与 4.2.2 节中w_x、w_y 相同。

(4) 将边界支反力展成以级数形式表示的分布剪力。当支反力位于 $y=0$ 或$y=b$ 边界上时，级数类型与w_{1x}中相同；当支反力位于 $x=0$ 或 $x=a$ 边界上时，级数类型与w_{1y}中相同。由边界分布剪力按下列规则确定附加振形w_2：

w_2要满足式(4.1)所示振形微分方程，在矩形板支承边界上相应的挠度为零值，并满足非支承边界剪力分布。

(5) 引入矩形板四边边界条件及点支座处振幅为零条件建立以振形函数中待定系数(包括支反力)为未知量的线性方程组。要使未知量不全为零，对应的系数行列式必为零，得板振动频率方程。

图 4.6(a)所示矩形板，$x=0$、$x=a$ 为固定边，$y=0$ 为简支边，$y=b$ 为自由边。在 $y=b$ 边界 $x=x_0$处有点支座。该板基本振形w_{1x}见式(4.3)示，w_{1y}见式(4.8)示。设点支座支反力幅值为 F(见图 4.6(b))，将 F 在$[0,a]$区间上展开为 $\sum\limits_{m=1,2,\cdots} \sin\alpha_m x$ 级数，$\alpha_m=\dfrac{m\pi}{a}$，即将边界上集中力转换为边界分布剪力$v_y(x)$，有

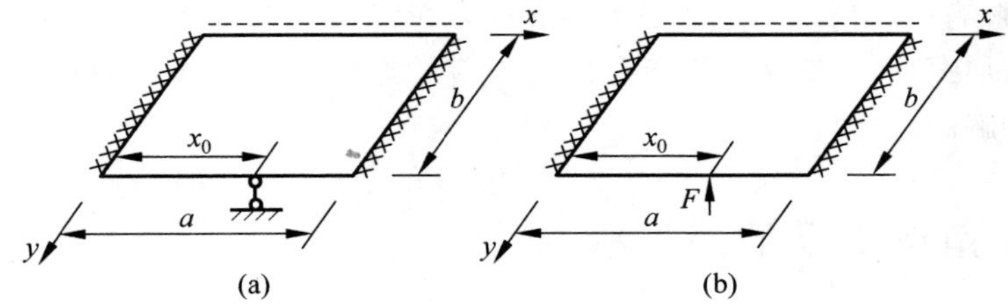

图 4.6 有边界点支座的三边支承矩形板

$$v_y(x)=\sum_{m=1,2,\cdots}\frac{2F\sin\alpha_m x_0\sin\alpha_m x}{a}$$

相应附加振形要满足振形微分方程，$x=0$、$x=a$、$y=0$ 时 $w_2=0$，$y=b$ 时

$$-D\left[\frac{\partial^3 w_2}{\partial y^3}+(2-\mu)\frac{\partial^3 w_2}{\partial x^2\partial y}\right]=v_y(x)$$

由试算法得

$$w_2=\sum_{m=1,2,\cdots}-\frac{2F\sin\alpha_m x_0\sinh\alpha_{m1}y\sin\alpha_m x}{Da\alpha_{m1}\left[\alpha_{m1}^2-(2-\mu)\alpha_m^2\right]\cosh\alpha_{m1}b}$$

式中 $\alpha_{m1}=\sqrt{\kappa^2+\alpha_m^2}$。

附加振形 w_2 中级数类型与基本振形 w_{1x} 或 w_{1y} 中相同，但取项数不同。本章没有采用不同写法以示区别。w_2 中级数取项不受限制，增大取项可以更充分反映支反力所激发的特有振动。这与板弯曲计算中的做法是一致的。

w_{1x} 满足 $x=0$、$x=a$ 边界上固有的挠度和剪力分布条件(即支承边界上挠度为零，非支承边界上剪力分布为零)，w_{1y} 满足 $y=0$、$y=b$ 边界上固有的挠度和剪力分布条件。w_2 在支承边界上挠度为零，在无点支座的非支承边界上剪力分布为零，在有点支座的非支承边界上满足转换后的分布剪力。对图 4.6 所示矩形板，当引入 $x=0$、$x=a$ 边界挠度条件时，对应的方程中不出现 w_{1x} 中包含的 A_m、B_m、C_m、D_m 这四个待定系数，也与支反力 F 无关。利用 w_{1y} 中三角级数的正交性，可得两个表示 E_n、F_n、G_n、H_n 精确关系的方程。引入 $y=0$ 边界挠度条件时，可得表示 A_m、B_m、C_m、D_m 精确关系的方程。引入 $y=b$ 边界剪力分布条件时，因 w_2 所激发的边界剪力可以和边界上作用的分布剪力相抵消，也可得表示 A_m、B_m、C_m、D_m 精确关系的方程。如果没有 w_2，这个方程中将含有支反力 F 对级数 $\sum\limits_{m=1,2,\cdots} \sin\alpha_m x$ 的展开系数；该方程无法精确表示待定系数间的相关性，未知系数行列式阶数无法减少，并影响计算精度。这就是边界支反力在转换为边界分布剪力后，必须要引入附加振形 w_2 来表示其特有振动效应的原因。这与板弯曲计算中引入弯曲特解 w_{24} 类同。

4.4 角点支承的矩形板

文献[7]第 8 章将四边自由、边界上对称分布四个点支座矩形板的自振分析方法及相应公式应用于四个角点支承的四边自由矩形板，分别计算出双向对称振形、双向反对称振形、一向对称一向反对称振形的动力特征。这种推广在理论上是有缺陷的：其一，从数学角度看，角点是板边界的端点，边界端点内点支座反力可以展开为三角级数形式的边界分布力，但端点集中力是无法展开为边界分布力的；因此，由边界端点内点支座推导的计算公式是无法移植到角点点支座上的。其二，由板的弯曲理论知，角点力与板弯曲挠度存在特定的对应关系。由边界上点支座所导出的振形函数对应的角点力永远为零值，不满足角点支承时力学上的对应关系。这是因为该方法采用了先设定点支座位于边界上、后无限趋近端点的计算理念，不论多么趋近，点支座只能在边界端点内，不是在角点上。这种计算方法所得结果可能是可以接受的，但仍须寻求一种理论上更完善的方法。现介绍点支座在矩形板角点上时自振分析新方法。

4.4.1 基本思路

(1) 撤去角点点支座代之以角点力得自由振动分析的基本结构。

(2) 原结构振形函数表达式 w 由基本结构振形 w_1 和角点力激发的附加振形 w_2 组成，见式(4.12)。

(3) w 要满足式(4.1)所示振形微分方程，还要满足板弯曲理论中角点力条件。

$$R_i = \left[-2D(1-\mu)\frac{\partial^2 w}{\partial x \partial y}\right]_{i\text{角点坐标}} \tag{4.13}$$

式中 R_i 为 i 角点角点力。

(4) 基本振形 w_1 按本章 4.2 节方法确定。即 $w_1 = w_{1x} + w_{1y}$。w_{1x}、w_{1y} 表达式分别与 4.2.2 节中 w_x、w_y 相同。w_1 在基本结构的非支承角点处角点力为零值，但挠度不为零。

(5) 附加振形 w_2 要满足式(4.1)所示振形微分方程和式(4.13)所示角点力条件。在支承边界上对应的挠度为零值，在非支承边界上对应的剪力分布为零值。以确保支承边挠度和非支承边剪力条件对应的线性方程为精确方程。

(6) 引入矩形板四边边界条件及点支座处振幅为零条件建立以 w_1 中待定系数和 w_2 中角点力为未知量的线性方程。要使未知量不全为零，对应的系数行列式必为零，得板振动频率方程。

4.4.2 一边和一角点支承的矩形板

图 4.7(a)、(b)所示矩形板，$x=0$ 边支承(固定或简支)，$x=a$、$y=0$、$y=b$ 三边非支承(图示为自由边，也可以是滑移边)，B 角点设有点支座。基本振形表达式为

$$\begin{aligned} w_1 = & \sum_{m<2\kappa a/\pi} (A_m \sinh\lambda_{m1} y + B_m \cosh\lambda_{m1} y + C_m \sin\lambda_{m2} y \\ & + D_m \cos\lambda_{m2} y)\sin\lambda_m x + \sum_{m>2\kappa a/\pi} (A_m \sinh\lambda_{m1} y \\ & + B_m \cosh\lambda_{m1} y + C_m \sinh\lambda_{m3} y + D_m \cosh\lambda_{m3} y)\sin\lambda_m x \end{aligned}$$

$$+E_0\sinh\kappa x+F_0\cosh\kappa x+G_0\sin\kappa x+H_0\cos\kappa x$$
$$+\sum_{0<n<\kappa b/\pi}(E_n\sinh\beta_{n1}x+F_n\cosh\beta_{n1}x+G_n\sin\beta_{n2}x$$
$$+H_n\cos\beta_{n2}x)\cos\beta_n y+\sum_{n>\kappa b/\pi}(E_n\sinh\beta_{n1}x$$
$$+F_n\cosh\beta_{n1}x+G_n\sinh\beta_{n3}x+H_n\cosh\beta_{n3}x)\cos\beta_n y \tag{4.14}$$

式中 $\lambda_m=\dfrac{m\pi}{2a}$，$m=1,3,5,\cdots$。$\lambda_{m1}$、$\lambda_{m2}$、$\lambda_{m3}$ 同式(4.4)。$\beta_n=\dfrac{n\pi}{b}$，$n=0,1,2,\cdots$。β_{n1}、β_{n2}、β_{n3} 同式(4.7)。

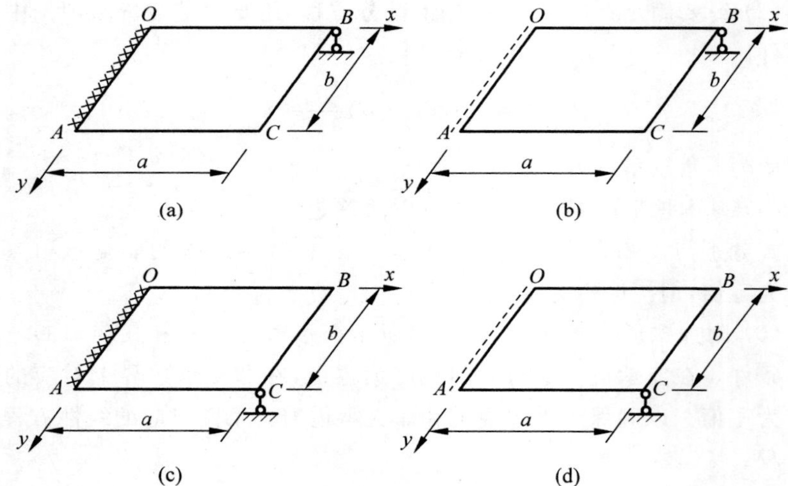

图 4.7　一边和一角点支承的矩形板

设点支座激发的角点力幅值为 R_B，相应附加振形为

$$w_2=s_1\left\{\sinh(\sqrt{2}\kappa x/2)\cosh\left[\sqrt{2}\kappa(b-y)/2\right]\right.$$
$$-\frac{\sqrt{2}}{4}(3-\mu)\kappa^3\cosh\left(\frac{\sqrt{2}}{2}\kappa a\right)\left\{\frac{a_{01}\sinh\kappa x}{\kappa^3\cosh\kappa a}\right.$$
$$\left.+\sum_{n=1,2,\cdots}\frac{a_{n1}\sinh\beta_{n1}x\cos\beta_n y}{\beta_{n1}\left[\beta_{n1}^2-(2-\mu)\beta_n^2\right]\cosh\beta_{n1}a}\right\}$$
$$\left.-\frac{\sqrt{2}}{4}(3-\mu)\kappa^3\sinh\left(\frac{\sqrt{2}}{2}\kappa b\right)\sum_{m=1,3,\cdots}\frac{b_{m1}\cosh\left[\lambda_{m1}(b-y)\right]\sin\lambda_m x}{\lambda_{m1}\left[\lambda_{m1}^2-(2-\mu)\lambda_m^2\right]\sinh\lambda_{m1}b}\right\} \tag{4.15}$$

式中

$$s_1 = \frac{R_B}{D(1-\mu)\kappa^2\cosh(\sqrt{2}\kappa a/2)\sinh(\sqrt{2}\kappa b/2)}$$

a_{n1} 为 $\cosh\left[\frac{\sqrt{2}}{2}\kappa(b-y)\right]$在[0,$b$]区间 $\sum\limits_{n=0,1,\cdots}\cos\beta_n y$ 的展开系数，a_{01} 为 $n=0$ 时的系数值。b_{m1} 为 $\sinh\left(\frac{\sqrt{2}}{2}\kappa x\right)$在[0,$a$]区间 $\sum\limits_{m=1,3,\cdots}\sin\lambda_m x$ 的展开系数。

$$\begin{cases} a_{01} = \dfrac{2}{\sqrt{2}\kappa b}\sinh\left(\dfrac{\sqrt{2}}{2}\kappa b\right) \\ a_{n1} = \dfrac{2\sqrt{2}\kappa}{(2\beta_n^2+\kappa^2)b}\sinh\left(\dfrac{\sqrt{2}}{2}\kappa b\right) \end{cases} \tag{a}$$

$$b_{m1} = \frac{2\sqrt{2}\kappa}{(2\lambda_m^2+\kappa^2)a}\cosh\left(\frac{\sqrt{2}}{2}\kappa a\right)\sin\frac{m\pi}{2} \tag{b}$$

w_2 中第一项满足式(4.13)所示的角点力条件；满足支承边振幅为零、剪力不为零的变形和受力特点；也符合非支承边振幅不为零的条件，但不满足非支承边上剪力为零的条件。通过增加后继级数项使该条件得以满足。w_2 是由试算法逐步修正并最终确定。附录 F 有确定附加振形(以式(4.15)为例)的详细过程。

将点支座从 B 角点移到 C 角点(图 4.7(c)、(d))。设点支座激发的角点力幅值为 R_C，基本振形 w_1 不变，相应附加振形为

$$\begin{aligned} w_2 = s_2\Bigg\{ & \sinh(\sqrt{2}\kappa x/2)\cosh(\sqrt{2}\kappa y/2) \\ & -\frac{\sqrt{2}}{4}(3-\mu)\kappa^3\cosh\left(\frac{\sqrt{2}}{2}\kappa a\right)\Bigg\{\frac{a_{02}\sinh\kappa x}{\kappa^3\cosh\kappa a} \\ & +\sum_{n=1,2,\cdots}\frac{a_{n2}\sinh\beta_{n1}x\cos\beta_n y}{\beta_{n1}[\beta_{n1}^2-(2-\mu)\beta_n^2]\cosh\beta_{n1}a}\Bigg\} \\ & -\frac{\sqrt{2}}{4}(3-\mu)\kappa^3\sinh\left(\frac{\sqrt{2}}{2}\kappa b\right)\sum_{m=1,3,\cdots}\frac{b_{m1}\cosh\lambda_{m1}y\sin\lambda_m x}{\lambda_{m1}[\lambda_{m1}^2-(2-\mu)\lambda_m^2]\sinh\lambda_{m1}b}\Bigg\} \end{aligned} \tag{4.16}$$

$$s_2 = -\frac{R_C}{D(1-\mu)\kappa^2\cosh(\sqrt{2}\kappa a/2)\sinh(\sqrt{2}\kappa b/2)}$$

b_{m1} 物理意义和表达式同式(b)，a_{n2} 为 $\cosh\left(\frac{\sqrt{2}}{2}\kappa y\right)$在[0,$b$]区间 $\sum\limits_{n=0,1,\cdots}\cos\beta_n y$ 的展开系数，a_{02} 为 $n=0$ 时的系数值。

$$\begin{cases} a_{02} = \dfrac{2}{\sqrt{2}\kappa b}\sinh\left(\dfrac{\sqrt{2}}{2}\kappa b\right) \\ a_{n2} = \dfrac{2\sqrt{2}\kappa}{(2\beta_n^2+\kappa^2)b}\sinh\left(\dfrac{\sqrt{2}}{2}\kappa b\right)\cos n\pi \end{cases} \tag{c}$$

当 B、C 二角点都有点支座时，附加振形为式(4.15)加式(4.16)，或见4.4.3节。

取 $a=1.0$、$\mu=0.3$、$D=1.0$、$\overline{m}/D=1.0$，表4.1、表4.2分别列出图4.7(a)、4.7(b)矩形板(非支承边为自由边)前4个特征值 κ^2。工程应用时，随板尺寸变化，表中数值再乘 $1/a^2$ 即可。

表4.1 图4.7(a)矩形板特征值($\kappa^2=\omega\sqrt{\overline{m}/D}$)

	b/a					
	0.5	0.75	1	1.25	1.5	2
1	8.255	6.255	5.252	4.69	4.35	3.987
2	19.24	17.94	15.8	12.86	10.5	7.716
3	34.3	25.79	21.52	19.56	18.19	14.57
4	56.61	39.83	29.13	25.33	23.73	20.09

表4.2 图4.7(b)矩形板特征值($\kappa^2=\omega\sqrt{\overline{m}/D}$)

	b/a					
	0.5	0.75	1	1.25	1.5	2
1	5.974	4.276	3.263	2.618	2.178	1.622
2	13.99	12.76	11.83	10.35	8.619	6.067
3	29.53	21.36	17.01	14.68	13.48	11.64
4	46.53	36.76	25.38	20.4	18.14	16.22

4.4.3 利用对称性分析一边和二角点支承的矩形板

图4.8所示矩形板，$x=0$ 为支承边，$x=a$、$y=\pm b/2$ 为非支承边(图示为自由边)，B、C 二角点有点支座。利用对称性可将振动分为对 x 轴对称和反对称振动。

考虑对 x 轴对称振动时，基本振形

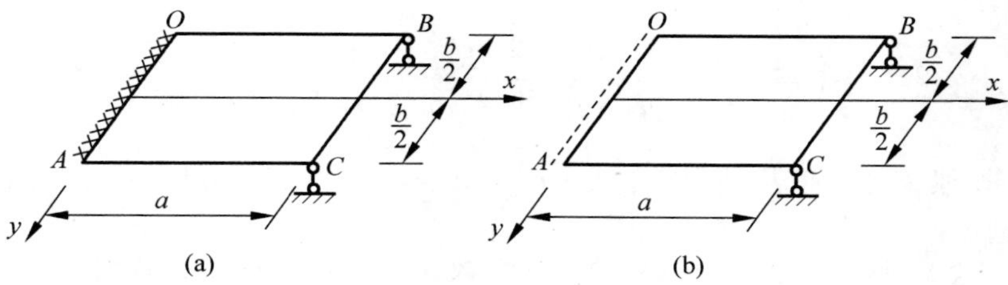

图 4.8 一边和二角点支承的矩形板

$$
\begin{aligned}
w_1 = & \sum_{m<2\kappa a/\pi}(B_m\cosh\lambda_{m1}y+D_m\cos\lambda_{m2}y)\sin\lambda_m x \\
& +\sum_{m>2\kappa a/\pi}(B_m\cosh\lambda_{m1}y+D_m\cosh\lambda_{m3}y)\sin\lambda_m x \\
& +E_0\sinh\kappa x+F_0\cosh\kappa x+G_0\sin\kappa x+H_0\cos\kappa x \\
& +\sum_{0<n<\kappa b/\pi}(E_n\sinh\beta_{n1}x+F_n\cosh\beta_{n1}x+G_n\sin\beta_{n2}x \\
& +H_n\cos\beta_{n2}x)\cos\beta_n y+\sum_{n>\kappa b/\pi}(E_n\sinh\beta_{n1}x+F_n\cosh\beta_{n1}x \\
& +G_n\sinh\beta_{n3}x+H_n\cosh\beta_{n3}x)\cos\beta_n y
\end{aligned}
\tag{4.17}
$$

式中 $\lambda_m=m\pi/(2a)$，$m=1,3,5,\cdots$。λ_{m1}、λ_{m2}、λ_{m3} 同式(4.4)。$\beta_n=n\pi/b$，$n=0,2,4,\cdots$。β_{n1}、β_{n2}、β_{n3} 同式(4.7)。待定系数 E_0、F_0、G_0、H_0 为 $n=0$ 时 E_n、F_n、G_n、H_n。

级数 $\sum\limits_{n=0,2,\cdots}\cos\beta_n y$ 在 $\left[-\dfrac{b}{2},\dfrac{b}{2}\right]$ 区间上是完整的、相对于 x 轴呈对称分布的正交三角函数族。级数项 n 取零值或偶数。$y=\pm b/2$ 时，级数不为零值，级数的一阶导数和三阶导数为零。符合自由边界处挠度不为零、剪力为零的振动规律。

对称振动时角点力幅值为 $R_B=-R_C$。设 $R_B=R_0$，相应附加振形为

$$
\begin{aligned}
w_2 = s_0 \Bigg\{ & 2\cosh(\sqrt{2}\kappa b/4)\sinh(\sqrt{2}\kappa x/2)\cosh(\sqrt{2}\kappa y/2) \\
& -\frac{\sqrt{2}}{2}(3-\mu)\kappa^3\cosh\left(\frac{\sqrt{2}}{2}\kappa a\right)\left\{\frac{a_{03}\sinh\kappa x}{\kappa^3\cosh\kappa a}\right. \\
& \left.+\sum_{n=2,4,\cdots}\frac{a_{n3}\sinh\beta_{n1}x\cos\beta_n y}{\beta_{n1}[\beta_{n1}^2-(2-\mu)\beta_n^2]\cosh\beta_{n1}a}\right\}-\frac{\sqrt{2}}{2}(3-\mu)\kappa^3\sinh\left(\frac{\sqrt{2}}{2}\kappa b\right) \\
& \times\sum_{m=1,3,\cdots}\frac{b_{m1}\cosh(\lambda_{m1}b/2)\cosh\lambda_{m1}y\sin\lambda_m x}{\lambda_{m1}[\lambda_{m1}^2-(2-\mu)\lambda_m^2]\sinh\lambda_{m1}b}\Bigg\}
\end{aligned}
\tag{4.18}
$$

式中

$$s_0 = \frac{R_0}{D(1-\mu)\kappa^2\cosh(\sqrt{2}\kappa a/2)\sinh(\sqrt{2}\kappa b/2)} \tag{d}$$

b_{m1} 物理意义和表达式同式(b)，a_{n3} 为 $\cosh\left(\frac{\sqrt{2}}{4}\kappa b\right)\cosh\left(\frac{\sqrt{2}}{2}\kappa y\right)$ 在 $\left[-\frac{b}{2},\frac{b}{2}\right]$ 区间 $\sum\limits_{n=0,2,\cdots}\cos\beta_n y$ 的展开系数，a_{03} 为 $n=0$ 时的系数值。

$$\begin{cases} a_{03} = \dfrac{2}{\sqrt{2}\kappa b}\sinh\left(\dfrac{\sqrt{2}}{2}\kappa b\right) \\ a_{n3} = \dfrac{2\sqrt{2}\kappa}{(2\beta_n^2+\kappa^2)b}\sinh\left(\dfrac{\sqrt{2}}{2}\kappa b\right)\cos\dfrac{n\pi}{2} \end{cases} \tag{e}$$

考虑对 x 轴反对称振动时，基本振形

$$\begin{aligned} w_1 = & \sum_{m<2\kappa a/\pi}(A_m\sinh\lambda_{m1}y + C_m\sin\lambda_{m2}y)\sin\lambda_m x \\ & + \sum_{m>2\kappa a/\pi}(A_m\sinh\lambda_{m1}y + C_m\sinh\lambda_{m3}y)\sin\lambda_m x \\ & + \sum_{n<\kappa b/\pi}(E_n\sinh\beta_{n1}x + F_n\cosh\beta_{n1}x + G_n\sin\beta_{n2}x \\ & + H_n\cos\beta_{n2}x)\sin\beta_n y + \sum_{n>\kappa b/\pi}(E_n\sinh\beta_{n1}x + F_n\cosh\beta_{n1}x \\ & + G_n\sinh\beta_{n3}x + H_n\cosh\beta_{n3}x)\sin\beta_n y \end{aligned} \tag{4.19}$$

式中 $\lambda_m=m\pi/(2a)$，$m=1,3,5,\cdots$。λ_{m1}、λ_{m2}、λ_{m3} 同式(4.4)。$\beta_n=n\pi/b$，$n=1,3,5,\cdots$。β_{n1}、β_{n2}、β_{n3} 同式(4.7)。级数 $\sum\limits_{n=1,3,\cdots}\sin\beta_n y$ 在 $\left[-\frac{b}{2},\frac{b}{2}\right]$ 区间上是完整的、相对于 x 轴呈反对称分布的正交三角函数族。级数项 n 取奇数。$y=\pm b/2$ 时，级数不为零值，级数的一阶导数和三阶导数为零。符合自由边界处挠度不为零、剪力为零的振动规律。

反对称振动时角点力幅值为 $R_B=R_C$。设 $R_B=R_0$，相应附加振形为

$$\begin{aligned} w_2 = s_0\Bigg\{ & -2\sinh(\sqrt{2}\kappa b/4)\sinh(\sqrt{2}\kappa x/2)\sinh(\sqrt{2}\kappa y/2) \\ & + \frac{\sqrt{2}}{2}(3-\mu)\kappa^3\cosh\left(\frac{\sqrt{2}}{2}\kappa a\right)\sum_{n=1,3,\cdots}\frac{a_{n4}\sinh\beta_{n1}x\sin\beta_n y}{\beta_{n1}[\beta_{n1}^2-(2-\mu)\beta_n^2]\cosh\beta_{n1}a} \\ & + \frac{\sqrt{2}}{2}(3-\mu)\kappa^3\sinh\left(\frac{\sqrt{2}}{2}\kappa b\right)\sum_{m=1,3,\cdots}\frac{b_{m1}\sinh(\lambda_{m1}b/2)\sinh\lambda_{m1}y\sin\lambda_m x}{\lambda_{m1}[\lambda_{m1}^2-(2-\mu)\lambda_m^2]\sinh\lambda_{m1}b}\Bigg\} \end{aligned} \tag{4.20}$$

式中 s_0 表达式同式(d)，b_{m1} 物理意义和表达式同式(b)，a_{n4} 为

$\sinh\left(\frac{\sqrt{2}}{4}\kappa b\right)\sinh\left(\frac{\sqrt{2}}{2}\kappa y\right)$在$\left[-\frac{b}{2},\frac{b}{2}\right]$区间$\sum\limits_{n=1,3,\cdots}\sin\beta_n y$的展开系数。

$$a_{n4}=\frac{2\sqrt{2}\kappa}{(2\beta_n^2+\kappa^2)b}\sinh\left(\frac{\sqrt{2}}{2}\kappa b\right)\sin\frac{n\pi}{2}\quad(n=1,3,5,\cdots)\tag{f}$$

取 $a=1.0$、$\mu=0.3$、$D=1.0$、$\bar{m}/D=1.0$，表 4.3、表 4.4 分别列出图 4.8(a)板(非支承边为自由边)对称和反对称振形前 4 个特征值κ^2，表 4.5、表 4.6 分别列出图 4.8(b)板(非支承边为自由边)对称和反对称振形前 4 个特征值κ^2。工程应用时，随板尺寸变化，表中数值再乘 $1/a^2$ 即可。

表 4.3 图 4.8(a)矩形板对 x 轴对称振形特征值($\kappa^2=\omega\sqrt{\bar{m}/D}$)

	b/a					
	0.5	0.75	1	1.25	1.5	2
1	14.66	13.62	11.27	8.921	7.314	5.607
2	41.98	27.71	21.57	19.66	18.79	17.24
3	66.19	53	41.62	34.23	29.8	24.69
4	105.4	65.08	57.79	54.39	46.33	31.3

表 4.4 图 4.8(a)矩形板对 x 轴反对称振形特征值($\kappa^2=\omega\sqrt{\bar{m}/D}$)

	b/a					
	0.5	0.75	1	1.25	1.5	2
1	30.72	23.39	19.94	17.7	15.72	11.84
2	71.24	57.44	45.47	34.01	26.88	20.89
3	124.6	89.97	64.98	53.99	45.55	34.8
4	181.3	120.8	83.38	66.52	60	46.91

表 4.5 图 4.8(b)矩形板对 x 轴对称振形特征值($\kappa^2=\omega\sqrt{\bar{m}/D}$)

	b/a					
	0.5	0.75	1	1.25	1.5	2
1	9.319	9.024	8.17	6.853	5.589	3.884
2	34.8	24.46	17.51	14.69	13.54	12.45
3	59.48	45.01	36.98	29.79	25.2	19.99
4	95.86	59.37	48.03	45.32	41.68	28.77

表4.6　图4.8(b)矩形板对 x 轴反对称振形特征值($\kappa^2=\omega\sqrt{m/D}$)

	b/a					
	0.5	0.75	1	1.25	1.5	2
1	26.92	19.31	15.71	13.58	12.06	9.54
2	63.15	49.62	40.64	31.53	24.28	17.03
3	112.75	84.09	59.02	47.77	40.62	30.41
4	170.58	112.53	79.07	60.08	51.71	43.21

4.4.4　二邻边和一角点支承的矩形板

图4.9所示矩形板，$x=0$、$y=0$ 为支承边，其余二边非支承(图示为自由边)，C 角点设有点支座。基本振形表达式为

$$\begin{aligned} w_1 = & \sum_{m<2\kappa a/\pi}(A_m\sinh\lambda_{m1}y+B_m\cosh\lambda_{m1}y+C_m\sin\lambda_{m2}y \\ & +D_m\cos\lambda_{m2}y)\sin\lambda_m x+\sum_{m>2\kappa a/\pi}(A_m\sinh\lambda_{m1}y \\ & +B_m\cosh\lambda_{m1}y+C_m\sinh\lambda_{m3}y+D_m\cosh\lambda_{m3}y)\sin\lambda_m x \\ & +\sum_{n<2\kappa b/\pi}(E_n\sinh\gamma_{n1}x+F_n\cosh\gamma_{n1}x+G_n\sin\gamma_{n2}x \\ & +H_n\cos\gamma_{n2}x)\sin\gamma_n y+\sum_{n>2\kappa b/\pi}(E_n\sinh\gamma_{n1}x+F_n\cosh\gamma_{n1}x \\ & +G_n\sinh\gamma_{n3}x+H_n\cosh\gamma_{n3}x)\sin\gamma_n y \end{aligned} \tag{4.21}$$

式中 $\lambda_m=m\pi/(2a)$，$m=1,3,5,\cdots$。λ_{m1}、λ_{m2}、λ_{m3} 同式(4.4)。$\gamma_n=n\pi/(2b)$，$n=1,3,5,\cdots$。γ_{n1}、γ_{n2}、γ_{n3} 同式(4.8)。

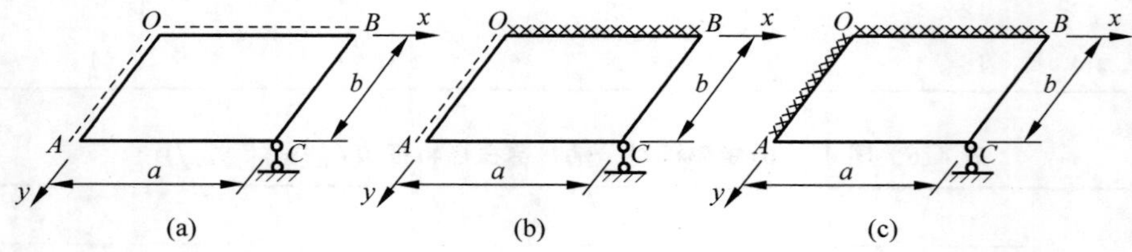

图4.9　二邻边及一角点支承的矩形板

设角点力幅值为 R_C，相应附加振形为

$$\begin{aligned} w_2 = & s\Big\{\sinh(\sqrt{2}\kappa x/2)\sinh(\sqrt{2}\kappa y/2) \\ & -\frac{\sqrt{2}}{4}(3-\mu)\kappa^3\cosh\left(\frac{\sqrt{2}}{2}\kappa a\right)\sum_{n=1,3,\cdots}\frac{a_{n5}\sinh\gamma_{n1}x\sin\gamma_n y}{\gamma_{n1}[\gamma_{n1}^2-(2-\mu)\gamma_n^2]\cosh\gamma_{n1}a} \end{aligned}$$

$$-\frac{\sqrt{2}}{4}(3-\mu)\kappa^3\cosh\left(\frac{\sqrt{2}}{2}\kappa b\right)\sum_{m=1,3,\cdots}\frac{b_{m1}\sinh\lambda_{m1}y\sin\lambda_m x}{\lambda_{m1}[\lambda_{m1}^2-(2-\mu)\lambda_m^2]\cosh\lambda_{m1}b}\Bigg\}$$

(4.22)

式中

$$s=-\frac{R_C}{D(1-\mu)\kappa^2\cosh(\sqrt{2}\kappa a/2)\cosh(\sqrt{2}\kappa b/2)}$$

b_{m1}物理意义和表达式同式(b)，a_{n5}为 $\sinh\left(\frac{\sqrt{2}}{2}\kappa y\right)$在[0，$b$]区间 $\sum_{n=1,3,\cdots}\sin\gamma_n y$ 的展开系数。

$$a_{n5}=\frac{2\sqrt{2}\kappa}{(2\gamma_n^2+\kappa^2)b}\cosh\left(\frac{\sqrt{2}}{2}\kappa b\right)\sin\frac{n\pi}{2}$$

附加振形w_2满足振形微分方程和点支座处角点力条件。在 $x=0$、$y=0$ 边界上对应的挠度为零值，在 $x=a$、$y=b$ 边界上对应的剪力分布为零值。

取 $a=1.0$、$\mu=0.3$、$D=1.0$、$\overline{m}/D=1.0$。表 4.7、表 4.8、表 4.9 分别列出图 4.9 所示矩形板(非支承边为自由边)前 4 个特征值κ^2。工程应用时，随板尺寸变化，表中数值再乘 $1/a^2$ 即可。

表 4.7 图 4.9(a)矩形板特征值($\kappa^2=\omega\sqrt{\overline{m}/D}$)

	b/a					
	0.5	0.75	1	1.25	1.5	2
1	15.94	12.18	9.607	7.443	5.859	3.986
2	40.91	24.62	17.32	14.43	12.89	10.23
3	59.75	40.83	30.59	24.53	20.23	14.94
4	79.39	52.27	43.64	32.23	25.35	19.85

表 4.8 图 4.9(b)矩形板特征值($\kappa^2=\omega\sqrt{\overline{m}/D}$)

	b/a					
	0.5	0.75	1	1.25	1.5	2
1	22.74	15.08	11.93	9.606	7.625	5.037
2	48.85	32.21	21.17	16.26	14.04	11.45
3	75.11	47.23	35.01	27.54	22.75	16.42
4	98.71	57.89	47.38	37.55	28.63	20.97

表 4.9　图 4.9(c)矩形板特征值($\kappa^2=\omega\sqrt{\bar{m}/D}$)

	b/a					
	0.5	0.75	1	1.25	1.5	2
1	26.21	19.07	15.16	11.67	9.198	6.553
2	56.07	34.57	23.91	20.17	18.19	14.02
3	80.03	52.95	39.38	31.74	26.28	20.01
4	103.5	64.66	54.09	39.79	31.7	25.86

4.4.5　单角点、多角点支承的四边非支承矩形板

图 4.10 所示矩形板,四边非支承,有单角点点支座,基本振形表达式为

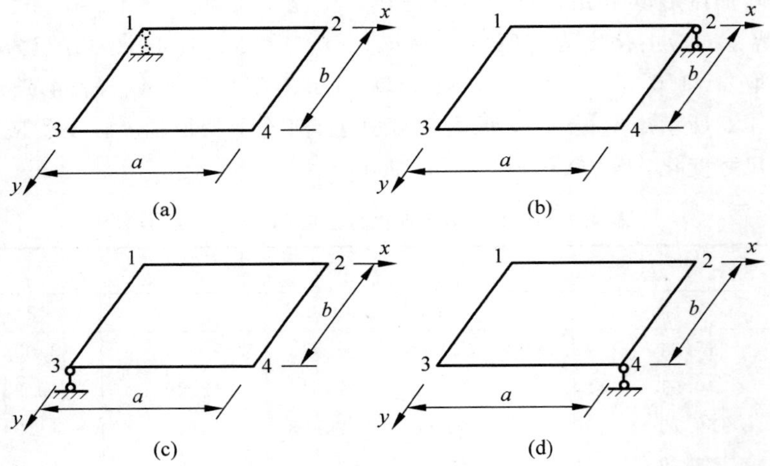

图 4.10　单角点支承的四边非支承矩形板

$$
\begin{aligned}
w_1 = & A_0 \sinh\kappa y + B_0 \cosh\kappa y + C_0 \sin\kappa y + D_0 \cos\kappa y \\
& + \sum_{0<m<\kappa a/\pi} (A_m \sinh\alpha_{m1} y + B_m \cosh\alpha_{m1} y + C_m \sin\alpha_{m2} y \\
& + D_m \cos\alpha_{m2} y) \cos\alpha_m x + \sum_{m>\kappa a/\pi} (A_m \sinh\alpha_{m1} y + B_m \cosh\alpha_{m1} y \\
& + C_m \sinh\alpha_{m3} y + D_m \cosh\alpha_{m3} y) \cos\alpha_m x \\
& + E_0 \sinh\kappa x + F_0 \cosh\kappa x + G_0 \sin\kappa x + H_0 \cos\kappa x \\
& + \sum_{0<n<\kappa b/\pi} (E_n \sinh\beta_{n1} x + F_n \cosh\beta_{n1} x + G_n \sin\beta_{n2} x
\end{aligned}
$$

$$+ H_n\cos\beta_{n2}x)\cos\beta_n y + \sum_{n>\kappa b/\pi}(E_n\sinh\beta_{n1}x + F_n\cosh\beta_{n1}x$$
$$+ G_n\sinh\beta_{n3}x + H_n\cosh\beta_{n3}x)\cos\beta_n y \tag{4.23}$$

式中 $\alpha_m = m\pi/a, m=0,1,2,\cdots$。$\alpha_{m1}$、$\alpha_{m2}$、$\alpha_{m3}$ 同式(4.6)。$\beta_n = n\pi/b, n=0,1,2,\cdots$。$\beta_{n1}$、$\beta_{n2}$、$\beta_{n3}$ 同式(4.7)。

当角点 1 设有点支座时(图 4.10(a))，设点支座激发的角点力幅值为 R_1，相应附加振形为 w_{21}(下标 1 表示角点支座位置，下标 2 表示附加振形)，有

$$\begin{aligned} w_{21} = s_1\Bigg\{&\cosh\left[\sqrt{2}\kappa(a-x)/2\right]\cosh\left[\sqrt{2}\kappa(b-y)/2\right] \\ &-\frac{\sqrt{2}}{4}(3-\mu)\kappa^3\sinh\left(\frac{\sqrt{2}}{2}\kappa a\right)\Bigg\{\frac{a_{01}\cosh\kappa(a-x)}{\kappa^3\sinh\kappa a} \\ &+\sum_{n=1,2,\cdots}\frac{a_{n1}\cosh\beta_{n1}(a-x)\cos\beta_n y}{\beta_{n1}\left[\beta_{n1}^2-(2-\mu)\beta_n^2\right]\sinh\beta_{n1}a}\Bigg\} \\ &-\frac{\sqrt{2}}{4}(3-\mu)\kappa^3\sinh\left(\frac{\sqrt{2}}{2}\kappa b\right)\Bigg\{\frac{b_{02}\cosh\kappa(b-y)}{\kappa^3\sinh\kappa b} \\ &+\sum_{m=1,2,\cdots}\frac{b_{m2}\cosh\alpha_{m1}(b-y)\cos\alpha_m x}{\alpha_{m1}\left[\alpha_{m1}^2-(2-\mu)\alpha_m^2\right]\sinh\alpha_{m1}b}\Bigg\}\Bigg\} \end{aligned} \tag{4.24}$$

式中

$$s_1 = -\frac{R_1}{D(1-\mu)\kappa^2\sinh(\sqrt{2}\kappa a/2)\sinh(\sqrt{2}\kappa b/2)}$$

a_{n1} 为 $\cosh\left(\frac{\sqrt{2}}{2}\kappa(b-y)\right)$ 在$[0,b]$区间 $\sum_{n=0,1,\cdots}\cos\beta_n y$ 的展开系数，a_{01} 为 $n=0$ 时的系数值，同式(a)。b_{m2} 为 $\cosh\left(\frac{\sqrt{2}}{2}\kappa(a-x)\right)$ 在$[0,a]$区间 $\sum_{m=0,1,\cdots}\cos\alpha_m x$ 的展开系数，b_{02} 为 $m=0$ 时的系数值。

$$\begin{cases} b_{02} = \dfrac{2}{\sqrt{2}\kappa a}\sinh\left(\dfrac{\sqrt{2}}{2}\kappa a\right) \\ b_{m2} = \dfrac{2\sqrt{2}\kappa}{(2\alpha_m^2+\kappa^2)a}\sinh\left(\dfrac{\sqrt{2}}{2}\kappa a\right) \end{cases} \tag{g}$$

当角点 2 设有点支座时(图 4.10(b))，设点支座激发的角点力幅值为 R_2，相应附加振形为

$$\begin{aligned} w_{22} = s_2\Bigg\{&\cosh(\sqrt{2}\kappa x/2)\cosh\left[\sqrt{2}\kappa(b-y)/2\right] \\ &-\frac{\sqrt{2}}{4}(3-\mu)\kappa^3\sinh\left(\frac{\sqrt{2}}{2}\kappa a\right)\Bigg\{\frac{a_{01}\cosh\kappa x}{\kappa^3\sinh\kappa a} \end{aligned}$$

$$+\sum_{n=1,2,\cdots}\frac{a_{n1}\cosh\beta_{n1}x\cos\beta_n y}{\beta_{n1}[\beta_{n1}^2-(2-\mu)\beta_n^2]\sinh\beta_{n1}a}\Bigg\}$$

$$-\frac{\sqrt{2}}{4}(3-\mu)\kappa^3\sinh\left(\frac{\sqrt{2}}{2}\kappa b\right)\Bigg\{\frac{b_{03}\cosh\kappa(b-y)}{\kappa^3\sinh\kappa b}$$

$$+\sum_{m=1,2,\cdots}\frac{b_{m3}\cosh\alpha_{m1}(b-y)\cos\alpha_m x}{\alpha_{m1}[\alpha_{m1}^2-(2-\mu)\alpha_m^2]\sinh\alpha_{m1}b}\Bigg\}\Bigg\} \tag{4.25}$$

式中

$$s_2=\frac{R_2}{D(1-\mu)\kappa^2\sinh(\sqrt{2}\kappa a/2)\sinh(\sqrt{2}\kappa b/2)}$$

$a_{n1}(a_{01})$ 物理意义和表达式同式(a)。b_{m3} 为 $\cosh\left(\frac{\sqrt{2}}{2}\kappa x\right)$ 在 $[0,a]$ 区间 $\sum\limits_{m=0,1,\cdots}\cos\alpha_m x$ 的展开系数，b_{03} 为 $m=0$ 时的系数值，其表达式参见式(g)，其中 $b_{03}=b_{02}$，$b_{m3}=b_{m2}\cos m\pi$。

当角点3设有点支座时(图4.10(c))，设点支座激发的角点力幅值为 R_3，相应附加振形为

$$w_{23}=s_3\Bigg\{\cosh[\sqrt{2}\kappa(a-x)/2]\cosh(\sqrt{2}\kappa y/2)$$

$$-\frac{\sqrt{2}}{4}(3-\mu)\kappa^3\sinh\left(\frac{\sqrt{2}}{2}\kappa a\right)\Bigg\{\frac{a_{02}\cosh\kappa(a-x)}{\kappa^3\sinh\kappa a}$$

$$+\sum_{n=1,2,\cdots}\frac{a_{n2}\cosh\beta_{n1}(a-x)\cos\beta_n y}{\beta_{n1}[\beta_{n1}^2-(2-\mu)\beta_n^2]\sinh\beta_{n1}a}\Bigg\}$$

$$-\frac{\sqrt{2}}{4}(3-\mu)\kappa^3\sinh\left(\frac{\sqrt{2}}{2}\kappa b\right)\Bigg\{\frac{b_{02}\cosh\kappa y}{\kappa^3\sinh\kappa b}$$

$$+\sum_{m=1,2,\cdots}\frac{b_{m2}\cosh\alpha_{m1}y\cos\alpha_m x}{\alpha_{m1}[\alpha_{m1}^2-(2-\mu)\alpha_m^2]\sinh\alpha_{m1}b}\Bigg\}\Bigg\} \tag{4.26}$$

式中

$$s_3=\frac{R_3}{D(1-\mu)\kappa^2\sinh(\sqrt{2}\kappa a/2)\sinh(\sqrt{2}\kappa b/2)}$$

a_{n2} 为 $\cosh\left(\frac{\sqrt{2}}{2}\kappa y\right)$ 在 $[0,b]$ 区间 $\sum\limits_{n=0,1,\cdots}\cos\beta_n y$ 的展开系数，a_{02} 为 $n=0$ 时的系数值，表达式同式(c)。$b_{m2}(b_{02})$ 物理意义和表达式同式(g)。

当角点4设有点支座时(图4.10(d))，设点支座激发的角点力幅值为 R_4，相应附加振形为

$$
\begin{aligned}
w_{24} = s_4 \Bigg\{ & \cosh(\sqrt{2}\kappa x/2)\cosh(\sqrt{2}\kappa y/2) \\
& - \frac{\sqrt{2}}{4}(3-\mu)\kappa^3 \sinh\left(\frac{\sqrt{2}}{2}\kappa a\right)\left\{\frac{a_{02}\cosh\kappa x}{\kappa^3 \sinh\kappa a}\right. \\
& \left. + \sum_{n=1,2,\cdots} \frac{a_{n2}\cosh\beta_{n1} x \cos\beta_n y}{\beta_{n1}[\beta_{n1}^2-(2-\mu)\beta_n^2]\sinh\beta_{n1} a}\right\} \\
& - \frac{\sqrt{2}}{4}(3-\mu)\kappa^3 \sinh\left(\frac{\sqrt{2}}{2}\kappa b\right)\left\{\frac{b_{03}\cosh\kappa y}{\kappa^3 \sinh\kappa b}\right. \\
& \left. + \sum_{m=1,2,\cdots} \frac{b_{m3}\cosh\alpha_{m1} y \cos\alpha_m x}{\alpha_{m1}[\alpha_{m1}^2-(2-\mu)\alpha_m^2]\sinh\alpha_{m1} b}\right\}\Bigg\}
\end{aligned}
\tag{4.27}
$$

式中

$$
s_4 = -\frac{R_4}{D(1-\mu)\kappa^2 \sinh(\sqrt{2}\kappa a/2)\sinh(\sqrt{2}\kappa b/2)}
$$

b_{m3} 为 $\cosh\left(\frac{\sqrt{2}}{2}\kappa x\right)$ 在 $[0,a]$ 区间 $\sum\limits_{m=0,1,\cdots}\cos\alpha_m x$ 的展开系数，b_{03} 为 $m=0$ 时的系数值，其表达式参见式(g)，其中 $b_{03}=b_{02}$，$b_{m3}=b_{m2}\cos m\pi$。a_{n2} (a_{02}) 物理意义和表达式同式(c)。

四边非支承矩形板有多个角点点支座时(图 4.11)，角点力激发的附加振形与角点支座位置和数量有关。设 i 表示角点支座数量，j 表示角点支座位置，有

$$
w_2 = \sum_i w_{2j} \tag{4.28}
$$

取 $a=1.0$、$\mu=0.3$、$D=1.0$、$\bar{m}/D=1.0$。表 4.10、表 4.11、表 4.12、表 4.13 分别列出图 4.10(a)和图 4.11 所示矩形板(非支承边为自由边)前 5 个特征值 κ^2。工程应用时，随板尺寸变化，表中数值再乘 $1/a^2$ 即可。

表 4.10 图 4.10(a)矩形板特征值($\kappa^2=\omega\sqrt{\bar{m}/D}$)

	b/a					
	0.5	0.75	1	1.25	1.5	2
1	13.9	10.51	8.037	6.356	5.14	3.475
2	23.48	20.36	18.32	12.82	9.336	5.869
3	42.44	28.84	19.6	17.04	14.58	10.61
4	59.33	40.67	28.48	23.74	21.57	14.83
5	73.8	48.82	34.8	28.72	25.51	18.45

表 4.11　图 4.11(a)矩形板特征值($\kappa^2=\omega\sqrt{m/D}$)

	b/a					
	0.5	0.75	1	1.25	1.5	2
1	13.34	8.911	6.639	5.277	4.375	3.259
2	14.29	13.09	10.98	8.363	6.202	3.63
3	37.39	26.17	19.6	16.06	13.99	10.45
4	47.66	34.81	24.63	18.69	14.98	10.68
5	69.11	40.72	29.68	26.05	24.33	16.72

表 4.12　图 4.11(b)矩形板特征值($\kappa^2=\omega\sqrt{m/D}$)

	b/a					
	0.5	0.75	1	1.25	1.5	2
1	6.679	5.027	3.862	3.046	2.454	1.67
2	23.35	20.35	15.77	12.55	9.334	5.837
3	29.66	20.84	18.83	12.83	10.33	7.414
4	58.21	32.22	19.6	18.42	17.45	14.55
5	59.33	47.99	34.8	28.43	24.49	14.83

表 4.13　图 4.11(c)矩形板特征值($\kappa^2=\omega\sqrt{m/D}$)

	b/a					
	0.5	0.75	1	1.25	1.5	2
1	6.074	4.344	3.298	2.619	2.144	1.519
2	13.99	12.08	9.892	7.489	5.637	3.498
3	29.53	20.83	15.77	12.55	10.3	7.382
4	41.99	27.33	19.6	16.14	14.06	10.5
5	58.31	36.93	26.61	21.85	18.94	14.58

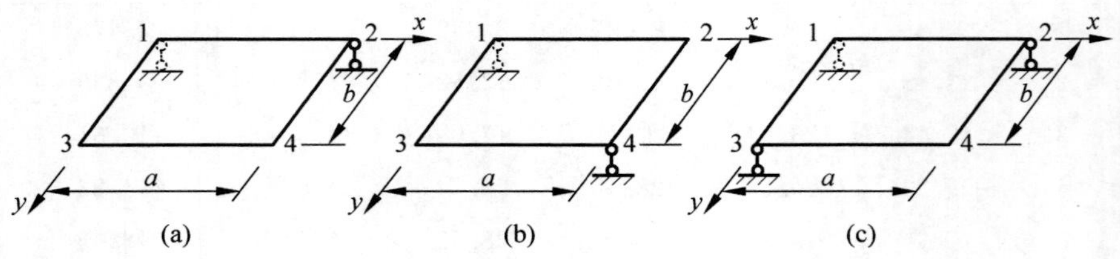

图 4.11　多角点支承的四边非支承矩形板

4.4.6 四角点支承对称分布的四边非支承矩形板

图 4.12 所示四边非支承矩形板，四角点设有点支座。图 4.12(a)：四边为自由边；图 4.12(b)：四边为滑移边；图 4.12(c)：$x=-a/2$、$x=a/2$ 为滑移边，$y=-b/2$、$y=b/2$ 为自由边；图 4.12(c)：$x=-a/2$、$x=a/2$ 为自由边，$y=-b/2$、$y=b/2$ 为滑移边。利用对称性可将振形分为对称或反对称分别计算。

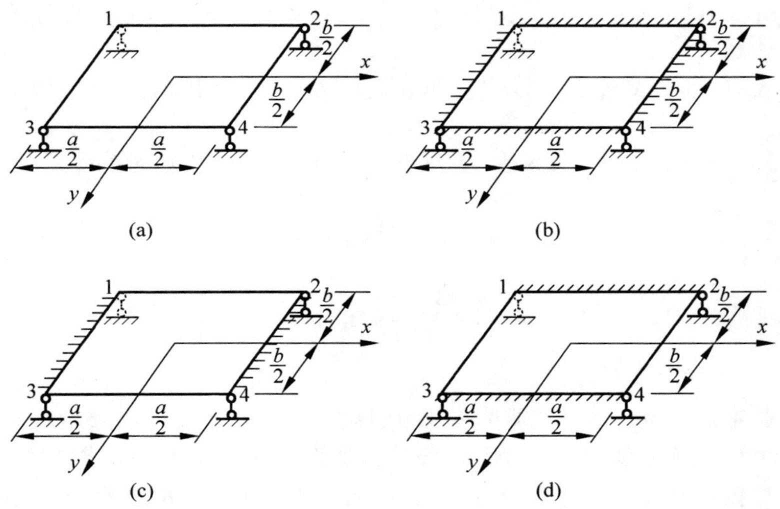

图 4.12　四角点支承、对称分布的四边非支承矩形板

(一) 双向对称振动

基本振形 w_{1x}、w_{1y}分别见 4.2 节[算例 4.1]中 w_x、w_y。设角点 1、2、3、4 角点力幅值为 R_1、R_2、R_3、R_4。分别构造四个角点力相应的附加振形，每个附加振形都要满足振形微分方程，在四个边界上对应的剪力分布为零值，在其他三个角点处角点力为零值。之后相加。双向对称振动时，有$R_1=-R_2=-R_3=R_4$。设$R_1=R_0$，整理后的附加振形为

$$
\begin{aligned}
w_2 = s_0\Bigg\{ & 4\cosh(\sqrt{2}\kappa a/4)\cosh(\sqrt{2}\kappa b/4)\cosh(\sqrt{2}\kappa x/2)\cosh(\sqrt{2}\kappa y/2) \\
& -(3-\mu)\sqrt{2}\,\kappa^3\sinh\left(\frac{\sqrt{2}}{2}\kappa a\right)\Bigg\{\frac{a_{03}\cosh(\kappa a/2)\cosh\kappa x}{\kappa^3\sinh\kappa a} \\
& +\sum_{n=2,4,\cdots}\frac{a_{n3}\cosh(\beta_{n1}a/2)\cosh\beta_{n1}x\cos\beta_n y}{\beta_{n1}[\beta_{n1}^2-(2-\mu)\beta_n^2]\sinh\beta_{n1}a}\Bigg\}
\end{aligned}
$$

$$-(3-\mu)\sqrt{2}\,\kappa^3\sinh\left(\frac{\sqrt{2}}{2}\kappa b\right)\left\{\frac{b_{04}\cosh(\kappa b/2)\cosh\kappa y}{\kappa^3\sinh\kappa b}\right.$$

$$\left.+\sum_{m=2,4,\cdots}\frac{b_{m4}\cosh(\alpha_{m1}b/2)\cosh\alpha_{m1}y\cos\alpha_m x}{\alpha_{m1}[\alpha_{m1}^2-(2-\mu)\alpha_m^2]\sinh\alpha_{m1}b}\right\}\Bigg\} \tag{4.29}$$

式中

$$s_0=\frac{R_0}{D(1-\mu)\kappa^2\sinh(\sqrt{2}\kappa a/2)\sinh(\sqrt{2}\kappa b/2)} \tag{h}$$

a_{n3} 为 $\cosh\left(\frac{\sqrt{2}}{4}\kappa b\right)\cosh\left(\frac{\sqrt{2}}{2}\kappa y\right)$ 在 $\left[-\frac{b}{2},\frac{b}{2}\right]$ 区间 $\sum\limits_{n=0,2,\cdots}\cos\beta_n y$ 的展开系数，a_{03} 为 $n=0$ 时的系数值，其表达式见式(e)。b_{m4} 为 $\cosh\left(\frac{\sqrt{2}}{4}\kappa a\right)\cosh\left(\frac{\sqrt{2}}{2}\kappa x\right)$ 在 $\left[-\frac{a}{2},\frac{a}{2}\right]$ 区间 $\sum\limits_{m=0,2,\cdots}\cos\alpha_m x$ 的展开系数，b_{04} 为 $m=0$ 时的系数值。

$$\begin{cases} b_{04}=\dfrac{2}{\sqrt{2}\kappa a}\sinh\left(\dfrac{\sqrt{2}}{2}\kappa a\right) \\ b_{m4}=\dfrac{2\sqrt{2}\kappa}{(2\alpha_m^2+\kappa^2)a}\sinh\left(\dfrac{\sqrt{2}}{2}\kappa a\right)\cos\dfrac{m\pi}{2} \end{cases} \tag{i}$$

（二）双向反对称振动

基本振形 w_{1x}、w_{1y} 分别见 4.2 节[算例 4.1]中 w_x、w_y。设角点 1、2、3、4 角点力幅值为 R_1、R_2、R_3、R_4。分别构造四个角点力相应的附加振形，每个附加振形都要满足振形微分方程，在四个边界上对应的剪力分布为零值，在其他三个角点处角点力为零值。之后相加。双向反对称振动时，角点力幅值 $R_1=R_2=R_3=R_4$。设 $R_1=R_0$，附加振形为

$$w_2=s_0\Bigg\{4\sinh(\sqrt{2}\kappa a/4)\sinh(\sqrt{2}\kappa b/4)\sinh(\sqrt{2}\kappa x/2)\sinh(\sqrt{2}\kappa y/2)$$

$$-(3-\mu)\sqrt{2}\,\kappa^3\sinh\left(\frac{\sqrt{2}}{2}\kappa a\right)$$

$$\times\sum_{n=1,3,\cdots}\frac{a_{n4}\sinh(\beta_{n1}a/2)\sinh\beta_{n1}x\sin\beta_n y}{\beta_{n1}[\beta_{n1}^2-(2-\mu)\beta_n^2]\sinh\beta_{n1}a}$$

$$-(3-\mu)\sqrt{2}\,\kappa^3\sinh\left(\frac{\sqrt{2}}{2}\kappa b\right)$$

$$\times\sum_{m=1,3,\cdots}\frac{b_{m5}\sinh(\alpha_{m1}b/2)\sinh\alpha_{m1}y\sin\alpha_m x}{\alpha_{m1}[\alpha_{m1}^2-(2-\mu)\alpha_m^2]\sinh\alpha_{m1}b}\Bigg\} \tag{4.30}$$

式中 s_0 表达式见式(h)。a_{n4} 为 $\sinh\left(\frac{\sqrt{2}}{4}\kappa b\right)\sinh\left(\frac{\sqrt{2}}{2}\kappa x\right)$ 在 $\left[-\frac{b}{2},\frac{b}{2}\right]$ 区间

$\sum_{n=1,3,\cdots}\sin\beta_n y$ 的展开系数,表达式见式(f)。b_{m5} 为 $\sinh\left(\frac{\sqrt{2}}{4}\kappa a\right)\sinh\left(\frac{\sqrt{2}}{2}\kappa x\right)$ 在 $\left[-\frac{a}{2},\frac{a}{2}\right]$ 区间 $\sum_{m=1,3,\cdots}\sin\alpha_m x$ 的展开系数

$$b_{m5}=\frac{2\sqrt{2}\kappa}{(2\alpha_m^2+\kappa^2)a}\sinh\left(\frac{\sqrt{2}}{2}\kappa a\right)\sin\frac{m\pi}{2}$$

(三) 对 x 轴对称、y 轴反对称振动

基本振形 w_{1x}、w_{1y} 分别见 4.2 节[算例 4.1]中 w_x、w_y。设角点 1、2、3、4 角点力幅值为 R_1、R_2、R_3、R_4。分别构造四个角点力相应的附加振形,每个附加振形都要满足振形微分方程,在四个边界上对应的剪力分布为零值,在其他三个角点处角点力为零值。之后相加。角点力幅值 $R_1=R_2=-R_3=-R_4$。设 $R_1=R_0$,附加振形为

$$\begin{aligned}w_2=s_0\Bigg\{&-4\sinh(\sqrt{2}\kappa a/4)\cosh(\sqrt{2}\kappa b/4)\sinh(\sqrt{2}\kappa x/2)\cosh(\sqrt{2}\kappa y/2)\\&+(3-\mu)\sqrt{2}\,\kappa^3\sinh\left(\frac{\sqrt{2}}{2}\kappa a\right)\Bigg\{\frac{a_{03}\sinh(\kappa a/2)\sinh\kappa x}{\kappa^3\sinh\kappa a}\\&+\sum_{n=2,4,\cdots}\frac{a_{n3}\sinh(\beta_{n1}a/2)\sinh\beta_{n1}x\cos\beta_n y}{\beta_{n1}[\beta_{n1}^2-(2-\mu)\beta_n^2]\sinh\beta_{n1}a}\Bigg\}\\&+(3-\mu)\sqrt{2}\,\kappa^3\sinh\left(\frac{\sqrt{2}}{2}\kappa b\right)\sum_{m=1,3,\cdots}\frac{b_{m5}\cosh(\alpha_{m1}b/2)\cosh\alpha_{m1}y\sin\alpha_m x}{\alpha_{m1}[\alpha_{m1}^2-(2-\mu)\alpha_m^2]\sinh\alpha_{m1}b}\Bigg\}\end{aligned}\tag{4.31}$$

式中 s_0 表达式见式(h)。

(四) 对 x 轴反对称、y 轴对称振动

基本振形 w_{1x}、w_{1y} 分别见 4.2 节[算例 4.1]中 w_x、w_y。设角点 1、2、3、4 角点力幅值为 R_1、R_2、R_3、R_4。分别构造四个角点力相应的附加振形,每个附加振形都要满足振形微分方程,在四个边界上对应的剪力分布为零值,在其他三个角点处角点力为零值。之后相加。角点力幅值 $R_1=-R_2=R_3=-R_4$。设 $R_1=R_0$,附加振形为

$$\begin{aligned}w_2=s_0\Bigg\{&-4\cosh(\sqrt{2}\kappa a/4)\sinh(\sqrt{2}\kappa b/4)\cosh(\sqrt{2}\kappa x/2)\sinh(\sqrt{2}\kappa y/2)\\&+(3-\mu)\sqrt{2}\,\kappa^3\sinh\left(\frac{\sqrt{2}}{2}\kappa a\right)\sum_{n=1,3,\cdots}\frac{a_{n4}\cosh(\beta_{n1}a/2)\cosh\beta_{n1}x\sin\beta_n y}{\beta_{n1}[\beta_{n1}^2-(2-\mu)\beta_n^2]\sinh\beta_{n1}a}\\&+(3-\mu)\sqrt{2}\,\kappa^3\sinh\left(\frac{\sqrt{2}}{2}\kappa b\right)\Bigg\{\frac{b_{04}\sinh(\kappa b/2)\sinh\kappa y}{\kappa^3\sinh\kappa b}\end{aligned}$$

$$+\sum_{m=2,4,\cdots}\frac{b_{m4}\sinh(\alpha_{m1}b/2)\sinh\alpha_{m1}y\cos\alpha_m x}{\alpha_{m1}[\alpha_{m1}^2-(2-\mu)\alpha_m^2]\sinh\alpha_{m1}b}\Bigg\}\Bigg\}\tag{4.32}$$

式中 s_0 表达式见式(h)。

取 $a=1.0$、$\mu=0.3$、$D=1.0$、$\bar{m}/D=1.0$。表 4.14、表 4.15、表 4.16 分别列出四角点支承和四边自由矩形板双向对称振动、双向反对称振动、对 x 轴对称和对 y 轴反对称振动特征值κ^2。工程应用时，随板尺寸变化，表中数值再乘 $1/a^2$ 即可。

表 4.14 双向对称振动特征值($\kappa^2=\omega\sqrt{\bar{m}/D}$)

	b/a					
	0.5	0.75	1	1.25	1.5	2
1	9.291	8.609	7.111	5.357	3.967	2.323
2	51.87	28.2	19.6	16.45	14.97	12.97
3	99.09	60.76	44.37	36.07	31.15	24.77
4	125.1	107	92.13	67.18	49	31.28

表 4.15 双向反对称振动特征值($\kappa^2=\omega\sqrt{\bar{m}/D}$)

	b/a					
	0.5	0.75	1	1.25	1.5	2
1	63.79	48.77	38.43	29.77	23.44	15.95
2	163.8	98.48	69.27	57.73	51.58	40.96
3	239	163.4	122.4	98.11	80.97	59.75
4	317.9	209.1	174.6	128.9	101.4	79.48

表 4.16 对 x 轴对称、对 y 轴反对称振动特征值($\kappa^2=\omega\sqrt{\bar{m}/D}$)

	b/a					
	0.5	0.75	1	1.25	1.5	2
1	32.82	22.58	15.77	11.93	9.572	6.874
2	71.24	54.96	50.38	45.92	39.81	27.92
3	149	101.5	80.36	68.25	60.18	50.67
4	193.9	168.2	116.5	87.07	74.5	65.7

4.5　结语

文献[7]系统地论述了矩形板自由振动分析方法，本章 4.1～4.3 节是对已有方法进行新的解读和表述，以便与弹性薄板弯曲计算理念融为一体。

板振形微分方程是以振形曲面为参数表示的板竖向力的平衡，挠度和竖向力是与方程直接关联的物理量。这与弯曲微分方程是一致的。

对无点支承的矩形板，由支承边和非支承边将板分类，每类板的振形曲面选用不同的、与之匹配的三角级数，级数类型与弯曲通解中类型相同。

对边界点支承的矩形板，用附加振形来表示点支座支反力所激发的特有振动，这与弯曲问题中的非支承边剪力特解类似，二者的构造规则也基本相同。

对角点点支承的矩形板，已有分析方法存在理论缺陷，参照弯曲问题中角点力特解的构造规则，选用新的函数构造附加振形，给矩形板自由振动分析画上圆满的句号。

附录 A
常见函数的三角级数展开系数

附录中各种函数展开时没有单列区间端点函数值。如果级数在区间端点为零值,展开式无法包容原函数的全部内容。

A.1 函数在[0,a]区间展开为级数 $\sum\limits_{m=1,2,\cdots}\sin\alpha_m x$、$\alpha_m=\dfrac{m\pi}{a}$

$$\begin{cases}\sinh\beta x=\sum\limits_{m=1,2,\cdots}b_{m1}\sin\alpha_m x\\ b_{m1}=-\dfrac{2\alpha_m\sinh\beta\cos m\pi}{a(\alpha_m^2+\beta^2)}\end{cases}\tag{A.1}$$

$$\begin{cases}\cosh\beta x=\sum\limits_{m=1,2,\cdots}b_{m2}\sin\alpha_m x\\ b_{m2}=-\dfrac{2\alpha_m(\cosh\beta\cos m\pi-1)}{a(\alpha_m^2+\beta^2)}\end{cases}\tag{A.2}$$

$$\begin{cases}\beta x\sinh\beta x=\sum\limits_{m=1,2,\cdots}b_{m3}\sin\alpha_m x\\ b_{m3}=-\dfrac{2\alpha_m\beta\sinh\beta a\cos m\pi}{\alpha_m^2+\beta^2}+\dfrac{4\alpha_m\beta^2(\cosh\beta a\cos m\pi-1)}{a(\alpha_m^2+\beta^2)^2}\end{cases}\tag{A.3}$$

$$\begin{cases}\beta x\cosh\beta x=\sum\limits_{m=1,2,\cdots}b_{m4}\sin\alpha_m x\\ b_{m4}=-\dfrac{2\alpha_m\beta\cosh\beta a\cos m\pi}{\alpha_m^2+\beta^2}+\dfrac{4\alpha_m\beta^2\sinh\beta a\cos m\pi}{a(\alpha_m^2+\beta^2)^2}\end{cases}\tag{A.4}$$

$$\begin{cases}\sinh\beta(a-x)=\sum\limits_{m=1,2,\cdots}b_{m5}\sin\alpha_m x\\ b_{m5}=\dfrac{2\alpha_m\sinh\beta a}{a(\alpha_m^2+\beta^2)}\end{cases}\tag{A.5}$$

$$\begin{cases}x^0=\sum\limits_{m=1,2,\cdots}d_{m0}\sin\alpha x\\ d_{m0}=\dfrac{2}{\alpha_m a}(1-\cos m\pi)\end{cases}\tag{A.6}$$

$$\begin{cases} x=\sum\limits_{m=1,2,\cdots} d_{m1}\sin\alpha_m x \\ d_{m1}=-\dfrac{2}{\alpha_m}\cos m\pi \end{cases} \tag{A.7}$$

$$\begin{cases} x^2=\sum\limits_{m=1,2,\cdots} d_{m2}\sin\alpha_m x \\ d_{m2}=-\dfrac{2a}{\alpha_m}\left[\cos m\pi+\dfrac{2(1-\cos m\pi)}{(m\pi)^2}\right] \end{cases} \tag{A.8}$$

A.2 函数在[0,a]区间展开为级数 $\sum\limits_{m=0,1,\cdots}\cos\alpha_m x$、$\alpha_m=\dfrac{m\pi}{a}$

$$\begin{cases} \sinh\beta x=\sum\limits_{m=0,1,\cdots} b_{m1}\cos\alpha_m x=b_{01}+\sum\limits_{m=1,2,\cdots} b_{m1}\cos\alpha_m x \\ b_{01}=\dfrac{1}{\beta a}(\cosh\beta a-1) \\ b_{m1}=\dfrac{2\beta(\cosh\beta a\cos m\pi-1)}{a(\alpha_m^2+\beta^2)} \end{cases} \tag{A.9}$$

$$\begin{cases} \cosh\beta x=\sum\limits_{m=0,1,\cdots} b_{m2}\cos\alpha_m x=b_{02}+\sum\limits_{m=1,2,\cdots} b_{m2}\cos\alpha_m x \\ b_{02}=\dfrac{1}{\beta a}\sinh\beta a \\ b_{m2}=\dfrac{2\beta\sinh\beta a\cos m\pi}{a(\alpha_m^2+\beta^2)} \end{cases} \tag{A.10}$$

$$\begin{cases} \beta x\sinh\beta x=\sum\limits_{m=0,1,\cdots} b_{m3}\cos\alpha_m x=b_{03}+\sum\limits_{m=1,2,\cdots} b_{m3}\cos\alpha_m x \\ b_{03}=\dfrac{1}{\beta a}(\beta a\cosh\beta a-\sinh\beta a) \\ b_{m3}=\dfrac{2\beta\sinh\beta a\cos m\pi}{a(\alpha_m^2+\beta^2)}+\dfrac{2\beta^2\cosh\beta a\cos m\pi}{\alpha_m^2+\beta^2}-\dfrac{4\beta^3\sinh\beta a\cos m\pi}{a(\alpha_m^2+\beta^2)^2} \end{cases} \tag{A.11}$$

$$\begin{cases} \beta x\cosh\beta x=\sum\limits_{m=0,1,\cdots} b_{m4}\cos\alpha_m x=b_{04}+\sum\limits_{m=1,2,\cdots} b_{m4}\cos\alpha_m x \\ b_{04}=\dfrac{1}{\beta a}(\beta a\sinh\beta a-\cosh\beta a+1) \\ b_{m4}=\dfrac{2\beta(\cosh\beta a\cos m\pi-1)}{a(\alpha_m^2+\beta^2)}+\dfrac{2\beta^2\sinh\beta a\cos m\pi}{\alpha_m^2+\beta^2} \\ \qquad -\dfrac{4\beta^3(\cosh\beta a\cos m\pi-1)}{a(\alpha_m^2+\beta^2)^2} \end{cases} \tag{A.12}$$

$$\begin{cases}\cosh\beta(a-x)=\sum\limits_{m=0,1,\cdots}b_{m5}\cos\alpha_m x=b_{05}+\sum\limits_{m=1,2,\cdots}b_{m5}\cos\alpha_m x\\ b_{05}=\dfrac{1}{\beta a}\sinh\beta a\\ b_{m5}=\dfrac{2\beta\sinh\beta a}{a\,(\alpha_m^2+\beta^2)}\end{cases}\tag{A.13}$$

$$\begin{cases}x^0=\sum\limits_{m=0,1,\cdots}d_{m0}\cos\alpha_m x=d_{00}+\sum\limits_{m=1,2}d_{m0}\cos\alpha_m x\\ d_{00}=1\\ d_{m0}=0\end{cases}\tag{A.14}$$

$$\begin{cases}x=\sum\limits_{m=0,1,\cdots}d_{m1}\cos\alpha_m x=d_{01}+\sum\limits_{m=1,2,\cdots}d_{m1}\cos\alpha_m x\\ d_{01}=\dfrac{a}{2}\\ d_{m1}=\dfrac{2}{\alpha_m^2 a}(\cos m\pi-1)\end{cases}\tag{A.15}$$

$$\begin{cases}x^2=\sum\limits_{m=0,1,\cdots}d_{m2}\cos\alpha_m x=d_{02}+\sum\limits_{m=1,2,\cdots}d_{m2}\cos\alpha_m x\\ d_{02}=\dfrac{a^2}{3}\\ d_{m2}=\dfrac{4}{\alpha_m^2}\cos m\pi\end{cases}\tag{A.16}$$

A.3 函数在[0,a]区间展开为级数 $\sum\limits_{m=1,3,\cdots}\sin\lambda_m x$、$\lambda_m=\dfrac{m\pi}{2a}$

$$\begin{cases}\sinh\beta x=\sum\limits_{m=1,3,\cdots}b_{m1}\sin\lambda_m x\\ b_{m1}=\dfrac{2\beta\cosh\beta a\sin\dfrac{m\pi}{2}}{a(\lambda_m^2+\beta^2)}\end{cases}\tag{A.17}$$

$$\begin{cases}\cosh\beta x=\sum\limits_{m=1,3,\cdots}b_{m2}\sin\lambda_m x\\ b_{m2}=\dfrac{2\left(\lambda_m+\beta\sinh\beta a\sin\dfrac{m\pi}{2}\right)}{a(\lambda_m^2+\beta^2)}\end{cases}\tag{A.18}$$

$$\begin{cases}\beta x\sinh\beta x=\sum\limits_{m=1,3,\cdots}b_{m3}\sin\lambda_m x\\ b_{m3}=\dfrac{2\beta^2\cosh\beta a\sin\dfrac{m\pi}{2}}{\lambda_m^2+\beta^2}+\dfrac{2\beta(\lambda_m^2-\beta^2)\sinh\beta a\sin\dfrac{m\pi}{2}-4\lambda_m\beta^2}{a\,(\lambda_m^2+\beta^2)^2}\end{cases}\tag{A.19}$$

$$\begin{cases}\beta x\cosh\beta x=\sum\limits_{m=1,3,\cdots}b_{m4}\sin\lambda_m x\\ b_{m4}=\dfrac{2\beta^2\sinh\beta a\sin\dfrac{m\pi}{2}}{\lambda_m^2+\beta^2}+\dfrac{2\beta(\lambda_m^2-\beta^2)\cosh\beta a\sin\dfrac{m\pi}{2}}{a\ (\lambda_m^2+\beta^2)^2}\end{cases}\tag{A.20}$$

$$\begin{cases}\sinh\beta(a-x)=\sum\limits_{m=1,3,\cdots}b_{m5}\sin\lambda_m x\\ b_{m5}=\dfrac{2\left(\lambda_m\sinh\beta a-\beta\sin\dfrac{m\pi}{2}\right)}{a(\lambda_m^2+\beta^2)}\end{cases}\tag{A.21}$$

$$\begin{cases}x^0=\sum\limits_{m=1,3,\cdots}d_{m0}\sin\lambda_m x\\ d_{m0}=\dfrac{2}{\lambda_m a}\end{cases}\tag{A.22}$$

$$\begin{cases}x=\sum\limits_{m=1,3,\cdots}d_{m1}\sin\lambda_m x\\ d_{m1}=\dfrac{2}{\lambda_m^2 a}\sin\dfrac{m\pi}{2}\end{cases}\tag{A.23}$$

$$\begin{cases}x^2=\sum\limits_{m=1,3,\cdots}d_{m2}\sin\lambda_m x\\ d_{m2}=\dfrac{4}{\lambda_m^2}\left(\sin\dfrac{m\pi}{2}-\dfrac{2}{m\pi}\right)\end{cases}\tag{A.24}$$

A.4 函数在[0,a]区间展开为级数 $\sum\limits_{m=1,3,\cdots}\cos\lambda_m x$、$\lambda_m=\dfrac{m\pi}{2a}$

$$\begin{cases}\sinh\beta x=\sum\limits_{m=1,3,\cdots}b_{m1}\cos\lambda_m x\\ b_{m1}=\dfrac{2\lambda_m\sinh\beta a\sin\dfrac{m\pi}{2}-2\beta}{a\ (\lambda_m^2+\beta^2)}\end{cases}\tag{A.25}$$

$$\begin{cases}\cosh\beta x=\sum\limits_{m=1,3,\cdots}b_{m2}\cos\lambda_m x\\ b_{m2}=\dfrac{2\lambda_m\cosh\beta a\sin\dfrac{m\pi}{2}}{a(\lambda_m^2+\beta^2)}\end{cases}\tag{A.26}$$

$$\begin{cases}\beta x\sinh\beta x=\sum\limits_{m=1,3,\cdots}b_{m3}\cos\lambda_m x\\ b_{m3}=\dfrac{2\lambda_m\beta\sinh\beta a\sin\dfrac{m\pi}{2}}{\lambda_m^2+\beta^2}-\dfrac{4\lambda_m\beta^2\cosh\beta a\sin\dfrac{m\pi}{2}}{a\ (\lambda_m^2+\beta^2)^2}\end{cases}\tag{A.27}$$

$$\begin{cases}\beta x\cosh\beta x = \sum\limits_{m=1,3,\cdots} b_{m4}\cos\lambda_m x \\ b_{m4} = \dfrac{2\lambda_m\beta a\cosh\beta a\sin\dfrac{m\pi}{2}-2\beta}{a(\lambda_m^2+\beta^2)} - \dfrac{4\lambda_m\beta^2\sinh\beta a\sin\dfrac{m\pi}{2}-4\beta^3}{a(\lambda_m^2+\beta^2)^2}\end{cases} \tag{A.28}$$

$$\begin{cases}\sinh\beta(a-x) = \sum\limits_{m=1,3,\cdots} b_{m5}\cos\lambda_m x \\ b_{m5} = \dfrac{2\beta\cosh\beta a}{a(\lambda_m^2+\beta^2)}\end{cases} \tag{A.29}$$

$$\begin{cases}x^0 = \sum\limits_{m=1,3,\cdots} d_{m0}\cos\lambda_m x \\ d_{m0} = \dfrac{2}{\lambda_m a}\sin\dfrac{m\pi}{2}\end{cases} \tag{A.30}$$

$$\begin{cases}x = \sum\limits_{m=1,3,\cdots} d_{m1}\cos\lambda_m x \\ d_{m1} = \dfrac{2}{\lambda_m}\sin\dfrac{m\pi}{2} - \dfrac{2}{\lambda_m^2 a}\end{cases} \tag{A.31}$$

$$\begin{cases}x^2 = \sum\limits_{m=1,3,\cdots} d_{m2}\cos\lambda_m x \\ d_{m2} = \left(\dfrac{2a}{\lambda_m} - \dfrac{4}{\lambda_m^3 a}\right)\sin\dfrac{m\pi}{2}\end{cases} \tag{A.32}$$

A.5 函数在[0,*b*]区间展开为级数 $\sum\limits_{n=1,2,\cdots}\sin\beta_n y$、$\beta_n = \dfrac{n\pi}{b}$

$$\begin{cases}\sinh\alpha y = \sum\limits_{n=1,2,\cdots} a_{n1}\sin\beta_n y \\ a_{n1} = -\dfrac{2\beta_n\sinh\alpha\cos n\pi}{b(\beta_n^2+\alpha^2)}\end{cases} \tag{A.33}$$

$$\begin{cases}\cosh\alpha y = \sum\limits_{n=1,2,\cdots} a_{n2}\sin\beta_n y \\ a_{n2} = -\dfrac{2\beta_n(\cosh\alpha\cos n\pi - 1)}{b(\beta_n^2+\alpha^2)}\end{cases} \tag{A.34}$$

$$\begin{cases}\alpha y\sinh\alpha y = \sum\limits_{n=1,2,\cdots} a_{n3}\sin\beta_n y \\ a_{n3} = -\dfrac{2\beta_n\alpha\sinh\alpha b\cos n\pi}{\beta_n^2+\alpha^2} + \dfrac{4\beta_n\alpha^2(\cosh\alpha b\cos n\pi - 1)}{b(\beta_n^2+\alpha^2)^2}\end{cases} \tag{A.35}$$

$$\begin{cases}\alpha y\cosh\alpha y=\sum\limits_{n=1,2,\cdots}a_{n4}\sin\beta_n y\\ a_{n4}=-\dfrac{2\beta_n\alpha\cosh\alpha b\cos n\pi}{\beta_n^2+\alpha^2}+\dfrac{4\beta_n\alpha^2\sinh\alpha b\cos n\pi}{b(\beta_n^2+\alpha^2)^2}\end{cases}\tag{A.36}$$

$$\begin{cases}\sinh\alpha(b-y)=\sum\limits_{n=1,2,\cdots}a_{n5}\sin\beta_n y\\ a_{n5}=\dfrac{2\beta_n\sinh\alpha b}{b(\beta_n^2+\alpha^2)}\end{cases}\tag{A.37}$$

$$\begin{cases}y^0=\sum\limits_{n=1,2,\cdots}c_{n0}\sin\beta_n y\\ c_{n0}=\dfrac{2}{\beta_n b}(1-\cos n\pi)\end{cases}\tag{A.38}$$

$$\begin{cases}y=\sum\limits_{n=1,2,3}c_{n1}\sin\beta_n y\\ c_{n1}=-\dfrac{2}{\beta_n}\cos n\pi\end{cases}\tag{A.39}$$

$$\begin{cases}y^2=\sum\limits_{n=1,2,\cdots}c_{n2}\sin\beta_n y\\ c_{n2}=-\dfrac{2b}{\beta_n}\left[\cos n\pi+\dfrac{2(1-\cos n\pi)}{(n\pi)^2}\right]\end{cases}\tag{A.40}$$

A.6　函数在[0,b]区间展开为级数 $\sum\limits_{n=0,1,\cdots}\cos\beta_n y$、$\beta_n=\frac{n\pi}{b}$

$$\begin{cases}\sinh\alpha y=\sum\limits_{n=0,1,\cdots}a_{n1}\cos\beta_n y=a_{01}+\sum\limits_{n=1,2,\cdots}a_{n1}\cos\beta_n y\\ a_{01}=\dfrac{1}{\alpha b}(\cosh\alpha b-1)\\ a_{n1}=\dfrac{2\alpha(\cosh\alpha b\cos n\pi-1)}{b(\beta_n^2+\alpha^2)}\end{cases}\tag{A.41}$$

$$\begin{cases}\cosh\alpha y=\sum\limits_{n=0,1,\cdots}a_{n2}\cos\beta_n y=a_{02}+\sum\limits_{n=1,2,\cdots}a_{n2}\cos\beta_n y\\ a_{02}=\dfrac{1}{\alpha b}\sinh\alpha b\\ a_{n2}=\dfrac{2\alpha\sinh\alpha b\cos n\pi}{b(\beta_n^2+\alpha^2)}\end{cases}\tag{A.42}$$

$$\begin{cases} \alpha y\sinh\alpha y = \sum\limits_{n=0,1,\cdots} a_{n3}\cos\beta_n y = a_{03} + \sum\limits_{n=1,2,\cdots} a_{n3}\cos\beta_n y \\ a_{03} = \dfrac{1}{\alpha b}(\alpha b\cosh\alpha b - \sinh\alpha b) \\ a_{n3} = \dfrac{2\alpha\sinh\alpha b\cos n\pi}{b(\beta_n^2+\alpha^2)} + \dfrac{2\alpha^2\cosh\alpha b\cos n\pi}{\beta_n^2+\alpha^2} - \\ \qquad \dfrac{4\alpha^3\sinh\alpha b\cos n\pi}{b(\beta_n^2+\alpha^2)^2} \end{cases} \tag{A.43}$$

$$\begin{cases} \alpha y\cosh\alpha y = \sum\limits_{n=0,1,\cdots} a_{n4}\cos\beta_n y = a_{04} + \sum\limits_{n=1,2,\cdots} a_{n4}\cos\beta_n y \\ a_{04} = \dfrac{1}{\alpha b}(\alpha b\sinh\alpha b - \cosh\alpha b + 1) \\ a_{n4} = \dfrac{2\alpha(\cosh\alpha b\cos n\pi - 1)}{b(\beta_n^2+\alpha^2)} + \dfrac{2\alpha^2\sinh\alpha b\cos n\pi}{\beta_n^2+\alpha^2} - \\ \qquad \dfrac{4\alpha^3(\cosh\alpha b\cos n\pi - 1)}{b(\beta_n^2+\alpha^2)^2} \end{cases} \tag{A.44}$$

$$\begin{cases} \cosh\alpha(b-y) = \sum\limits_{n=0,1,\cdots} a_{n5}\cos\beta_n y = a_{05} + \sum\limits_{n=1,2,\cdots} a_{n5}\cos\beta_n y \\ a_{05} = \dfrac{1}{\alpha b}\sinh\alpha b \\ a_{n5} = \dfrac{2\alpha\sinh\alpha b}{b(\beta_n^2+\alpha^2)} \end{cases} \tag{A.45}$$

$$\begin{cases} y^0 = \sum\limits_{n=0,1,\cdots} c_{n0}\cos\beta_n y = c_{00} + \sum\limits_{n=1,2,\cdots} c_{n0}\cos\beta_n y \\ c_{00} = 1 \\ c_{n0} = 0 \end{cases} \tag{A.46}$$

$$\begin{cases} y = \sum\limits_{n=0,1,\cdots} c_{n1}\cos\beta_n y = c_{01} + \sum\limits_{n=1,2,\cdots} c_{n1}\cos\beta_n y \\ c_{01} = \dfrac{b}{2} \\ c_{n1} = \dfrac{2}{\beta^2 b}(\cos n\pi - 1) \end{cases} \tag{A.47}$$

$$\begin{cases} y^2 = \sum\limits_{n=0,1,\cdots} c_{n2}\cos\beta_n y = c_{02} + \sum\limits_{n=1,2,\cdots} c_{n2}\cos\beta_n y \\ c_{02} = \dfrac{b^2}{3} \\ c_{n2} = \dfrac{4}{\beta_n^2}\cos n\pi \end{cases} \tag{A.48}$$

A.7 函数在[0,b]区间展开为级数 $\sum\limits_{n=1,3,\cdots}\sin\gamma_n y$、$\gamma_n=\dfrac{n\pi}{2b}$

$$\begin{cases}\sinh\alpha y=\sum\limits_{n=1,3,\cdots}a_{n1}\sin\gamma_n y\\[2ex] a_{n1}=\dfrac{2\alpha\cosh\alpha b\sin\dfrac{n\pi}{2}}{b(\gamma_n^2+\alpha^2)}\end{cases}\tag{A.49}$$

$$\begin{cases}\cosh\alpha y=\sum\limits_{n=1,3,\cdots}a_{n2}\sin\gamma_n y\\[2ex] a_{n2}=\dfrac{2\left(\gamma_n+\alpha\sinh\alpha b\sin\dfrac{n\pi}{2}\right)}{b(\gamma_n^2+\alpha^2)}\end{cases}\tag{A.50}$$

$$\begin{cases}\alpha y\sinh\alpha y=\sum\limits_{n=1,3,\cdots}a_{n3}\sin\gamma_n y\\[2ex] a_{n3}=\dfrac{2\alpha^2\cosh\alpha b\sin\dfrac{n\pi}{2}}{\gamma_n^2+\alpha^2}+\dfrac{2\alpha(\gamma_n^2-\alpha^2)\sinh\alpha b\sin\dfrac{n\pi}{2}-4\alpha^2\gamma_n}{b\,(\gamma_n^2+\alpha^2)^2}\end{cases}\tag{A.51}$$

$$\begin{cases}\alpha y\cosh\alpha y=\sum\limits_{n=1,3,\cdots}a_{n4}\sin\gamma_n y\\[2ex] a_{n4}=\dfrac{2\alpha^2\sinh\alpha b\sin\dfrac{n\pi}{2}}{\gamma_n^2+\alpha^2}+\dfrac{2\alpha(\gamma_n^2-\alpha^2)\cosh\alpha b\sin\dfrac{n\pi}{2}}{b\,(\gamma_n^2+\alpha^2)^2}\end{cases}\tag{A.52}$$

$$\begin{cases}\sinh\alpha(b-y)=\sum\limits_{n=1,3,\cdots}a_{n5}\sin\gamma_n y\\[2ex] a_{n5}=\dfrac{2\left(\gamma_n\sinh\alpha b-\alpha\sin\dfrac{n\pi}{2}\right)}{b(\gamma_n^2+\alpha^2)}\end{cases}\tag{A.53}$$

$$\begin{cases}y^0=\sum\limits_{n=1,3,\cdots}c_{n0}\sin\gamma_n y\\[2ex] c_{n0}=\dfrac{2}{\gamma_n b}\end{cases}\tag{A.54}$$

$$\begin{cases}y=\sum\limits_{n=1,3,\cdots}c_{n1}\sin\gamma_n y\\[2ex] c_{n1}=\dfrac{2}{\gamma_n^2 b}\sin\dfrac{n\pi}{2}\end{cases}\tag{A.55}$$

$$\begin{cases}y^2=\sum\limits_{n=1,3,\cdots}c_{n2}\sin\gamma_n y\\[2ex] c_{n2}=\dfrac{4}{\gamma_n^2}\left(\sin\dfrac{n\pi}{2}-\dfrac{2}{n\pi}\right)\end{cases}\tag{A.56}$$

A.8 函数在[0,b]区间展开为级数 $\sum\limits_{n=1,3,\cdots}\cos\gamma_n y$、$\gamma_n=\dfrac{n\pi}{2b}$

$$\begin{cases}\sinh\alpha y=\sum\limits_{n=1,3,\cdots}a_{n1}\cos\gamma_n y\\ a_{n1}=\dfrac{2\gamma_n\sinh\alpha b\sin\dfrac{n\pi}{2}-2\alpha}{b(\gamma_n^2+\alpha^2)}\end{cases}\tag{A.57}$$

$$\begin{cases}\cosh\alpha y=\sum\limits_{n=1,3,\cdots}a_{n2}\cos\gamma_n y\\ a_{n2}=\dfrac{2\gamma_n\cosh\alpha b\sin\dfrac{n\pi}{2}}{b(\gamma_n^2+\alpha^2)}\end{cases}\tag{A.58}$$

$$\begin{cases}\alpha y\sinh\alpha y=\sum\limits_{n=1,3,\cdots}a_{n3}\cos\gamma_n y\\ a_{n3}=\dfrac{2\gamma_n\alpha\sinh\alpha b\sin\dfrac{n\pi}{2}}{\gamma_n^2+\alpha^2}-\dfrac{4\gamma_n\alpha^2\cosh\alpha b\sin\dfrac{n\pi}{2}}{b(\gamma_n^2+\alpha^2)^2}\end{cases}\tag{A.59}$$

$$\begin{cases}\alpha y\cosh\alpha y=\sum\limits_{n=1,3,\cdots}a_{n4}\cos\gamma_n y\\ a_{n4}=\dfrac{2\gamma_n\alpha b\cosh\alpha b\sin\dfrac{n\pi}{2}-2\alpha}{b(\gamma_n^2+\alpha^2)}-\dfrac{4\gamma_n\alpha^2\sinh\alpha b\sin\dfrac{n\pi}{2}-4\alpha^3}{b(\gamma_n^2+\alpha^2)^2}\end{cases}\tag{A.60}$$

$$\begin{cases}\sinh\alpha(b-y)=\sum\limits_{n=1,3,\cdots}a_{n5}\cos\gamma_n y\\ a_{n5}=\dfrac{2\alpha\cosh\alpha b}{b(\gamma_n^2+\alpha^2)}\end{cases}\tag{A.61}$$

$$\begin{cases}y^0=\sum\limits_{n=1,3,\cdots}c_{n0}\cos\gamma_n y\\ c_{n0}=\dfrac{2}{\gamma_n b}\sin\dfrac{n\pi}{2}\end{cases}\tag{A.62}$$

$$\begin{cases}y=\sum\limits_{n=1,3,\cdots}c_{n1}\cos\gamma_n y\\ c_{n1}=\dfrac{2}{\gamma_n}\sin\dfrac{n\pi}{2}-\dfrac{2}{\gamma_n^2 b}\end{cases}\tag{A.63}$$

$$\begin{cases}y^2=\sum\limits_{n=1,3,\cdots}c_{n2}\cos\gamma_n y\\ c_{n2}=\left(\dfrac{2b}{\gamma_n}-\dfrac{4}{\gamma_n^3 b}\right)\sin\dfrac{n\pi}{2}\end{cases}\tag{A.64}$$

附录 B
x 轴向角点力作用应力解

x 轴向角点力(与 x 轴同向取正号)作用下,应力解应满足 y 轴向力的平衡条件和应变协调方程:

$$\begin{cases}\dfrac{\partial\ \sigma_y}{\partial y}+\dfrac{\partial\ \tau_{xy}}{\partial x}=0\\[2ex]\dfrac{\partial^2}{\partial y^2}(\sigma_x-\mu\sigma_y)+\dfrac{\partial^2}{\partial x^2}(\sigma_y-\mu\sigma_x)=2(1+\mu)\dfrac{\partial^2\ \tau_{xy}}{\partial x\partial y}\end{cases}\tag{B. 1}$$

B. 1 F_{Ox} 作用

图 B. 1(a)示角点 O 作用 F_{Ox}。前提为:$y=0$ 为切向自由边,$x=0$ 为法向自由边;即 $y=0$ 时 $\tau_{yx}=0$,$x=0$ 时 $\sigma_x=0$。取任意点(x_0,y_0),$0<x_0\leqslant$

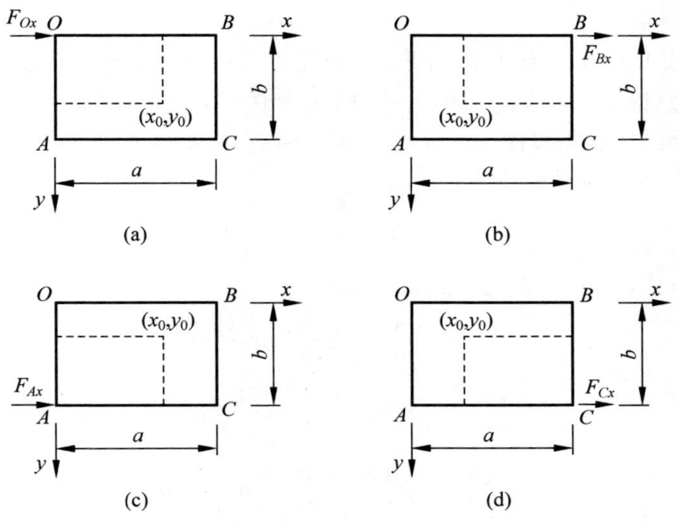

图 B. 1 x 轴向角点力作用及相应隔离体

a,$0<y_0\leqslant b$。取隔离体 $0\leqslant x\leqslant x_0$,$0\leqslant y\leqslant y_0$,隔离体四个界面上面力要满足 x 轴向力的平衡条件:

$$F_{Ox}=-\int_0^{y_0}(\sigma_x)_{x=x_0}\mathrm{d}y-\int_0^{x_0}(\tau_{xy})_{y=y_0}\mathrm{d}x \tag{B.2}$$

求解式(B.1)方程组和式(B.2),有

$$\begin{cases}\sigma_x=-\sum\limits_{k=1,3,\cdots}\sum\limits_{l=1,3,\cdots}t_4\dfrac{4F_{Ox}}{ab}\sin\lambda_k x\cos\gamma_l y\\ \sigma_y=-\sum\limits_{k=1,3,\cdots}\sum\limits_{l=1,3,\cdots}t_5\dfrac{4F_{Ox}}{ab}\sin\lambda_k x\cos\gamma_l y\\ \tau_{xy}=\sum\limits_{k=1,3,\cdots}\sum\limits_{l=1,3,\cdots}t_6\dfrac{4F_{Ox}}{ab}\cos\lambda_k x\sin\gamma_l y\end{cases} \tag{B.3}$$

式中 $\lambda_k=\dfrac{k\pi}{2a}$,$\gamma_l=\dfrac{l\pi}{2b}$。

$$\begin{cases}t_4=\dfrac{\lambda_k[\lambda_k^2+(2+\mu)\gamma_l^2]}{(\lambda_k^2+\gamma_l^2)^2}\\ t_5=\dfrac{\lambda_k(\mu\lambda_k^2-\gamma_l^2)}{(\lambda_k^2+\gamma_l^2)^2}\\ t_6=\dfrac{\gamma_l(\mu\lambda_k^2-\gamma_l^2)}{(\lambda_k^2+\gamma_l^2)^2}\end{cases} \tag{B.4}$$

B.2 F_{Bx} 作用

图B.1(b)示角点 B 作用 F_{Bx}。前提为:$y=0$ 为切向自由边,$x=a$ 为法向自由边;即 $y=0$ 时 $\tau_{yx}=0$,$x=a$ 时 $\sigma_x=0$。取任意点(x_0,y_0),$0\leqslant x_0<a$,$0<y_0\leqslant b$。取隔离体 $x_0\leqslant x\leqslant a$,$0\leqslant y\leqslant y_0$,隔离体四个界面上面力要满足 x 轴方向力的平衡条件:

$$F_{Bx}=\int_0^{y_0}(\sigma_x)_{x=x_0}\mathrm{d}y-\int_{x_0}^{a}(\tau_{xy})_{y=y_0}\mathrm{d}x \tag{B.5}$$

求解式(B.1)方程组和式(B.5),有

$$\begin{cases}\sigma_x=\sum\limits_{k=1,3,\cdots}\sum\limits_{l=1,3,\cdots}t_4\dfrac{4F_{Bx}}{ab}\sin\dfrac{k\pi}{2}\cos\lambda_k x\cos\gamma_l y\\ \sigma_y=\sum\limits_{k=1,3,\cdots}\sum\limits_{l=1,3,\cdots}t_5\dfrac{4F_{Bx}}{ab}\sin\dfrac{k\pi}{2}\cos\lambda_k x\cos\gamma_l y\\ \tau_{xy}=\sum\limits_{k=1,3,\cdots}\sum\limits_{l=1,3,\cdots}t_6\dfrac{4F_{Bx}}{ab}\sin\dfrac{k\pi}{2}\sin\lambda_k x\sin\gamma_l y\end{cases} \tag{B.6}$$

式中 λ_k、γ_l 同式(B.3)。t_4、t_5、t_6 同式(B.4)。

B.3　F_{Ax}作用

图 B.1(c)示角点 A 作用 F_{Ax}，前提为：$y=b$ 为切向自由边，$x=0$ 为法向自由边；即 $y=b$ 时 $\tau_{yx}=0$，$x=0$ 时 $\sigma_x=0$。取任意点(x_0, y_0)，$0<x_0\leqslant a$，$0\leqslant y_0<b$。取隔离体 $0\leqslant x\leqslant x_0$，$y_0\leqslant y\leqslant b$，隔离体四个界面上面力要满足 x 轴方向力的平衡条件：

$$F_{Ax}=-\int_{y_0}^{b}(\sigma_x)_{x=x_0}\mathrm{d}y+\int_{0}^{x_0}(\tau_{xy})_{y=y_0}\mathrm{d}x \tag{B.7}$$

求解式(B.1)方程组和式(B.7)，有

$$\begin{cases}\sigma_x=-\sum\limits_{k=1,3,\cdots}\sum\limits_{l=1,3,\cdots}t_4\dfrac{4F_{Ax}}{ab}\sin\dfrac{l\pi}{2}\sin\lambda_k x\sin\gamma_l y\\ \sigma_y=-\sum\limits_{k=1,3,\cdots}\sum\limits_{l=1,3,\cdots}t_5\dfrac{4F_{Ax}}{ab}\sin\dfrac{l\pi}{2}\sin\lambda_k x\sin\gamma_l y\\ \tau_{xy}=-\sum\limits_{k=1,3,\cdots}\sum\limits_{l=1,3,\cdots}t_6\dfrac{4F_{Ax}}{ab}\sin\dfrac{l\pi}{2}\cos\lambda_k x\cos\gamma_l y\end{cases} \tag{B.8}$$

式中 λ_k、γ_l同式(B.3)。t_4、t_5、t_6同式(B.4)。

B.4　F_{Cx}作用

图 B.1(d)示角点 C 作用 F_{Cx}，前提为：$y=b$ 为切向自由边，$x=a$ 为法向自由边；即 $y=b$ 时 $\tau_{yx}=0$，$x=a$ 时 $\sigma_x=0$。取任意点(x_0, y_0)，$0\leqslant x_0<a$，$0\leqslant y_0<b$。取隔离体 $x_0\leqslant x\leqslant a$，$y_0\leqslant y\leqslant b$，隔离体四个界面上面力要满足 x 轴方向力的平衡条件：

$$F_{Cx}=\int_{y_0}^{b}(\sigma_x)_{x=x_0}\mathrm{d}y+\int_{x_0}^{a}(\tau_{xy})_{y=y_0}\mathrm{d}x \tag{B.9}$$

求解式(B.1)方程组和式(B.9)，有

$$\begin{cases}\sigma_x=\sum\limits_{k=1,3,\cdots}\sum\limits_{l=1,3,\cdots}t_4\dfrac{4F_{Cx}}{ab}\sin\dfrac{k\pi}{2}\sin\dfrac{l\pi}{2}\cos\lambda_k x\sin\gamma_l y\\ \sigma_y=\sum\limits_{k=1,3,\cdots}\sum\limits_{l=1,3,\cdots}t_5\dfrac{4F_{Cx}}{ab}\sin\dfrac{k\pi}{2}\sin\dfrac{l\pi}{2}\cos\lambda_k x\sin\gamma_l y\\ \tau_{xy}=-\sum\limits_{k=1,3,\cdots}\sum\limits_{l=1,3,\cdots}t_6\dfrac{4F_{Cx}}{ab}\sin\dfrac{k\pi}{2}\sin\dfrac{l\pi}{2}\sin\lambda_k x\cos\gamma_l y\end{cases} \tag{B.10}$$

式中 λ_k、γ_l同式(B.3)。t_4、t_5、t_6同式(B.4)。

附录 C
体力 F_y 作用应力解

体力分量 F_y 作用应力解应满足下列方程组：

$$\begin{cases}\dfrac{\partial \sigma_x}{\partial x}+\dfrac{\partial \tau_{xy}}{\partial y}=0\\[2ex]\dfrac{\partial \sigma_y}{\partial y}+\dfrac{\partial \tau_{xy}}{\partial x}+F_y=0\\[2ex]\left(\dfrac{\partial^2}{\partial x^2}+\dfrac{\partial^2}{\partial y^2}\right)(\sigma_x+\sigma_y)=-(1+\mu)\dfrac{\partial F_y}{\partial y}\end{cases} \tag{C.1}$$

由 $x=0$、$x=a$ 边切向支承和 $y=0$、$y=b$ 边法向支承对平面问题分类，如图 C.1 示。每类问题包含 16 种不同的边界条件。

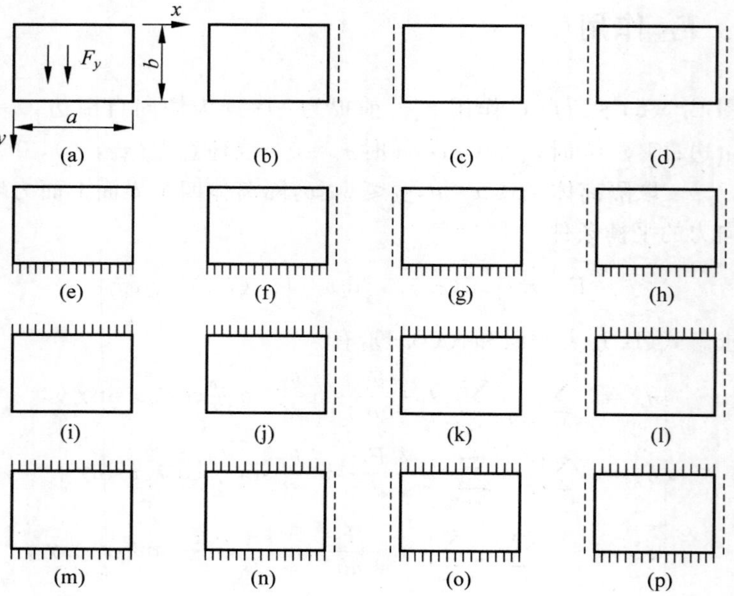

图 C.1　F_y 作用下平面问题分类

C.1　图 C.1(a)所示 *Ny*1-*Px*1 类平面问题

F_y 在[0,a]和[0,b]区间展开为 $\sum_{i=0,1,\cdots}\sum_{j=0,1,\cdots}\cos\alpha_i x\cos\beta_j y$，$\alpha_i=\frac{i\pi}{a}$，$\beta_j=\frac{j\pi}{b}$。

$$F_y=F_{00}+\sum_{j=1,2,\cdots}F_{0j}\cos\beta_j y+\sum_{i=1,2,\cdots}F_{i0}\cos\alpha_i x+\sum_{i=1,2,\cdots}\sum_{j=1,2,\cdots}F_{ij}\cos\alpha_i x\cos\beta_j y \tag{C.2}$$

$$\begin{cases}\sigma_x=-\sum_{j=1,2,\cdots}\frac{\mu F_{0j}}{\beta_j}\sin\beta_j y+\sum_{i=1,2,\cdots}\sum_{j=1,2,\cdots}s_1 F_{ij}\cos\alpha_i x\sin\beta_j y\\ \sigma_y=-\sum_{j=1,2,\cdots}\frac{F_{0j}}{\beta_j}\sin\beta_j y-\sum_{i=1,2,\cdots}\sum_{j=1,2,\cdots}s_2 F_{ij}\cos\alpha_i x\sin\beta_j y\\ \tau_{xy}=-F_{00}-\sum_{i=1,2,\cdots}\frac{F_{i0}}{\alpha_i}\sin\alpha_i x-\sum_{i=1,2,\cdots}\sum_{j=1,2,\cdots}s_3 F_{ij}\sin\alpha_i x\cos\beta_j y\end{cases} \tag{C.3}$$

式中

$$s_1=\frac{\beta_j(\alpha_i^2-\mu\beta_j^2)}{(\alpha_i^2+\beta_j^2)^2},\quad s_2=\frac{\beta_j[\beta_j^2+(2+\mu)\alpha_i^2]}{(\alpha_i^2+\beta_j^2)^2},\quad s_3=\frac{\alpha_i(\alpha_i^2-\mu\beta_j^2)}{(\alpha_i^2+\beta_j^2)^2} \tag{C.4}$$

当$F_y=\bar{G}$（$\bar{G}$ 为重力荷载）时，$F_{00}=\bar{G}$、$F_{i0}=0$、$F_{0j}=0$、$F_{ij}=0$。相应 $\sigma_x=0$、$\sigma_y=0$、$\tau_{xy}=-\bar{G}x$。

C.2　图 C.1(b)所示 *Ny*1-*Px*2 类平面问题

F_y 在[0,a]和[0,b]区间展开为 $\sum_{i=1,3,\cdots}\sum_{j=0,1,\cdots}\cos\lambda_i x\cos\beta_j y$，$\lambda_i=\frac{i\pi}{2a}$，$\beta_j=\frac{j\pi}{b}$。

$$F_y=\sum_{i=1,3,\cdots}F_{i0}\cos\lambda_i x+\sum_{i=1,3,\cdots}\sum_{j=1,2,\cdots}F_{ij}\cos\lambda_i x\cos\beta_j y \tag{C.5}$$

$$\begin{cases}\sigma_x=\sum_{i=1,3,\cdots}\sum_{j=1,2,\cdots}s_4 F_{ij}\cos\lambda_i x\sin\beta_j y\\ \sigma_y=-\sum_{i=1,3,\cdots}\sum_{j=1,2,\cdots}s_5 F_{ij}\cos\lambda_i x\sin\beta_j y\\ \tau_{xy}=-\sum_{i=1,3,\cdots}\frac{F_{i0}}{\lambda_i}\sin\lambda_i x-\sum_{i=1,3,\cdots}\sum_{j=1,2,\cdots}s_6 F_{ij}\sin\lambda_i x\cos\beta_j y\end{cases} \tag{C.6}$$

式中

$$s_4=\frac{\beta_j(\lambda_i^2-\mu\beta_j^2)}{(\lambda_i^2+\beta_j^2)^2},\quad s_5=\frac{\beta_j[\beta_j^2+(2+\mu)\lambda_i^2]}{(\lambda_i^2+\beta_j^2)^2},\quad s_6=\frac{\lambda_i(\lambda_i^2-\mu\beta_j^2)}{(\lambda_i^2+\beta_j^2)^2} \tag{C.7}$$

$F_y=\bar{G}$ 时，$F_{i0}=\dfrac{2\bar{G}}{\lambda_i a}\sin\dfrac{i\pi}{2}$、$F_{ij}=0$。得 $\tau_{xy}=-\dfrac{2\bar{G}}{a}\sum\limits_{i=1,3,\cdots}\dfrac{1}{\lambda_i^2}\sin\dfrac{i\pi}{2}\sin\lambda_i x$、$\sigma_x=0$、$\sigma_y=0$。级数变换后，又得$\tau_{xy}=-\bar{G}x$。

C.3 图 C.1(c)所示 *Ny*1-*Px*3 类平面问题

F_y 在[0,a]和[0,b]区间展开为 $\sum\limits_{i=1,3,\cdots}\sum\limits_{j=0,1,\cdots}\sin\lambda_i x\cos\beta_j y$，$\lambda_i=\dfrac{i\pi}{2a}$，$\beta_j=\dfrac{j\pi}{b}$。

$$F_y=\sum_{i=1,3,\cdots}F_{i0}\sin\lambda_i x+\sum_{i=1,3,\cdots}\sum_{j=1,2,\cdots}F_{ij}\sin\lambda_i x\cos\beta_j y \tag{C.8}$$

$$\begin{cases}\sigma_x=\sum\limits_{i=1,3,\cdots}\sum\limits_{j=1,2,\cdots}s_4F_{ij}\sin\lambda_i x\sin\beta_j y\\ \sigma_y=-\sum\limits_{i=1,3,\cdots}\sum\limits_{j=1,2,\cdots}s_5F_{ij}\sin\lambda_i x\sin\beta_j y\\ \tau_{xy}=\sum\limits_{i=1,3,\cdots}\dfrac{F_{i0}}{\lambda_i}\cos\lambda_i x+\sum\limits_{i=1,3,\cdots}\sum\limits_{j=1,2,\cdots}s_6F_{ij}\cos\lambda_i x\cos\beta_j y\end{cases} \tag{C.9}$$

式中 s_4、s_5、s_6同式(C.7)。

当$F_y=\bar{G}$ 时，$F_{i0}=\dfrac{2\bar{G}}{\lambda_i a}$、$F_{ij}=0$。相应 $\tau_{xy}=\dfrac{2\bar{G}}{a}\sum\limits_{i=1,3,\cdots}\dfrac{1}{\lambda_i^2}\sin\lambda_i x$、$\sigma_x=0$、$\sigma_y=0$。级数变换后，又得$\tau_{xy}=\bar{G}(a-x)$。

C.4 图 C.1(d)所示 *Ny*1-*Px*4 类平面问题

F_y 在[0,a]和[0,b]区间展开为 $\sum\limits_{i=1,2,\cdots}\sum\limits_{j=0,1,\cdots}\sin\alpha_i x\cos\beta_j y$，$\alpha_i=\dfrac{i\pi}{a}$，$\beta_j=\dfrac{j\pi}{b}$。

$$F_y=\sum_{i=1,2,\cdots}F_{i0}\sin\alpha_i x+\sum_{i=1,2,\cdots}\sum_{j=1,2,\cdots}F_{ij}\sin\alpha_i x\cos\beta_j y \tag{C.10}$$

$$\begin{cases}\sigma_x = \sum\limits_{i=1,2,\cdots}\sum\limits_{j=1,2,\cdots} s_1 F_{ij}\sin\alpha_i x\sin\beta_j y \\ \sigma_y = -\sum\limits_{i=1,2,\cdots}\sum\limits_{j=1,2,\cdots} s_2 F_{ij}\sin\alpha_i x\sin\beta_j y \\ \tau_{xy} = \sum\limits_{i=1,2,\cdots}\dfrac{F_{i0}}{\alpha_i}\cos\alpha_i x + \sum\limits_{i=1,2,\cdots}\sum\limits_{j=1,2,\cdots} s_3 F_{ij}\cos\alpha_i x\cos\beta_j y\end{cases} \tag{C.11}$$

式中 s_1、s_2、s_3 同式(C.4)。

当 $F_y=\bar{G}$ 时，$F_{i0}=\dfrac{2\bar{G}}{\alpha_i a}(1-\cos i\pi)$、$F_{ij}=0$。得 $\sigma_x=0$、$\sigma_y=0$、$\tau_{xy}=\dfrac{2\bar{G}}{a}\sum\limits_{i=1,2,\cdots}\dfrac{1}{\alpha_i^2}(1-\cos i\pi)\cos\alpha_i x$。级数变换后，又得 $\tau_{xy}=\bar{G}\left(\dfrac{a}{2}-x\right)$。

C.5　图 C.1(e)所示 $Ny2\text{-}Px1$ 类平面问题

F_y 在 $[0,a]$ 和 $[0,b]$ 区间展开为 $\sum\limits_{i=0,1,\cdots}\sum\limits_{j=1,3,\cdots}\cos\alpha_i x\cos\gamma_j y$，$\alpha_i=\dfrac{i\pi}{a}$，$\gamma_j=\dfrac{j\pi}{2b}$。

$$F_y = \sum_{j=1,3,\cdots} F_{0j}\cos\gamma_j y + \sum_{i=1,2,\cdots}\sum_{j=1,3,\cdots} F_{ij}\cos\alpha_i x\cos\gamma_j y \tag{C.12}$$

$$\begin{cases}\sigma_x = -\sum\limits_{j=1,3,\cdots}\dfrac{\mu F_{0j}}{\gamma_j}\sin\gamma_j y + \sum\limits_{i=1,2,\cdots}\sum\limits_{j=1,3,\cdots} s_7 F_{ij}\cos\alpha_i x\sin\gamma_j y \\ \sigma_y = -\sum\limits_{j=1,3,\cdots}\dfrac{F_{0j}}{\gamma_j}\sin\gamma_j y - \sum\limits_{i=1,2,\cdots}\sum\limits_{j=1,3,\cdots} s_8 F_{ij}\cos\alpha_i x\sin\gamma_j y \\ \tau_{xy} = -\sum\limits_{i=1,2,\cdots}\sum\limits_{j=1,3,\cdots} s_9 F_{ij}\sin\alpha_i x\cos\gamma_j y\end{cases} \tag{C.13}$$

式中

$$s_7 = \frac{\gamma_j(\alpha_i^2-\mu\gamma_j^2)}{(\alpha_i^2+\gamma_j^2)^2},\quad s_8 = \frac{\gamma_j[\gamma_j^2+(2+\mu)\alpha_i^2]}{(\alpha_i^2+\gamma_j^2)^2},\quad s_9 = \frac{\alpha_i(\alpha_i^2-\mu\gamma_j^2)}{(\alpha_i^2+\gamma_j^2)^2} \tag{C.14}$$

$F_y=\bar{G}$ 时，$F_{0j}=\dfrac{2\bar{G}}{\gamma_j b}\sin\dfrac{j\pi}{2}$、$F_{ij}=0$。得 $\sigma_x=-\dfrac{2\mu\bar{G}}{b}\sum\limits_{j=1,3,\cdots}\dfrac{1}{\gamma_j^2}\sin\dfrac{j\pi}{2}\sin\gamma_j y$、$\sigma_y=-\dfrac{2\bar{G}}{b}\sum\limits_{j=1,3,\cdots}\dfrac{1}{\gamma_j^2}\sin\dfrac{j\pi}{2}\sin\gamma_j y$、$\tau_{xy}=0$。级数变换后，又得 $\sigma_x=-\mu\bar{G}y$、$\sigma_y=-\bar{G}y$。

C.6 图 C.1(f)所示 *Ny*2-*Px*2 类平面问题

F_y 在[0,a]和[0,b]区间展开为 $\sum_{i=1,3,\cdots}\sum_{j=1,3,\cdots}\cos\lambda_i x\cos\gamma_j y$，$\lambda_i=\frac{i\pi}{2a}$，$\gamma_j=\frac{j\pi}{2b}$。

$$F_y=\sum_{i=1,3,\cdots}\sum_{j=1,3,\cdots}F_{ij}\cos\lambda_i x\cos\gamma_j y \tag{C.15}$$

$$\begin{cases}\sigma_x=\sum_{i=1,3,\cdots}\sum_{j=1,3,\cdots}s_{10}F_{ij}\cos\lambda_i x\sin\gamma_j y\\ \sigma_y=-\sum_{i=1,3,\cdots}\sum_{j=1,3,\cdots}s_{11}F_{ij}\cos\lambda_i x\sin\gamma_j y\\ \tau_{xy}=-\sum_{i=1,3,\cdots}\sum_{j=1,3,\cdots}s_{12}F_{ij}\sin\lambda_i x\cos\gamma_j y\end{cases} \tag{C.16}$$

式中

$$s_{10}=\frac{\gamma_j(\lambda_i^2-\mu\gamma_j^2)}{(\lambda_i^2+\gamma_j^2)^2},\quad s_{11}=\frac{\gamma_j[\gamma_j^2+(2+\mu)\lambda_i^2]}{(\lambda_i^2+\gamma_j^2)^2},\quad s_{12}=\frac{\lambda_i(\lambda_i^2-\mu\gamma_j^2)}{(\lambda_i^2+\gamma_j^2)^2} \tag{C.17}$$

当 $F_y=\bar{G}$ 时，$F_{ij}=\frac{4\bar{G}}{\lambda_i\gamma_j ab}\sin\frac{i\pi}{2}\sin\frac{j\pi}{2}$。

C.7 图 C.1(g)所示 *Ny*2-*Px*3 类平面问题

F_y 在[0,a]和[0,b]区间展开为 $\sum_{i=1,3,\cdots}\sum_{j=1,3,\cdots}\sin\lambda_i x\cos\gamma_j y$，$\lambda_i=\frac{i\pi}{2a}$，$\gamma_j=\frac{j\pi}{2b}$。

$$F_y=\sum_{i=1,3,\cdots}\sum_{j=1,3,\cdots}F_{ij}\sin\lambda_i x\cos\gamma_j y \tag{C.18}$$

$$\begin{cases}\sigma_x=\sum_{i=1,3,\cdots}\sum_{j=1,3,\cdots}s_{10}F_{ij}\sin\lambda_i x\sin\gamma_j y\\ \sigma_y=-\sum_{i=1,3,\cdots}\sum_{j=1,3,\cdots}s_{11}F_{ij}\sin\lambda_i x\sin\gamma_j y\\ \tau_{xy}=\sum_{i=1,3,\cdots}\sum_{j=1,3,\cdots}s_{12}F_{ij}\cos\lambda_i x\cos\gamma_j y\end{cases} \tag{C.19}$$

式中 s_{10}、s_{11}、s_{12}同式(C.17)。

当 $F_y=\bar{G}$ 时，$F_{ij}=\dfrac{4\bar{G}}{\lambda_i\gamma_j ab}\sin\dfrac{j\pi}{2}$。

C.8　图 C.1(h)所示 $Ny2$-$Px4$ 类平面问题

F_y 在[0,a]和[0,b]区间展开为 $\sum\limits_{i=1,2,\cdots}\sum\limits_{j=1,3,\cdots}\sin\alpha_i x\cos\gamma_j y$，$\alpha_i=\dfrac{i\pi}{a}$，$\gamma_j=\dfrac{j\pi}{2b}$。

$$F_y=\sum_{i=1,2,\cdots}\sum_{j=1,3,\cdots}F_{ij}\sin\alpha_i x\cos\gamma_j y \tag{C.20}$$

$$\begin{cases}\sigma_x=\sum\limits_{i=1,2,\cdots}\sum\limits_{j=1,3,\cdots}s_7F_{ij}\sin\alpha_i x\sin\gamma_j y\\ \sigma_y=-\sum\limits_{i=1,2,\cdots}\sum\limits_{j=1,3,\cdots}s_8F_{ij}\sin\alpha_i x\sin\gamma_j y\\ \tau_{xy}=\sum\limits_{i=1,2,\cdots}\sum\limits_{j=1,3,\cdots}s_9F_{ij}\cos\alpha_i x\cos\gamma_j y\end{cases} \tag{C.21}$$

式中 s_7、s_8、s_9同式(C.14)。

当 $F_y=\bar{G}$ 时，$F_{ij}=\dfrac{4\bar{G}}{\alpha_i\gamma_j ab}(1-\cos i\pi)\sin\dfrac{j\pi}{2}$。

C.9　图 C.1(i)所示 $Ny3$-$Px1$ 类平面问题

F_y 在[0,a]和[0,b]区间展开为 $\sum\limits_{i=0,1,\cdots}\sum\limits_{j=1,3,\cdots}\cos\alpha_i x\sin\gamma_j y$，$\alpha_i=\dfrac{i\pi}{a}$，$\gamma_j=\dfrac{j\pi}{2b}$。

$$F_y=\sum_{j=1,3,\cdots}F_{0j}\sin\gamma_j y+\sum_{i=1,2,\cdots}\sum_{j=1,3,\cdots}F_{ij}\cos\alpha_i x\sin\gamma_j y \tag{C.22}$$

$$\begin{cases}\sigma_x=\sum\limits_{j=1,3,\cdots}\dfrac{\mu F_{0j}}{\gamma_j}\cos\gamma_j y-\sum\limits_{i=1,2,\cdots}\sum\limits_{j=1,3,\cdots}s_7F_{ij}\cos\alpha_i x\cos\gamma_j y\\ \sigma_y=\sum\limits_{j=1,3,\cdots}\dfrac{F_{0j}}{\gamma_j}\cos\gamma_j y+\sum\limits_{i=1,2,\cdots}\sum\limits_{j=1,3,\cdots}s_8F_{ij}\cos\alpha_i x\cos\gamma_j y\\ \tau_{xy}=-\sum\limits_{i=1,2,\cdots}\sum\limits_{j=1,3,\cdots}s_9F_{ij}\sin\alpha_i x\sin\gamma_j y\end{cases} \tag{C.23}$$

式中 s_7、s_8、s_9同式(C.14)。

当 $F_y=\bar{G}$ 时，$F_{0j}=\frac{2\bar{G}}{\gamma_j b}$、$F_{ij}=0$。得 $\tau_{xy}=0$、$\sigma_x=\frac{2\mu\bar{G}}{b}\sum_{j=1,3,\cdots}\frac{1}{\gamma_j^2}\cos\gamma_j y$、$\sigma_y=\frac{2\bar{G}}{b}\sum_{j=1,3,\cdots}\frac{1}{\gamma_j^2}\cos\gamma_j y$。级数变换后，又得 $\sigma_x=\mu\bar{G}(b-y)$、$\sigma_y=\bar{G}(b-y)$。

C.10　图 C.1(j)所示 *Ny*3-*Px*2 类平面问题

F_y 在[0,a]和[0,b]区间展开为 $\sum_{i=1,3,\cdots}\sum_{j=1,3,\cdots}\cos\lambda_i x\sin\gamma_j y$，$\lambda_i=\frac{i\pi}{2a}$，$\gamma_j=\frac{j\pi}{2b}$。

$$F_y=\sum_{i=1,3,\cdots}\sum_{j=1,3,\cdots}F_{ij}\cos\lambda_i x\sin\gamma_j y \tag{C.24}$$

$$\begin{cases}\sigma_x=-\sum_{i=1,3,\cdots}\sum_{j=1,3,\cdots}s_{10}F_{ij}\cos\lambda_i x\cos\gamma_j y\\ \sigma_y=\sum_{i=1,3,\cdots}\sum_{j=1,3,\cdots}s_{11}F_{ij}\cos\lambda_i x\cos\gamma_j y\\ \tau_{xy}=-\sum_{i=1,3,\cdots}\sum_{j=1,3,\cdots}s_{12}F_{ij}\sin\lambda_i x\sin\gamma_j y\end{cases} \tag{C.25}$$

式中 s_{10}、s_{11}、s_{12} 同式(C.17)。

当 $F_y=\bar{G}$ 时，$F_{ij}=\frac{4\bar{G}}{\lambda_i\gamma_j ab}\sin\frac{i\pi}{2}$。

C.11　图 C.1(k)所示 *Ny*3-*Px*3 类平面问题

F_y 在[0,a]和[0,b]区间展开为 $\sum_{i=1,3,\cdots}\sum_{j=1,3,\cdots}\sin\lambda_i x\sin\gamma_j y$，$\lambda_i=\frac{i\pi}{2a}$，$\gamma_j=\frac{j\pi}{2b}$。

$$F_y=\sum_{i=1,3,\cdots}\sum_{j=1,3,\cdots}F_{ij}\sin\lambda_i x\sin\gamma_j y \tag{C.26}$$

$$\begin{cases}\sigma_x=-\sum_{i=1,3,\cdots}\sum_{j=1,3,\cdots}s_{10}F_{ij}\sin\lambda_i x\cos\gamma_j y\\ \sigma_y=\sum_{i=1,3,\cdots}\sum_{j=1,3,\cdots}s_{11}F_{ij}\sin\lambda_i x\cos\gamma_j y\\ \tau_{xy}=\sum_{i=1,3,\cdots}\sum_{j=1,3,\cdots}s_{12}F_{ij}\cos\lambda_i x\sin\gamma_j y\end{cases} \tag{C.27}$$

式中 s_{10}、s_{11}、s_{12} 同式(C.17)。

当 $F_y=\bar{G}$ 时，$F_{ij}=\dfrac{4\bar{G}}{\lambda_i\gamma_j ab}$。

C.12 图 C.1(l)所示 $Ny3$-$Px4$ 类平面问题

F_y 在$[0,a]$和$[0,b]$区间展开为 $\sum\limits_{i=1,2,\cdots}\sum\limits_{j=1,3,\cdots}\sin\alpha_i x\sin\gamma_j y$，$\alpha_i=\dfrac{i\pi}{a}$，$\gamma_j=\dfrac{j\pi}{2b}$。

$$F_y=\sum_{i=1,2,\cdots}\sum_{j=1,3,\cdots}F_{ij}\sin\alpha_i x\sin\gamma_j y \tag{C.28}$$

$$\begin{cases}\sigma_x=-\sum\limits_{i=1,2,\cdots}\sum\limits_{j=1,3,\cdots}s_7F_{ij}\sin\alpha_i x\cos\gamma_j y\\ \sigma_y=\sum\limits_{i=1,2,\cdots}\sum\limits_{j=1,3,\cdots}s_8F_{ij}\sin\alpha_i x\cos\gamma_j y\\ \tau_{xy}=\sum\limits_{i=1,2,\cdots}\sum\limits_{j=1,3,\cdots}s_9F_{ij}\cos\alpha_i x\sin\gamma_j y\end{cases} \tag{C.29}$$

式中 s_7、s_8、s_9 同式(C.14)。

当 $F_y=\bar{G}$ 时，$F_{ij}=\dfrac{4\bar{G}}{\alpha_i\gamma_j ab}(1-\cos i\pi)$。

C.13 图 C.1(m)所示 $Ny4$-$Px1$ 类平面问题

F_y 在$[0,a]$和$[0,b]$区间展开为 $\sum\limits_{i=0,1,\cdots}\sum\limits_{j=1,2,\cdots}\cos\alpha_i x\sin\beta_j y$，$\alpha_i=\dfrac{i\pi}{a}$，$\beta_j=\dfrac{j\pi}{b}$。

$$F_y=\sum_{j=1,2,\cdots}F_{0j}\sin\beta_j y+\sum_{i=1,2,\cdots}\sum_{j=1,2,\cdots}F_{ij}\cos\alpha_i x\sin\beta_j y \tag{C.30}$$

$$\begin{cases}\sigma_x=\sum\limits_{j=1,2,\cdots}\dfrac{\mu F_{0j}}{\beta_j}\cos\beta_j y-\sum\limits_{i=1,2,\cdots}\sum\limits_{j=1,2,\cdots}s_1F_{ij}\cos\alpha_i x\cos\beta_j y\\ \sigma_y=\sum\limits_{j=1,2,\cdots}\dfrac{F_{0j}}{\beta_j}\cos\beta_j y+\sum\limits_{i=1,2,\cdots}\sum\limits_{j=1,2,\cdots}s_2F_{ij}\cos\alpha_i x\cos\beta_j y\\ \tau_{xy}=-\sum\limits_{i=1,2,\cdots}\sum\limits_{j=1,2,\cdots}s_3F_{ij}\sin\alpha_i x\sin\beta_j y\end{cases} \tag{C.31}$$

式中 s_1、s_2、s_3 同式(C.4)。

当 $F_y=\bar{G}$ 时，$F_{0j}=\dfrac{2\bar{G}}{\beta_j b}(1-\cos j\pi)$、$F_{ij}=0$。得 $\tau_{xy}=0$、$\sigma_x=\dfrac{2\mu\bar{G}}{b}\times\sum\limits_{j=1,2,\cdots}\dfrac{1}{\beta_j^2}(1-\cos j\pi)\cos\beta_j y$，$\sigma_y=\dfrac{2\bar{G}}{b}\sum\limits_{j=1,2,\cdots}\dfrac{1}{\beta_j^2}(1-\cos j\pi)\cos\beta_j y$，级数变换后，又得 $\sigma_x=\mu\bar{G}(b/2-y)$、$\sigma_y=\bar{G}(b/2-y)$。

C.14　图 C.1(n)所示 *Ny*4-*Px*2 类平面问题

F_y 在[0,a]和[0,b]区间展开为 $\sum\limits_{i=1,3,\cdots}\sum\limits_{j=1,2,\cdots}\cos\lambda_i x\sin\beta_j y$，$\lambda_i=\dfrac{i\pi}{2a}$，$\beta_j=\dfrac{j\pi}{b}$。

$$F_y=\sum_{i=1,3,\cdots}\sum_{j=1,2,\cdots}F_{ij}\cos\lambda_i x\sin\beta_j y \tag{C.32}$$

$$\begin{cases}\sigma_x=-\sum\limits_{i=1,3,\cdots}\sum\limits_{j=1,2,\cdots}s_4F_{ij}\cos\lambda_i x\cos\beta_j y\\ \sigma_y=\sum\limits_{i=1,3,\cdots}\sum\limits_{j=1,2,\cdots}s_5F_{ij}\cos\lambda_i x\cos\beta_j y\\ \tau_{xy}=-\sum\limits_{i=1,3,\cdots}\sum\limits_{j=1,2,\cdots}s_6F_{ij}\sin\lambda_i x\sin\beta_j y\end{cases} \tag{C.33}$$

式中 s_4、s_5、s_6 同式(C.7)。

当 $F_y=\bar{G}$ 时，$F_{ij}=\dfrac{4\bar{G}}{\lambda_i\beta_j ab}\sin\dfrac{i\pi}{2}(1-\cos j\pi)$。

C.15　图 C.1(o)所示 *Ny*4-*Px*3 类平面问题

F_y 在[0,a]和[0,b]区间展开为 $\sum\limits_{i=1,3,\cdots}\sum\limits_{j=1,2,\cdots}\sin\lambda_i x\sin\beta_j y$，$\lambda_i=\dfrac{i\pi}{2a}$，$\beta_j=\dfrac{j\pi}{b}$。

$$F_y=\sum_{i=1,3,\cdots}\sum_{j=1,2,\cdots}F_{ij}\sin\lambda_i x\sin\beta_j y \tag{C.34}$$

$$\begin{cases}\sigma_x=-\sum\limits_{i=1,3,\cdots}\sum\limits_{j=1,2,\cdots}s_4F_{ij}\sin\lambda_i x\cos\beta_j y\\ \sigma_y=\sum\limits_{i=1,3,\cdots}\sum\limits_{j=1,2,\cdots}s_5F_{ij}\sin\lambda_i x\cos\beta_j y\\ \tau_{xy}=\sum\limits_{i=1,3,\cdots}\sum\limits_{j=1,2,\cdots}s_6F_{ij}\cos\lambda_i x\sin\beta_j y\end{cases} \tag{C.35}$$

式中 s_4、s_5、s_6 同式(C.7)。

当 $F_y=\bar{G}$ 时，$F_{ij}=\dfrac{4\bar{G}}{\lambda_i\beta_j ab}(1-\cos j\pi)$

C.16　图 C.1(p)所示 $Ny4$-$Px4$ 类平面问题

F_y 在 $[0,a]$ 和 $[0,b]$ 区间展开为 $\sum\limits_{i=1,2,\cdots}\sum\limits_{j=1,2,\cdots}\sin\alpha_i x\sin\beta_j y$，$\alpha_i=\dfrac{i\pi}{a}$，$\beta_j=\dfrac{j\pi}{b}$。

$$F_y=\sum_{i=1,2,\cdots}\sum_{j=1,2,\cdots}F_{ij}\sin\alpha_i x\sin\beta_j y \tag{C.36}$$

$$\begin{cases}\sigma_x=-\sum\limits_{i=1,2,\cdots}\sum\limits_{j=1,2,\cdots}s_1F_{ij}\sin\alpha_i x\cos\beta_j y\\ \sigma_y=\sum\limits_{i=1,2,\cdots}\sum\limits_{j=1,2,\cdots}s_2F_{ij}\sin\alpha_i x\cos\beta_j y\\ \tau_{xy}=\sum\limits_{i=1,2,\cdots}\sum\limits_{j=1,2,\cdots}s_3F_{ij}\cos\alpha_i x\sin\beta_j y\end{cases} \tag{C.37}$$

式中 s_1、s_2、s_3 同式(C.4)。

当 $F_y=\bar{G}$ 时，$F_{ij}=\dfrac{4\bar{G}}{\alpha_i\beta_j ab}(1-\cos i\pi)(1-\cos j\pi)$。

附录 D 试算法确定平面问题特解 φ_{21}、φ_{22}

D.1 构造规则

φ_{21}、φ_{22}分别为边界计算法向面力、边界计算法向位移对应的应力函数特解。φ_{21}、φ_{22}要服从以下构造规则：

（1）φ_{21}、φ_{22}要满足平面问题双调和方程，$\nabla^4\varphi_{21}=0$、$\nabla^4\varphi_{22}=0$。

（2）φ_{21}要满足法向自由边界上法向面力分布，φ_{22}要满足法向支承边界上法向位移分布。

（3）在法向自由边上，φ_{22}对应的正应力为零值；在法向支承边上，φ_{21}中级数部分对应的法向位移为零值，而非级数部分对应的法向位移为零或为线性分布。

D.2 构造方法

（1）分别确定两个坐标轴方向上边界计算法向面力、边界计算法向位移对应的特解。两个特解互不干扰。两个方向特解互不干扰。

$$\begin{cases}\varphi_{21}=\varphi_{21x}+\varphi_{21y}\\ \varphi_{22}=\varphi_{22x}+\varphi_{22y}\end{cases}\tag{D.1}$$

对图 3.3(a)所示坐标系，φ_{21x}、φ_{22x}为 $x=0$ 和 $x=a$ 边界上法向面力、法向位移对应的特解，φ_{21y}、φ_{22y}为 $y=0$ 和 $y=b$ 边界上法向面力、法向位移对应的特解。

（2）将 $x=0$ 和 $x=a$ 边界上计算法向面力和计算法向位移在$[0,b]$区间展开为三角级数表达式；级数类型与 φ_{1y}相同，级数取项数不同。将 $y=0$ 和 $y=b$ 边界上计算法向面力和计算法向位移在$[0,a]$区间展开为三角级数表达式；级数类型与 φ_{1x} 相同，级数取项数不同。

(3) 格式化后的法向面力和法向位移有非级数和级数二部分，要分别构建相应的特解。

(4) 由应力函数 φ 与应力分量 σ_x、σ_y 对应关系和边界法向面力或法向位移分布采用试算法确定非级数特解 φ_{21x}、φ_{22x}、φ_{21y}、φ_{22y}。

(5) 级数特解中的级数类型与同方向边界法向面力或法向位移中的级数相同。即 φ_{21x}、φ_{22x} 中的级数类型与 φ_{1y} 相同，特解可以自动满足 $y=0$ 和 $y=b$ 边法向固有边界条件；φ_{21y}、φ_{22y} 级数类型与 φ_{1x} 相同，特解可以自动满足 $x=0$ 和 $x=a$ 边法向固有边界条件。

(6) 采用试算法确定级数特解表达式。例如，设 φ_{21x}、φ_{22x} 采用 $\sum\limits_{n_1=1,3,\cdots}\sin\gamma_{n1}y$ 三角级数，$\gamma_{n1}=\dfrac{n_1\pi}{2b}$，为满足平面问题双调和方程，其表达式为

$$\sum_{n_1=1,3,\cdots}R(\gamma_{n1},a)\cdot f(x)\sin\gamma_{n1}y$$

式中 $R(\gamma_{n1},a)$ 为与 γ_{n1}、a 有关联的常量。$f(x)$ 为以 x 为变量的双曲函数，可根据 $x=0$、$x=a$ 边法向面力或法向位移在 $\sinh\gamma_{n1}x$、$\cosh\gamma_{n1}x$、$\sinh\gamma_{n1}(a-x)$、$\cosh\gamma_{n1}(a-x)$ 中选用。设 φ_{21y}、φ_{22y} 采用 $\sum\limits_{m_1=1,2,\cdots}\sin\alpha_{m1}x$ 三角级数，$\alpha_{m1}=\dfrac{m_1\pi}{a}$，为满足平面问题双调和方程，其表达式为

$$\sum_{m_1=1,2,\cdots}R(\alpha_{m1},b)\cdot f(y)\sin\alpha_{m1}x$$

式中 $R(\alpha_{m1},b)$ 为与 α_{m1}、b 有关联的常量。$f(y)$ 为以 y 为变量的双曲函数，可根据 $y=0$、$y=b$ 边法向面力或法向位移在 $\sinh\alpha_{m1}y$、$\cosh\alpha_{m1}y$、$\sinh\alpha_{m1}(b-y)$、$\cosh\alpha_{m1}(b-y)$ 中选用。

现以图 D.1 所示的 $Nx1$-$Ny2$ 类平面问题为例。$x=0$、$x=a$、$y=0$ 为

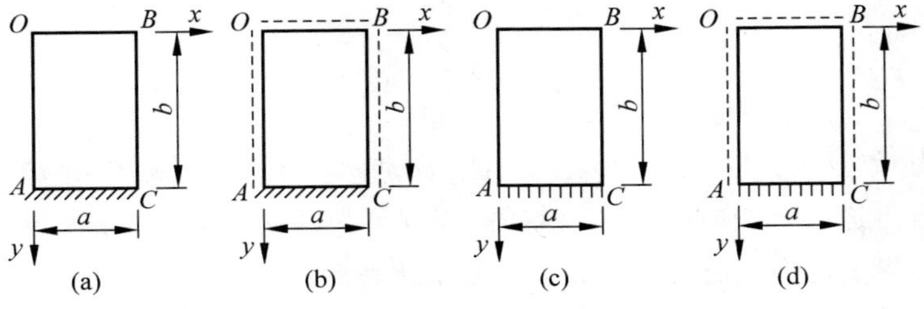

图 D.1 $Nx1$-$Ny2$ 类平面问题

法向自由边，$y=b$ 为法向支承边。由于切向支承条件变化，这类平面问题有16种不同的边界支承条件。应力函数通解 φ_1 中，φ_{1x} 采用 $\sum\limits_{m=1,2,\cdots}\sin\alpha_m x$ 三角级数，$\alpha_m=\dfrac{m\pi}{a}$；φ_{1y} 采用 $\sum\limits_{n=1,3,\cdots}\sin\gamma_n y$ 三角级数，$\gamma_n=\dfrac{n\pi}{2b}$。

D.3 构造特解 φ_{21x}、φ_{22x}

将 $x=0$、$x=a$ 边法向面力 $\sigma_1(y)$、$\sigma_2(y)$ 在 $[0,b]$ 区间展开为 $\sum\limits_{n_1=1,3,\cdots}\sin\gamma_{n1}y$ 级数，$\gamma_{n1}=n_1\pi/(2b)$。有

$$\begin{cases}\sigma_1(y)=\sigma_{xO}+\sum\limits_{n_1=1,3,\cdots}\sigma_{nx1}\sin\gamma_{n1}y\\ \sigma_2(y)=\sigma_{xB}+\sum\limits_{n_1=1,3,\cdots}\sigma_{nx2}\sin\gamma_{n1}y\end{cases}\tag{D.2}$$

式中 σ_{xO}、σ_{xB} 分别为角点 O、B 在 x 轴向应力值，σ_{nx1}、σ_{nx2} 分别为 $[\sigma_1(y)-\sigma_{xO}]$ 和 $[\sigma_2(y)-\sigma_{xB}]$ 的级数展开值。$x=0$、$x=a$ 边界无计算法向位移条件，$\varphi_{22x}=0$。

(1) 非级数特解 φ_{21x}

非级数特解是法向面力非级数部分对应的 φ_{21x}。由应力分量 σ_x 与应力函数 φ 对应关系和 $x=0$、$x=a$ 边法向面力非级数值，设

$$\varphi_{21x}=\left[\sigma_{xO}+\frac{(\sigma_{xB}-\sigma_{xO})x}{a}\right]\frac{y^2}{2}\tag{D.3}$$

式(D.3)满足平面问题双调和方程，对应的应力分量为

$$\begin{cases}\sigma_x=\left[\sigma_{xO}+\dfrac{(\sigma_{xB}-\sigma_{xO})x}{a}\right]\\ \sigma_y=0\\ \tau_{xy}=-\dfrac{(\sigma_{xB}-\sigma_{xO})y}{a}\end{cases}\tag{D.4}$$

由式(D.4)知，$x=0$ 时 $\sigma_x=\sigma_{xO}$，$x=a$ 时 $\sigma_x=\sigma_{xB}$。特解满足 $x=0$、$x=a$ 法向自由边界上法向面力非级数值分布；$y=0$ 时 $\sigma_y=0$，φ_{21x} 满足 $y=0$ 法向自由边界上法向固有边界条件，不会干扰特解 φ_{21y}。

式(D.3)对应的应变分量为

$$\begin{cases}\varepsilon_x = \dfrac{1}{E}\left[\sigma_{xO} + \dfrac{(\sigma_{xB} - \sigma_{xO})x}{a}\right] \\ \varepsilon_y = -\dfrac{\mu}{E}\left[\sigma_{xO} + \dfrac{(\sigma_{xB} - \sigma_{xO})x}{a}\right] \\ \gamma_{xy} = -\dfrac{2(1+\mu)(\sigma_{xB} - \sigma_{xO})y}{Ea}\end{cases} \tag{D.5}$$

相应的位移分量为

$$\begin{cases}u = \dfrac{1}{E}\left[\sigma_{xO}x + \dfrac{(\sigma_{xB} - \sigma_{xO})x^2}{2a}\right] + u_1(y) \\ v = -\dfrac{\mu y}{E}\left[\sigma_{xO} + \dfrac{(\sigma_{xB} - \sigma_{xO})x}{a}\right] + v_1(x)\end{cases} \tag{D.6}$$

由式(D.6)所示的位移分量再次计算剪应变 γ_{xy}，有

$$\gamma_{xy} = \frac{\partial u}{\partial y} + \frac{\partial v}{\partial x} = u'_1(y) + v'_1(x) - \frac{\mu y}{E}\frac{(\sigma_{xB} - \sigma_{xO})}{a} \tag{D.7}$$

比较式(D.7)和式(D.5)中第三式，有

$$\begin{aligned}u'_1(y) + v'_1(x) &= \frac{\mu y}{E}\frac{(\sigma_{xB} - \sigma_{xO})}{a} - \frac{2(1+\mu)(\sigma_{xB} - \sigma_{xO})y}{Ea} \\ &= -\frac{(2+\mu)(\sigma_{xB} - \sigma_{xO})y}{Ea}\end{aligned}$$

设

$$\begin{cases}u'_1(y) = -\dfrac{(2+\mu)(\sigma_{xB} - \sigma_{xO})y}{Ea} + d_0 \\ v'_1(x) = -d_0\end{cases}$$

有

$$\begin{cases}u_1(y) = -\dfrac{(2+\mu)(\sigma_{xB} - \sigma_{xO})y^2}{2Ea} + d_0 y + d_1 \\ v_1(x) = -d_0 x + d_2\end{cases}$$

代入式(D.6)，得位移分量为

$$\begin{cases}u = \dfrac{1}{E}\left[\sigma_{xO}x + \dfrac{(\sigma_{xB} - \sigma_{xO})x^2}{2a}\right] - \dfrac{(2+\mu)(\sigma_{xB} - \sigma_{xO})y^2}{2Ea} + d_0 y + d_1 \\ v = -\dfrac{\mu y}{E}\left[\sigma_{xO} + \dfrac{(\sigma_{xB} - \sigma_{xO})x}{a}\right] - d_0 x + d_2\end{cases}$$

引入控制点的位移值。由 $x=0$、$y=b$ 时和 $x=a$、$y=b$ 时 $v=0$ 确定位移分量 v 中刚体位移常数 d_0、d_2。有

$$v = -\frac{\mu(b-y)}{E}\left[\sigma_{xO} + \frac{(\sigma_{xB} - \sigma_{xO})x}{a}\right] \tag{D.8}$$

由式(D.8)知，$y=b$ 时 $v=0$。φ_{21x} 在 $y=b$ 法向支承边界上法向位移为零，不会干扰特解φ_{22y}。式(D.3)所示的非级数特解φ_{21x}满足构造规则。

(2) 级数特解φ_{21x}

级数特解是法向面力级数部分对应的 φ_{21x}。法向面力采用 $\sum\limits_{n_1=1,3,\cdots}\sin\gamma_{n1}y$ 级数，φ_{21x}也采用相同类型级数。由应力分量、位移分量中级数类型与应力函数 φ 中级数类型对应关系知，φ_{21x} 对应的σ_y 为 $\sum\limits_{n_1=1,3,\cdots}\sin\gamma_{n1}y$ 级数，v 为 $\sum\limits_{n_1=1,3,\cdots}\cos\gamma_{n1}y$ 级数。φ_{21x} 可以自动满足 $y=0$ 法向自由边界上法向面力为零、$y=b$ 法向支承边界上法向位移为零的固有边界条件。不会干扰特解φ_{21y}、φ_{22y}。

由应力σ_x 与应力函数 φ 对应关系和 $x=0$、$x=a$ 边法向面力级数值分布，设

$$\varphi_{21x}=-\sum_{n_1=1,3,\cdots}\frac{1}{\gamma_{n1}^2\sinh\gamma_{n1}a}[\sigma_{nx1}\sinh\gamma_{n1}(a-x)+\sigma_{nx2}\sinh\gamma_{n1}x]\sin\gamma_{n1}y \tag{D.9}$$

式(D.9)满足平面问题双调和方程，对应的应力分量为

$$\begin{cases}\sigma_x=\sum\limits_{n_1=1,3,\cdots}\dfrac{1}{\sinh\gamma_{n1}a}[\sigma_{nx1}\sinh\gamma_{n1}(a-x)+\sigma_{nx2}\sinh\gamma_{n1}x]\sin\gamma_{n1}y\\ \sigma_y=-\sum\limits_{n_1=1,3,\cdots}\dfrac{1}{\sinh\gamma_{n1}a}[\sigma_{nx1}\sinh\gamma_{n1}(a-x)+\sigma_{nx2}\sinh\gamma_{n1}x]\sin\gamma_{n1}y\\ \tau_{xy}=\sum\limits_{n_1=1,3,\cdots}\dfrac{1}{\sinh\gamma_{n1}a}[-\sigma_{nx1}\cosh\gamma_{n1}(a-x)+\sigma_{nx2}\cosh\gamma_{n1}x]\cos\gamma_{n1}y\end{cases} \tag{D.10}$$

由式(D.10)知，特解满足 $x=0$、$x=a$ 法向自由边界上法向面力级数值分布；$y=0$ 时$\sigma_y=0$，φ_{21x}满足 $y=0$ 法向自由边界上法向面力为零条件。

式(D.9)对应的位移分量为

$$v=\sum_{n_1=1,3,\cdots}\frac{1+\mu}{E\gamma_{n1}\sinh\gamma_{n1}a}[\sigma_{nx1}\sinh\gamma_{n1}(a-x)+\sigma_{nx2}\sinh\gamma_{n1}x]\cos\gamma_{n1}y \tag{D.11}$$

由式(D.11)知，$y=b$ 时 $v=0$。φ_{21x} 满足 $y=b$ 法向支承边界上法向位移为零条件。级数特解φ_{21x}满足构造规则。

D.4　构造特解 φ_{21y}、φ_{22y}

将 $y=0$ 边法向面力$\sigma_3(x)$、$y=b$ 边法向位移$v_4(x)$在$[0,a]$区间展开为 $\sum\limits_{m_1=1,2,\cdots}\sin\alpha_{m1}x$ 级数，$\alpha_{m1}=\dfrac{m_1\pi}{a}$，有

$$\begin{cases}\sigma_3(x)=\sigma_{y0}+\dfrac{(\sigma_{yB}-\sigma_{yO})x}{a}+\sum\limits_{m_1=1,2,\cdots}\sigma_{my1}\sin\alpha_{m1}x\\ v_4(x)=\sum\limits_{m_1=1,2,\cdots}v_{my2}\sin\alpha_{m1}x\end{cases}\tag{D.12}$$

式中 σ_{yO}、σ_{yB}分别为角点 O、B 在 y 轴向应力值，σ_{my1}为$[\sigma_3(x)-\sigma_{yO}-(\sigma_{yB}-\sigma_{yO})x/a]$的级数展开值。由于调整后 A、C 角点在 y 轴向位移均为零值，$y=b$ 边位移展开式中不单列角点位移值。

(1) 非级数特解φ_{21y}

由应力分量σ_y 与应力函数 φ 对应关系和 $y=0$ 边法向面力非级数值，设

$$\varphi_{21y}=\frac{\sigma_{yO}x^2}{2}+\frac{(\sigma_{yB}-\sigma_{yO})x^3}{6a}\tag{D.13}$$

式(D.13)满足平面问题双调和方程，对应的应力分量为

$$\begin{cases}\sigma_x=0\\ \sigma_y=\sigma_{y0}+\dfrac{(\sigma_{yB}-\sigma_{yO})x}{a}\\ \tau_{xy}=0\end{cases}\tag{D.14}$$

由式(D.14)知，φ_{21y}满足 $y=0$ 法向自由边界上法向面力非级数值分布；$x=0$、$x=a$ 时$\sigma_x=0$，特解满足 $x=0$、$x=a$ 法向自由边界上法向面力为零条件。

式(D.14)对应的位移分量为

$$v=\frac{y-b}{E}\left[\sigma_{y0}+\frac{(\sigma_{yB}-\sigma_{yO})x}{a}\right]\tag{D.15}$$

由式(D.15)知，$y=b$ 时 $v=0$。φ_{21y}在 $y=b$ 法向支承边界上法向位移为零。非级数特解φ_{21y}满足构造规则。

(2) 级数特解φ_{21y}

由应力分量σ_y 与应力函数 φ 对应关系和 $y=0$ 边法向面力级数值，设

$$\varphi_{21y}=-\sum_{m_1=1,2,\cdots}\frac{\sigma_{my1}\cosh\alpha_{m1}(b-y)\sin\alpha_{m1}x}{\alpha_{m1}^2\cosh\alpha_{m1}b} \tag{D.16}$$

式(D.16)满足平面问题双调和方程,对应的应力分量为

$$\begin{cases}\sigma_x=-\sum\limits_{m_1=1,2,\cdots}\dfrac{\sigma_{my1}\cosh\alpha_{m1}(b-y)\sin\alpha_{m1}x}{\cosh\alpha_{m1}b}\\ \sigma_y=\sum\limits_{m_1=1,2,\cdots}\dfrac{\sigma_{my1}\cosh\alpha_{m1}(b-y)\sin\alpha_{m1}x}{\cosh\alpha_{m1}b}\\ \tau_{xy}=-\sum\limits_{m_1=1,2,\cdots}\dfrac{\sigma_{my1}\sinh\alpha_{m1}(b-y)\cos\alpha_{m1}x}{\cosh\alpha_{m1}b}\end{cases} \tag{D.17}$$

由式(D.17)知,φ_{21y}满足 $y=0$ 法向自由边界上法向面力级数值分布;$x=0$、$x=a$ 时$\sigma_x=0$,特解满足 $x=0$、$x=a$ 法向自由边界上法向面力为零条件。

式(D.16)对应的位移分量为

$$v=-\frac{1+\mu}{E}\sum_{m_1=1,2,\cdots}\frac{\sigma_{my1}\sinh\alpha_{m1}(b-y)\sin\alpha_{m1}x}{\cosh\alpha_{m1}b} \tag{D.18}$$

由式(D.18)知,$y=b$ 时 $v=0$。φ_{21y}在 $y=b$ 法向支承边界上法向位移为零。级数特解φ_{21y}满足构造规则。

(3) 特解φ_{22y}

$y=b$ 边法向位移只有级数部分。由法向位移级数值,设

$$\varphi_{22y}=-\sum_{m_1=1,2,\cdots}\frac{E}{1+\mu}\frac{v_{my2}\sinh\alpha_{m1}y\sin\alpha_{m1}x}{\alpha_{m1}\cosh\alpha_{m1}b} \tag{D.19}$$

式(D.19)满足平面问题双调和方程,对应的应力分量为

$$\begin{cases}\sigma_x=-\sum\limits_{m_1=1,2,\cdots}\dfrac{E\alpha_{m1}}{1+\mu}\dfrac{v_{my2}\sinh\alpha_{m1}y\sin\alpha_{m1}x}{\cosh\alpha_{m1}b}\\ \sigma_y=\sum\limits_{m_1=1,2,\cdots}\dfrac{E\alpha_{m1}}{1+\mu}\dfrac{v_{my2}\sinh\alpha_{m1}y\sin\alpha_{m1}x}{\cosh\alpha_{m1}b}\\ \tau_{xy}=\sum\limits_{m_1=1,2,\cdots}\dfrac{E\alpha_{m1}}{1+\mu}\dfrac{v_{my2}\cosh\alpha_{m1}y\cos\alpha_{m1}x}{\cosh\alpha_{m1}b}\end{cases} \tag{D.20}$$

由式(D.20)知,φ_{22y}满足 $x=0$、$x=a$、$y=0$ 法向自由边界上法向面力为零条件。

式(D.19)对应的位移分量为

$$v=\sum_{m_1=1,2,\cdots}\frac{v_{my2}\cosh\alpha_{m1}y\sin\alpha_{m1}x}{\cosh\alpha_{m1}b} \tag{D.21}$$

φ_{22y}满足 $y=b$ 法向支承边界上法向位移分布。

φ_{21}为 $x=0$、$x=a$、$y=0$ 法向自由边界上法向面力对应的非级数和级数特解之和，

$$\varphi_{21}=\left[\sigma_{xO}+\frac{(\sigma_{xB}-\sigma_{xO})x}{a}\right]\frac{y^2}{2}+\left[\frac{\sigma_{yO}x^2}{2}+\frac{(\sigma_{yB}-\sigma_{yO})x^3}{6a}\right]$$
$$-\sum_{n_1=1,3,\cdots}\frac{1}{\gamma_{n1}^2\sinh\gamma_{n1}a}\left[\sigma_{nx1}\sinh\gamma_{n1}(a-x)+\sigma_{nx2}\sinh\gamma_{n1}x\right]\sin\gamma_{n1}y$$
$$-\sum_{m_1=1,2,\cdots}\frac{\sigma_{my1}\cosh\alpha_{m1}(b-y)\sin\alpha_{m1}x}{\alpha_{m1}^2\cosh\alpha_{m1}b}$$

φ_{22}为 $y=b$ 法向支承边界上法向位移对应的特解，

$$\varphi_{22}=\varphi_{22y}=-\sum_{m_1=1,2,\cdots}\frac{E}{1+\mu}\frac{v_{my2}\sinh\alpha_{m1}y\sin\alpha_{m1}x}{\alpha_{m1}\cosh\alpha_{m1}b}$$

特解φ_{21}、φ_{22}表达式为正文中式(3.57)、式(3.58)。

附录 E
振形曲面正交性推导示例

E.1 基本方法

图 E.1 所示矩形板，$x=0$、$x=a$、$y=0$ 三边支承、$y=b$ 边非支承。支承边可以是固定边或简支边，非支承边可以是自由边或滑移边。在 x 轴方向，$x=0$ 和 $x=a$ 边界条件有四种组合：①$x=0$、$x=a$ 为简支边(图 E.1(a))，②$x=0$、$x=a$ 为固定边(图 E.1(b))，③$x=0$ 为简支边、$x=a$ 为固定边，④$x=0$ 为固定边、$x=a$ 为简支边。在 y 轴方向，$y=0$ 和 $y=b$ 边界条件有四种组合：①$y=0$ 为简支边、$y=b$ 为自由边(图 E.1(a))，②$y=0$ 为简支边、$y=b$ 为滑移边，③$y=0$ 为固定边、$y=b$ 为滑移边(图 E.1(b))，④$y=0$ 为固定边、$y=b$ 为自由边。这类板包括 16 种不同的边界条件，振形曲面相同，其表达式为

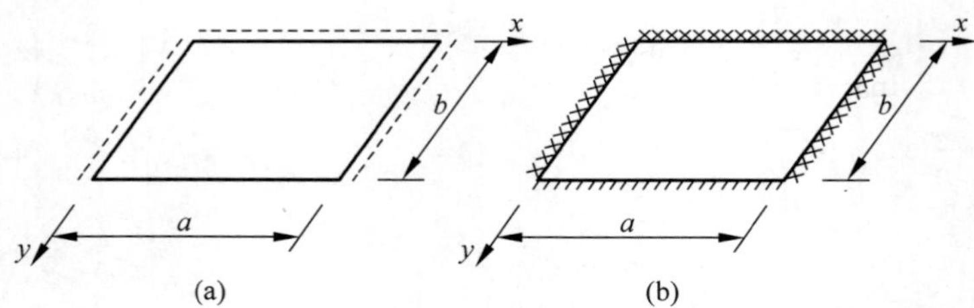

图 E.1 三边支承、一边非支承矩形板

$$
\begin{aligned}
w = &\sum_{m<\kappa a/\pi}(A_m\sinh\alpha_{m1}y + B_m\cosh\alpha_{m1}y + C_m\sin\alpha_{m2}y \\
&+ D_m\cos\alpha_{m2}y)\sin\alpha_m x + \sum_{m>\kappa a/\pi}(A_m\sinh\alpha_{m1}y + B_m\cosh\alpha_{m1}y \\
&+ C_m\sinh\alpha_{m3}y + D_m\cosh\alpha_{m3}y)\sin\alpha_m x
\end{aligned}
$$

$$+\sum_{n<2\kappa b/\pi}(E_n\sinh\gamma_{n1}x+F_n\cosh\gamma_{n1}x+G_n\sin\gamma_{n2}x$$
$$+H_n\cos\gamma_{n2}x)\sin\gamma_n y+\sum_{n>2\kappa b/\pi}(E_n\sinh\gamma_{n1}x+F_n\cosh\gamma_{n1}x$$
$$+G_n\sinh\gamma_{n3}x+H_n\cosh\gamma_{n3}x)\sin\gamma_n y \tag{E.1}$$

式中 $\alpha_m=m\pi/a$，$m=1,2,3,\cdots$。$\alpha_{m1}=\sqrt{\kappa^2+\alpha_m^2}$，$\alpha_{m2}=\sqrt{\kappa^2-\alpha_m^2}$，$\alpha_{m3}=\sqrt{\alpha_m^2-\kappa^2}$。$\gamma_n=n\pi/(2b)$，$n=1,3,5,\cdots$。$\gamma_{n1}=\sqrt{\kappa^2+\gamma_n^2}$，$\gamma_{n2}=\sqrt{\kappa^2-\gamma_n^2}$，$\gamma_{n3}=\sqrt{\gamma_n^2-\kappa^2}$。$A_m$、$B_m$、$C_m$、$D_m$、$E_n$、$F_n$、$G_n$、$H_n$ 为待定系数。注意，在 x 轴方向（或在 y 轴方向）上三角级数系数有两种形式。

振形曲面可以简写为

$$w=\sum_{m<M}Y_1X+\sum_{m>M}Y_2X+\sum_{n<N}X_1Y+\sum_{n>N}X_2Y \tag{E.2}$$

式中 $X=\sin\alpha_m x$，$M=\kappa a/\pi$；$Y=\sin\gamma_n y$，$N=2\kappa b/\pi$。其余符号可以通过比较式(E.1)、式(E.2)确定。

设第 i 振形常数为κ_i，级数项取值为 m_i、n_i，$M_i=\kappa_i a/\pi$，$N_i=2\kappa_i b/\pi$。相应振形曲面简写为

$$w_i=\sum_{m_i<M_i}Y_{1i}X_i+\sum_{m_i>M_i}Y_{2i}X_i+\sum_{n_i<N_i}X_{1i}Y_i+\sum_{n_i>N_i}X_{2i}Y_i$$

式中 $X_i=\sin\alpha_{mi}x=\sin\dfrac{m_i\pi x}{a}$，$Y_i=\sin\gamma_{ni}y=\sin\dfrac{n_i\pi y}{2b}$。

设第 j 振形常数为κ_j，级数项取值为 m_j、n_j，$M_j=\kappa_j a/\pi$，$N_j=2\kappa_j b/\pi$。相应振形曲面简写为

$$w_j=\sum_{m_j<M_j}Y_{1j}X_j+\sum_{m_j>M_j}Y_{2j}X_j+\sum_{n_j<N_j}X_{1j}Y_j+\sum_{n_j>N_j}X_{2j}Y_j$$

式中 $X_j=\sin\alpha_{mj}x=\sin\dfrac{m_j\pi x}{a}$，$Y_j=\sin\gamma_{nj}y=\sin\dfrac{n_j\pi y}{2b}$。

由振形微分方程，有

$$\frac{\partial^4 w_i}{\partial x^4}+2\frac{\partial^4 w_i}{\partial x^2\partial y^2}+\frac{\partial^4 w_i}{\partial y^4}=\kappa_i^4 w_i \tag{E.3}$$

$$\frac{\partial^4 w_j}{\partial x^4}+2\frac{\partial^4 w_j}{\partial x^2\partial y^2}+\frac{\partial^4 w_j}{\partial y^4}=\kappa_j^4 w_j \tag{E.4}$$

式(E.3)乘w_j，式(E.4)乘w_i，并将这些乘积在整个板范围内积分，有

$$\int_0^a\int_0^b\left(\frac{\partial^4 w_i}{\partial x^4}+2\frac{\partial^4 w_i}{\partial x^2\partial y^2}+\frac{\partial^4 w_i}{\partial y^4}\right)w_j\,\mathrm{d}x\mathrm{d}y=\int_0^a\int_0^b\kappa_i^4 w_i w_j\,\mathrm{d}x\mathrm{d}y \tag{E.5}$$

$$\int_0^a\int_0^b\left(\frac{\partial^4 w_j}{\partial x^4}+2\frac{\partial^4 w_j}{\partial x^2\partial y^2}+\frac{\partial^4 w_j}{\partial y^4}\right)w_i\,\mathrm{d}x\mathrm{d}y=\int_0^a\int_0^b\kappa_j^4 w_j w_i\,\mathrm{d}x\mathrm{d}y \tag{E.6}$$

式(E.5)减式(E.6),有

$$(\kappa_i^4 - \kappa_j^4)\int_0^a \int_0^b w_i w_j \mathrm{d}x\mathrm{d}y = R_1 + R_2 + R_3 \tag{E.7}$$

其中

$$R_1 = \int_0^a \int_0^b \frac{\partial^4 w_i}{\partial x^4} w_j \mathrm{d}x\mathrm{d}y - \int_0^a \int_0^b \frac{\partial^4 w_j}{\partial x^4} w_i \mathrm{d}x\mathrm{d}y \tag{E.8}$$

$$R_2 = 2\int_0^a \int_0^b \frac{\partial^4 w_i}{\partial x^2 \partial y^2} w_j \mathrm{d}x\mathrm{d}y - 2\int_0^a \int_0^b \frac{\partial^4 w_j}{\partial x^2 \partial y^2} w_i \mathrm{d}x\mathrm{d}y \tag{E.9}$$

$$R_3 = \int_0^a \int_0^b \frac{\partial^4 w_i}{\partial y^4} w_j \mathrm{d}x\mathrm{d}y - \int_0^a \int_0^b \frac{\partial^4 w_j}{\partial y^4} w_i \mathrm{d}x\mathrm{d}y \tag{E.10}$$

由三角函数在边界处的数值和边界条件对应的方程,可得$R_1 + R_2 + R_3 = 0$。当$\kappa_i \neq \kappa_j$时,有

$$\int_0^a \int_0^b w_i w_j \mathrm{d}x\mathrm{d}y = 0 \tag{E.11}$$

式(E.11)表示振形曲线具有正交性。

计算R_1、R_2、R_3时,设$\kappa_i < \kappa_j$。对$\kappa_i > \kappa_j$的情况,结果相同。下面为计算R_1、R_2、R_3的详细过程。

E.2 由三角函数特性和边界挠度 剪力条件计算R_1

由三角函数 $\sin\dfrac{m_i \pi x}{a}$、$\sin\dfrac{m_j \pi x}{a}$特性可得以下等式:

$$\begin{cases} x = 0 \text{ 时}: X_i = 0, X_i'' = 0, X_j = 0, X_j'' = 0 \\ x = a \text{ 时}: X_i = 0, X_i'' = 0, X_j = 0, X_j'' = 0 \end{cases} \tag{E.12}$$

挠度为零是支承边共有的边界条件。考虑第 i 振形和第 j 振形,由 $x=0$ 时$w_i = 0$、$w_j = 0$,有

$$\begin{cases} \sum\limits_{n_i < N_i} X_{1i} Y_i + \sum\limits_{n_i > N_i} X_{2i} Y_i = 0 \\ \sum\limits_{n_j < N_j} X_{1j} Y_j + \sum\limits_{n_j > N_j} X_{2j} Y_j = 0 \end{cases}$$

利用级数 $\sum\limits_{n=1,3,\cdots} \sin\gamma_n y$ 正交性,得

$$x = 0 \text{ 时}: X_{1i} = 0, X_{2i} = 0, X_{1j} = 0, X_{2j} = 0 \tag{E.13}$$

同理

$$x = a \text{ 时}: X_{1i} = 0, X_{2i} = 0, X_{1j} = 0, X_{2j} = 0 \tag{E.14}$$

当$\kappa_i<\kappa_j$，有$M_i<M_j$，$N_i<N_j$。利用分部积分法、式(E.12)、式(E.13)、式(E.14)计算R_1。其中，式(E.8)第一个积分

$$\begin{aligned}&\int_0^a\int_0^b\frac{\partial^4 w_i}{\partial x^4}w_j\mathrm{d}x\mathrm{d}y\\&=\int_0^a\int_0^b\Big[\sum_{m_i<M_i}Y_{1i}X_i''''+\sum_{m_i>M_i}Y_{2i}X_i''''+\sum_{n_i<N_i}X_{1i}''''Y_i+\sum_{n_i>N_i}X_{2i}''''Y_i\Big]\\&\quad\times\Big[\sum_{m_j<M_j}Y_{1j}X_j+\sum_{m_j>M_j}Y_{2j}X_j+\sum_{n_j<N_j}X_{1j}Y_j+\sum_{n_j>N_j}X_{2j}Y_j\Big]\mathrm{d}x\mathrm{d}y\end{aligned}\tag{E.15}$$

式(E.15)中又有16个积分项，分三类：三角函数为$\sin\alpha_m x$的两个同类级数相乘项，三角函数为$\sin\gamma_n y$的两个同类级数相乘项，两个不同类级数相乘项。

三角函数为$\sin\alpha_m x$的两个同类级数相乘有4项，用以下积分方法。例如

$$\int_0^a\int_0^b\Big(\sum_{m_i<M_i}Y_{1i}X_i''''\times\sum_{m_j<M_j}Y_{1j}X_j\Big)\mathrm{d}x\mathrm{d}y\tag{E.16}$$

式中，$X_i''''=\alpha_{mi}^4\sin\alpha_{mi}x=\alpha_{mi}^4\sin\dfrac{m_i\pi x}{a}$，$X_j=\sin\alpha_{mj}x=\sin\dfrac{m_j\pi x}{a}$，$X_i''''$和$X_j$有相同的三角函数。$X_i''''$关联的级数项取值为$m_i$，取值范围为$m_i<M_i$；$X_j$关联的级数项取值为$m_j$，取值范围为$m_j<M_j$。由于$M_i<M_j$，上式可变换为

$$\begin{aligned}&\int_0^a\int_0^b\Big[\sum_{m_i<M_i}Y_{1i}X_i''''\times\Big(\sum_{m_j<M_i}Y_{1j}X_j+\sum_{M_i<m_j<M_j}Y_{1j}X_j\Big)\Big]\mathrm{d}x\mathrm{d}y\\&=\int_0^a\int_0^b\Big(\sum_{m_i<M_i}Y_{1i}X_i''''\times\sum_{m_j<M_i}Y_{1j}X_j\Big)\mathrm{d}x\mathrm{d}y\\&\quad+\int_0^a\int_0^b\Big(\sum_{m_i<M_i}Y_{1i}X_i''''\times\sum_{M_i<m_j<M_j}Y_{1j}X_j\Big)\mathrm{d}x\mathrm{d}y\end{aligned}$$

级数先相乘后积分等于级数各分项先积分后取和，上式等于

$$\begin{aligned}&\sum_{m_i<M_i}\sum_{m_j<M_i}\Big(\int_0^a X_i''''X_j\mathrm{d}x\times\int_0^b Y_{1i}Y_{1j}\mathrm{d}y\Big)\\&\quad+\sum_{m_i<M_i}\sum_{M_i<m_j<M_j}\Big(\int_0^a X_i''''X_j\mathrm{d}x\times\int_0^b Y_{1i}Y_{1j}\mathrm{d}y\Big)\end{aligned}$$

考虑级数$\sum\limits_{m=1,2,\cdots}\sin\alpha_m x$正交性。上式第一项中$m_i$、$m_j$取值范围相同，当$m_i=m_j$时，$\int_0^a X_i''''X_j\mathrm{d}x=\alpha_{mi}^4a/2=\alpha_{mj}^4a/2$，当$m_i\neq m_j$时，$\int_0^a X_i''''X_j\mathrm{d}x=0$。第二项中$m_i$、$m_j$取值范围不同，不存在$m_i=m_j$的可能，各分项积分值为零。

式(E.16)等于

$$\int_0^a\int_0^b\Big(\sum_{m_i<M_i}Y_{1i}X_i''''\times\sum_{m_j<M_j}Y_{1j}X_j\Big)\mathrm{d}x\mathrm{d}y$$

$$=\sum_{m_i<M_i}\sum_{m_j<M_i}\Big(\int_0^a X_i''''X_j\mathrm{d}x\times\int_0^b Y_{1i}Y_{1j}\mathrm{d}y\Big)$$

$$=\sum_{m<M_i}\frac{\alpha_m^4 a}{2}\int_0^b Y_{1i}Y_{1j}\mathrm{d}y \tag{E.17}$$

式(E.17)中$m_i=m_j$。可将下标i、j取消,用m代之。同时,α_{mi}、α_{mj}也用α_m代之。但Y_{1i}、Y_{1j}因与振形常数κ_i、κ_j有关,其下标i、j保留。又例如

$$\int_0^a\int_0^b\Big(\sum_{m_i>M_i}Y_{2i}X_i''''\times\sum_{m_j<M_j}Y_{1j}X_j\Big)\mathrm{d}x\mathrm{d}y$$

$$=\sum_{m_i>M_i}\sum_{m_j<M_j}\Big(\int_0^a X_i''''X_j\mathrm{d}x\times\int_0^b Y_{2i}Y_{1j}\mathrm{d}y\Big)=\sum_{M_i<m<M_j}\frac{\alpha_m^4 a}{2}\int_0^b Y_{2i}Y_{1j}\mathrm{d}y$$

通过比较m_i、m_j取值范围,其余两个积分项可自行计算。

三角函数为$\sin\gamma_n y$的两个同类级数相乘有4项,用以下积分方法。例如

$$\int_0^a\int_0^b\Big(\sum_{n_i<N_i}X_{1i}''''Y_i\times\sum_{n_j<N_j}X_{1j}Y_j\Big)\mathrm{d}x\mathrm{d}y$$

$$=\int_0^a\int_0^b\Big(\sum_{n_i<N_i}X_{1i}''''Y_i\times\sum_{n_j<N_i}X_{1j}Y_j\Big)\mathrm{d}x\mathrm{d}y$$

$$+\int_0^a\int_0^b\Big(\sum_{n_i<N_i}X_{1i}''''Y_i\times\sum_{N_i<n_j<N_j}X_{1j}Y_j\Big)\mathrm{d}x\mathrm{d}y$$

$$=\sum_{n_i<N_i}\sum_{n_j<N_i}\Big(\int_0^a X_{1i}''''X_{1j}\mathrm{d}x\times\int_0^b Y_iY_j\mathrm{d}y\Big)$$

$$+\sum_{n_i<N_i}\sum_{N_i<n_j<N_j}\Big(\int_0^a X''''_{1i}X_{1j}\mathrm{d}x\times\int_0^b Y_iY_j\mathrm{d}y\Big)$$

考虑级数$\sum\limits_{n=1,3,\cdots}\sin\gamma_n y$正交性。上式第一项中$n_i$、$n_j$取值范围相同,当$n_i=n_j$时,$\int_0^b Y_iY_j\mathrm{d}y=b/2$,当$n_i\neq n_j$时,$\int_0^b Y_iY_j\mathrm{d}y=0$。第二项中$n_i$、$n_j$取值范围不同,不存在$n_i=n_j$的可能,各分项积分值为零。上式等于

$$\sum_{n_i<N_i}\sum_{n_j<N_i}\Big(\int_0^a X_{1i}''''X_{1j}\mathrm{d}x\times\int_0^b Y_iY_j\mathrm{d}y\Big)$$

$$=\sum_{n<N_i}\frac{b}{2}\int_0^a X_{1i}''''X_{1j}\mathrm{d}x$$

$$=\sum_{n<N_i}\frac{b}{2}\Big\{\big[X_{1i}'''X_{1j}\big]_0^a-\big[X_{1i}''X_{1j}'\big]_0^a+\int_0^a X_{1i}''X_{1j}''\mathrm{d}x\Big\}$$

由式(E.13)、式(E.14)，有 $[X'''_{1i}X_{1j}]_0^a=0$。上式等于

$$\sum_{n<N_i}\frac{b}{2}\left\{-[X''_{1i}X'_{1j}]_0^a+\int_0^a X''_{1i}X''_{1j}\mathrm{d}x\right\}$$

其余 3 个积分项计算过程略。

两个不同类级数相乘有 8 项，用以下积分方法。例如

$$\int_0^a\int_0^b\left(\sum_{n_i<N_i}X''''_{1i}Y_i\times\sum_{m_j<M_j}Y_{1j}X_j\right)\mathrm{d}x\mathrm{d}y$$

$$=\sum_{n_i<N_i}\sum_{m_j<M_j}\left(\int_0^a X''''_{1i}X_j\mathrm{d}x\times\int_0^b Y_iY_{1j}\mathrm{d}y\right)$$

$$=\sum_{n_i<N_i}\sum_{m_j<M_j}\left[\left([X'''_{1i}X_j]_0^a-[X''_{1i}X'_j]_0^a+\int_0^a X''_{1i}X''_j\mathrm{d}x\right)\int_0^b Y_iY_{1j}\mathrm{d}y\right]$$

由式(E.12)，有$[X'''_{1i}X_j]_0^a=0$。上式等于

$$\sum_{n_i<N_i}\sum_{m_j<M_j}\left[\left(-[X''_{1i}X'_j]_0^a+\int_0^a X''_{1i}X''_j\mathrm{d}x\right)\int_0^b Y_iY_{1j}\mathrm{d}y\right]$$

依次可计算其余各积分项。用同样方法计算式(E.8)第二个积分，有

$$\begin{aligned}
R_1=&-\sum_{n_i<N_i}\sum_{m_j<M_j}\left([X''_{1i}X'_j]_0^a\int_0^b Y_iY_{1j}\mathrm{d}y\right)-\sum_{n_i>N_i}\sum_{m_j<M_j}\left([X''_{2i}X'_j]_0^a\int_0^b Y_iY_{1j}\mathrm{d}y\right)\\
&-\sum_{n_i<N_i}\sum_{m_j>M_j}\left([X''_{1i}X'_j]_0^a\int_0^b Y_iY_{2j}\mathrm{d}y\right)-\sum_{n_i>N_i}\sum_{m_j>M_j}\left([X''_{2i}X'_j]_0^a\int_0^b Y_iY_{2j}\mathrm{d}y\right)\\
&+\sum_{n_j<N_j}\sum_{m_i<M_i}\left([X''_{1j}X'_i]_0^a\int_0^b Y_jY_{1i}\mathrm{d}y\right)+\sum_{n_j<N_j}\sum_{m_i>M_i}\left([X''_{1j}X'_i]_0^a\int_0^b Y_jY_{2i}\mathrm{d}y\right)\\
&+\sum_{n_j>N_j}\sum_{m_i<M_i}\left([X''_{2j}X'_i]_0^a\int_0^b Y_jY_{1i}\mathrm{d}y\right)+\sum_{n_j>N_j}\sum_{m_i>M_i}\left([X''_{2j}X'_i]_0^a\int_0^b Y_jY_{2i}\mathrm{d}y\right)\\
&+\sum_{n<N_i}\frac{b}{2}\left([X''_{1j}X'_{1i}]_0^a-[X''_{1i}X'_{1j}]_0^a\right)\\
&+\sum_{N_i<n<N_j}\frac{b}{2}\left([X''_{1j}X'_{2i}]_0^a-[X''_{2i}X'_{1j}]_0^a\right)\\
&+\sum_{n>N_j}\frac{b}{2}\left([X''_{2j}X'_{2i}]_0^a-[X''_{2i}X'_{2j}]_0^a\right)
\end{aligned}\tag{E.18}$$

R_1与 $x=0$、$x=a$ 边界上第 i 振形和第 j 振形的 X'_i、X'_J、X'_{1i}、X'_{1j}、X'_{2i}、X'_{2j}、X''_{1i}、X''_{1j}、X''_{2i}、X''_{2j}有关。其值可由 $x=0$ 和 $x=a$ 边界处其余边界条件确定。

E.3 由边界弯矩 转角条件计算R_1

支承边是简支边时还有弯矩边界条件，是固定边时还有转角边界条件。

当 $x=0$ 为简支边时，$x=0$ 时$\frac{\partial^2 w}{\partial x^2}=0$，考虑第 i 振形和第 j 振形，有

$$x=0 \text{ 时}: X''_{1i}=0, X''_{2i}=0, X''_{1j}=0, X''_{2j}=0 \tag{E.19}$$

式(E.19)代入式(E.18)，R_1 中与 $x=0$ 边界有关的项为零值。

当 $x=a$ 为简支边时，利用弯矩边界条件，考虑第 i 振形和第 j 振形，有

$$x=a \text{ 时}: X''_{1i}=0, X''_{2i}=0, X''_{1j}=0, X''_{2j}=0 \tag{E.20}$$

式(E.20)代入式(E.18)，R_1 中与 $x=a$ 边界有关的项为零值。

当 $x=0$ 为固定边时，$x=0$ 时$\frac{\partial w}{\partial x}=0$。考虑第 i 振形和第 j 振形，有

$$\begin{cases}\left(\sum\limits_{m_i<M_i} Y_{1i}X'_i+\sum\limits_{m_i>M_i} Y_{2i}X'_i+\sum\limits_{n_i<N_i} X'_{1i}Y_i+\sum\limits_{n_i>N_i} X'_{2i}Y_i\right)_{x=0}=0\\ \left(\sum\limits_{m_j<M_j} Y_{1j}X'_j+\sum\limits_{m_j>M_j} Y_{2j}X'_j+\sum\limits_{n_j<N_j} X'_{1j}Y_j+\sum\limits_{n_j>N_j} X'_{2j}Y_j\right)_{x=0}=0\end{cases}$$

第一式乘$\left(\sum\limits_{n_j<N_j} X''_{1j}Y_j+\sum\limits_{n_j>N_j} X''_{2j}Y_j\right)_{x=0}$、第二式乘$\left(\sum\limits_{n_i<N_i} X''_{1i}Y_i+\sum\limits_{n_i>N_i} X''_{2i}Y_i\right)_{x=0}$，并在$[0,b]$区间积分，分别有

$$\begin{aligned}&\sum_{n_j<N_j}\sum_{m_i<M_i}\left((X''_{1j}X'_i)_{x=0}\int_0^b Y_jY_{1i}\,\mathrm{d}y\right)+\sum_{n_j<N_j}\sum_{m_i>M_i}\left((X''_{1j}X'_i)_{x=0}\int_0^b Y_jY_{2i}\,\mathrm{d}y\right)\\&\quad+\sum_{n_j>N_j}\sum_{m_i<M_i}\left((X''_{2j}X'_i)_{x=0}\int_0^b Y_jY_{1i}\,\mathrm{d}y\right)+\sum_{n_j>N_j}\sum_{m_i>M_i}\left((X''_{2j}X'_i)_{x=0}\int_0^b Y_jY_{2i}\,\mathrm{d}y\right)\\&\quad+\sum_{n<N_i}\frac{b}{2}(X''_{1j}X'_{1i})_{x=0}+\sum_{N_i<n<N_j}\frac{b}{2}(X''_{1j}X'_{2i})_{x=0}\\&\quad+\sum_{n>N_j}\frac{b}{2}(X''_{2j}X'_{2i})_{x=0}=0\end{aligned} \tag{E.21}$$

$$\begin{aligned}&\sum_{n_i<N_i}\sum_{m_j<M_j}\left((X''_{1i}X'_j)_{x=0}\int_0^b Y_iY_{1j}\,\mathrm{d}y\right)+\sum_{n_i>N_i}\sum_{m_j<M_j}\left((X''_{2i}X'_j)_{x=0}\int_0^b Y_iY_{1j}\,\mathrm{d}y\right)\\&\quad+\sum_{n_i<N_i}\sum_{m_j>M_j}\left((X''_{1i}X'_j)_{x=0}\int_0^b Y_iY_{2j}\,\mathrm{d}y\right)+\sum_{n_i>N_i}\sum_{m_j>M_j}\left((X''_{2i}X'_j)_{x=0}\int_0^b Y_iY_{2j}\,\mathrm{d}y\right)\\&\quad+\sum_{n<N_i}\frac{b}{2}(X'_{1j}X''_{1i})_{x=0}+\sum_{N_i<n<N_j}\frac{b}{2}(X'_{1j}X''_{2i})_{x=0}\\&\quad+\sum_{n>N_j}\frac{b}{2}(X'_{2j}X''_{2i})_{x=0}=0\end{aligned} \tag{E.22}$$

式(E.22)减式(E.21)，所得结果代入式(E.18)，R_1中与$x=0$边界有关的项为零值。

当$x=a$为固定边时，$x=a$时$\dfrac{\partial w}{\partial x}=0$。由类似推导方法可得$R_1$中与$x=a$边界有关的项为零值。

可见，不论$x=0$、$x=a$是简支边还是固定边，引入边界条件后，都有$R_1=0$。

E.4　由三角函数特性和边界挠度　剪力条件计算R_2、R_3

由三角函数$\sin\dfrac{n_i\pi y}{2b}$、$\sin\dfrac{n_j\pi y}{2b}$特性可得以下等式：

$$\begin{cases}y=0\text{ 时}:Y_i=0,Y''_i=0,Y_j=0,Y''_j=0\\ y=b\text{ 时}:Y'_i=0,Y'''_i=0,Y'_j=0,Y'''_j=0\end{cases}\tag{E.23}$$

挠度为零是支承边共有的边界条件。考虑第i振形和第j振形，由$y=0$时$w_i=0$、$w_j=0$，有

$$\begin{cases}\sum\limits_{m_i<M_i}Y_{1i}X_i+\sum\limits_{m_i>M_i}Y_{2i}X_i=0\\ \sum\limits_{m_j<M_j}Y_{1j}X_j+\sum\limits_{m_j>M_j}Y_{2j}X_j=0\end{cases}$$

利用级数$\sum\limits_{m=1,2,\cdots}\sin\alpha_m x$正交性，得

$$y=0\text{ 时}:Y_{1i}=0,Y_{2i}=0,Y_{1j}=0,Y_{2j}=0\tag{E.24}$$

剪力为零是非支承边共有的边界条件。$y=b$时$\dfrac{\partial^3 w}{\partial y^3}+(2-\mu)\dfrac{\partial^3 w}{\partial x^2\partial y}=0$，考虑第$i$振形和第$j$振形，并考虑式(E.23)中$y=b$时等式，有

$$\begin{cases}\left\{\sum\limits_{m_i<M_i}[Y'''_{1i}X_i+(2-\mu)Y'_{1i}X''_i]+\sum\limits_{m_i>M_i}[Y'''_{2i}X_i+(2-\mu)Y'_{2i}X''_i]\right\}_{y=b}=0\\ \left\{\sum\limits_{m_j<M_j}[Y'''_{1j}X_j+(2-\mu)Y'_{1j}X''_j]+\sum\limits_{m_j>M_j}[Y'''_{2j}X_j+(2-\mu)Y'_{2j}X''_j]\right\}_{y=b}=0\end{cases}$$

将式中X''_i、X''_j转换为X_i、X_j，$X''_i=-\alpha_{mi}^2X_i$、$X''_j=-\alpha_{mj}^2X_j$。利用级数$\sum\limits_{m=1,2,\cdots}\sin\alpha_m x$正交性，得$y=b$时

$$\begin{cases}Y'''_{1i}=(2-\mu)\alpha_{mi}^2Y'_{1i}\\ Y'''_{2i}=(2-\mu)\alpha_{mi}^2Y'_{2i}\\ Y'''_{1j}=(2-\mu)\alpha_{mj}^2Y'_{1j}\\ Y'''_{2j}=(2-\mu)\alpha_{mj}^2Y'_{2j}\end{cases}\tag{E.25}$$

利用分部积分法、式(E.23)、式(E.24)、式(E.25)计算 R_2、R_3 中各项积分。有

$$
\begin{aligned}
R_2 = 2\Big[& -\sum_{m<M_i}\frac{\alpha_m^2 a}{2}(Y'_{1i}Y_{1j}-Y'_{1j}Y_{1i})_{y=b} \\
& -\sum_{M_i<m<M_j}\frac{\alpha_m^2 a}{2}(Y'_{2i}Y_{1j}-Y'_{1j}Y_{2i})_{y=b} \\
& -\sum_{m>M_j}\frac{\alpha_m^2 a}{2}(Y'_{2i}Y_{2j}-Y'_{2j}Y_{2i})_{y=b}-\sum_{m_i<M_i}\sum_{n_j<N_j}(Y'_{1i}Y_j)_{y=b}\int_0^a X'_iX'_{1j}\mathrm{d}x \\
& -\sum_{m_i<M_i}\sum_{n_j>N_j}(Y'_{1i}Y_j)_{y=b}\int_0^a X'_iX'_{2j}\mathrm{d}x-\sum_{m_i>M_i}\sum_{n_j<N_j}(Y'_{2i}Y_j)_{y=b}\int_0^a X'_iX'_{1j}\mathrm{d}x \\
& -\sum_{m_i>M_i}\sum_{n_j>N_j}(Y'_{2i}Y_j)_{y=b}\int_0^a X'_iX'_{2j}\mathrm{d}x+\sum_{n_i<N_i}\sum_{m_j<M_j}(Y'_{1j}Y_i)_{y=b}\int_0^a X'_{1i}X'_j\mathrm{d}x \\
& +\sum_{n_i<N_i}\sum_{m_j>M_j}(Y'_{2j}Y_i)_{y=b}\int_0^a X'_{1i}X'_j\mathrm{d}x+\sum_{n_i>N_i}\sum_{m_j<M_j}(Y'_{1j}Y_i)_{y=b}\int_0^a X'_{2i}X'_j\mathrm{d}x \\
& +\sum_{n_i>N_i}\sum_{m_j>M_j}(Y'_{2j}Y_i)_{y=b}\int_0^a X'_{2i}X'_j\mathrm{d}x\Big]
\end{aligned}
\tag{E.26}
$$

R_2 与 $y=b$ 边界上第 i 振形和第 j 振形的函数值有关。

$$
\begin{aligned}
R_3 = & \sum_{m<M_i}\frac{a}{2}\{[(2-\mu)\alpha_m^2 Y'_{1i}Y_{1j}-(2-\mu)\alpha_m^2 Y'_{1j}Y_{1i}]_{y=b} \\
& -(Y''_{1i}Y'_{1j}-Y''_{1j}Y'_{1i})_0^b\} \\
& +\sum_{M_i<m<M_j}\frac{a}{2}\{[(2-\mu)\alpha_m^2 Y'_{2i}Y_{1j}-(2-\mu)\alpha_m^2 Y'_{1j}Y_{2i}]_{y=b} \\
& -(Y''_{2i}Y'_{1j}-Y''_{1j}Y'_{2i})_0^b\} \\
& +\sum_{m>M_j}\frac{a}{2}\{[(2-\mu)\alpha_m^2 Y'_{2i}Y_{2j}-(2-\mu)\alpha_m^2 Y'_{2j}Y_{2i}]_{y=b} \\
& -(Y''_{2i}Y'_{2j}-Y''_{2j}Y'_{2i})_0^b\} \\
& +\sum_{m_i<M_i}\sum_{n_j<N_j}\{[(2-\mu)\alpha_{mi}^2 Y'_{1i}Y_j]_{y=b}+(Y''_{1i}Y'_j)_{y=0} \\
& +(Y'_{1i}Y''_j)_{y=b}\}\int_0^a X_iX_{1j}\mathrm{d}x \\
& +\sum_{m_i<M_i}\sum_{n_j>N_j}\{[(2-\mu)\alpha_{mi}^2 Y'_{1i}Y_j]_{y=b}+(Y''_{1i}Y'_j)_{y=0} \\
& +(Y'_{1i}Y''_j)_{y=b}\}\int_0^a X_iX_{2j}\mathrm{d}x
\end{aligned}
$$

$$+\sum_{m_i>M_i}\sum_{n_j<N_j}\{[(2-\mu)\alpha_{mi}^2 Y'_{2i}Y_j]_{y=b}+(Y''_{2i}Y'_j)_{y=0}$$

$$+(Y'_{2i}Y''_j)_{y=b}\}\int_0^a X_i X_{1j}\mathrm{d}x$$

$$+\sum_{m_i>M_i}\sum_{n_j>N_j}\{[(2-\mu)\alpha_{mi}^2 Y'_{2i}Y_j]_{y=b}+(Y''_{2i}Y'_j)_{y=0}$$

$$+(Y'_{2i}Y''_j)_{y=b}\}\int_0^a X_i X_{2j}\mathrm{d}x$$

$$-\sum_{n_i<N_i}\sum_{m_j<M_j}\{[(2-\mu)\alpha_{mj}^2 Y'_{1j}Y_i]_{y=b}+(Y''_{1j}Y'_i)_{y=0}$$

$$+(Y'_{1j}Y''_i)_{y=b}\}\int_0^a X_j X_{1i}\mathrm{d}x$$

$$-\sum_{n_i<N_i}\sum_{m_j>M_j}\{[(2-\mu)\alpha_{mj}^2 Y'_{2j}Y_i]_{y=b}+(Y''_{2j}Y'_i)_{y=0}$$

$$+(Y'_{2j}Y''_i)_{y=b}\}\int_0^a X_j X_{1i}\mathrm{d}x$$

$$-\sum_{n_i>N_i}\sum_{m_j<M_j}\{[(2-\mu)\alpha_{mj}^2 Y'_{1j}Y_i]_{y=b}+(Y''_{1j}Y'_i)_{y=0}$$

$$+(Y'_{1j}Y''_i)_{y=b}\}\int_0^a X_j X_{2i}\mathrm{d}x$$

$$-\sum_{n_i>N_i}\sum_{m_j>M_j}\{[(2-\mu)\alpha_{mj}^2 Y'_{2j}Y_i]_{y=b}+(Y''_{2j}Y'_i)_{y=0}$$

$$+(Y'_{2j}Y''_i)_{y=b}\}\int_0^a X_j X_{2i}\mathrm{d}x \tag{E.27}$$

R_3与 $y=0$ 和 $y=b$ 边界上第 i 振形和第 j 振形的函数值有关。

在式(E.26)、式(E.27)单级数项中，$m_i=m_j$。下标 i、j 取消，用 m 代之。同时，α_{mi}、α_{mj} 也用 α_m 代之。

E.5 由边界弯矩 转角条件计算R_2、R_3

支承边 $y=0$ 为简支边时，有 $y=0$：$\dfrac{\partial^2 w}{\partial y^2}=0$，考虑第 i 振形和第 j 振形，有

$$y=0\text{ 时}:Y''_{1i}=0,Y''_{2i}=0,Y''_{1j}=0,Y''_{2j}=0 \tag{E.28}$$

式(E.28)代入式(E.27)，R_3中与 $y=0$ 边界有关的项为零值。

支承边 $y=0$ 为固定边时，有 $y=0$：$\dfrac{\partial w}{\partial y}=0$。考虑第 i 振形和第 j 振形，有

$$\begin{cases}\left(\sum\limits_{m_i<M_i} Y'_{1i}X_i+\sum\limits_{m_i>M_i} Y'_{2i}X_i+\sum\limits_{n_i<N_i} X_{1i}Y'_i+\sum\limits_{n_i>N_i} X_{2i}Y'_i\right)_{y=0}=0\\ \left(\sum\limits_{m_j<M_j} Y'_{1j}X_j+\sum\limits_{m_j>M_j} Y'_{2j}X_j+\sum\limits_{n_j<N_j} X_{1j}Y'_j+\sum\limits_{n_j>N_j} X_{2j}Y'_j\right)_{y=0}=0\end{cases}$$

第一式乘 $\left(\sum\limits_{m_j<M_j} Y''_{1j}X_j+\sum\limits_{m_j>M_j} Y''_{2j}X_j\right)_{y=0}$、第二式乘 $\left(\sum\limits_{m_i<M_i} Y''_{1i}X_i+\sum\limits_{m_i>M_i} Y''_{2i}X_i\right)_{y=0}$，并在 $[0,a]$ 区间积分。两个积分式相减，所得结果代入式(E.27)，R_3 中与 $y=0$ 边界有关的项为零值。

不论 $y=0$ 是简支边、还是固定边，R_3 中与 $y=0$ 边界有关的项都为零值。

至此，R_2、R_3 仅与 $y=b$ 边界上函数值有关，但各自积分式不同。例如，当 $m_i<M_i$ 和 $n_j<N_j$ 时，R_2 中积分式为 $\int_0^a X'_iX'_{1j}\,\mathrm{d}x$，$R_3$ 中积分式为 $\int_0^a X_iX_{1j}\,\mathrm{d}x$。为此，要将 R_2 中积分式转换为 R_3 中的积分式。由分部积分法，有

$$\int_0^a X''_jX_{1i}\,\mathrm{d}x=[X'_jX_{1i}]_0^a-\int_0^a X'_jX'_{1i}\,\mathrm{d}x$$

由式(E.13)、式(E.14)知：$[X'_jX_{1i}]_0^a=0$，有 $\int_0^a X''_jX_{1i}\,\mathrm{d}x=-\int_0^a X'_jX'_{1i}\,\mathrm{d}x$

同时 $\int_0^a X''_jX_{1i}\,\mathrm{d}x=-\alpha_{mj}^2\int_0^a X_jX_{1i}\,\mathrm{d}x$，比较 $\int_0^a X''_jX_{1i}\,\mathrm{d}x$ 两种表达式，得转换式：

$$\int_0^a X'_jX'_{1i}\,\mathrm{d}x=\alpha_{mj}^2\int_0^a X_jX_{1i}\,\mathrm{d}x \tag{E.29}$$

同理，有

$$\begin{cases}\int_0^a X'_jX'_{2i}\,\mathrm{d}x=\alpha_{mj}^2\int_0^a X_jX_{2i}\,\mathrm{d}x\\ \int_0^a X'_iX'_{1j}\,\mathrm{d}x=\alpha_{mi}^2\int_0^a X_iX_{1j}\,\mathrm{d}x\\ \int_0^a X'_iX'_{2j}\,\mathrm{d}x=\alpha_{mi}^2\int_0^a X_iX_{2j}\,\mathrm{d}x\end{cases} \tag{E.30}$$

之后，汇总 R_2、R_3。

$$
\begin{aligned}
&R_2+R_3\\
=&\sum_{m<M_i}\frac{a}{2}(-\mu\alpha_m^2Y'_{1i}Y_{1j}+\mu\alpha_m^2Y'_{1j}Y_{1i}-Y''_{1i}Y'_{1j}+Y''_{1j}Y'_{1i})_{y=b}\\
&+\sum_{M_i<m<M_j}\frac{a}{2}(-\mu\alpha_m^2Y'_{2i}Y_{1j}+\mu\alpha_m^2Y'_{1j}Y_{2i}-Y''_{2i}Y'_{1j}+Y''_{1j}Y'_{2i})_{y=b}\\
&+\sum_{m>M_j}\frac{a}{2}(-\mu\alpha_m^2Y'_{2i}Y_{2j}+\mu\alpha_m^2Y'_{2j}Y_{2i}-Y''_{2i}Y'_{2j}+Y''_{2j}Y'_{2i})_{y=b}\\
&+\sum_{m_i<M_i}\sum_{n_j<N_j}(-\mu\alpha_{mi}^2Y'_{1i}Y_j+Y'_{1i}Y''_j)_{y=b}\int_0^aX_iX_{1j}\mathrm{d}x\\
&+\sum_{m_i<M_i}\sum_{n_j>N_j}(-\mu\alpha_{mi}^2Y'_{1i}Y_j+Y'_{1i}Y''_j)_{y=b}\int_0^aX_iX_{2j}\mathrm{d}x\\
&+\sum_{m_i>M_i}\sum_{n_j<N_j}(-\mu\alpha_{mi}^2Y'_{2i}Y_j+Y'_{2i}Y''_j)_{y=b}\int_0^aX_iX_{1j}\mathrm{d}x\\
&+\sum_{m_i>M_i}\sum_{n_j>N_j}(-\mu\alpha_{mi}^2Y'_{2i}Y_j+Y'_{2i}Y''_j)_{y=b}\int_0^aX_iX_{2j}\mathrm{d}x\\
&-\sum_{n_i<N_i}\sum_{m_j<M_j}(-\mu\alpha_{mj}^2Y'_{1j}Y_i+Y'_{1j}Y''_i)_{y=b}\int_0^aX_jX_{1i}\mathrm{d}x\\
&-\sum_{n_i<N_i}\sum_{m_j>M_j}(-\mu\alpha_{mj}^2Y'_{2j}Y_i+Y'_{2j}Y''_i)_{y=b}\int_0^aX_jX_{1i}\mathrm{d}x\\
&-\sum_{n_i>N_i}\sum_{m_j<M_j}(-\mu\alpha_{mj}^2Y'_{1j}Y_i+Y'_{1j}Y''_i)_{y=b}\int_0^aX_jX_{2i}\mathrm{d}x\\
&-\sum_{n_i>N_i}\sum_{m_j>M_j}(-\mu\alpha_{mj}^2Y'_{2j}Y_i+Y'_{2j}Y''_i)_{y=b}\int_0^aX_jX_{2i}\mathrm{d}x
\end{aligned}
\qquad \text{(E. 31)}
$$

非支承边 $y=b$ 为滑移边时，有 $y=b$：$\frac{\partial w}{\partial y}=0$。考虑第 i 振形和第 j 振形，有

$$
y=b\text{ 时}：Y'_{1i}=0,Y'_{2i}=0,Y'_{1j}=0,Y'_{2j}=0 \qquad \text{(E. 32)}
$$

式(E. 32)代入式(E. 31)，式中各项均为零值。即$R_2+R_3=0$。

当非支承边 $y=b$ 为自由边时，有 $y=b$：$\frac{\partial^2 w}{\partial y^2}+\mu\frac{\partial^2 w}{\partial x^2}=0$。考虑第 i 振形，有

$$
\begin{aligned}
&\Big[\sum_{m_i<M_i}(Y''_{1i}X_i-\alpha_{mi}^2\mu Y_{1i}X_i)+\sum_{m_i>M_i}(Y''_{2i}X_i-\alpha_{mi}^2\mu Y_{2i}X_i)\\
&+\sum_{n_i<N_i}(X_{1i}Y''_i+\mu X''_{1i}Y_i)+\sum_{n_i>N_i}(X_{2i}Y''_i+\mu X''_{2i}Y_i)\Big]_{y=b}=0
\end{aligned}
\qquad \text{(E. 33)}
$$

式(E.33)乘 $\left(\sum_{m_j<M_j} Y'_{1j}X_j + \sum_{m_j>M_j} Y'_{2j}X_j\right)_{y=b}$，在$[0,a]$区间积分，并考虑下列积分转换式。由分部积分法

$$\int_0^a X''_{1i}X_j\mathrm{d}x = [X'_{1i}X_j]_0^a - \int_0^a X'_jX'_{1i}\mathrm{d}x$$

由于$[X'_{1i}X_j]_0^a=0$，有$\int_0^a X''_{1i}X_j\mathrm{d}x = -\int_0^a X'_jX'_{1i}\mathrm{d}x$。利用式(E.29)，有积分转换

$$\int_0^a X''_{1i}X_j\mathrm{d}x = -\alpha_{mj}^2\int_0^a X_jX_{1i}\mathrm{d}x \tag{E.34}$$

同理，有

$$\int_0^a X''_{2i}X_j\mathrm{d}x = -\alpha_{mj}^2\int_0^a X_jX_{2i}\mathrm{d}x \tag{E.35}$$

利用式(E.34)、式(E.35)，得第i振形在$y=b$边界上弯矩条件积分式：

$$\begin{aligned}
&\sum_{m<M_i}\frac{a}{2}(Y''_{1i}Y'_{1j}-\mu\alpha_m^2Y_{1i}Y'_{1j})_{y=b} + \sum_{M_i<m<M_j}\frac{a}{2}(Y''_{2i}Y'_{1j}-\mu\alpha_m^2Y_{2i}Y'_{1j})_{y=b}\\
&\quad+\sum_{m>M_j}\frac{a}{2}(Y''_{2i}Y'_{2j}-\mu\alpha_m^2Y_{2i}Y'_{2j})_{y=b}\\
&\quad+\sum_{n_i<N_i}\sum_{m_j<M_j}(-\mu\alpha_{mj}^2Y'_{1j}Y_i+Y'_{1j}Y''_i)_{y=b}\int_0^a X_jX_{1i}\mathrm{d}x\\
&\quad+\sum_{n_i<N_i}\sum_{m_j>M_j}(-\mu\alpha_{mj}^2Y'_{2j}Y_i+Y'_{2j}Y''_i)_{y=b}\int_0^a X_jX_{1i}\mathrm{d}x\\
&\quad+\sum_{n_i>N_i}\sum_{m_j<M_j}(-\mu\alpha_{mj}^2Y'_{1j}Y_i+Y'_{1j}Y''_i)_{y=b}\int_0^a X_jX_{2i}\mathrm{d}x\\
&\quad+\sum_{n_i>N_i}\sum_{m_j>M_j}(-\mu\alpha_{mj}^2Y'_{2j}Y_i+Y'_{2j}Y''_i)_{y=b}\int_0^a X_jX_{2i}\mathrm{d}x
\end{aligned} \tag{E.36}$$

用类似推导方法可得第j振形在$y=b$边界上弯矩条件的积分式。与式(E.36)相减，所得结果代入式(E.31)，得$R_2+R_3=0$。

不论$y=0$是简支边、还是固定边，$y=b$是自由边、还是滑移边，都有：$R_2+R_3=0$。

考虑三角函数在边界处的数值和边界条件对应的方程，得$R_1+R_2+R_3=0$。

结论：$x=0$、$x=a$、$y=0$三边支承、$y=b$边非支承矩形板，式(E.1)所示的振形曲面具有正交性。

附录 F
矩形板附加振形推导示例

图 4.7(a)、(b)所示矩形板,$x=0$ 为支承边,其余三边为非支承边,B 角点设有点支座。基本振形 w_{1x} 采用 $\sum\limits_{m=1,3,\cdots}\sin\lambda_m x$、$\lambda_m=\dfrac{m\pi}{2a}$ 三角级数,w_{1y} 采用 $\sum\limits_{n=0,1,\cdots}\cos\beta_n y$、$\beta_n=\dfrac{n\pi}{b}$ 三角级数。角点力幅值 R_B 对应的附加振形 w_2 要满足下列条件:

(1) 满足式(4.1)所示振形微分方程。

(2) 在 B 角点处满足角点力为 R_B 的角点力条件,在角点 C 处满足角点力为零条件。

(3) 在 $x=0$ 时,对应振幅为零、剪力分布不为零。

(4) 在 $x=a$、$y=0$、$y=b$ 时,对应振幅不为零、剪力分布为零。

首先选定附加振形基本项,设

$$w_{21}=s_1\sinh(\sqrt{2}\kappa x/2)\cosh\left[\sqrt{2}\kappa(b-y)/2\right] \tag{F.1}$$

由 B 角点角点力条件

$$\left[-2D(1-\mu)\frac{\partial^2 w_{21}}{\partial x\partial y}\right]_{x=a,\,y=0}=R_B$$

得

$$s_1=\frac{R_B}{D(1-\mu)\kappa^2\cosh(\sqrt{2}\kappa a/2)\sinh(\sqrt{2}\kappa b/2)} \tag{F.2}$$

至此,式(F.1)已满足上述条件中(1)、(2)、(3)以及第(4)条中在三条非支承边界上振幅不为零和 $y=b$ 边界上剪力分布为零值的条件,但不满足 $x=a$、$y=0$ 二条非支承边上剪力分布为零的要求。为此,必须对基本项进行修正、补充。

修正项与基本项之间、各修正项之间要相互协调,互为补充,不能相互干扰和掣肘。例如基本项已满足 B 角点的角点力条件,修正项在 B 角点处对应的角点力要为零值。基本项在边界上已满足的条件修正项也必须同样满足。

计算 w_{21} 在 $x=a$ 边界上对应的剪力分布

$$V_x=-Ds_1(3-\mu)\frac{\sqrt{2}}{4}\kappa^3\cosh(\sqrt{2}\kappa a/2)\cosh\left[\sqrt{2}\kappa(b-y)/2\right] \quad (\text{F.3})$$

将 $\cosh\left[\sqrt{2}\kappa(b-y)/2\right]$ 在 $[0,b]$ 区间展开为 w_{1y} 中采用的级数 $\sum\limits_{n=0,1,\cdots}\cos\beta_n y$，设

$$\cosh\left[\sqrt{2}\kappa(b-y)/2\right]=\sum_{n=0,1,\cdots}a_{n1}\cos\beta_n y=a_{01}+\sum_{n=1,2,\cdots}a_{n1}\cos\beta_n y \quad (\text{F.4})$$

式中

$$a_{01}=\frac{1}{b}\int_0^b\cosh\left[\sqrt{2}\kappa(b-y)/2\right]\mathrm{d}y=\frac{2}{\sqrt{2}\kappa b}\sinh\left(\frac{\sqrt{2}}{2}\kappa b\right)$$

$$a_{n1}=\frac{2}{b}\int_0^b\cosh\left[\sqrt{2}\kappa(b-y)/2\right]\cos\beta_n y\,\mathrm{d}y$$

$$=\frac{2\sqrt{2}\kappa}{(2\beta_n^2+\kappa^2)b}\sinh\left(\frac{\sqrt{2}}{2}\kappa b\right)$$

将式(F.4)代入式(F.3)，得 $x=a$ 边界上剪力分布为

$$V_x=-Ds_1(3-\mu)\frac{\sqrt{2}}{4}\kappa^3\cosh\left(\frac{\sqrt{2}}{2}\kappa a\right)\left(a_{01}+\sum_{n=1,2}a_{n1}\cos\beta_n y\right) \quad (\text{F.5})$$

将上述剪力反向作用在 $x=a$ 边界上(改变式中正负号)，由此确定相应修正项。

$$w_{22}=-s_1\frac{\sqrt{2}}{4}(3-\mu)\kappa^3\cosh\left(\frac{\sqrt{2}}{2}\kappa a\right)\left\{\frac{a_{01}\sinh\kappa x}{\kappa^3\cosh\kappa a}\right.$$

$$\left.+\sum_{n=1,2,\cdots}\frac{a_{n1}\sinh\beta_{n1}x\cos\beta_n y}{\beta_{n1}\left[\beta_{n1}^2-(2-\mu)\beta_n^2\right]\cosh\beta_{n1}a}\right\}$$

式中 $\beta_{n1}=\sqrt{\beta_n^2+\kappa^2}$。

$w_{21}+w_{22}$ 可以满足 $x=a$ 边界上剪力分布为零的条件，但在 $y=0$ 边界上剪力分布仍保持基本项的值。由类似的推理过程，可得该剪力对应的修正项。

$$w_{23}=-s_1\frac{\sqrt{2}}{4}(3-\mu)\kappa^3\sinh\left(\frac{\sqrt{2}}{2}\kappa b\right)\sum_{m=1,3,\cdots}\frac{b_{m1}\cosh\left[\lambda_{m1}(b-y)\right]\sin\lambda_m x}{\lambda_{m1}\left[\lambda_{m1}^2-(2-\mu)\lambda_m^2\right]\sinh\lambda_{m1}b}$$

式中 $\lambda_{m1}=\sqrt{\lambda_m^2+\kappa^2}$，$b_{m1}$ 为 $\sinh\left(\frac{\sqrt{2}}{2}\kappa x\right)$ 在 $[0,a]$ 区间上 $\sum\limits_{m=1,3,\cdots}\sin\lambda_m x$ 的展开系数，

$$b_{m1}=\frac{2}{a}\int_0^a\sinh\left(\frac{\sqrt{2}}{2}\kappa x\right)\sin\lambda_m x\,\mathrm{d}x=\frac{2\sqrt{2}\kappa}{(2\lambda_m^2+\kappa^2)a}\cosh\left(\frac{\sqrt{2}}{2}\kappa a\right)\sin\frac{m\pi}{2}$$

附加振形 $w_2=w_{21}+w_{22}+w_{23}$，即为 4.4 节式(4.15)。

参考文献

[1] S. 铁摩辛柯,S. 沃诺斯基. 板壳理论. 北京:科学出版社,1977.

[2] S. 铁摩辛柯,J. 盖尔. 材料力学. 胡人礼,译. 北京:科学出版社,1978.

[3] S. 铁摩辛柯,D. H. 杨,W. 小韦孚. 工程中的振动问题. 胡人礼,译,杜庆莱,校. 北京:人民铁道出版社,1978.

[4] 徐芝纶. 弹性理论. 北京:人民教育出版社,1960.

[5] 徐芝纶. 弹性力学(下册,第二版). 北京:高等教育出版社,1982.

[6] 吴家龙. 弹性力学. 北京:高等教育出版社,2001.

[7] Gorman D J. Free vibration analysis of rectangular plate. New York: Elsevier, 1982.

[8] C S Kim, S M Dickinson. *Flexural vibration of rectangular plates with point supports*. Journal of Sound and Vibration, 1987, 117(2): 249-261.

[9] 薛守义. 有限单元法. 北京:中国建材工业出版社,2005.

[10] 许琪楼,姬同庚. 二邻边支承其余边自由矩形板在均布荷载作用下的弯曲解. 土木工程学报,1995, 28(3): 32-41.

[11] Xu Qilou, Ji Tonggeng. Bending solution of a rectangular plate with one edge built-in and one corner point supported subjected to uniform load. Applied Mathematics and Mechanics(English Edition),1996, 17(12): 1153-1163.

[12] 许琪楼. 均布荷载作用下矩形悬臂板弯曲新解法. 郑州工学院学报,1996,17(2): 42-47.

[13] 许琪楼,姬同庚. 一边简支二角点支承的矩形板弯曲. 应用力学学报,1997,14(4): 56-63.

[14] 许琪楼,姬同庚. 一边简支一角点支承的矩形板弯曲. 土木工程学报,1997,30(5): 76-79.

[15] 许琪楼,姜锐,龙晔君. 三边支承一边自由的矩形板弯曲. 郑州工业大学学报, 1997,18(3): 5-15.

[16] 许琪楼,姜锐,唐国明. 一边简支一角点或二角点支承的矩形板弯曲统一求解方法. 郑州工业大学学报,1998,19(1): 52-59.

[17] 姜锐,许琪楼,李芳. 一对边支承另一对边自由矩形板弯曲. 郑州工业大学学报, 1998,19(4): 46-50.

[18] 许琪楼,姜锐,唐国明,李红. 一边固定一角点或二角点支承的矩形板弯曲统一求解方法. 计算力学学报,1999,16(2): 210-215.

[19] 许琪楼,李民生,姜锐,唐国明. 三边支承一边自由的矩形板弯曲统一求解方法. 东南大学学报,1999,29(2): 87-92.

[20] 许琪楼,姜锐,唐国明,高峰. 四边支承矩形板弯曲统一求解方法——兼论纳维叶解与李维解法的统一性. 工程力学,1999, 16(3): 90-99.

[21] 许琪楼,姜锐,唐国明. 二邻边支承二邻边自由的矩形板弯曲统一求解方法. 东南大学学报(自然科学版),2000,30(2): 138-142.

[22] 许琪楼,姜锐,唐国明. 三角点或四角点支承的矩形板弯曲统一求解方法. 郑州工业大学学报,2000, 21(3): 19-22.

[23] Xu Qilou, Ji Tonggeng, Jiang Rui, Tang Guoming, Ji Hongen. Unified solution method of rectangular plate elastic bending. Journal of Southeast University (English Edition),2002,18(3): 241-248.

[24] 梁远森,许琪楼,李峰. 矩形薄板动力分析的集中质量法. 郑州工业大学学报, 1999, 20(2): 73-76.

[25] 许琪楼,张锋,姬鸿恩. 谈一对边简支一对边自由矩形板自振频率解法. 郑州工业大学学报,2000,21(4): 1-3.

[26] 许琪楼,王仁义,常少英. 四边支承矩形板自由振动精确解法. 郑州工业大学学报,2001, 22(1): 1-5.

[27] 许琪楼. 矩形悬臂板自由振动精确解法. 振动与冲击,2001, 20(4): 52-56.

[28] 许琪楼. 四边支承矩形板振形曲线及其正交性. 郑州大学学报(工学版), 2002, 23(2): 1-4.

[29] 许琪楼,许蕾. 三边支承一边自由矩形板自由振动分析. 郑州大学学报(工学版), 2003,24(1): 5-10.

[30] 许琪楼,常少英. 一边支承三边自由矩形板振形曲线及其正交性. 振动与冲击, 2003, 22(1): 10-15.

[31] 许琪楼,白杨,王海. 一边支承矩形板弯曲精确解法. 郑州大学学报(工学版), 2004,25(2): 23-27.

[32] 许琪楼,王海. 板柱结构矩形弹性板弯曲精确解法. 工程力学,2006,23(3): 76-81.

[33] 许琪楼. 二对边法向支承矩形边界平面问题新解法. 工程力学,2009,26(2): 33-41.

[34] 许琪楼. 矩形边界平面问题在边界条件作用下应力解. 郑州大学学报(工学版), 2011, 32(5): 1-6.

[35] 许琪楼. 四角点支承四边自由矩形板自振分析新解法. 振动与冲击, 2013, 32(3): 83-86.

[36] 许琪楼. 有角点支座矩形板自振分析. 振动与冲击, 2013,32(17): 84-89.